김지연

식품위생

김지연 편저

본 교재 내용에서 추가 개정되는 사항들은 저자인 김지연 교수님이
식품위생직공무원 수험 커뮤니티인 '진통'카페에 정리하여 안내드릴 예정입니다.

2022년도 전국 지방별 식품위생직공무원 시험준비를 하는데 도움이 될 수
있도록 하겠습니다.

QR코드를 확인해 주세요.

이 책의 특징은 몇 가지로 설명할 수 있다.

⊘ 첫째, 체계적으로 정리된 기본 및 심화 이론

식품위생직을 준비하는데 있어서 필요한 내용들을 체계적으로 배치하여 수험생들이 공부하기 쉽도록 하였으며, 기본 이론과 용어설명 뿐만 아니라 심화학습을 위한 내용까지 포함되어 있어 이 한 권으로 시험을 대비할 수 있도록 하였다.

⊘ 둘째, 최신 경향을 반영

근 10여 년간 출제되었던 문제들을 반영하여 이론을 구성하였다.

최근 문제들을 보면, 문제 자체는 단순하지만 이전에는 보기로 제시되지 않았던 것들 예를 들면, 채소를 통해 감염되는 기생충 중 분선충, 기생충의 명칭이 학명으로 제시 되는 것 등이 많아졌다. 이 책에는 다른 수험서에서는 볼 수 없었던 이런 내용들을 포함하여 보기로 제시되었던 사항들을 대다수 담았으며, 이론에서도 출제되었던 것들을 일부 기출 로 표시함으로써 식품위생직을 준비하는데 도움이 될 수 있도록 하였다.

⊘ 셋째, 수험생들에게 도움이 될 만한 기출예상문제 수록

식품위생직의 식품위생 문제는 위생사, 영양사, 식품기사나 산업기사와는 유사한 단순문제도 출제되지만 다른 시험에서는 볼 수 없었던 유형의 문제도 출제되기 때문에 좀 더 폭 넓게 공부하여 대비해둘 필요가 있다. 법규를 비롯하여, 일반적인 식품위생 내용, 간혹은 이슈가 되고 있는 내용까지도 포함하며, 단순한 문제도 나오지만 깊이 있는 내용을 다루는 문제가 나오기도 한다. 이를 대비하기 위해 기출예상 문제를 수록하였다.

최근 식품기사 · 식품산업기사 문제, 이전에 공개되었던 지방직 문제뿐만 아니라 최근 공개경쟁 · 경력경쟁 식품위생직 시험에 출제되었던 문제도 유사하게 복원하여 수록하였다. 이에 더해 "경기 유사기출", "교육청 · 경기 유사기출" 등 어느 시험에서 출제되었는지도 밝혀 출제경향을 파악하는데 도움을 주고자하였다.

단순한 문제뿐만 아니라 깊이 있는 내용의 문제까지 다양한 문제를 다루어 식품위생직을 준비하는 수험생들에게 도움이 될 수 있도록 책을 구성하였다.

⊘ 넷째, 정오표 및 개정된 법규 확인을 위한 QR코드 삽입

식품위생직공무원 수험 커뮤니티인 '진통' 카페에 정리해 놓은 본 교재 내용에서 추가로 개정된 법규와 정오표 등의 빠른 전달을 위하여 QR코드를 삽입하였다. 개정된 법규와 관련된 내용을 포함한 정오표는 2025년 2월과 5월에 올릴 예정이다.

김지연

식품위생직 공무원이란

지방직 식품위생직의 경우 각 시·도·군·구에서 근무하고, 국가직의 경우는 식약청에 근무하는 공무원으로서 식품 관련 위생을 관리감독하고 국내 수입금지 식품단속 및 학교의 급식관리를 담당하는 공무원을 말한다.

응시자격	국가직		해당 시험의 최종시험 시행예정일(면접시험 최종예정일) 현재를 기준으로 국가공무원법 제33조의 결격사유에 해당하거나, 국가공무원법(정년)에 해당하는 자 또는 공무원임용시험령 등 관계법령에 따라 응시자격이 정지된 자는 응시할 수 없으며, 학력 제한이 없다.
	지방직	공통	해당 시험의 최종시험 시행예정일(면접시험 최종예정일) 현재를 기준으로 지방공무원법 제31조(결격사유), 제66조(정년), 지방공무원임용령 제65조(부정행위자등에 대한 조치) 및 부패방지 및 국민권익위원회의 설치와 운영에 관한 법률 등 관계법령에 의하여 응시자격이 정지된 자는 응시할 수 없다.
		경력경쟁시험	영양사·위생사·식품산업기사 이상 면허증 소지자
응시연령	18세 이상		
시험과목	공개경쟁시험	국어·영어·한국사·식품위생·식품화학	
	제한경쟁시험	화학, 식품위생, 식품미생물	
시험방법	• 1·2차 시험(병합 실시) : 선택형 필기시험(각 과목 배점비율 100점 만점) • 3차 시험 : 면접시험		
시험시기	연 1회(지역별로 다름)		

※ 거주지 제한 : 서울시를 제외한 지방의 경우 해당 지역에 3년 이상 거주한 이력과 당해 연도 12/31일까지 응시지역으로 거주지 이전 시 다음 연도에 응시할 수 있다.

주요지역 경쟁률 및 합격선

2024년 경기도 경력경쟁 경쟁률 및 합격선

임용예정 기관	선발예정 인원	접수인원	응시인원	경쟁률	필기합격 인원	합격선
소계	10	205	167	16.7:1	20	
화성시	2	50	43	21.5:1	2	86.66
평택시	1	23	20	20:1	5	86.66
시흥시	2	47	34	34:1	5	93.33
안성시	1	7	7	7:1	4	71.66
의왕시	1	31	23	23:1	2	85
포천시	3	47	40	13.3:1	2	88.33

2024년 경상북도 경력경쟁 경쟁률 및 합격선

임용예정 기관	선발예정 인원	접수인원	응시인원	경쟁률	필기합격 인원	합격선
소계	6	99	72	12:1	11	
포항시	2	29	20	10:1	3	93.33
구미시	1	18	14	14:1	2	90.00
영천시	1	17	11	11:1	2	76.87
상주시	1	20	14	14:1	2	86.67
의성군	1	15	13	13:1	2	90.00

2024년 교육청 공개경쟁 식품위생직 경쟁률 및 합격선

임용예정기관	선발예정 인원	접수인원	응시인원	경쟁률	응시율	필기합격 인원	합격선
경기도	12	52	29	2.4:1	55.8%	13	385
세종시	1	13	5	5:1	38.5%	3	325
충청남도	5	36	19	3.8:1	52.78%	8	335
전라북도	3	26	15	5:1	57.7%	4	370
광주광역시	1	22	9	9:1	40.91%	3	405
울산광역시	2	21	16	8:1	76.2%	3	460

차례

PART 01

식품위생의 개요 및 법규

식품위생의 개요 | 식품위생관련 법규 | 표시

식품위생의 개요

1 식품위생의 정의 기출

(1) 식품위생법(제2조)

식품위생이란 식품, 식품첨가물, 기구 또는 용기·포장을 대상으로 하는 음식에 관한 위생이다.

(2) 세계보건기구(WHO)

① 식품의 생육(재배), 생산 및 제조로부터 최종적으로 인간에게 섭취되기까지 이르는 모든 단계에서 식품의 안전성, 건전성 및 완전무결성을 확보하기 위한 모든 수단을 말한다.
② 식품의 사육, 생산, 제조에서 최종적으로 사람에게 섭취될 때까지의 모든 단계에 있어서 안전성, 건전성을 확보하기 위한 모든 수단 및 방법을 의미한다.

2 식품위생의 목적(식품위생법 제1조) 기출

식품으로 인하여 생기는 위생상의 위해(危害)를 방지하고 식품영양의 질적 향상을 도모하며 식품에 관한 올바른 정보를 제공함으로써 국민 건강의 보호·증진에 이바지함을 목적으로 한다.

3 식품위생의 범위

식품위생은 크게 식중독이라는 명칭과 감염병 등과 같은 병으로 분류할 수 있다.
광의적인 식품위생의 범위 내에는 식중독, 감염병, 기생충증, 위생동물, 유전자변형식품, 방사성 물질 등도 포함된다.

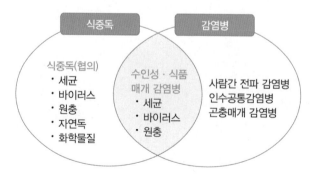

4 식품의 위해요인

(1) 내인성

식품자체에 함유되어 있는 유독, 유해성분과 생리적 작용에 영향을 미치는 성분

(2) 외인성

식품의 원재료 자체에는 함유되어 있지 않던 물질이 생육, 생산, 취급, 가공, 보존 또는 유통과정에서 외부로부터 혼입되거나 이행된 물질

(3) 유기성

식품의 성분이 조리·제조·가공·저장 등의 과정 중에 변하여 새로이 생성된 유독·유해물질

☀ 식품으로 인한 건강장해의 생성요인별 분류 [기출]

생성요인	병인물질의 종류	병인물질의 예
내인성	유독·유해성분 (식품고유성분)	• 식물성 자연독 : 독버섯, 솔라닌, 아미그달린 등 • 동물성 자연독 : 복어독, 조개독 등
	생리작용 성분 (고유 유해물)	변이원성 물질, 항효소성 물질, 항비타민성 물질, 항갑상선 물질, 식이성 allergen 등
외인성	생물학적 요소	식중독균, 감염병균, 곰팡이독, 기생충 등
	인위적 요소	• 의도적 첨가물 : 불허용 식품첨가물(auramine, dulcin 등) • 비의도적 첨가물 : 잔류농약, 방사성 물질, 환경오염물질, 기구·용기·포장재 용출물, 항생물질 등 • 가공 과오 : 비소, PCB 등
유기성	물리적 작용 생성물	조사유지, 가열유지(산화유지 등)
	화학적 작용 생성물	조리과정의 가열분해물(헤테고리아민류 등), 식품성분 간의 상호반응으로 생성되는 N-nitroso화합물
	생물적 작용 생성물	N-nitrosamine의 생체 내 생성

5 식품위생행정

식품위생행정의 목적은 「식품위생법」을 근거로 하여 식품위생의 보급과 향상을 꾀하고 국민의 식생활을 청결하고 안전하게 확보함으로써 불량식품의 섭취로 인한 여러 가지 위해를 방지하는데 있다.

(1) 식품위생행정의 시책

① 식품, 식품첨가물, 기구 및 용기, 포장의 성분규격과 제조·사용 등의 기준 및 규격설정
② 식품첨가물로 사용되는 화학적 합성품의 지정

③ 표시제도의 실시

④ 식품위생감시 실시

⑤ 식중독의 예방과 발생 시의 조치 실시

⑥ 식품관련 종사자들에 대한 건강관리 및 위생교육 실시

⑦ 식품취급시설 기준의 제정 및 영업의 허가·신고·등록 제도 실시

⑧ 식품위생과 관련된 사항을 조사·심의하기 위한 식품위생심의위원회 운영

⑨ 수입식품 관리제도의 실시

⑩ 유해식품을 제조·유통업자 책임하에 자진 회수, 폐기하는 식품회수제도(recall)의 도입

⑪ 식품안전관리인증기준(HACCP)의 도입

⑫ 농축산물에 대한 잔류농약 및 항균성 물질의 잔류기준 설정

⑬ 조리사와 영양사 제도의 실시 등

(2) 식품위생행정기구

☀ 식품 종류별 소관부처 현황 [기출]

식품종류	소관부처	소관법률
농산, 수산	농림축산식품부 해양수산부 식품의약품안전처	「농수산물 품질관리법」
축산	식품의약품안전처	「축산물 위생관리법」
밀가루, 곡류	농림축산식품부	「양곡관리법」
먹는샘물	환경부	「먹는물관리법」
주류	기획재정부	「주세법」
소금	해양수산부	「소금산업 진흥법」
타부처소관 이외의 식품 및 접객업, 용기 포장제조업 등	식품의약품안전처	「식품위생법」
건강기능식품	식품의약품안전처	「건강기능식품에 관한 법률」
학교급식	교육부	「학교급식법」

※ 농수산물의 원산지표시법 - 농림축산식품부, 해양수산부

① 중앙기구 : 식품의약품안전처

   ⊙ 국민생활의 안전을 위해 식품 및 의약품 안전관리체계를 국무총리 소속의 식품의약품안전처로 일원화하여 「식품안전기본법」의 관계 중앙행정기관의 역할을 수행

   ⊙ 식품의약품안전처가 관계하는 식품안전관련 주요 법령

     • 「식품안전기본법」   • 「식품위생법」

     • 「건강기능식품에 관한 법률」   • 「어린이 식생활안전관리 특별법」

     • 「축산물위생관리법」   • 「수입식품안전관리 특별법」

     • 「식품·의약품분야 시험·검사 등에 관한 법률」

     • 「농수산물 품질관리법」 등

● 식품의약품안전처 조직도

> **CHECK Point** 식품위생심의위원회
>
> **식품의약품안전처장의 자문기구**
> ① 구성 : 위원장 1인과 부위원장 2명을 포함한 100인 이내
> ② 위원
> 1. 식품위생관계 공무원
> 2. 식품 등에 관한 영업에 종사하는 사람
> 3. 시민단체의 추천을 받은 사람
> 4. 동업자 조합 또는 한국식품산업협회(식품위생단체)의 추천을 받은 사람
> 5. 식품위생에 관한 학식과 경험이 풍부한 자 중에 식품의약품안전처장이 임명하거나 위촉한다.
> 제3호의 사람을 전체 위원의 3분의 1 이상 위촉하고, 제2호와 제4호의 사람을 합하여 전체 위원
> 의 3분의 1 이상 위촉하여야 한다.
> ③ 심의사항
> 1. 식중독방지에 관한 사항
> 2. 농약·중금속등 유독·유해물질의 잔류허용기준에 관한 사항
> 3. 식품등의 기준과 규격에 관한 사항
> 4. 기타 식품위생에 관한 중요사항

② 지방기구

  ㉠ 일선 식품위생 행정업무 : 서울특별시와 광역시에서는 구청에서, 각 도에서는 시·군의 위생
   관계부서(위생과, 보건위생과)에서 담당

  ㉡ 지방식품의약품안전청 : 서울, 부산, 경인, 대구, 대전, 광주 6개 지방청

  ㉢ 시·도 보건환경연구원 : 지방의 식품위생행정을 과학적으로 뒷받침하는 시험검사기관

(3) 식품위생행정제도

① 식품이력추적관리제도

  ㉠ 식품이력추적관리 : 식품을 제조·가공단계부터 판매단계까지 각 단계별로 정보를 기록·관
   리하여 그 식품의 안전성 등에 문제가 발생할 경우 그 식품을 추적하여 원인을 규명하고
   필요한 조치를 할 수 있도록 관리하는 것

  ㉡ 식품이력추적관리 등록기준 등(식품위생법 제49조)

   제1항 식품을 제조·가공 또는 판매하는 자 중 식품이력추적관리를 하려는 자는 총리령으로
    정하는 등록기준을 갖추어 해당 식품을 식품의약품안전처장에게 등록할 수 있다. 다만,
    영유아식 제조·가공업자, 일정 매출액·매장면적 이상의 식품판매업자 등 <u>총리령으로
    정하는</u> 자는 식품의약품안전처장에게 등록하여야 한다.

   > **법시행규칙 제69조의2(식품이력추적관리 등록 대상)**
   > 법 제49조 제1항 단서에서 "총리령으로 정하는 자"란 다음 각 호의 자를 말한다.
   > 1. 영유아식(영아용 조제식품, 성장기용 조제식품, 영유아용 곡류 조제식품 및 그 밖의 영유아용
   > 식품을 말한다) 제조·가공업자
   > 2. 임산·수유부용 식품, 특수의료용도 등 식품 및 체중조절용 조제식품 제조·가공업자
   > 3. 영 제21조 제5호 나목 6) 및 이 규칙 제39조에 따른 기타 식품판매업자

제2항 제1항에 따라 등록한 식품을 제조·가공 또는 판매하는 자는 식품이력추적관리에 필요한 기록의 작성·보관 및 관리 등에 관하여 식품의약품안전처장이 정하여 고시하는 기준(이하 "식품이력추적관리기준"이라 한다)을 지켜야 한다.

제3항 제1항에 따라 등록을 한 자는 등록사항이 변경된 경우 변경사유가 발생한 날부터 1개월 이내에 식품의약품안전처장에게 신고하여야 한다.

제4항 제1항에 따라 등록한 식품에는 식품의약품안전처장이 정하여 고시하는 바에 따라 식품이력추적관리의 표시를 할 수 있다.

제5항 식품의약품안전처장은 제1항에 따라 등록한 식품을 제조·가공 또는 판매하는 자에 대하여 식품이력추적관리기준의 준수 여부 등을 3년마다 조사·평가하여야 한다. 다만, 제1항 단서에 따라 등록한 식품을 제조·가공 또는 판매하는 자에 대하여는 2년마다 조사·평가하여야 한다.

ⓒ 식품이력추적관리정보의 기록·보관 등(식품위생법 제49조의2)

제1항 제49조 제1항에 따라 등록한 자(이하 이 조에서 "등록자"라 한다)는 식품이력추적관리기준에 따른 식품이력추적관리정보를 총리령으로 정하는 바에 따라 전산기록장치에 기록·보관하여야 한다.

제2항 등록자는 제1항에 따른 식품이력추적관리정보의 기록을 해당 제품의 소비기한 등이 경과한 날부터 2년 이상 보관하여야 한다.

② 자가품질검사관리 [기출]

㉠ 자가품질검사 의무(식품위생법 제31조)

제1항 식품 등을 제조·가공하는 영업자는 총리령으로 정하는 바에 따라 제조·가공하는 식품 등이 제7조 또는 제9조에 따른 기준과 규격에 맞는지를 검사하여야 한다.

제2항 식품 등을 제조·가공하는 영업자는 제1항에 따른 검사를 「식품·의약품분야 시험·검사 등에 관한 법률」 제6조 제3항 제2호에 따른 자가품질위탁 시험·검사기관에 위탁하여 실시할 수 있다.

> 「식품·의약품분야 시험·검사등에 관한 법률」 제6조 제3항
> 제6조(시험·검사기관의 지정 등) ③ 제2항 제1호에 따른 식품 등 시험·검사기관은 검사업무의 범위별로 다음 각 호와 같이 구분하여 지정할 수 있다.
> 1. 식품전문 시험·검사기관 : 「식품위생법」 제7조, 제9조, 제19조의4, 제22조제1항, 「건강기능식품에 관한 법률」 제14조, 「수입식품안전관리 특별법」 제21조, 제22조 및 이 조 제2항제1호나목에 따른 시험·검사를 수행하는 기관
> 2. 자가품질위탁 시험·검사기관 : 「식품위생법」 제7조, 제9조, 제31조제2항, 「건강기능식품에 관한 법률」 제14조 및 이 조 제2항 제1호나목에 따른 시험·검사를 수행하는 기관

제3항 제1항에 따른 검사를 직접 행하는 영업자는 제1항에 따른 검사 결과 해당 식품 등이 제4조부터 제6조까지, 제7조 제4항, 제8조, 제9조 제4항 또는 제9조의3을 위반하여 국민 건강에 위해가 발생하거나 발생할 우려가 있는 경우에는 지체 없이 식품의약품안전처장에게 보고하여야 한다.

ⓛ 자가품질검사(식품위생법 시행규칙 제31조), [별표12]자가품질검사기준
        ⓐ 자가품질검사주기의 적용시점은 제품제조일을 기준으로 산정한다.
        ⓑ 자가품질검사에 관한 기록서는 2년간 보관하여야 한다.
    ⓒ 자가품질검사의무의 면제(식품위생법 제31조의2) : 식품의약품안전처장 또는 시·도지사는 제48조 제3항에 따른 식품안전관리인증기준적용업소가 다음 각 호에 해당하는 경우에는 제31조 제1항에도 불구하고 총리령으로 정하는 바에 따라 자가품질검사를 면제할 수 있다.
        1. 제48조 제3항에 따른 식품안전관리인증기준적용업소가 제31조 제1항에 따른 검사가 포함된 식품안전관리인증기준을 지키는 경우
        2. 제48조 제8항에 따른 조사·평가 결과 그 결과가 우수하다고 총리령으로 정하는 바에 따라 식품의약품안전처장이 인정하는 경우

> **법시행규칙 제31조의2 (자가품질검사의무의 면제)**
>
> 법 제31조의2 제2호에 따라 식품안전관리인증기준적용업소의 자가품질검사 의무를 면제하는 경우는 해당 식품안전관리인증기준적용업소에 대하여 제66조 제1항에 따른 조사·평가를 한 결과가 만점의 95퍼센트 이상인 경우로 한다.

③ 식품 회수(Recall)제도
    ㉠ 회수제도는 식품 등이 식품위생상의 위해가 발생하였거나 발생할 우려가 있다고 인정된 경우 영업자가 유통 중인 당해 식품 등을 회수하여 소비자의 피해를 최소화하고 소비자를 보호하기 위한 제도로 1995년 「식품위생법」에 도입되었으며, 일반회수명령과 긴급회수명령으로 구분된다.
    ㉡ 분류
        ⓐ 일반회수 : 식품 등을 섭취하거나 사용할 때 수입업자 또는 판매업자가 식품위생상의 위해가 발생했거나 발생할 우려가 있다고 인정할 때 지체 없이 그 사실을 국민에게 알리고 유통 중인 식품 등을 자진회수하는 것
        ⓑ 긴급회수 : 식품 등에 병원성 미생물, 유독 유해물질이 들어있거나 오염되어 인체에 해를 주었거나 사망자가 발생한 경우 또는 가능성이 있다고 인정될 때 식약처장, 시·도지사, 시장·군수·구청장 등은 식품회수평가위원회를 거치지 않고 영업자에게 유통 중인 식품 등을 회수하도록 명하여 업체가 제품을 회수하도록 하는 것

④ 식품 제조물 책임법(PL법) 기출
    ㉠ 물품을 제조하거나 가공한 자에게 그 물품의 결함으로 인해 발생한 생명·신체의 손상 또는 재산상의 손해에 대해 무과실책임의 손해배상의무를 지우는 법이다.
    ㉡ 제조물의 결함으로 발생한 손해에 대한 제조업체 등의 손해배상책임을 규정함으로써 피해자 보호를 도모하고 국민생활의 안전향상과 국민경제의 건전한 발전에 이바지함을 목적으로 한다.

⑤ 음식점 위생등급제
    ㉠ 음식점 위생등급제란? 영업자가 자율로 위생등급평가를 신청하고 평가점수에 따라 등급 지정·홍보하여 음식점의 위생수준 향상과 소비자에게 음식점 선택권을 제공하는 제도

(2017년 5월 19일부터 시행)

ⓛ 「음식점 위생등급제」 제도의 개요, 등급표시, 평가방법
- 음식점의 위생수준이 우수한 업소에 한하여 등급을 지정하는 제도
- 등급표시는 '매우 우수', '우수', '좋음' 3단계로 등급 부여
- 평가는 한국식품안전관리인증원에 위탁하여 평가를 실시하고, 평가결과 90점 이상인 경우 '매우 우수', 85점 이상 90점 미만인 경우 '우수', 80점 이상 85점 미만인 경우 '좋음'으로 등급을 지정
- 위생등급제 참여업소는 2년간 출입·검사를 면제하고, 위생등급 표지판 제공, 식품진흥기금을 활용한 시설·설비 개·보수 등 지원 혜택

ⓒ 관련법령 및 고시
- 식품위생법 제47조의 2(식품접객업소의 위생등급 지정 등)
- 식품위생법 시행령 제32조의 2(위생등급 지정에 관한 업무의 위탁)
- 식품위생법 시행규칙 제61조의 2(위생등급의 지정철차 등), 3(위생등급의 유효기간의 연장)
- 「음식점 위생등급 지정 및 운영관리 규정」

ⓒ 적용대상
- 적용대상영업자
  식품접객업소 영업자 중 휴게음식점영업자, 일반음식점영업자, 제과점영업자
- 신청 대상
  - 신규로 위생등급을 지정받으려고 하는 경우
  - 위생등급을 지정받은 날로부터 6개월이 경과된 경우
  - 재평가 결과 최종적으로 등급보류조치를 통보받은 경우 그 날부터 6개월이 경과된 경우

ⓜ 위생등급의 유효기간은 위생등급을 지정한 날로부터 2년으로 함

ⓗ 지정마크
- 표지판에는 음식점 고유의 위생등급 지정번호, 상호명, 소재지 및 유효기간 표기
- 지정받는 등급에 따라 '매우 우수(★★★)', '우수(★★)', '좋음(★)'으로 표시
- 위생등급 표지판에는 지정기관(식품의약품안전처 또는 지자체)의 로고와 기관명 표기
- 우리나라 「음식점 위생등급제」 표지판

| 매우 우수 | 우수 | 좋음 |

식품위생관련 법규

1 식품위생법에 사용하는 용어의 뜻(식품위생법 제2조)

1. "식품"이란 모든 음식물(의약으로 섭취하는 것은 제외한다)을 말한다.
2. "식품첨가물"이란 식품을 제조·가공·조리 또는 보존하는 과정에서 감미(甘味), 착색(着色), 표백(漂白) 또는 산화방지 등을 목적으로 식품에 사용되는 물질을 말한다. 이 경우 기구(器具)·용기·포장을 살균·소독하는 데에 사용되어 간접적으로 식품으로 옮아갈 수 있는 물질을 포함한다.
3. "화학적 합성품"이란 화학적 수단으로 원소(元素) 또는 화합물에 분해 반응 외의 화학 반응을 일으켜서 얻은 물질을 말한다.
4. "기구"란 다음 각 목의 어느 하나에 해당하는 것으로서 식품 또는 식품첨가물에 직접 닿는 기계·기구나 그 밖의 물건(농업과 수산업에서 식품을 채취하는 데에 쓰는 기계·기구나 그 밖의 물건 및 「위생용품 관리법」 제2조 제1호에 따른 위생용품은 제외한다)을 말한다.
   가. 음식을 먹을 때 사용하거나 담는 것
   나. 식품 또는 식품첨가물을 채취·제조·가공·조리·저장·소분[(小分): 완제품을 나누어 유통을 목적으로 재포장하는 것을 말한다. 이하 같다]·운반·진열할 때 사용하는 것

> 「위생용품 관리법」 제2조 제1호
> 제2조(정의) 이 법에서 사용하는 용어의 뜻은 다음과 같다.
>   1. "위생용품"이란 보건위생을 확보하기 위하여 특별한 위생관리가 필요한 용품으로서 다음 각 목의 구분에 따른 용품을 말한다.
>   가. 세척제로서 다음의 어느 하나에 해당하는 것
>   1) 야채, 과일 등을 씻는 데 사용되는 제제(製劑)
>   2) 식품의 용기나 가공기구, 조리기구 등을 씻는 데 사용되는 제제
>   나. 헹굼보조제: 자동식기세척기의 최종 헹굼과정에서 식기류에 남아있는 잔류물 제거, 건조 촉진 등 보조적 역할을 위하여 사용되는 제제
>   다. 위생물수건: 「식품위생법」 제36조 제1항 제3호에 따른 식품접객업의 영업소에서 손을 닦는 용도 등으로 사용할 수 있도록 포장된 물수건
>   라. 기타 위생용품
>   1) 일회용 컵·숟가락·젓가락·포크·나이프·빨대
>   2) 화장지, 일회용 행주·타월·종이냅킨, 「식품위생법」 제36조 제1항 제3호에 따른 식품접객업의 영업소에서 손을 닦는 용도 등으로 사용할 수 있도록 포장된 물티슈
>   3) 일회용 이쑤시개·면봉·기저귀
>   4) 그 밖에 대통령령으로 정하는 것

5. "용기·포장"이란 식품 또는 식품첨가물을 넣거나 싸는 것으로서 식품 또는 식품첨가물을 주고받을 때 함께 건네는 물품을 말한다.

5의2. "공유주방"이란 식품의 제조·가공·조리·저장·소분·운반에 필요한 시설 또는 기계·기구 등을 여러 영업자가 함께 사용하거나, 동일한 영업자가 여러 종류의 영업에 사용할 수 있는 시설 또는 기계·기구 등이 갖춰진 장소를 말한다.

6. "위해"란 식품, 식품첨가물, 기구 또는 용기·포장에 존재하는 위험요소로서 인체의 건강을 해치거나 해칠 우려가 있는 것을 말한다. **기출**

7~8. 삭제〈2018.3.13.〉

9. "영업"이란 식품 또는 식품첨가물을 채취·제조·가공·조리·저장·소분·운반 또는 판매하거나 기구 또는 용기·포장을 제조·운반·판매하는 업(농업과 수산업에 속하는 식품 채취업은 제외한다. 이하 이 호에서 "식품제조업등"이라 한다)을 말한다. 이 경우 공유주방을 운영하는 업과 공유주방에서 식품제조업등을 영위하는 업을 포함한다.

10. "영업자"란 제37조 제1항에 따라 영업허가를 받은 자나 같은 조 제4항에 따라 영업신고를 한 자 또는 같은 조 제5항에 따라 영업등록을 한 자를 말한다.

11. "식품위생"이란 식품, 식품첨가물, 기구 또는 용기·포장을 대상으로 하는 음식에 관한 위생을 말한다.

12. "집단급식소"란 영리를 목적으로 하지 아니하면서 특정 다수인에게 계속하여 음식물을 공급하는 다음 각 목의 어느 하나에 해당하는 곳의 급식시설로서 대통령령으로 정하는 시설을 말한다. **기출**
    가. 기숙사
    나. 학교, 유치원, 어린이집
    다. 병원
    라. 「사회복지사업법」 제2조 제4호의 사회복지시설
    마. 산업체
    바. 국가, 지방자치단체 및 「공공기관의 운영에 관한 법률」 제4조 제1항에 따른 공공기관
    사. 그 밖의 후생기관 등

> **법시행령 제2조(집단급식소의 범위)**
> 집단급식소는 1회 50명 이상에게 식사를 제공하는 급식소를 말한다.

13. "식품이력추적관리"란 식품을 제조·가공단계부터 판매단계까지 각 단계별로 정보를 기록·관리하여 그 식품의 안전성 등에 문제가 발생할 경우 그 식품을 추적하여 원인을 규명하고 필요한 조치를 할 수 있도록 관리하는 것을 말한다.

14. "식중독"이란 식품 섭취로 인하여 인체에 유해한 미생물 또는 유독물질에 의하여 발생하였거나 발생한 것으로 판단되는 감염성 질환 또는 독소형 질환을 말한다.

15. "집단급식소에서의 식단"이란 급식대상 집단의 영양섭취기준에 따라 음식명, 식재료, 영양성분, 조리방법, 조리인력 등을 고려하여 작성한 급식계획서를 말한다.

2 판매 등 금지

(1) 위해식품 등의 판매 등 금지(식품위생법 제4조)

누구든지 다음 각 호의 어느 하나에 해당하는 식품등을 판매하거나 판매할 목적으로 채취·제조·수입·가공·사용·조리·저장·소분·운반 또는 진열하여서는 아니 된다.

1. 썩거나 상하거나 설익어서 인체의 건강을 해칠 우려가 있는 것
2. 유독·유해물질이 들어 있거나 묻어 있는 것 또는 그러할 염려가 있는 것. 다만, 식품의약품안전처장이 인체의 건강을 해칠 우려가 없다고 인정하는 것은 제외한다.
3. 병(病)을 일으키는 미생물에 오염되었거나 그러할 염려가 있어 인체의 건강을 해칠 우려가 있는 것
4. 불결하거나 다른 물질이 섞이거나 첨가(添加)된 것 또는 그 밖의 사유로 인체의 건강을 해칠 우려가 있는 것
5. 제18조에 따른 안전성 심사 대상인 농·축·수산물 등 가운데 안전성 심사를 받지 아니하였거나 안전성 심사에서 식용(食用)으로 부적합하다고 인정된 것
6. 수입이 금지된 것 또는 「수입식품안전관리 특별법」 제20조 제1항에 따른 수입신고를 하지 아니하고 수입한 것
7. 영업자가 아닌 자가 제조·가공·소분한 것

(2) 병든 동물 고기 등의 판매 등 금지(식품위생법 제5조) 기출

누구든지 총리령으로 정하는 질병에 걸렸거나 걸렸을 염려가 있는 동물이나 그 질병에 걸려 죽은 동물의 고기·뼈·젖·장기 또는 혈액을 식품으로 판매하거나 판매할 목적으로 채취·수입·가공·사용·조리·저장·소분 또는 운반하거나 진열하여서는 아니 된다.

> 법시행규칙 제4조(판매 등이 금지되는 병든 동물 고기 등)
>
> 법 제5조에서 "총리령으로 정하는 질병"이란 다음 각 호의 질병을 말한다.
> 1. 「축산물 위생관리법 시행규칙」 별표 3 제1호다목에 따라 도축이 금지되는 가축전염병
> 2. 리스테리아병, 살모넬라병, 파스튜렐라병 및 선모충증
>
> > 「축산물 위생관리법 시행규칙」 별표3
> > 1. 도축하는 가축의 검사기준
> >   다. 검사관은 가축의 검사 결과 다음에 해당되는 가축에 대해서는 도축을 금지하도록 하여야 한다.
> >   1) 다음의 가축질병에 걸렸거나 걸렸다고 믿을 만한 역학조사·정밀검사 결과나 임상증상이 있는 가축
> >   가) 우역(牛疫)·우폐역(牛肺疫)·구제역(口蹄疫)·탄저(炭疽)·기종저(氣腫疽)·블루텅병·리프트계곡열·럼프스킨병·가성우역(假性牛疫)·소유행열·결핵병(結核病)·브루셀라병·요네병(전신증상을 나타낸 것만 해당한다)·스크래피·소해면상뇌증(海綿狀腦症: BSE)·소류코시스(임상증상을 나타낸 것만 해당한다)·아나플라즈마병(아나플라즈마 마지나레만 해당한다)·바베시아병(바베시아 비제미나 및 보비스만 해당한

다) · 타이레리아병(타이레리아 팔마 및 에눌라타만 해당한다)

나) 돼지열병 · 아프리카돼지열병 · 돼지수포병(水疱病) · 돼지텟센병 · 돼지단독 · 돼지일 본뇌염

다) 양두(羊痘) · 수포성구내염(水疱性口內炎) · 비저(鼻疽) · 말전염성빈혈 · 아프리카마역 (馬疫) · 광견병(狂犬病)

라) 뉴캣슬병 · 가금콜레라 · 추백리(雛白痢) · 조류(鳥類)인플루엔자 · 닭전염성후두기관 염 · 닭전염성기관지염 · 가금티프스

마) 현저한 증상을 나타내거나 인체에 위해를 끼칠 우려가 있다고 판단되는 파상풍 · 농독증 · 패혈증 · 요독증 · 황달 · 수종 · 종양 · 중독증 · 전신쇠약 · 전신빈혈증 · 이상고열증 상 · 주사반응(생물학적제제에 의하여 현저한 반응을 나타낸 것만 해당한다)

2) 강제로 물을 먹였거나 먹였다고 믿을 만한 역학조사 · 정밀검사 결과나 임상증상이 있는 가축

(3) 기준 · 규격이 정하여지지 아니한 화학적 합성품 등의 판매 등 금지(식품위생법 제6조)

누구든지 다음 각 호의 어느 하나에 해당하는 행위를 하여서는 아니 된다. 다만, 식품의약품안전처장이 제57조에 따른 식품위생심의위원회(이하 "심의위원회"라 한다)의 심의를 거쳐 인체의 건강을 해칠 우려가 없다고 인정하는 경우에는 그러하지 아니하다.

1. 제7조 제1항 및 제2항에 따라 기준 · 규격이 정하여지지 아니한 화학적 합성품인 첨가물과 이를 함유한 물질을 식품첨가물로 사용하는 행위

2. 제1호에 따른 식품첨가물이 함유된 식품을 판매하거나 판매할 목적으로 제조 · 수입 · 가공 · 사용 · 조리 · 저장 · 소분 · 운반 또는 진열하는 행위

(4) 유독기구 등의 판매 · 사용금지(식품위생법 제8조)

유독 · 유해물질이 들어 있거나 묻어 있어 인체의 건강을 해칠 우려가 있는 기구 및 용기 · 포장과 식품 또는 식품첨가물에 직접 닿으면 해로운 영향을 끼쳐 인체의 건강을 해칠 우려가 있는 기구 및 용기 · 포장을 판매하거나 판매할 목적으로 제조 · 수입 · 저장 · 운반 · 진열하거나 영업에 사용하여서는 아니 된다.

3 식품등의 기준 및 규격

(1) 식품 또는 식품첨가물에 관한 기준 및 규격(식품위생법 제7조)

① 식품의약품안전처장은 국민 건강을 보호 · 증진하기 위하여 필요하면 판매를 목적으로 하는 식품 또는 식품첨가물에 관한 다음 각 호의 사항을 정하여 고시한다.

1. 제조 · 가공 · 사용 · 조리 · 보존 방법에 관한 기준

2. 성분에 관한 규격

② 식품의약품안전처장은 제1항에 따라 기준과 규격이 고시되지 아니한 식품 또는 식품첨가물의 기준과 규격을 인정받으려는 자에게 제1항 각 호의 사항을 제출하게 하여 「식품·의약품분야 시험·검사 등에 관한 법률」 제6조 제3항 제1호에 따라 식품의약품안전처장이 지정한 식품전문 시험·검사기관 또는 같은 조 제4항 단서에 따라 총리령으로 정하는 시험·검사기관의 검토를 거쳐 제1항에 따른 기준과 규격이 고시될 때까지 그 식품 또는 식품첨가물의 기준과 규격으로 인정할 수 있다.

③ 수출할 식품 또는 식품첨가물의 기준과 규격은 제1항 및 제2항에도 불구하고 수입자가 요구하는 기준과 규격을 따를 수 있다.

④ 제1항 및 제2항에 따라 기준과 규격이 정하여진 식품 또는 식품첨가물은 그 기준에 따라 제조·수입·가공·사용·조리·보존하여야 하며, 그 기준과 규격에 맞지 아니하는 식품 또는 식품첨가물은 판매하거나 판매할 목적으로 제조·수입·가공·사용·조리·저장·소분·운반·보존 또는 진열하여서는 아니 된다.

⑤ 식품의약품안전처장은 거짓이나 그 밖의 부정한 방법으로 제2항에 따른 기준 및 규격의 인정을 받은 자에 대하여 그 인정을 취소하여야 한다.

> **식품위생법 제7조4 (식품등의 기준 및 규격 관리계획 등)**
> ① 식품의약품안전처장은 관계 중앙행정기관의 장과의 협의 및 심의위원회의 심의를 거쳐 식품등의 기준 및 규격 관리 기본계획(이하 "관리계획"이라 한다)을 5년마다 수립·추진할 수 있다.

(2) 기구 및 용기·포장에 관한 기준 및 규격(식품위생법 제9조)

① 식품의약품안전처장은 국민보건을 위하여 필요한 경우에는 판매하거나 영업에 사용하는 기구 및 용기·포장에 관하여 다음 각 호의 사항을 정하여 고시한다.
  1. 제조 방법에 관한 기준
  2. 기구 및 용기·포장과 그 원재료에 관한 규격

② 식품의약품안전처장은 제1항에 따라 기준과 규격이 고시되지 아니한 기구 및 용기·포장의 기준과 규격을 인정받으려는 자에게 제1항 각 호의 사항을 제출하게 하여 「식품·의약품분야 시험·검사 등에 관한 법률」 제6조 제3항 제1호에 따라 식품의약품안전처장이 지정한 식품전문 시험·검사기관 또는 같은 조 제4항 단서에 따라 총리령으로 정하는 시험·검사기관의 검토를 거쳐 제1항에 따라 기준과 규격이 고시될 때까지 해당 기구 및 용기·포장의 기준과 규격으로 인정할 수 있다.

③ 수출할 기구 및 용기·포장과 그 원재료에 관한 기준과 규격은 제1항 및 제2항에도 불구하고 수입자가 요구하는 기준과 규격을 따를 수 있다.

④ 제1항 및 제2항에 따라 기준과 규격이 정하여진 기구 및 용기·포장은 그 기준에 따라 제조하여야 하며, 그 기준과 규격에 맞지 아니한 기구 및 용기·포장은 판매하거나 판매할 목적으로 제조·수입·저장·운반·진열하거나 영업에 사용하여서는 아니 된다.

4 위해평가(식품위생법 제15조)

① 식품의약품안전처장은 국내외에서 유해물질이 함유된 것으로 알려지는 등 위해의 우려가 제기되는 식품 등이 제4조 또는 제8조에 따른 식품 등에 해당한다고 의심되는 경우에는 그 식품 등의 위해요소를 신속히 평가하여 그것이 위해식품 등인지를 결정하여야 한다.

② 식품의약품안전처장은 제1항에 따른 위해평가가 끝나기 전까지 국민건강을 위하여 예방조치가 필요한 식품 등에 대하여는 판매하거나 판매할 목적으로 채취·제조·수입·가공·사용·조리·저장·소분·운반 또는 진열하는 것을 일시적으로 금지할 수 있다. 다만, 국민건강에 급박한 위해가 발생하였거나 발생할 우려가 있다고 식품의약품안전처장이 인정하는 경우에는 그 금지조치를 하여야 한다.

③ 식품의약품안전처장은 제2항에 따른 일시적 금지조치를 하려면 미리 심의위원회의 심의·의결을 거쳐야 한다. 다만, 국민건강을 급박하게 위해할 우려가 있어서 신속히 금지조치를 하여야 할 필요가 있는 경우에는 먼저 일시적 금지조치를 한 뒤 지체 없이 심의위원회의 심의·의결을 거칠 수 있다.

④ 심의위원회는 제3항 본문 및 단서에 따라 심의하는 경우 대통령령으로 정하는 이해관계인의 의견을 들어야 한다.

⑤ 식품의약품안전처장은 제1항에 따른 위해평가나 제3항 단서에 따른 사후 심의위원회의 심의·의결에서 위해가 없다고 인정된 식품 등에 대하여는 지체 없이 제2항에 따른 일시적 금지조치를 해제하여야 한다.

⑥ 제1항에 따른 위해평가의 대상, 방법 및 절차, 그 밖에 필요한 사항은 대통령령으로 정한다.

법시행령 제4조(위해평가의 대상등)

① 법 제15조 제1항에 따른 식품, 식품첨가물, 기구 또는 용기·포장(이하 "식품 등"이라 한다)의 위해평가(이하 "위해평가"라 한다) 대상은 다음 각 호로 한다.
   1. 국제식품규격위원회 등 국제기구 또는 외국 정부가 인체의 건강을 해칠 우려가 있다고 인정하여 판매하거나 판매할 목적으로 채취·제조·수입·가공·사용·조리·저장·소분(小分 : 완제품을 나누어 유통을 목적으로 재포장하는 것을 말한다. 이하 같다)·운반 또는 진열을 금지하거나 제한한 식품 등
   2. 국내외의연구·검사기관에서 인체의 건강을 해칠 우려가 있는 원료 또는 성분 등이 검출된 식품 등
   3. 「소비자기본법」 제29조에 따라 등록한 소비자단체 또는 식품 관련 학회가 위해평가를 요청한 식품 등으로서 법 제57조에 따른 식품위생심의위원회(이하 "심의위원회"라 한다)가 인체의 건강을 해칠 우려가 있다고 인정한 식품 등
   4. 새로운 원료·성분 또는 기술을 사용하여 생산·제조·조합되거나 안전성에 대한 기준 및 규격이 정하여지지 아니하여 인체의 건강을 해칠 우려가 있는 식품 등
② 위해평가에서 평가하여야 할 위해요소는 다음 각 호의 요인으로 한다.
   1. 잔류농약, 중금속, 식품첨가물, 잔류 동물용 의약품, 환경오염물질 및 제조·가공·조리과정에서 생성되는 물질 등 화학적 요인
   2. 식품 등의 형태 및 이물(異物) 등 물리적 요인
   3. 식중독 유발 세균 등 미생물적 요인

③ 위해평가는 다음 각 호의 과정을 순서대로 거친다. 다만, 식품의약품안전처장이 현재의 기술수준이나 위해요소의 특성에 따라 따로 방법을 정한 경우에는 그에 따를 수 있다. **기출**

  1. 위해요소의 인체 내 독성을 확인하는 위험성 확인과정

  2. 위해요소의 인체노출 허용량을 산출하는 위험성 결정과정

  3. 위해요소가 인체에 노출된 양을 산출하는 노출평가과정

  4. 위험성 확인과정, 위험성 결정과정 및 노출평가과정의 결과를 종합하여 해당 식품 등이 건강에 미치는 영향을 판단하는 위해도(危害度) 결정과정

5 식품위생감시원

(1) 식품위생감시원(식품위생법 제32조)

제22조 제1항에 따른 관계 공무원의 직무와 그 밖에 식품위생에 관한 지도 등을 하기 위하여 식품의약품안전처(대통령령으로 정하는 그 소속 기관을 포함한다), 특별시·광역시·특별자치시·도·특별자치도(이하 "시·도"라 한다) 또는 시·군·구(자치구를 말한다. 이하 같다)에 식품위생감시원을 둔다.

(2) 식품위생감시원의 자격 및 임명(법시행령 제16조)

제1항 법 제32조제1항에서 "대통령령으로 정하는 그 소속 기관"이란 지방식품의약품안전청을 말한다.

제2항 법 제32조 제1항에 따른 식품위생감시원은 식품의약품안전처장(지방식품의약품안전청장을 포함), 시·도지사 또는 시장·군수·구청장이 다음의 어느 하나에 해당하는 소속 공무원 중에서 임명한다.

  1. 위생사, 식품제조기사(식품기술사·식품기사·식품산업기사·수산제조기술사·수산제조기사 및 수산제조산업기사를 말한다. 이하 같다) 또는 영양사

  2. 「고등교육법」 제2조 제1호 및 제4호에 따른 대학 또는 전문대학에서 의학·한의학·약학·한약학·수의학·축산학·축산가공학·수산제조학·농산제조학·농화학·화학·화학공학·식품가공학·식품화학·식품제조학·식품공학·식품과학·식품영양학·위생학·발효공학·미생물학·조리학·생물학 분야의 학과 또는 학부를 졸업한 자 또는 이와 같은 수준 이상의 자격이 있는 자

  3. 외국에서 위생사 또는 식품제조기사의 면허를 받은 자나 제2호와 같은 과정을 졸업한 자로서 식약처장이 적당하다고 인정하는 자

  4. 1년 이상 식품위생행정에 관한 사무에 종사한 경험이 있는 자

제3항 식품의약품안전처장(지방식품의약품안전청장을 포함), 시·도지사 또는 시장·군수·구청장은 제2항 각 호의 요건에 해당하는 사람만으로는 식품위생감시원의 인력 확보가 곤란하다고 인정될 경우에는 식품위생행정에 종사하는 사람 중 소정의 교육을 2주 이상 받은 사람에 대하여 그 식품위생행정에 종사하는 기간 동안 식품위생감시원의 자격을 인정할 수 있다.

(3) 식품위생감시원의 직무(법시행령 제17조) [기출]

식품위생감시원의 직무는 다음 각호와 같다.

1. 식품 등의 위생적인 취급에 관한 기준의 이행 지도
2. 수입·판매 또는 사용 등이 금지된 식품 등의 취급 여부에 관한 단속
3. 「식품 등의 표시·광고에 관한 법률」 제4조부터 제8조까지의 규정에 따른 표시 또는 광고기준의 위반 여부에 관한 단속
4. 출입·검사 및 검사에 필요한 식품 등의 수거
5. 시설기준의 적합 여부의 확인·검사
6. 영업자 및 종업원의 건강진단 및 위생교육의 이행 여부의 확인·지도
7. 조리사 및 영양사의 법령 준수사항 이행 여부의 확인·지도
8. 행정처분의 이행 여부 확인
9. 식품 등의 압류·폐기 등
10. 영업소의 폐쇄를 위한 간판 제거 등의 조치
11. 그 밖에 영업자의 법령 이행 여부에 관한 확인·지도

(4) 식품위생감시원의 교육(법시행령 제17조의2)

제1항 식품의약품안전처장, 시·도지사 또는 시장·군수·구청장은 식품위생감시원을 대상으로 제17조에 따른 직무 수행에 필요한 전문지식과 역량을 강화하는 교육 프로그램을 운영하여야 한다.

제2항 식품의약품안전처장, 시·도지사 또는 시장·군수·구청장은 제1항에 따른 교육 프로그램을 국내외 교육기관 등에 위탁하여 실시할 수 있다.

제3항 식품위생감시원은 제1항에 따른 교육을 받아야 한다. 이 경우 교육의 방법·시간·내용 및 그 밖에 교육에 필요한 사항은 총리령으로 정한다.

법시행규칙 제31조의6(식품위생감시원의 교육시간 등)

① 법 제32조 제1항에 따른 식품위생감시원(이하 이 조에서 "식품위생감시원"이라 한다)은 영 제17조의2에 따라 매년 7시간 이상 식품위생감시원 직무교육을 받아야 한다. 다만, 식품위생감시원으로 임명된 최초의 해에는 21시간 이상을 받아야 한다.

② 영 제17조의2에 따른 식품위생감시원 직무교육에는 다음 각 호의 내용이 포함되어야 한다.
  1. 식품안전 법령에 관한 사항
  2. 식품 등의 기준 및 규격에 관한 사항
  3. 영 제17조에 따른 식품위생감시원의 직무에 관한 사항
  4. 그 밖에 제1호부터 제3호까지에 준하는 사항으로서 식품의약품안전처장, 시·도지사 또는 시장·군수·구청장이 식품위생감시원의 전문성 및 직무역량 강화를 위해 필요하다고 인정하는 사항

6 영업 기출

(1) 시설기준(식품위생법 제36조)

① 다음의 영업을 하려는 자는 총리령으로 정하는 시설기준에 맞는 시설을 갖추어야 한다.
1. 식품 또는 식품첨가물의 제조업, 가공업, 운반업, 판매업 및 보존업
2. 기구 또는 용기ㆍ포장의 제조업
3. 식품접객업
4. 공유주방 운영업(제2조 제5호의2에 따라 여러 영업자가 함께 사용하는 공유주방을 운영하는 경우로 한정한다. 이하 같다)

② 제1항에 따른 시설은 영업을 하려는 자별로 구분되어야 한다. 다만, 공유주방을 운영하는 경우에는 그러하지 아니하다.

(2) 허가를 받아야 하는 영업 및 허가관청(법시행령 제23조)

법 제37조 제1항 전단에 따라 허가를 받아야 하는 영업 및 해당 허가관청은 다음 각 호와 같다
1. 제21조 제6호 가목의 식품조사처리업 : 식품의약품안전처장
2. 제21조 제8호 다목의 단란주점영업과 같은 호 라목의 유흥주점영업 : 특별자치시장ㆍ특별자치도지사 또는 시장ㆍ군수ㆍ구청장

(3) 등록하여야 하는 영업(법시행령 제26조의2)

제1항 법 제37조 제5항 본문에 따라 특별자치시장ㆍ특별자치도지사 또는 시장ㆍ군수ㆍ구청장에게 등록하여야 하는 영업은 다음과 같다. 다만, 제1호에 따른 식품제조ㆍ가공업 중 「주세법」 제2조 제1호의 주류를 제조하는 경우에는 식품의약품안전처장에게 등록하여야 한다.
1. 제21조 제1호의 식품제조ㆍ가공업
2. 제21조 제3호의 식품첨가물제조업
3. 제21조 제9호의 공유주방 운영업

7 식품취급자의 위생 기출

(1) 건강진단(식품위생법 제40조)

① 총리령으로 정하는 영업자 및 그 종업원은 건강진단을 받아야 한다. 다만, 다른 법령에 따라 같은 내용의 건강진단을 받는 경우에는 이 법에 따른 건강진단을 받은 것으로 본다.
② 제1항에 따라 건강진단을 받은 결과 타인에게 위해를 끼칠 우려가 있는 질병이 있다고 인정된 자는 그 영업에 종사하지 못한다.
③ 영업자는 제1항을 위반하여 건강진단을 받지 아니한 자나 제2항에 따른 건강진단 결과 타인에게 위해를 끼칠 우려가 있는 질병이 있는 자를 그 영업에 종사시키지 못한다.

④ 제1항에 따른 건강진단의 실시방법 등과 제2항 및 제3항에 따른 타인에게 위해를 끼칠 우려가 있는 질병의 종류는 총리령으로 정한다.

(2) 건강진단 대상자(법시행규칙 제49조)

제1항 법 제40조 제1항 본문에 따라 건강진단을 받아야 하는 사람은 식품 또는 식품첨가물(화학적 합성품 또는 기구 등의 살균·소독제는 제외)을 채취·제조·가공·조리·저장·운반 또는 판매하는 일에 직접 종사하는 영업자 및 종업원으로 한다. 다만, 완전 포장된 식품 또는 식품첨가물을 운반하거나 판매하는 일에 종사하는 사람은 제외한다.

제2항 제1항에 따라 건강진단을 받아야 하는 영업자 및 그 종업원은 영업 시작 전 또는 영업에 종사하기 전에 미리 건강진단을 받아야 한다.

제3항 제1항에 따른 건강진단은 「식품위생 분야 종사자의 건강진단 규칙」에서 정하는 바에 따른다.

> **식품위생 분야 종사자의 건간진단 규칙 제2조(건강진단항목 등)**
> ① 「식품위생법」(이하 "법"이라 한다) 제40조제1항 본문에 따른 건강진단(이하 "건강진단"이라 한다)의 항목은 다음 각 호와 같다.
> 1. 장티푸스
> 2. 파라티푸스
> 3. 폐결핵
> ② 법 제40조제1항 본문 및 같은 법 시행규칙 제49조제1항 본문에 따른 영업자 및 그 종업원은 매 1년마다 건강진단을 받아야 한다.
> ③ 건강진단의 유효기간은 1년으로 하며, 직전 건강진단의 유효기간이 만료되는 날의 다음 날부터 기산한다.
> ④ 건강진단은 건강진단의 유효기간 만료일 전후 각각 30일 이내에 실시해야 한다. 다만, 식품의약품안전처장 또는 특별자치시장·특별자치도지사·시장·군수·구청장은 천재지변, 사고, 질병 등의 사유로 건강진단 대상자가 건강진단 실시기간 이내에 건강진단을 받을 수 없다고 인정하는 경우에는 1회에 한하여 1개월 이내의 범위에서 그 기한을 연장할 수 있다.
> ⑤ 제4항에도 불구하고 식품의약품안전처장이 「감염병의 예방 및 관리에 관한 법률」에 따른 감염병의 유행으로 인하여 제3조에 따른 실시 기관에서 정상적으로 건강진단을 받을 수 없다고 인정하는 경우에는 해당 사유가 해소될 때까지 건강진단을 유예할 수 있다.
> ⑥ 제5항에 따른 건강진단의 유예기간 및 방법 등에 관하여 필요한 사항은 식품의약품안전처장이 정하여 공고한다.

(3) 영업에 종사하지 못하는 질병의 종류(법시행규칙 제50조)

법 제40조 제4항에 따라 영업에 종사하지 못하는 사람은 다음의 질병에 걸린 사람으로 한다.
1. 「감염병의 예방 및 관리에 관한 법률」 제2조 제3호가목에 따른 결핵(비감염성인 경우는 제외한다)
2. 「감염병의 예방 및 관리에 관한 법률 시행규칙」 제33조 제1항 각 호의 어느 하나에 해당하는 감염병

> **감염병의 예방 및 관리에 관한 법률 시행규칙 제33조(업무 종사의 일시 제한)**
>
> ① 법 제45조 제1항에 따라 일시적으로 업무 종사의 제한을 받는 감염병환자 등은 다음 각 호의 감염병에 해당하는 감염병환자등으로 하고, 그 제한 기간은 감염력이 소멸되는 날까지로 한다.
>
> | | | |
> |---|---|---|
> | 1. 콜레라 | 2. 장티푸스 | 3. 파라티푸스 |
> | 4. 세균성이질 | 5. 장출혈성대장균감염증 | 6. A형간염 |

3. 피부병 또는 그 밖의 고름형성(화농성) 질환
4. 후천성면역결핍증(「감염병의 예방 및 관리에 관한 법률」 제19조에 따라 성매개감염병에 관한 건강진단을 받아야 하는 영업에 종사하는 사람만 해당한다)

8 식품위생교육(식품위생법 제41조)

① 대통령령으로 정하는 영업자 및 유흥종사자를 둘 수 있는 식품접객업 영업자의 종업원은 매년 식품위생에 관한 교육(이하 "식품위생교육"이라 한다)을 받아야 한다.

> **법시행령 제27조(식품위생교육의 대상)**
>
> 법 제41조제1항에서 "대통령령으로 정하는 영업자"란 다음 각 호의 영업자를 말한다.
> 1. 제21조제1호의 식품제조·가공업자
> 2. 제21조제2호의 즉석판매제조·가공업자
> 3. 제21조제3호의 식품첨가물제조업자
> 4. 제21조제4호의 식품운반업자
> 5. 제21조제5호의 식품소분·판매업자(식용얼음판매업자 및 식품자동판매기영업자는 제외한다)
> 6. 제21조제6호의 식품보존업자
> 7. 제21조제7호의 용기·포장류제조업자
> 8. 제21조제8호의 식품접객업자
> 9. 제21조제9호의 공유주방 운영업자

② 제36조 제1항 각 호에 따른 영업을 하려는 자는 미리 식품위생교육을 받아야 한다. 다만, 부득이한 사유로 미리 식품위생교육을 받을 수 없는 경우에는 영업을 시작한 뒤에 식품의약품안전처장이 정하는 바에 따라 식품위생교육을 받을 수 있다.

③ 제1항 및 제2항에 따라 교육을 받아야 하는 자가 영업에 직접 종사하지 아니하거나 두 곳 이상의 장소에서 영업을 하는 경우에는 종업원 중에서 식품위생에 관한 책임자를 지정하여 영업자 대신 교육을 받게 할 수 있다. 다만, 집단급식소에 종사하는 조리사 및 영양사(「국민영양관리법」 제15조에 따라 영양사 면허를 받은 사람을 말한다. 이하 같다)가 식품위생에 관한 책임자로 지정되어 제56조 제1항 단서에 따라 교육을 받은 경우에는 제1항 및 제2항에 따른 해당 연도의 식품위생교육을 받은 것으로 본다.

④ 제2항에도 불구하고 다음 각 호의 어느 하나에 해당하는 면허를 받은 자가 제36조 제1항 제3호에 따른 식품접객업을 하려는 경우에는 식품위생교육을 받지 아니하여도 된다.
1. 제53조에 따른 조리사 면허

2. 「국민영양관리법」 제15조에 따른 영양사 면허

3. 「공중위생관리법」 제6조의2에 따른 위생사 면허

⑤ 영업자는 특별한 사유가 없는 한 식품위생교육을 받지 아니한 자를 그 영업에 종사하게 하여서는 아니 된다.

⑥ 식품위생교육은 집합교육 또는 정보통신매체를 이용한 원격교육으로 실시한다. 다만, 제2항(제88조 제3항에서 준용하는 경우를 포함한다)에 따라 영업을 하려는 자가 미리 받아야 하는 식품위생교육은 집합교육으로 실시한다.

⑦ 제6항에도 불구하고 식품위생교육을 받기 어려운 도서·벽지 등의 영업자 및 종업원인 경우 또는 식품의약품안전처장이 「감염병의 예방 및 관리에 관한 법률」 제2조에 따른 감염병이 유행하여 국민건강을 해칠 우려가 있다고 인정하는 경우 등 불가피한 사유가 있는 경우에는 총리령으로 정하는 바에 따라 식품위생교육을 실시할 수 있다.

> **법시행규칙 제54조(도서·벽지 등의 영업자 등에 대한 식품위생교육)**
> ① 법 제41조 제7항에 따라 식품위생교육을 실시하는 경우에는 다음 각 호의 구분에 따른다.
> 　　1. 도서·벽지 등의 영업자 및 종업원의 경우 : 제53조에 따른 교육교재를 배부하여 학습하도록 하는 방법(법 제41조 제1항에 따라 식품위생교육을 받아야 하는 사람으로서 허가관청·신고관청 또는 등록관청이 인정하는 경우만 해당한다)
> 　　2. 그 밖의 경우 : 정보통신매체를 이용한 원격교육의 방법
> ② 법 제41조 제2항에 따른 식품위생교육 대상자 중 영업준비상 사전교육을 받기가 곤란하다고 허가관청, 신고관청 또는 등록관청이 인정하는 자에 대해서는 영업허가를 받거나 영업신고 또는 영업등록을 한 후 6개월 이내에 허가관청, 신고관청 또는 등록관청이 정하는 바에 따라 식품위생교육을 받게 할 수 있다.

9 위해식품 회수제도

(1) 위해식품 등의 회수(식품위생법 제45조)

제1항 판매의 목적으로 식품 등을 제조·가공·소분·수입 또는 판매한 영업자(「수입식품안전관리특별법」 제15조에 따라 등록한 수입식품 등 수입·판매업자를 포함한다. 이하 이 조에서 같다)는 해당 식품 등이 제4조부터 제6조까지, 제7조 제4항, 제8조, 제9조 제4항, 제9조의3 또는 제12조의2 제2항을 위반한 사실(식품 등의 위해와 관련이 없는 위반사항을 제외한다)을 알게 된 경우에는 지체 없이 유통 중인 해당 식품 등을 회수하거나 회수하는 데에 필요한 조치를 하여야 한다. 이 경우 영업자는 회수계획을 식품의약품안전처장, 시·도지사 또는 시장·군수·구청장에게 미리 보고하여야 하며, 회수결과를 보고받은 시·도지사 또는 시장·군수·구청장은 이를 지체 없이 식품의약품안전처장에게 보고하여야 한다. 다만, 해당 식품 등이 「수입식품안전관리 특별법」에 따라 수입한 식품 등이고, 보고의무자가 해당 식품 등을 수입한 자인 경우에는 식품의약품안전처장에게 보고하여야 한다.

제2항 식품의약품안전처장, 시·도지사 또는 시장·군수·구청장은 제1항에 따른 회수에 필요한 조치를 성실히 이행한 영업자에 대하여 해당 식품등으로 인하여 받게 되는 제75조 또는 제76조

에 따른 행정처분을 대통령령으로 정하는 바에 따라 감면할 수 있다.

제3항 제1항에 따른 회수대상 식품 등·회수계획·회수절차 및 회수결과 보고 등에 관하여 필요한 사항은 총리령으로 정한다.

(2) 위해식품 등을 회수한 영업자에 대한 행정처분의 감면(법시행령 제31조)

① 회수계획량의 5분의 4 이상을 회수한 경우 : 그 위반행위에 대한 행정처분을 면제

② 회수계획량의 3분의 1 이상을 회수한 경우

　㉠ 영업허가 취소, 등록취소 또는 영업소 폐쇄인 경우에는 영업정지 2개월 이상 6개월 이하의 범위에서 처분

　㉡ 행정처분기준이 영업정지 또는 품목·품목류의 제조정지인 경우에는 정지처분기간의 3분의 2 이하의 범위에서 경감

③ 회수계획량의 4분의 1 이상 3분의 1 미만을 회수한 경우

　㉠ 행정처분기준이 영업허가 취소, 등록취소 또는 영업소 폐쇄인 경우에는 영업정지 3개월 이상 6개월 이하의 범위에서 처분

　㉡ 행정처분기준이 영업정지 또는 품목·품목류의 제조정지인 경우에는 정지처분기간의 2분의 1 이하의 범위에서 경감

🔟 이물

(1) 식품 등의 이물 발견보고 등(식품위생법 제46조)

제1항 판매의 목적으로 식품 등을 제조·가공·소분·수입 또는 판매하는 영업자는 소비자로부터 판매제품에서 식품의 제조·가공·조리·유통 과정에서 정상적으로 사용된 원료 또는 재료가 아닌 것으로서 섭취할 때 위생상 위해가 발생할 우려가 있거나 섭취하기에 부적합한 물질[이하 "이물(異物)"이라 한다]을 발견한 사실을 신고 받은 경우 지체 없이 이를 식품의약품안전처장, 시·도지사 또는 시장·군수·구청장에게 보고하여야 한다.

제2항 「소비자기본법」에 따른 한국소비자원 및 소비자단체와 「전자상거래 등에서의 소비자보호에 관한 법률」에 따른 통신판매중개업자로서 식품접객업소에서 조리한 식품의 통신판매를 전문적으로 알선하는 자는 소비자로부터 이물 발견의 신고를 접수하는 경우 지체 없이 이를 식품의약품안전처장에게 통보하여야 한다.

제3항 시·도지사 또는 시장·군수·구청장은 소비자로부터 이물 발견의 신고를 접수하는 경우 이를 식품의약품안전처장에게 통보하여야 한다.

제4항 식품의약품안전처장은 제1항부터 제3항까지의 규정에 따라 이물 발견의 신고를 통보받은 경우 이물혼입 원인 조사를 위하여 필요한 조치를 취하여야 한다.

제5항 제1항에 따른 이물 보고의 기준·대상 및 절차 등에 필요한 사항은 총리령으로 정한다.

(2) 이물 보고의 대상 등(법시행규칙 제60조)

제1항 법 제46조 제1항에 따라 영업자가 지방식품의약품안전청장, 시·도지사 또는 시장·군수·구청장에게 보고하여야 하는 이물(異物)은 다음의 어느 하나에 해당하는 물질을 말한다.

1. 금속성 이물, 유리조각 등 섭취과정에서 인체에 직접적인 위해나 손상을 줄 수 있는 재질 또는 크기의 물질

2. 기생충 및 그 알, 동물의 사체 등 섭취과정에서 혐오감을 줄 수 있는 물질

3. 그 밖에 인체의 건강을 해칠 우려가 있거나 섭취하기에 부적합한 물질로서 식품의약품안전처장이 인정하는 물질

제2항 법 제46조 제1항에 따라 이물의 발견 사실을 보고하려는 자는 별지 제51호서식의 이물보고서(전자문서로 된 보고서를 포함한다)에 사진, 해당 식품 등 증거자료를 첨부하여 관할 지방식품의약품안전청장, 시·도지사 또는 시장·군수·구청장에게 제출하여야 한다.

제3항 제2항에 따라 이물 보고를 받은 관할 지방식품의약품안전청장, 시·도지사 또는 시장·군수·구청장은 다음에 따라 구분하여 식품의약품안전처장에게 통보하여야 한다.

1. 제1항의 제1호에 해당하는 이물 또는 같은 항의 제2호·제3호 중 식품의약품안전처장이 위해 우려가 있다고 정하는 이물의 경우 : 보고받은 즉시 통보

2. 제1호 외의 이물의 경우 : 월별로 통보

제4항 제1항부터 제3항까지의 규정에 따른 보고 대상 이물의 범위, 크기, 재질 및 보고 방법 등 세부적인 사항은 식품의약품안전처장이 정하여 고시한다.

(3) 「보고대상 이물의 범위와 조사·절차 등에 관한 규정」

① 정의(제2조)

㉠ 이물(異物) : 식품, 식품첨가물 및 축산물(이하 "식품 등"이라 한다)의 제조·가공·조리·유통과정에서 정상적으로 사용된 원료 또는 재료가 아닌 것으로서 섭취할 때 위생상 위해가 발생할 우려가 있거나 섭취하기에 부적합한 물질을 말한다. 다만, 「식품위생법」 제7조 및 「축산물 위생관리법」 제4조에 따라 식품의 기준 및 규격에서 정한 경우로서 다른 식물이나 원료식물의 표피, 토사 또는 원료육의 털이나 뼈 등과 같이 실제에 있어 정상적인 제조·가공상 완전히 제거되지 아니하고 잔존하는 경우의 이물로서 그 양이 적고 일반적으로 인체의 건강을 해할 우려가 없는 것은 제외

㉡ 조사기관 : 이물 혼입 원인조사를 실시하는 식품의약품안전처장, 지방식품의약품안전청장, 특별시장·광역시장·특별자치시장·도지사·특별자치도지사(이하 "시·도지사"라 한다), 시장·군수·구청장(자치구의 구청장을 말한다. 이하 같다)을 말한다.

② 보고대상 이물의 범위 등(제3조) 기출

발견 사실을 보고하여야 하는 이물은 육안으로 식별 가능하고 식품등과 직접 접촉하고 있는 다음 각 호에 해당하는 이물을 말한다.

1. 섭취과정에서 인체에 직접적인 위해나 손상을 줄 수 있는 재질이나 크기의 이물 : 3밀리미터(mm) 이상 크기의 유리·플라스틱·사기 또는 금속성 재질의 물질

2. 섭취과정에서 혐오감을 줄 수 있는 이물

가. 쥐 등 동물의 사체 또는 그 배설물

나. 파리, 바퀴벌레 등 곤충류

다. 기생충 및 그 알(축·수산물을 주원료로 제조한 식품 등에서 발견되는 원생물에 기생하는 기생충으로서 제조·가공과정에서 사멸되어 인체의 건강을 해칠 우려가 없는 것은 제외)

3. 그 밖에 인체의 건강을 해칠 우려가 있거나 섭취하기에 부적합한 이물

가. 컨베이어벨트 등 고무류

나. 이쑤시개(전분재질은 제외) 등 나무류

다. 돌, 모래 등 토사류

라. 그 밖에 위 각 목에 준하는 것으로서 식품의약품안전처장이 인정하는 이물

③ 보고 대상 영업자 등(제4조)

제1항 「식품위생법 시행규칙」 제60조 제2항 및 「축산물 위생관리법 시행령」 제26조의6에 따라 '이물 발견 사실을 보고하려는 자'란 다음 각 호의 영업자를 말한다.

1. 「식품위생법 시행령」 제21조 제1호의 식품제조·가공업자, 같은 조 제3호의 식품첨가물 제조업자, 같은 조 제5호가목의 식품소분업자, 같은 조 제5호나목3)의 유통전문판매업자

2. 「수입식품안전관리 특별법」 제14조 제1항 제1호의 수입식품등 수입·판매업자

3. 「축산물 위생관리법 시행령」 제26조6의 제1호의 축산물가공업자, 같은 조 제2호의 식육포장처리업자, 같은 조 제3호의 축산물유통전문판매업자

제2항 제1항에서 정한 보고 대상 영업자에도 불구하고 발견 당시 살아 있는 곤충의 경우에는 제1항 제1호의 식품제조·가공업자, 식품첨가물제조업자, 유통전문판매업자, 같은 항 제3호의 축산물가공업자, 식육포장처리업자, 축산물유통전문판매업자는 보고 대상 영업자에서 제외한다.

④ 이물 원인조사 실시 등(제6조)

제1항 조사기관은 제5조에 따라 이물 발견 사실에 대하여 다음 각 호의 구분에 따라 원인조사를 실시하여야 한다.

1. 제3조 제1호 및 제2호가목에 해당하는 이물 : 식품의약품안전처장, 지방식품의약품안전청장

2. 제3조 제1호 및 제2호가목 외의 이물 : 시·도지사, 시장·군수·구청장

제2항 제1항에도 불구하고 주류와 수입식품등에서 발견되어 보고된 이물 신고내용에 대해서는 지방식품의약품안전청장이 원인조사를 실시한다.

⑤ 벌칙 및 과태료

㉠ 벌칙

ⓐ 제46조 제1항을 위반하여 소비자로부터 이물 발견의 신고를 접수하고 이를 거짓으로 보고한 자

ⓑ 이물의 발견을 거짓으로 신고한 자

⇒ 1년 이하의 징역 또는 1천만원 이하의 벌금에 처함

㉡ 과태료 : 제46조제1항을 위반하여 소비자로부터 이물 발견신고를 받고 보고하지 아니한 자

⇒ 500만원 이하의 과태료를 부과한다.

표시

1 식품등의 표시 · 광고에 관한 법률

(1) 용어의 정의(제2조)

① 표시 : 식품, 식품첨가물, 기구, 용기 · 포장, 건강기능식품, 축산물(이하 "식품등"이라 한다) 및 이를 넣거나 싸는 것(그 안에 첨부되는 종이 등을 포함한다)에 적는 문자 · 숫자 또는 도형을 말한다.

② 영양표시 : 식품, 식품첨가물, 건강기능식품, 축산물에 들어있는 영양성분의 양(量) 등 영양에 관한 정보를 표시하는 것을 말한다.

③ 나트륨 함량 비교 표시 : 식품의 나트륨 함량을 동일하거나 유사한 유형의 식품의 나트륨 함량과 비교하여 소비자가 알아보기 쉽게 색상과 모양을 이용하여 표시하는 것을 말한다.

④ 소비기한 : 식품등에 표시된 보관방법을 준수할 경우 섭취하여도 안전에 이상이 없는 기한을 말한다.

(2) 표시의 기준(제4조)

① 식품등에는 다음 각 호의 구분에 따른 사항을 표시하여야 한다. 다만, 총리령으로 정하는 경우에는 그 일부만을 표시할 수 있다.

1. 식품, 식품첨가물 또는 축산물

   가. 제품명, 내용량 및 원재료명

   나. 영업소 명칭 및 소재지

   다. 소비자 안전을 위한 주의사항

   라. 제조연월일, 소비기한 또는 품질유지기한

   마. 그 밖에 소비자에게 해당 식품, 식품첨가물 또는 축산물에 관한 정보를 제공하기 위하여 필요한 사항으로서 총리령으로 정하는 사항

2. 기구 또는 용기 · 포장

   가. 재질

   나. 영업소 명칭 및 소재지

   다. 소비자 안전을 위한 주의사항

   라. 그 밖에 소비자에게 해당 기구 또는 용기 · 포장에 관한 정보를 제공하기 위하여 필요한 사항으로서 총리령으로 정하는 사항

② 제1항에 따른 표시의무자, 표시사항 및 글씨크기 · 표시장소 등 표시방법에 관하여는 총리령으로 정한다.

시행규칙 [별표3] 식품등의 표시방법

1. 소비자에게 판매하는 제품의 최소 판매단위별 용기·포장에 법 제4조부터 제6조까지의 규정에 따른 사항을 표시해야 한다. 다만, 다음 각 목의 어느 하나에 해당하는 경우에는 제외한다.

　가. 캔디류, 추잉껌, 초콜릿류 및 잼류가 최소 판매단위 제품의 가장 넓은 면 면적이 30제곱센티미터 이하이고, 여러 개의 최소 판매단위 제품이 하나의 용기·포장으로 진열·판매될 수 있도록 포장된 경우에는 그 용기·포장에 대신 표시할 수 있다.

　나. 낱알모음을 하여 한 알씩 사용하는 건강기능식품은 그 낱알모음 포장에 제품명과 제조업소명을 표시해야 한다. 이 경우 「건강기능식품에 관한 법률 시행령」 제2조 제3호나목에 따른 건강기능식품유통전문판매업소가 위탁한 제품은 건강기능식품유통전문판매업소명을 표시할 수 있다.

2. 한글로 표시하는 것을 원칙으로 하되, 한자나 외국어를 병기하거나 혼용하여 표시할 수 있으며, 한자나 외국어의 글씨크기는 한글의 글씨크기와 같거나 한글의 글씨크기보다 작게 표시해야 한다. 다만, 다음 각 목의 어느 하나에 해당하는 경우에는 제외한다.

　가. 한자나 외국어를 한글보다 크게 표시할 수 있는 경우

　　1) 「수입식품안전관리 특별법」 제2조 제1호에 따른 수입식품등의 경우. 다만, 같은 법 제18조 제2항에 따른 주문자상표부착수입식품등에 표시하는 한자 또는 외국어의 글씨크기는 한글과 같거나 작게 표시해야 한다.

　　2) 「상표법」에 따라 등록된 상표 및 주류의 제품명의 경우

　나. 한글표시를 생략할 수 있는 경우

　　1) 별표 1 제1호에 따라 자사에서 제조·가공할 목적으로 수입하는 식품등에 같은 호 각 목에 따른 사항을 영어 또는 수출국의 언어로 표시한 경우

　　2) 「대외무역법 시행령」 제2조 제6호 및 제8호에 따른 외화획득용 원료 및 제품으로 수입하는 식품등(「대외무역법 시행령」 제26조 제1항 제3호에 따른 관광 사업용으로 수입하는 식품등은 제외한다)의 경우

　　3) 수입축산물 중 지육(枝肉: 머리, 꼬리, 발 및 내장 등을 제거한 몸체), 우지(쇠기름), 돈지(돼지기름) 등 표시가 불가능한 벌크(판매단위로 포장되지 않고, 선박의 탱크, 초대형 상자 등에 대용량으로 담긴 상태를 말한다) 상태의 축산물의 경우

　　4) 「수입식품안전관리 특별법 시행규칙」 별표 9 제2호가목3)에 따른 연구·조사에 사용하는 수입식품등의 경우

3. 소비자가 쉽게 알아볼 수 있도록 바탕색의 색상과 대비되는 색상을 사용하여 주표시면 및 정보표시면을 구분해서 표시해야 한다. 다만, 회수해서 다시 사용하는 병마개의 제품과 소비기한 등 일부 표시사항의 변조 등을 방지하기 위해 각인(刻印: 새김도장) 또는 압인(壓印: 찍힌 부분이 도드라져 나오거나 들어가도록 만든 도장) 등을 사용하여 그 내용을 알아볼 수 있도록 한 건강기능식품에는 바탕색의 색상과 대비되는 색상으로 표시하지 않을 수 있다.

4. 표시를 할 때에는 지워지지 않는 잉크·각인 또는 소인(燒印) 등을 사용해야 한다. 다만, 원료용 제품 또는 용기·포장의 특성상 잉크·각인 또는 소인 등이 어려운 경우 등에는 식품의약품안전처장이 정하여 고시하는 바에 따라 표시할 수 있다.

5. 글씨크기는 10포인트 이상으로 해야 한다. 다만, 영양성분에 관한 세부 사항이나 식육의 합격 표시를 하는 경우 또는 달걀껍데기에 표시하거나 정보표시면이 부족하여 표시하는 경우에는 식품의약품안전처장이 정하여 고시하는 바에 따른다.

(3) 영양표시(제5조)

① 식품등(기구 및 용기·포장은 제외한다. 이하 이 조에서 같다)을 제조·가공·소분하거나 수입
하는 자는 총리령으로 정하는 식품등에 영양표시를 하여야 한다.

② 제1항에 따른 영양성분 및 표시방법 등에 관하여 필요한 사항은 총리령으로 정한다.

> **시행규칙 제6조(영양표시)**
>
> ② 법 제5조제2항에 따른 표시 대상 영양성분은 다음 각 호와 같다. 다만, 건강기능식품의 경우에는
> 제6호부터 제8호까지의 영양성분은 표시하지 않을 수 있다.
> 1. 열량
> 2. 나트륨
> 3. 탄수화물
> 4. 당류[식품, 축산물, 건강기능식품에 존재하는 모든 단당류(單糖類)와 이당류(二糖類)를 말한다.
>   다만, 캡슐·정제·환·분말 형태의 건강기능식품은 제외한다]
> 5. 지방
> 6. 트랜스지방(Trans Fat)
> 7. 포화지방(Saturated Fat)
> 8. 콜레스테롤(Cholesterol)
> 9. 단백질
> 10. 영양표시나 영양강조표시를 하려는 경우에는 별표 5의 1일 영양성분 기준치에 명시된 영양성분
> ③ 제2항에 따른 영양성분을 표시할 때에는 다음 각 호의 사항을 표시해야 한다.
> 1. 영양성분의 명칭
> 2. 영양성분의 함량
> 3. 별표 5의 1일 영양성분 기준치에 대한 비율

③ 제1항에 따른 영양표시가 없거나 제2항에 따른 표시방법을 위반한 식품등은 판매하거나 판매할
목적으로 제조·가공·소분·수입·포장·보관·진열 또는 운반하거나 영업에 사용해서는 아
니 된다.

(4) 나트륨함량 비교 표시(제6조)

① 식품을 제조·가공·소분하거나 수입하는 자는 총리령으로 정하는 식품에 나트륨 함량 비교
표시를 하여야 한다.

> **시행규칙 제7조(나트륨 함량 비교 표시)**
>
> ① 법 제6조 제1항에서 "총리령으로 정하는 식품"이란 다음 각 호의 식품을 말한다.
> 1. 조미식품이 포함되어 있는 면류 중 유탕면(기름에 튀긴 면), 국수 또는 냉면
> 2. 즉석섭취식품(동·식물성 원료에 식품이나 식품첨가물을 가하여 제조·가공한 것으로서 더 이상
>   의 가열 또는 조리과정 없이 그대로 섭취할 수 있는 식품을 말한다) 중 햄버거 및 샌드위치

② 제1항에 따른 나트륨 함량 비교 표시의 기준 및 표시방법 등에 관하여 필요한 사항은 총리령으로
정한다.

③ 제1항에 따른 나트륨 함량 비교 표시가 없거나 제2항에 따른 표시방법을 위반한 식품은 판매하거나 판매할 목적으로 제조·가공·소분·수입·포장·보관·진열 또는 운반하거나 영업에 사용해서는 아니 된다.

(5) 알레르기유발물질 등 표시

① 알레르기 유발물질 표시

식품등에 알레르기를 유발할 수 있는 원재료가 포함된 경우 그 원재료명을 표시해야 하며, 알레르기 유발물질, 표시 대상 및 표시방법은 다음 각 목과 같다.

가. 알레르기 유발물질 [기출]

알류(가금류만 해당한다), 우유, 메밀, 땅콩, 대두, 밀, 고등어, 게, 새우, 돼지고기, 복숭아, 토마토, 아황산류(이를 첨가하여 최종 제품에 이산화황이 1킬로그램당 10밀리그램 이상 함유된 경우만 해당한다), 호두, 닭고기, 쇠고기, 오징어, 조개류(굴, 전복, 홍합을 포함한다), 잣

나. 표시 대상

1) 가목의 알레르기 유발물질을 원재료로 사용한 식품등

2) 1)의 식품등으로부터 추출 등의 방법으로 얻은 성분을 원재료로 사용한 식품등

3) 1) 및 2)를 함유한 식품등을 원재료로 사용한 식품등

다. 표시방법

원재료명 표시란 근처에 바탕색과 구분되도록 알레르기 표시란을 마련하고, 제품에 함유된 알레르기 유발물질의 양과 관계없이 원재료로 사용된 모든 알레르기 유발물질을 표시해야 한다. 다만, 단일 원재료로 제조·가공한 식품이나 포장육 및 수입 식육의 제품명이 알레르기 표시 대상 원재료명과 동일한 경우에는 알레르기 유발물질 표시를 생략할 수 있다.

(예시)

> 달걀, 우유, 새우, 이산화황, 조개류(굴) 함유

☼ 식품알레르기 [기출]

분류	구분	대표증상
면역 매개이상반응 (식품알레르기)	IgE 매개반응	두드러기, 혈관부종, 아나팔락시스, 과민성대장염, 구강 알레르기신드롬
	비IgE 매개반응	직장결장염, 소장결장염, 글루텐유발성 장병증
	IgE, 비IgE 복합반응	아토피피부염, 호산구성 식도염, 위장염, 천식
	세포 매개 반응	포진피부염, 접촉성 피부염
비면역 매개이상반응	대사적 반응	유당 불내증
	약리적 반응	혈관활성아민, 살리실산염, 카페인 등
	식중독 반응	스콤브로이드 중독
	기타 특이 반응	식품첨가물 과민증

② 혼입(混入)될 우려가 있는 알레르기 유발물질 표시

알레르기 유발물질을 사용한 제품과 사용하지 않은 제품을 같은 제조 과정(작업자, 기구, 제조라인, 원재료보관 등 모든 제조과정을 포함한다)을 통해 생산하여 불가피하게 혼입될 우려가 있는 경우 "이 제품은 알레르기 발생 가능성이 있는 메밀을 사용한 제품과 같은 제조 시설에서 제조하고 있습니다", "메밀 혼입 가능성 있음", "메밀 혼입 가능" 등의 주의사항 문구를 표시해야 한다. 다만, 제품의 원재료가 제1호가목에 따른 알레르기 유발물질인 경우에는 표시하지 않는다.

2 「식품등의 표시기준」 – 식품의약품안전처 고시 제2024-41호

(1) 목적

이 고시는 「식품 등의 표시·광고에 관한 법률」 제4조 및 제5조, 같은 법 시행규칙 제5조 제3항, 제5조의2 및 제6조 제4항에 따라 식품, 축산물, 식품첨가물, 기구 또는 용기·포장의 표시기준에 관한 사항, 소비자 안전을 위한 주의사항 및 영양성분 표시대상 식품의 영양표시에 관하여 필요한 사항을 규정함으로써 위생적인 취급을 도모하고 소비자에게 정확한 정보를 제공하며 공정한 거래의 확보를 목적으로 한다.

(2) 용어의 정의

가. "제품명"이라 함은 개개의 제품을 나타내는 고유의 명칭을 말한다.

나. "식품유형"이라 함은 「식품위생법」 제7조 제1항 및 「축산물 위생관리법」 제4조 제2항에 따른 「식품의 기준 및 규격」의 최소분류단위를 말한다.

다. "제조연월일"이라 함은 포장을 제외한 더 이상의 제조나 가공이 필요하지 아니한 시점(포장 후 멸균 및 살균 등과 같이 별도의 제조공정을 거치는 제품은 최종공정을 마친 시점)을 말한다. 다만, 캡슐제품은 충전·성형완료시점으로, 소분판매하는 제품은 소분용 원료제품의 제조연월일로, 포장육은 원료포장육의 제조연월일로, 식육즉석판매가공업 영업자가 식육가공품을 다시 나누어 판매하는 경우는 원료제품에 표시된 제조연월일로, 원료제품의 저장성이 변하지 않는 단순 가공처리만을 하는 제품은 원료제품의 포장시점으로 한다. (제조연월일의 영문명 및 약자 예시: Date of Manufacture, Manufacturing Date, MFG, M, PRO(P), PROD, PRD)

라. "소비기한"이라 함은 식품등에 표시된 보관방법을 준수할 경우 섭취하여도 안전에 이상이 없는 기한을 말한다. (소비기한 영문명 및 약자 예시: Use by date, Expiration date, EXP, E)

마. "품질유지기한"이라 함은 식품의 특성에 맞는 적절한 보존방법이나 기준에 따라 보관할 경우 해당식품 고유의 품질이 유지될 수 있는 기한을 말한다. (품질유지기한 영문명 및 약자 예시: Best before date, Date of Minimum Durability, Best before, BBE, BE)

바. "원재료"는 식품 또는 식품첨가물의 처리·제조·가공 또는 조리에 사용되는 물질로서 최종제품내에 들어있는 것을 말한다.

사. "성분"이라 함은 제품에 따로 첨가한 영양성분 또는 비영양성분이거나 원재료를 구성하는 단일 물질로서 최종제품에 함유되어 있는 것을 말한다.

아. "영양성분"이라 함은 식품에 함유된 성분으로서 에너지를 공급하거나 신체의 성장, 발달, 유지에 필요한 것 또는 결핍시 특별한 생화학적, 생리적 변화가 일어나게 하는 것을 말한다.

자. "당류"라 함은 「식품 등의 표시·광고에 관한 법률 시행규칙」 (이하 "규칙"이라 한다) 제6조 제2항제4호에 따른 당류로서 당류 함량은 모든 단당류와 이당류의 합을 말한다.

차. "트랜스지방"이라 함은 트랜스구조를 1개 이상 가지고 있는 비공액형의 모든 불포화지방을 말한다.

카. "1회 섭취참고량"은 만 3세 이상 소비계층이 통상적으로 소비하는 식품별 1회 섭취량과 시장조사 결과 등을 바탕으로 설정한 값을 말한다. 이 경우 1회 섭취참고량은 표 3과 같다.

타. "영양성분표시"라 함은 제품의 일정량에 함유된 영양성분의 함량을 표시하는 것을 말한다.

파. "영양강조표시"라 함은 제품에 함유된 영양성분의 함유사실 또는 함유정도를 "무", "저", "고", "강화", "첨가", "감소"등의 특정한 용어를 사용하여 표시하는 것으로서 다음의 것을 말한다.

  1) "영양성분 함량강조표시" : 영양성분의 함유사실 또는 함유정도를 "무○○", "저○○", "고○○", "○○함유"등과 같은 표현으로 그 영양성분의 함량을 강조하여 표시하는 것을 말한다.

  2) "영양성분 비교강조표시" : 영양성분의 함유사실 또는 함유정도를 "덜", "더", "강화", "첨가" 등과 같은 표현으로 같은 유형의 제품과 비교하여 표시하는 것을 말한다.

하. "1일 영양성분 기준치"라 함은 소비자가 하루의 식사 중 해당식품이 차지하는 영양적 가치를 보다 잘 이해하고, 식품간의 영양성분을 쉽게 비교할 수 있도록 식품표시에서 사용하는 영양성분의 평균적인 1일 섭취 기준량을 말하며, 이 경우 1일 영양성분 기준치는 규칙 제6조 관련 별표 5에 따른다.

거. "주표시면"이라 함은 용기·포장의 표시면 중 상표, 로고 등이 인쇄되어 있어 소비자가 식품 또는 식품첨가물을 구매할 때 통상적으로 소비자에게 보여지는 면으로서 도 1에 따른 면을 말한다.

너. "정보표시면"이라 함은 용기·포장의 표시면 중 소비자가 쉽게 알아 볼 수 있도록 표시사항을 모아서 표시하는 면으로서 도 1 에 따른 면을 말한다.

(3) 공통표시기준

① 표시방법

가. 규칙 제5조 관련 별표 3 제3호 본문에 따른 표시는 도 2 표시사항 표시서식도안을 활용할 수 있다.

  1) 주표시면에는 제품명, 내용량 및 내용량에 해당하는 열량(단, 열량은 내용량 뒤에 괄호로 표시하되, 규칙 제6조 관련 별표 4 영양표시 대상 식품등만 해당한다)을 표시하여야 한다. 다만, 주표시면에 제품명과 내용량 및 내용량에 해당하는 열량 이외의 사항을 표시한 경우 정보표시면에는 그 표시사항을 생략할 수 있다.

2) 정보표시면에는 식품유형, 영업소(장)의 명칭(상호) 및 소재지, 소비기한(제조연월일 또는 품질유지기한), 원재료명, 주의사항 등을 표시사항 별로 표 또는 단락 등으로 나누어 표시하되, 정보표시면 면적이 100cm² 미만인 경우에는 표 또는 단락으로 표시하지 아니할수 있다.

나. 달걀 껍데기의 표시사항은 6포인트 이상으로 할 수 있다.

다. 정보표시면의 면적(도 1에 따른 정보표시면 중 주표시면에 준하는 최소 여백을 제외한 면적)이 부족하여 10 포인트 이상의 글씨크기로 표시사항을 표시할 수 없는 경우에는 규칙 제5조 관련 별표 3 제5호의 본문 규정을 따르지 않을 수 있다. 이 경우 정보표시면에는 이 고시에서 정한 표시(조리·사용법, 섭취방법, 용도, 주의사항, 바코드, 타법에서 정한 표시사항 포함) 사항만을 표시하여야 한다.

라. 최소 판매단위 포장 안에 내용물을 2개 이상으로 나누어 개별포장(이하 "내포장"이라 한다) 한 제품의 경우에는 소비자에게 올바른 정보를 제공할 수 있도록 내포장별로 제품명, 내용량 및 내용량에 해당하는 열량, 소비기한 또는 품질유지기한, 영양성분을 표시할 수 있다. 다만, 내포장한 제품의 표시사항 및 글씨크기는 규칙 제5조 관련 별표 3 제5호의 본문 규정을 따르지 않을 수 있다.

⑷ 제조연월일, 소비기한 또는 품질유지기한

① 제조연월일(이하 "제조일"로 표시할 수 있다) 기출

ㄱ 빙과류 중 아이스크림류, 빙과, 식용얼음은 제조연월일. 단, 아이스크림류, 빙과는 "제조연월" 만을 표시할 수 있다.

ㄴ 설탕류, 식염

ㄷ 제조연월을 추가로 표시하고자 하는 음료류(다류, 커피, 유산균음료 및 살균유산균음료는 제외한다)로서 병마개에 제조연월일을 표시하는 경우, 제조 "연월"만을 표시할 수 있다.

ㄹ 침출차 중 발효과정을 거치는 차의 경우는 소비기한 또는 제조연월일

ㅁ 주류(탁주 및 약주는 소비기한, 맥주는 소비기한 또는 품질유지기한. 다만, 제조번호 또는 병입연월일을 표시한 경우에는 제조연월일을 생략할 수 있다)

ㅂ 즉석섭취식품 중 도시락·김밥·햄버거·샌드위치·초밥은 제조연월일 및 소비기한(즉석섭취식품 중 도시락, 김밥, 햄버거, 샌드위치, 초밥의 제조연월일 표시는 제조일과 제조시간을 함께 표시하여야 하며, 소비기한 표시는 "○○월○○일○○시까지", "○○일○○시까지" 또는 "○○.○○.○○ 00:00까지"로 표시하여야 한다.)

② 소비기한 또는 품질유지기한

식품유형	
가. 과자류, 빵류 또는 떡류 나. 빙과류(아이스크림류, 빙과, 식용얼음 제외) 다. 코코아가공품류 또는 초콜릿류 라. 당류 중 당류가공품 바. 두부류 또는 묵류 사. 식용유지류	소비기한

아. 면류	자. 음료류	소비기한
차. 특수영양식품	카. 특수의료용도식품	
타. 장류 중 메주	파. 조미식품	
하. 조림식품 중 멸균하지 아니한 제품	거. 주류 중 탁주, 약주	
너. 농산가공식품류	더. 식육가공품 및 포장육	
러. 알가공품류	머. 유가공품류	
버. 수산가공식품류	서. 동물성가공식품류	
어. 벌꿀 및 화분가공품류 중 로열젤리제품 및 화분가공식품		
저. 즉석식품류	처. 기타식품류	
커. 식용란	터. 닭, 오리의 식육	
라. 당류(설탕류, 당류가공품제외) 마. 잼류		소비기한 또는 품질유지기한
자. 음료류 중 고체식품(다류 및 커피에 한함) 및 멸균한 액상제품		
타. 장류(메주 제외)		
파. 조미식품 중 식초 및 멸균한 카레(커리)제품		
하. 절임류 및 조림류 거. 주류 중 맥주		
너. 농산가공식품류 중 전분·밀가루류 버. 수산가공품류 중 젓갈류		

3 원산지 표시 [기출]

(1) 원산지 표시(농수산물의 원산지 표시에 관한 법률 제5조)

제1항 대통령령으로 정하는 농수산물 또는 그 가공품을 수입하는 자, 생산·가공하여 출하하거나 판매(통신판매를 포함한다. 이하 같다)하는 자 또는 판매할 목적으로 보관·진열하는 자는 다음 각 호에 대하여 원산지를 표시하여야 한다.

1. 농수산물
2. 농수산물 가공품(국내에서 가공한 가공품은 제외한다)
3. 농수산물 가공품(국내에서 가공한 가공품에 한정한다)의 원료

제3항 식품접객업 및 집단급식소 중 대통령령으로 정하는 영업소나 집단급식소를 설치·운영하는 자는 다음 각 호의 어느 하나에 해당하는 경우에 그 농수산물이나 그 가공품의 원료에 대하여 원산지(쇠고기는 식육의 종류를 포함한다. 이하 같다)를 표시하여야 한다. 다만, 「식품산업진흥법」 제22조의2 또는 「수산식품산업의 육성 및 지원에 관한 법률」 제30조에 따른 원산지인증의 표시를 한 경우에는 원산지를 표시한 것으로 보며, 쇠고기의 경우에는 식육의 종류를 별도로 표시하여야 한다.

1. 대통령령으로 정하는 농수산물이나 그 가공품을 조리하여 판매·제공(배달을 통한 판매·제공을 포함한다)하는 경우
2. 제1호에 따른 농수산물이나 그 가공품을 조리하여 판매·제공할 목적으로 보관하거나 진열하는 경우

시행령 제4조(원산지 표시를 하여야 할 자)

법 제5조제3항에서 "대통령령으로 정하는 영업소나 집단급식소를 설치·운영하는 자"란 「식품위생법 시행령」 제21조 제8호가목의 휴게음식점영업, 같은 호 나목의 일반음식점영업 또는 같은 호 마목의 위탁급식영업을 하는 영업소나 같은 법 시행령 제2조의 집단급식소를 설치·운영하는 자를 말한다.

(2) 원산지 표시대상(농수산물의 원산지 표시에 관한 법률 시행령 제3조)

제5항 법 제5조 제3항에서 "대통령령으로 정하는 농수산물이나 그 가공품을 조리하여 판매·제공하는 경우"란 다음 각호의 것을 조리하여 판매·제공하는 경우를 말한다. 이 경우 조리에는 날 것의 상태로 조리하는 것을 포함하며, 판매·제공에는 배달을 통한 판매·제공을 포함한다.

1. 쇠고기(식육·포장육·식육가공품을 포함한다. 이하 같다)
2. 돼지고기(식육·포장육·식육가공품을 포함한다. 이하 같다)
3. 닭고기(식육·포장육·식육가공품을 포함한다. 이하 같다)
4. 오리고기(식육·포장육·식육가공품을 포함한다. 이하 같다)
5. 양고기(식육·포장육·식육가공품을 포함한다. 이하 같다)
5의2. 염소(유산양을 포함한다. 이하 같다)고기(식육·포장육·식육가공품을 포함한다)
6. 밥, 죽, 누룽지에 사용하는 쌀(쌀가공품을 포함하며, 쌀에는 찹쌀, 현미 및 찐쌀을 포함한다)
7. 배추김치(배추김치가공품을 포함한다)의 원료인 배추(얼갈이배추와 봄동배추를 포함한다)와 고춧가루
7의2. 두부류(가공두부, 유바는 제외한다), 콩비지, 콩국수에 사용하는 콩(콩가공품을 포함한다)
8. 넙치, 조피볼락, 참돔, 미꾸라지, 뱀장어, 낙지, 명태(황태, 북어 등 건조한 것은 제외한다. 이하 같다), 고등어, 갈치, 오징어, 꽃게, 참조기, 다랑어, 아귀 및 주꾸미, 가리비, 우렁쉥이, 전복, 방어 및 부세(해당 수산물가공품을 포함한다)
9. 조리하여 판매·제공하기 위하여 수족관 등에 보관·진열하는 살아있는 수산물

(3) 거짓 표시 등의 금지 및 벌칙 등

① 거짓 표시 등의 금지(농수산물의 원산지 표시에 관한 법률 제6조)

제1항 누구든지 다음 각 호의 행위를 하여서는 아니 된다.
  1. 원산지 표시를 거짓으로 하거나 이를 혼동하게 할 우려가 있는 표시를 하는 행위
  2. 원산지 표시를 혼동하게 할 목적으로 그 표시를 손상·변경하는 행위
  3. 원산지를 위장하여 판매하거나, 원산지 표시를 한 농수산물이나 그 가공품에 다른 농수산물이나 가공품을 혼합하여 판매하거나 판매할 목적으로 보관이나 진열하는 행위

제2항 농수산물이나 그 가공품을 조리하여 판매·제공하는 자는 다음의 행위를 하여서는 아니 된다.
  1. 원산지 표시를 거짓으로 하거나 이를 혼동하게 할 우려가 있는 표시를 하는 행위

2. 원산지를 위장하여 조리·판매·제공하거나, 조리하여 판매·제공할 목적으로 농수산물이나 그 가공품의 원산지 표시를 손상·변경하여 보관·진열하는 행위

3. 원산지 표시를 한 농수산물이나 그 가공품에 원산지가 다른 동일 농수산물이나 그 가공품을 혼합하여 조리·판매·제공하는 행위

② 벌칙(농수산물의 원산지 표시에 관한 법률 제14조)

제1항 제6조 제1항 또는 제2항을 위반한 자는 7년 이하의 징역이나 1억원 이하의 벌금에 처하거나 이를 병과(併科)할 수 있다

제2항 제6조 제1항, 제2항을 위반한 죄로 형을 선고받고 그 형이 확정된 후 5년 이내에 다시 제6조 제1항 또는 제2항을 위반한 자는 1년 이상 10년 이하의 징역 또는 500만원 이상 1억5천만원 이하의 벌금에 처하거나 이를 병과할 수 있다.

(4) 영업소 및 집단급식소의 원산지 표시요령(시행규칙 [별표4])

① 공통적 표시방법

가. 음식명 바로 옆이나 밑에 표시대상 원료인 농수산물명과 그 원산지를 표시한다. 다만, 모든 음식에 사용된 특정 원료의 원산지가 같은 경우 그 원료에 대해서는 다음 예시와 같이 일괄하여 표시할 수 있다.

예시 우리 업소에서는 "국내산 쌀"만 사용합니다.
우리 업소에서는 "국내산 배추와 고춧가루로 만든 배추김치"만 사용합니다.

나. 원산지의 글자 크기는 메뉴판이나 게시판 등에 적힌 음식명 글자 크기와 같거나 그 보다 커야 한다.

다. 원산지가 다른 2개 이상의 동일 품목을 섞은 경우에는 섞음 비율이 높은 순서대로 표시한다.

예시 1. 국내산(국산)의 섞음 비율이 외국산보다 높은 경우
– 쇠고기
불고기(쇠고기 : 국내산 한우와 호주산을 섞음), 설렁탕(육수 : 국내산 한우, 쇠고기 : 호주산), 국내산 한우 갈비뼈에 호주산 쇠고기를 접착(接着)한 경우 : 소갈비(갈비뼈 : 국내산 한우, 쇠고기 : 호주산) 또는 소갈비(쇠고기 : 호주산)

예시 2. 국내산(국산)의 섞음 비율이 외국산보다 낮은 경우
– 불고기(쇠고기 : 호주산과 국내산 한우를 섞음), 죽(쌀 : 미국산과 국내산을 섞음)

라. 쇠고기, 돼지고기, 닭고기, 오리고기, 넙치, 조피볼락 및 참돔 등을 섞은 경우 각각의 원산지를 표시한다.

예시 햄버그스테이크(쇠고기 : 국내산 한우, 돼지고기 : 덴마크산),
모둠회(넙치 : 국내산, 조피볼락 : 중국산, 참돔 : 일본산)

마. 원산지가 국내산(국산)인 경우에는 "국산"이나 "국내산"으로 표시하거나 해당 농수산물이 생산된 특별시·광역시·특별자치시·도·특별자치도명이나 시·군·자치구명으로 표시할 수 있다.

바. 농수산물 가공품을 사용한 경우에는 그 가공품에 사용된 원료의 원산지를 표시하되, 다음

1) 및 2)에 따라 표시할 수 있다.

[예시] 부대찌개(햄(돼지고기 : 국내산)), 샌드위치(햄(돼지고기 : 독일산))

1) 외국에서 가공한 농수산물 가공품 완제품을 구입하여 사용한 경우에는 그 포장재에 적힌 원산지를 표시할 수 있다.

[예시] 소세지야채볶음(소세지 : 미국산), 김치찌개(배추김치 : 중국산)

2) 국내에서 가공한 농수산물 가공품의 원료의 원산지가 영 별표 1 제3호 마목에 따라 원료의 원산지가 자주 변경되어 "외국산"으로 표시된 경우에는 원료의 원산지를 "외국산"으로 표시할 수 있다.

[예시] 피자(햄(돼지고기 : 외국산)), 두부(콩 : 외국산)

3) 국내산 쇠고기의 식육가공품을 사용하는 경우에는 식육의 종류 표시를 생략할 수 있다.

② **원산지 표시대상별 표시방법**

가. 축산물의 원산지 표시방법 : 축산물의 원산지는 국내산(국산)과 외국산으로 구분하고, 다음의 구분에 따라 표시한다.

1) 쇠고기

가) 국내산(국산)의 경우 "국산"이나 "국내산"으로 표시하고, 식육의 종류를 한우, 젖소, 육우로 구분하여 표시한다. 다만, 수입한 소를 국내에서 6개월 이상 사육한 후 국내산(국산)으로 유통하는 경우에는 "국산"이나 "국내산"으로 표시하되, 괄호 안에 식육의 종류 및 출생국가명을 함께 표시한다.

[예시] 소갈비(쇠고기 : 국내산 한우), 등심(쇠고기 : 국내산 육우), 소갈비(쇠고기 : 국내산 육우(출생국 : 호주))

나) 외국산의 경우에는 해당 국가명을 표시한다.

[예시] 소갈비(쇠고기 : 미국산)

2) 돼지고기, 닭고기, 오리고기 및 양고기(염소 등 산양 포함)

가) 국내산(국산)의 경우 "국산"이나 "국내산"으로 표시한다. 다만, 수입한 돼지 또는 양을 국내에서 2개월 이상 사육한 후 국내산(국산)으로 유통하거나, 수입한 닭 또는 오리를 국내에서 1개월 이상 사육한 후 국내산(국산)으로 유통하는 경우에는 "국산"이나 "국내산"으로 표시하되, 괄호 안에 출생국가명을 함께 표시한다.

[예시] 삼겹살(돼지고기 : 국내산), 삼계탕(닭고기 : 국내산), 훈제오리(오리고기 : 국내산), 삼겹살(돼지고기 : 국내산(출생국 : 덴마크)), 삼계탕(닭고기 : 국내산(출생국 : 프랑스)), 훈제오리(오리고기 : 국내산(출생국 : 중국))

나) 외국산의 경우 해당 국가명을 표시한다.

[예시] 삼겹살(돼지고기 : 덴마크산), 염소탕(염소고기 : 호주산), 삼계탕(닭고기 : 중국산), 훈제오리(오리고기 : 중국산)

나. 쌀(찹쌀, 현미, 찐쌀을 포함한다. 이하 같다) 또는 그 가공품의 원산지 표시방법 : 쌀 또는 그 가공품의 원산지는 국내산(국산)과 외국산으로 구분하고, 다음의 구분에 따라 표시한다.

1) 국내산(국산)의 경우 "밥(쌀 : 국내산)", "누룽지(쌀 : 국내산)"로 표시한다.

2) 외국산의 경우 쌀을 생산한 해당 국가명을 표시한다.

예시 밥(쌀 : 미국산), 죽(쌀 : 중국산)

다. 배추김치의 원산지 표시방법

1) 국내에서 배추김치를 조리하여 판매·제공하는 경우에는 "배추김치"로 표시하고, 그 옆에 괄호로 배추김치의 원료인 배추(절인 배추를 포함한다)의 원산지를 표시한다. 이 경우 고춧가루를 사용한 배추김치의 경우에는 고춧가루의 원산지를 함께 표시한다.

예시 – 배추김치(배추 : 국내산, 고춧가루 : 중국산), 배추김치(배추 : 중국산, 고춧가루 : 국내산)
　　　– 고춧가루를 사용하지 않은 배추김치 : 배추김치(배추 : 국내산)

2) 외국에서 제조·가공한 배추김치를 수입하여 조리하여 판매·제공하는 경우에는 배추김치를 제조·가공한 해당 국가명을 표시한다.

예시 배추김치(중국산)

라. 콩(콩 또는 그 가공품을 원료로 사용한 두부류·콩비지·콩국수)의 원산지 표시방법 : 두부류, 콩비지, 콩국수의 원료로 사용한 콩에 대하여 국내산(국산)과 외국산으로 구분하여 다음의 구분에 따라 표시한다.

1) 국내산(국산) 콩 또는 그 가공품을 원료로 사용한 경우 "국산"이나 "국내산"으로 표시한다.

예시 두부(콩 : 국내산), 콩국수(콩 : 국내산)

2) 외국산 콩 또는 그 가공품을 원료로 사용한 경우 해당 국가명을 표시한다.

예시 두부(콩 : 중국산), 콩국수(콩 : 미국산)

마. 넙치, 조피볼락, 참돔, 미꾸라지, 뱀장어, 낙지, 명태, 고등어, 갈치, 오징어, 꽃게, 참조기, 다랑어, 아귀 및 주꾸미의 원산지 표시방법 : 원산지는 국내산(국산), 원양산 및 외국산으로 구분하고, 다음의 구분에 따라 표시한다.

1) 국내산(국산)의 경우 "국산"이나 "국내산" 또는 "연근해산"으로 표시한다.

예시 넙치회(넙치 : 국내산), 참돔회(참돔 : 연근해산)

2) 원양산의 경우 "원양산" 또는 "원양산, 해역명"으로 한다.

예시 참돔구이(참돔 : 원양산), 넙치매운탕(넙치 : 원양산, 태평양산)

3) 외국산의 경우 해당 국가명을 표시한다.

예시 참돔회(참돔 : 일본산), 뱀장어구이(뱀장어 : 영국산)

바. 살아있는 수산물의 원산지 표시방법은 별표 1 제2호 다목에 따른다.

01 경기 유사기출

「식품위생법」에 근거한 식품위생의 범주가 아닌 것은?

① 식품첨가물　　　　　　　　② 기구, 용기
③ 영양　　　　　　　　　　　　④ 식품

◀ 식품위생법 제2조
"식품위생"이란 식품, 식품첨가물, 기구 또는 용기·포장을 대상으로 하는 음식에 관한 위생을 말한다.

02 식품산업기사 2014년 3회

식품위생법의 목적에 대한 설명 중 빈칸을 올바르게 채운 것은?

> 식품위생법은 식품으로 인하여 생기는 (　　　)를 방지하고 (　　　)을 도모하며 식품에 관한 올바른 정보를 제공함으로써 (　　　)에 이바지함을 목적으로 한다.

① 위생상의 위해 – 식품영양의 질적 향상 – 국민 건강의 보호·증진
② 위해사고 – 식품위생 안전 – 국민보건의 증진
③ 위생상의 위해 – 국민보건의 증진 – 식품위생 안전
④ 위해사고 – 식품영양의 질적 향상 – 식품위생 안전

◀ 식품위생법 제1조
식품위생법은 식품으로 인하여 생기는 위생상의 위해(危害)를 방지하고 식품영양의 질적 향상을 도모하며 식품에 관한 올바른 정보를 제공함으로써 국민 건강의 보호·증진에 이바지함을 목적으로 한다.

03 경기 유사기출

식품으로 인한 위생상의 위해요인 중 내인성인 것은?

① 지나치게 구운 고등어　　　　② 기생충에 감염된 쇠고기
③ 황변미　　　　　　　　　　　④ 식이성 알레르겐

◀ • 내인성 위해요인 : 식물성·동물성 자연독, 생리작용 성분(식이성 알레르겐, 항비타민성 물질 등)
　• 외인성 위해요인 : 식중독균, 감염병균, 곰팡이독, 기생충, 유해 첨가물, 잔류농약, 방사성 물질 등
　• 유기성 위해요인 : 산화유지, 벤조피렌, 조리과정의 가열분해물, N–nitroso화합물 등

answer | 01 ③　02 ①　03 ④

04 교육청 유사기출

건강장애를 일으키는 원인물질과 생성요인이 옳은 것은?

① 방사성 물질, 산화유지 – 유기성 요인
② 시안배당체, 잔류농약 – 외인성 요인
③ 식이성 알레르겐, 식물알칼로이드 – 내인성 요인
④ N-nitroso화합물, 유해 중금속 – 외인성 요인

◀ 방사성 물질, 잔류농약, 유해 중금속은 외인성 위해요인, 산화유지, N-nitroso화합물은 유기성 위해요인, 시안배당체, 식이성 알레르겐, 식물알칼로이드는 내인성 위해요인이다.

05 교육청·충남 유사기출

식품위생관련 법령과 소관부처의 연결이 옳지 않은 것은?

① 축산물 위생관리법 – 농림축산식품부
② 학교급식법 – 교육부
③ 주세법 – 기획재정부
④ 먹는물관리법 – 환경부

◀ 「축산물 위생관리법」의 소관부처는 식품의약품안전처이다.

06

다음 〈보기〉는 어떤 법 또는 제도인가?

> 식품을 제조·가공단계부터 판매단계까지 각 단계별로 정보를 기록·관리하여 그 식품의 안전성 등에 문제가 발생할 경우 그 식품을 추적하여 원인을 규명하고 필요한 조치를 할 수 있도록 관리하는 것이다.

① 회수제도
② 식품이력추적관리제도
③ 자가품질검사
④ 제조물책임법

07 식품산업기사 2018년 3회

식품의 recall 제도를 가장 잘 설명한 것은?

① 식품 등의 규격 기준과 같은 최저 기준 이상의 위생적 품질을 기하는 기술적 조건을 제시하는 제도
② 변질되기 쉬운 신선식품의 전 유통과정을 각 식품에 적합한 저온 조건으로 관리하는 제도
③ 식품의 유통 시 발생한 문제 제품을 자발적으로 회수하여 처리하는 사후 관리 제도
④ 식품공장의 미생물 관리를 위한 위해분석을 기초로 중요관리점을 점검하는 제도

◀ 회수(recall) 제도는 1995년 「식품위생법」에 도입된 제도로 식품 등이 식품위생상의 위해가 발생하였거나 발생할 우려가 있다고 인정된 경우 영업자가 유통 중인 당해 식품 등을 회수하여 소비자의 피해를 최소화하고 소비자를 보호하기 위한 제도이다.

---

answer | 04 ③   05 ①   06 ②   07 ③

08 교육청 유사기출

자가품질검사에 대한 설명으로 옳지 않은 것은?

① 식품 등이 기준과 규격에 맞는지를 검사하는 것이다.
② 자가품질검사주기의 적용시점은 소비기한 만료일을 기준으로 산정한다.
③ 식품제조업자는 검사를 자가품질위탁 시험·검사기관에 위탁할 수 있다.
④ 자가품질검사에 관한 기록서는 2년간 보관해야 한다.

◀ 자가품질검사주기의 적용시점은 제품제조일을 기준으로 산정한다.

09 경북 유사기출

식품의 자가품질검사 주기에 대한 설명으로 옳지 않은 것은?

① 과자류의 자가품질검사는 3개월마다 1회 이상 실시
② 즉석섭취식품의 자가품질검사는 2개월마다 1회 이상 실시
③ 두부류의 자가품질검사는 3개월마다 1회 이상 실시
④ 빵류의 자가품질검사는 2개월마다 1회 이상 실시

◀ 「식품위생법 시행규칙」의 [별표12]자가품질검사기준
　즉석섭취식품의 자가품질검사는 3개월마다 1회 이상 실시한다.

10 경기 유사기출

다음 (　　　) 안에 들어갈 용어로 옳은 것은?

> (　　　)(이)란 식품 섭취로 인하여 인체에 유해한 미생물 또는 유독물질에 의하여 발생하였거나
> 발생한 것으로 판단되는 감염성 질환 또는 독소형 질환을 말한다.

① 위해　　　　　　　　　　　② 식중독
③ 식품위생　　　　　　　　　④ 화학적합성품

◀ 위해란 식품, 식품첨가물, 기구 또는 용기·포장에 존재하는 위험요소로서 인체의 건강을 해치거나 해칠 우려가 있는 것을 말한다.
　식품위생이란 식품, 식품첨가물, 기구 또는 용기·포장을 대상으로 하는 음식에 관한 위생을 말한다.
　"화학적 합성품"이란 화학적 수단으로 원소(元素) 또는 화합물에 분해 반응 외의 화학 반응을 일으켜서 얻은 물질을 말한다.

11 교육청 유사기출

식품위생법상의 단체급식의 정의로 옳은 것은?

① 영리를 목적으로 하면서 불특정 다수 1회 50인 이상에게 계속적으로 음식물을 공급한다.
② 영리를 목적으로 하면서 특정 다수 1회 100인 이상에게 계속적으로 음식물을 공급한다.
③ 영리를 목적으로 하지 아니하면서 특정 다수 1회 50인 이상에게 계속적으로 음식물을 공급한다.
④ 영리를 목적으로 하지 아니하면서 불특정 다수 1회 100인 이상에게 계속적으로 음식물을 공급한다.

answer | 08 ② 　09 ② 　10 ② 　11 ③

12 경기·경북 유사기출

다음 중 판매 등이 금지된 동물의 고기가 아닌 것은?

① 살모넬라병에 감염된 동물의 고기
② 낭충증에 감염된 동물의 고기
③ 선모충증에 감염된 동물의 고기
④ 파스튜렐라병에 감염된 동물의 고기

> 법시행규칙 제4조
> 법 제5조에서 "총리령으로 정하는 질병"이란 다음 각 호의 질병을 말한다.
> 1. 「축산물 위생관리법 시행규칙」 별표 3 제1호다목에 따라 도축이 금지되는 가축전염병
> 2. 리스테리아병, 살모넬라병, 파스튜렐라병 및 선모충증

13 식품산업기사 2018년 3회

식품 등의 공전을 작성·보급하여야 하는 자는?

① 농림축산식품부장관   ② 식품의약품안전처장
③ 보건복지부장관   ④ 농촌진흥청장

> 식품위생법 제14조
> 식품의약품안전처장은 식품 또는 식품첨가물, 기구 및 용기·포장의 기준과 규격 등을 실은 식품 등의 공전을 작성·보급하여야 한다.

14 식품산업기사 2018년 3회

식품위생법령상 위해평가 과정의 정의가 틀린 것은?

① 위해요소의 인체 내 독성을 확인하는 위험성 확인과정
② 위해요소의 식품잔류허용기준을 결정하는 위험성 결정과정
③ 위해요소가 인체에 노출된 양을 산출하는 노출평가과정
④ 위험성 확인과정, 위험성 결정과정, 노출평가과정의 결과를 종합하여 해당 식품 등이 건강에 미치는 영향을 판단하는 위해도 결정과정

> 식품위생법 시행령 제4조 제3항[위해평가 과정]
> 1. 위해요소의 인체 내 독성을 확인하는 위험성 확인과정
> 2. 위해요소의 인체노출 허용량을 산출하는 위험성 결정과정
> 3. 위해요소가 인체에 노출된 양을 산출하는 노출평가과정
> 4. 위험성 확인과정, 위험성 결정과정 및 노출평가과정의 결과를 종합하여 해당 식품 등이 건강에 미치는 영향을 판단하는 위해도 결정과정

---

answer | 12 ②   13 ②   14 ②

15 경기 유사기출

식품위생에 대한 설명으로 옳지 않은 것은?

① 식품위생이란 식품의 사육, 생산 및 제조로부터 최종적으로 인간에게 섭취되기까지 이르는 모든 단계에서 식품의 안전성, 완전성, 건전성을 확보하기 위한 모든 수단을 말한다.

② 집단급식소란 영리를 목적으로 하지 아니하면서 특정 다수 100인 이상에게 계속하여 음식물을 공급하는 곳의 급식시설이다.

③ 식중독이란 식품 섭취로 인하여 인체에 유해한 미생물 또는 유독물질에 의하여 발생하였거나 발생한 것으로 판단되는 감염성 질환 또는 독소형 질환을 말한다.

④ 식품위생의 목적은 식품으로 인하여 생기는 위생상의 위해를 방지하고 식품영양의 질적 향상을 도모하며 식품에 관한 올바른 정보를 제공함으로써 국민 건강의 보호・증진에 이바지함을 목적으로 한다.

◀ **식품위생법 시행령 제2조**
집단급식소는 1회 50명 이상에게 식사를 제공하는 급식소를 말한다.

16 경기 유사기출

식품위생감시원의 직무가 아닌 것은?

① 행정처분의 이행 여부 확인, 식품 등의 위생적인 취급에 관한 기준의 이행 지도

② 식품 등의 신고 수리 및 검사 시행, 광고기준의 위반 여부에 관한 단속

③ 식품 등의 압류・폐기, 종업원의 건강진단 및 위생교육의 이행 여부의 확인・지도

④ 시설기준의 적합 여부 확인・검사, 검사에 필요한 식품 등의 수거

◀ **식품위생법 시행령 제17조[식품위생감시원의 직무]**
1. 식품 등의 위생적인 취급에 관한 기준의 이행 지도
2. 수입・판매 또는 사용 등이 금지된 식품 등의 취급 여부에 관한 단속
3. 「식품 등의 표시・광고에 관한 법률」 제4조부터 제8조까지의 규정에 따른 표시 또는 광고기준의 위반 여부에 관한 단속
4. 출입・검사 및 검사에 필요한 식품 등의 수거
5. 시설기준의 적합 여부의 확인・검사
6. 영업자 및 종업원의 건강진단 및 위생교육의 이행 여부의 확인・지도
7. 조리사 및 영양사의 법령 준수사항 이행 여부의 확인・지도
8. 행정처분의 이행 여부 확인
9. 식품 등의 압류・폐기 등
10. 영업소의 폐쇄를 위한 간판 제거 등의 조치
11. 그 밖에 영업자의 법령 이행 여부에 관한 확인・지도

17 경기 유사기출

다음 중 「식품위생법」상 영업허가를 받아야 하는 업종은?

① 식품제조・가공업

② 식품첨가물제조업

③ 식품소분업

④ 식품조사처리업

---

answer | 15 ② 16 ② 17 ④

◀ 식품위생법 시행령 제23조[허가를 받아야 하는 영업]
   1. 제21조 제6호 가목의 식품조사처리업 : 식품의약품안전처장
   2. 제21조 제8호 다목의 단란주점영업과 같은 호 라목의 유흥주점영업 : 특별자치시장·특별자치도지사 또는 시장·군수·구청장

18   경북 유사기출

「식품위생법」상 시장, 군수, 구청장 등에게 신고를 해야 하는 영업이 아닌 것은?

① 식품운반업　　　　　　　　　② 식품첨가물제조업
③ 일반음식점영업　　　　　　　　④ 즉석판매제조·가공업

◀ 식품첨가물제조업은 시장, 군수, 구청장 등에게 등록하여야 하는 영업이다.
   허가 받아야 하는 영업, 등록해야 하는 영업을 제외하고는 특별자치시장, 특별자치도지사 또는 시장, 군수, 구청장에게 신고하여야
   하는 영업이다.

19

「식품위생 분야 종사자의 건강진단 규칙」에 의거한 건강진단 항목이 아닌 것은?

① 장티푸스　　　　　　　　　　② 폐결핵
③ 파라티푸스　　　　　　　　　　④ 갑상선 검사

◀ 「식품위생 분야 종사자의 건강진단 규칙」 제2조 건강진단 항목
   1. 장티푸스
   2. 파라티푸스
   3. 폐결핵

20   경기·경북 유사기출

다음 중 건강진단 대상자가 아닌 것은?

① 식품첨가물을 제조·판매하는 일에 직접 종사하는 영업자
② 식품을 채취·가공·조리하는 일에 직접 종사하는 종업원
③ 완전 포장된 식품을 운반하는 일에 종사하는 종업원
④ 식품을 저장·운반하는 일에 직접 종사하는 종업원

◀ 법시행규칙 제49조제1항
   법 제40조 제1항 본문에 따라 건강진단을 받아야 하는 사람은 식품 또는 식품첨가물(화학적 합성품 또는 기구등의 살균·소독제는
   제외한다)을 채취·제조·가공·조리·저장·운반 또는 판매하는 일에 직접 종사하는 영업자 및 종업원으로 한다. 다만, 완전
   포장된 식품 또는 식품첨가물을 운반하거나 판매하는 일에 종사하는 사람은 제외한다.

---

answer | 18 ②　19 ④　20 ③

21 경기 유사기출 | 식품기사 2017년 1회

다음 중 식품영업에 종사할 수 있는 질병은?

① A형 간염

② 피부병 또는 그 밖의 화농성 질환

③ 장티푸스

④ B형 간염

🔖 식품위생법 시행규칙 제50조[영업에 종사하지 못하는 질병]

1. 「감염병의 예방 및 관리에 관한 법률」 제2조제3호가목에 따른 결핵(비감염성인 경우는 제외)
2. 「감염병의 예방 및 관리에 관한 법률 시행규칙」 제33조제1항 각 호의 어느 하나에 해당하는 감염병
   「감염병의 예방 및 관리에 관한 법률 시행규칙」 제33조(업무 종사의 일시 제한) ① 법 제45조 제1항에 따라 일시적으로 업무
   종사의 제한을 받는 감염병환자 등은 다음 각 호의 감염병에 해당하는 감염병환자 등으로 하고, 그 제한 기간은 감염력이
   소멸되는 날까지로 한다.
   1. 콜레라   2. 장티푸스   3. 파라티푸스   4. 세균성이질
   5. 장출혈성대장균감염증   6. A형간염
3. 피부병 또는 그 밖의 고름형성(화농성) 질환
4. 후천성면역결핍증(「감염병의 예방 및 관리에 관한 법률」 제19조에 따라 성매개감염병에 관한 건강진단을 받아야 하는 영업에
   종사하는 사람만 해당)

22 충남 · 경기 · 경북 유사기출

다음 중 보고대상 이물의 범위에 해당하지 않는 것은?

① 동물의 사체 또는 그 배설물

② 바퀴벌레 등 곤충류

③ 원료육의 털

④ 3밀리미터 이상 크기의 유리

🔖 보고 대상 이물의 범위와 조사 · 절차 등에 관한 규정 제2조

「식품위생법」 제7조 및 「축산물 위생관리법」 제4조에 따라 식품의 기준 및 규격에서 정한 경우로서 다른 식물이나 원료식물의
표피, 토사 또는 원료육의 털이나 뼈 등과 같이 실제에 있어 정상적인 제조 · 가공상 완전히 제거되지 아니하고 잔존하는 경우의
이물로서 그 양이 적고 일반적으로 인체의 건강을 해할 우려가 없는 것은 제외한다.

23 교육청 유사기출

보고대상 이물 중 '섭취과정에서 혐오감을 줄 수 있는 이물'에 해당하는 것은?

① 기생충

② 이쑤시개

③ 3mm 이상의 사기

④ 모래

🔖 섭취과정에서 혐오감을 줄 수 있는 이물
쥐 등 동물의 사체 또는 그 배설물
파리, 바퀴벌레 등 곤충류
기생충 및 그 알

---

answer | 21 ④ 22 ③ 23 ①

24 식품산업기사 2017년 3회

식품 등의 표시에 대한 설명으로 틀린 것은?

① 소비기한은 식품등에 표시된 보관방법을 준수할 경우 섭취하여도 안전에 이상이 없는 기한을 말한다.

② 소분 판매하는 제품은 소분 가공을 한 날이 제조연월일이다.

③ 품질유지기한은 식품의 특성에 맞는 적절한 보존방법이나 기준에 따라 보관할 경우 해당식품 고유의 품질이 유지될 수 있는 기한이다.

④ 제조연월일은 포장을 제외한 더 이상의 제조나 가공이 필요하지 아니한 시점이다.

🔹 소분 판매하는 제품은 소분용 원료제품의 제조연월일이다.

25 교육청 유사기출

소비기한에 반드시 제조일과 제조시간을 함께 표시해야 할 대상 식품은?

① 맥주 ② 초밥
③ 유산균음료 ④ 아이스크림

🔹 즉석섭취식품 중 도시락·김밥·햄버거·샌드위치·초밥은 소비기한 및 제조일과 제조시간을 함께 표시하여야 한다.

26 경북 유사기출

식품알레르기 의무표시 대상 식품이 아닌 것은?

① 쌀 ② 돼지고기
③ 우유 ④ 오징어

🔹 알레르기 유발물질 표시대상
난류(가금류에 한한다), 우유, 메밀, 땅콩, 대두, 밀, 고등어, 게, 새우, 돼지고기, 복숭아, 토마토, 아황산류(이를 첨가하여 최종제품에 SO_2로 10mg/kg 이상 함유한 경우에 한한다), 호두, 닭고기, 쇠고기, 오징어, 조개류(굴, 전복, 홍합 포함), 잣을 원재료로 사용한 경우

27 식품기사 2017년 2회

식품의 "1회 섭취참고량"은 몇 세 이상으로 설정한 값인가?

① 만 3세 이상 ② 만 5세 이상
③ 만 13세 이상 ④ 만 18세 이상

🔹 1회 섭취참고량은 만 3세 이상 소비계층이 통상적으로 소비하는 식품별 1회 섭취량과 시장조사 결과 등을 바탕으로 설정한 값을 말한다.

---

answer | 24 ② 25 ② 26 ① 27 ①

28

제조연월일 표시 대상 식품이 아닌 것은?

① 식염
② 아이스크림
③ 김밥
④ 탁주

🔶 주류 중 탁주, 약주는 소비기한 표시 대상 식품이다.

29

원산지 표시 대상 식품이 아닌 것은?

① 염소고기
② 콩
③ 홍합
④ 방어

🔶 **원산지 표시 대상** : 쇠고기, 돼지고기, 닭고기, 오리고기, 양고기, 염소고기, 쌀, 배추김치의 배추와 고춧가루, 콩, 넙치, 조피볼락, 참돔, 미꾸라지, 뱀장어, 낙지, 명태(황태, 북어 등 건조한 것은 제외한다. 이하 같다), 고등어, 갈치, 오징어, 꽃게, 참조기, 다랑어, 아귀 및 주꾸미, 가리비, 우렁쉥이, 전복, 방어 및 부세, 조리하여 판매·제공하기 위하여 수족관 등에 보관·진열하는 살아있는 수산물

30 교육청 유사기출

원산지 표시에 대한 설명으로 옳지 않은 것은?

① 쌀, 오리고기, 닭고기, 낙지, 고등어, 양고기, 쇠고기, 오징어 등은 원산지 표시 대상이다.
② 수입한 소를 국내에서 6개월 이상 사육한 후 유통하는 경우 '국내산'으로 표시할 수 있다.
③ 수산물의 경우 국내산은 '국산', '국내산', '연근해산'으로 표시하고, 외국산의 경우 해당 국가명을 표시한다.
④ 배추김치(중국산)는 국내에서 배추김치를 조리하여 판매·제공하는 경우로 배추와 고춧가루의 원산지는 중국산이다.

🔶 배추김치(중국산)는 외국에서 제조·가공한 배추김치를 수입하여 조리하여 판매·제공하는 경우로 배추김치를 제조·가공한 해당 국가명은 중국이다.

31

「식품위생법」상 집단급식소에 종사하는 조리사 및 영양사가 식품위생 수준 및 자질의 향상을 위해 식품의약품안전처장이 지정하는 교육기관에서 받아야 하는 교육시간은?

① 2시간
② 4시간
③ 6시간
④ 8시간

🔶 조리사 및 영양사는 1년마다 식품의약품안전처장이 지정하는 교육기관에서 6시간의 교육을 받아야 한다.

---

32 경기 유사기출

「식품위생법」제52조에 근거한 집단급식소에 근무하는 영양사가 수행해야 하는 직무로 옳은 것만을 모두 고르면?

> ㄱ. 종업원에 대한 영양지도 및 식품위생교육
> ㄴ. 급식운영일지 작성
> ㄷ. 집단급식소에서의 검식 및 배식관리
> ㄹ. 식생활 지도, 정보 제공 및 영양상담
> ㅁ. 구매식품의 검수 및 관리

① ㄱ, ㄴ, ㄷ, ㄹ   ② ㄱ, ㄴ, ㄷ, ㅁ
③ ㄴ, ㄷ, ㄹ, ㅁ   ④ ㄱ, ㄴ, ㄷ, ㄹ, ㅁ

◀ 「식품위생법」제52조
  ② 집단급식소에 근무하는 영양사는 다음 각 호의 직무를 수행한다.
  1. 집단급식소에서의 식단 작성, 검식 및 배식관리
  2. 구매식품의 검수 및 관리
  3. 급식시설의 위생적 관리
  4. 집단급식소의 운영일지 작성
  5. 종업원에 대한 영양 지도 및 식품위생교육

---

answer | 32 ②

PART 02

식품과 미생물

미생물의 종류와 특성 | 식품의 변질과 보존 | 소독과 살균

미생물의 종류와 특성

1 미생물의 성장(생육)에 영향을 주는 인자

☀ 미생물의 생육에 영향을 미치는 인자 [기출]

분류	의미	종류
내적인자	식품 고유의 특성	식품의 수분함량(Aw), pH, 산화환원전위, 영양성분, 항생물질 함유여부, 공존하는 다른 미생물의 존재 여부 등
외적인자	식품을 유통·보관하는 식품 외부의 환경조건	저장온도, 상대습도, 대기조성 등

(1) 식품(영양물질)

① 탄수화물, 지방, 단백질, 무기질과 비타민 등, 특히 단백질 함유 식품

② ┌ 독립영양균 : 무기물인 이산화탄소를 이용하여 세포구성물질을 합성하는 미생물
  └ 종속영양균 : 곰팡이, 효모 등이 속하며 탄소원으로 유기물을 이용하는 미생물

> 🔒 CHECK Point ◀ 시간-온도관리가 필요한 식품(TCS Food) [기출]
>
> 1. 미생물이 성장하기 수월한 식품으로 시간 및 온도에 주의하여 취급하지 않을 경우 식중독을 유발할 수 있는 식품으로 이전에는 잠재적 위험식품(PHF)이라고 하였다.
> 2. 단백질이나 탄수화물 함량이 높고 pH 4.6 이상이며 수분활성도가 0.85(0.90) 이상인 식품
> 3. 종류(학교급식위생관리지침서)
>   ① 생 혹은 익힌 동물성 식품 : 육류, 가금류, 생선, 갑각류, 난류, 우유 및 유제품
>   ② 익힌 식물성 식품(숙채류) : 밥, 익힌 감자, 익힌 채소, 두부, 대두단백식품
>   ③ 병원성 미생물의 증식과 독소형성을 억제하도록 조절되지 않은 새싹 식품(새싹채소), 자른 메론(산도가 낮은 과일류), 자른 엽채류, 자른 토마토, 자른 토마토가 혼합된 채소, 채친 채소(오이채, 양배추채 등), 개봉한 상업적 멸균제품(통조림, 레토르트 식품)

(2) 수소이온농도(pH) [기출]

① 미생물의 생육에 가장 적합한 최적 pH, 산성쪽의 생육한계를 나타내는 최저 pH, 알칼리쪽의 생육한계를 나타내는 최고 pH를 가짐

② 세균

　㉠ 최적 pH는 중성 : pH 6.8~7.2 부근

　㉡ pH 4.5(4.6) 이하

        ⓐ 젖산균, 초산균, 낙산균 등을 제외하면 잘 생육하지 못함

        ⓑ 포자도 거의 발아하지 못함

    © 포자의 내열성도 최적 pH인 중성부근에서 가장 큰 반면, 산성이나 알칼리성에서는 내열성이 크게 낮아짐

③ 효모와 곰팡이가 세균보다 낮은 pH에서 잘 생육 : pH 3.0~4.5에서 잘 생육

④ 미생물의 생육은 외부의 pH에 의해서 영향을 받음

    ㉠ 강산, 강알칼리 조건 : 미생물의 세포막 손상, 세포 내로 H^+, OH^-이온이 들어가 세포 안의 pH 변화로 세포 효소 및 핵산 등의 불활성화로 인해 세포 사멸

    ㉡ 낮은 pH에서 생육 저해는 주로 수소이온에 의한 것임

    ㉢ 약산성 조건

        ⓐ 무기산보다 유기산이 생육 저해작용이 강함

        ⓑ 비해리형 유기산은 해리형 유기산보다 쉽게 미생물의 세포막을 통과하여 세포 내의 pH를 저하시키므로 생육저해 효과가 더 큼

    ☀ **유기산의 미생물 생육저해 기작**

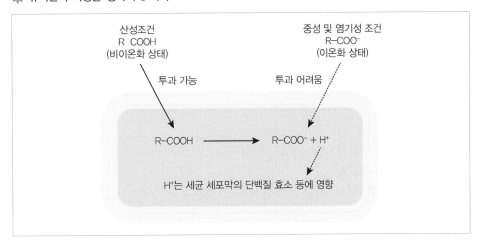

    ㉣ 동일 pH에서 미생물의 생육 저해효과 : 프로피온산 > 초산 > 젖산 > 구연산 > 인산 > 염산

(3) 산화환원전위

① 어떤 물질이 전자를 잃고 산화되거나 또는 전자를 받고 환원되려는 경향의 강도(하나의 물질이 전자를 잃거나 얻으려는 경향을 측정한 값).

② 산화–환원전위와 미생물 생육과의 관계

    ㉠ 산화 – 환원전위값이 크면[산화된 상태인 양(+)의 산화환원전위] : 호기성 미생물이 잘 생육

    ㉡ 산화 – 환원전위값이 낮으면[환원된 상태인 음(–)의 산화환원전위] : 혐기성 미생물이 잘 생육

⚙ 산화환원전위와 생육할 수 있는 미생물의 분류

미생물	산화환원전위(mV)	산소요구도에 따른 분류
Pseudomonas fluorescens	+500~+100	편성호기성
Staphylococcus aureus	+180~-230	통성혐기성
Clostridium	-30~-550	편성혐기성

※ 호기성균은 산소가 존재하지 않더라도 전자수용체가 있으면 어느 정도 생육이 가능
※ 혐기성균은 산소가 존재해도 주위환경이 산화환원전위차가 충분히 낮으면 생육이 가능

ⓒ 가공되지 않은 식품 대부분은 음의 산화환원전위 : 과일, 채소(환원성 물질인 비타민 C, 환원당, 설프히드릴기 등을 많이 함유) 산화환원전위 값이 낮아짐 – 혐기성균이 생육하기 쉬움

⚙ 식품의 산화환원전위값

식품	산화환원전위(mV)	식품	산화환원전위(mV)
계란	+500	통조림 고기	-150
포도주스	+400	감자	-150
분쇄한 쇠고기	+200	간	-200
덩어리고기 표면	+200	덩어리고기 내부	-200
우유	+200		

③ 산화환원전위에 영향을 주는 요인
　㉠ 식품이 놓여 있는 환경의 산소농도 및 산소의 식품 접근 용이성
　ⓛ 산소가 투과할 수 있는 식품조직상 밀도
　ⓒ 식품 내 환원물질의 농도 및 형태
　ⓔ 식품가공방법
　ⓜ 식품의 pH(매 pH값 감소당 레독스 값은 +58mV증가)

(4) 산소 기출

⚙ 산소요구성에 따른 미생물의 분류

분류	산소요구성과 생육	에너지 획득방법	종류
호기성균	산소 필요	호흡	대부분의 곰팡이, 산막효모 호기성 세균류
통성혐기성균	산소 유무에 관계없이 생육(산소가 없는 환경보다 산소가 존재하는 환경에서 더 잘 생육)	호흡(O_2 존재시) 발효(O_2 비존재시)	대부분의 효모, 장내세균 대장균군, 비브리오 포도상구균 등
미호기성균	대기압보다 낮은 산소분압 필요(1~10%)	호흡	Campylobacter 등
혐기성균	산소에 의해서 저해(사멸)	혐기성 호흡, 발효	Desulfotomaculum Clostridium 등
젖산균	산소 유무에 관계없이 생육	발효	

① 산소로부터 생성되는 유해물질을 분해하는 효소

　　㉠ superoxide dismutase(SOD) : superoxide(O_2^-)를 산소와 과산화수로 전환시킴

　　㉡ catalase, peroxidase : 과산화수소를 안전한 물로 전환시킴

② 미생물의 산소요구성에 따른 산소 독성물질 제거효소 생산여부

	편성호기성	미호기성	통성혐기성	내산소혐기성	편성혐기성
SOD	+	+	+	+	−
catalase	+	+/− (low level)	+	−	−

　　㉠ 호기성균, 통성혐기성균, 미호기성균은 SOD, catalase 존재

　　㉡ 혐기성균 : SOD, catalase 모두 결여되어 있어 유해 산소에 의해 생육이 저해됨

　　㉢ 젖산균 : SOD, peroxidase 존재 – 산소존재와 관계없이 발효에 의해 에너지를 얻고 젖산을 생성

(5) 온도

① 증식온도별 분류 : 고온균, 중온균, 저온균

　　㉠ 중온균 : 자연계에 가장 광범위하게 널리 분포, 상당수의 효모, 곰팡이, 세균

　　㉡ 저온균

　　　　ⓐ 세포막의 지방산 조성이 불포화지방산이 많아 저온에서도 세포막의 유동성이 유지되고 효소 활성이 유지되어 생육가능

　　　　ⓑ 저온에서 단백질 분해력과 지질분해력을 가지고 있어 식품의 부패를 일으키는 대표적인 균은 Pseudomonas임 [기출]

　　㉢ 고온균 : 효소나 단백질, 리보솜의 내열성이 높으며, 세포막의 지질은 녹는점이 높은 포화지방산의 함량이 높기 때문에 높은 온도에서도 막의 유동성 유지

② 위험온도대 : 5~60℃

(6) 수분

① 수분활성도(Aw)

　　㉠ 미생물이 이용 가능한 수분의 비율, 즉 식품 중의 자유수의 함량을 나타내는 척도

　　㉡ 임의의 온도에서 그 식품이 갖는 수증기압에 대한 같은 온도에서의 순수한 물의 수증기압의 비

　　㉢ 물의 몰수를 식품의 물에 녹아 있는 용질의 몰수와 물의 몰수의 합으로 나눈 값

② 미생물의 증식에 필요한 최저 수분활성도(Aw)

미생물	최저 Aw	
대부분의 세균	0.90~0.91	
대부분의 효모	0.88(0.85)	• 발육가능한 최저 Aw : 세균>효모>곰팡이
대부분의 곰팡이	0.80	• 황색포도상구균 Aw 0.85 이상에서 생육가능
호염세균	≦0.75	• 미생물이 성장할 수 있는 최소한계점은
내건성 곰팡이	0.65	Aw 0.60~0.61
내삼투압성 효모	0.60~0.61	

※ 내삼투압성 미생물 : 환경의 용질 농도의 증가에 대응하여 세포 내에 특정 용질을 축적하여 세포 내의 삼투압을 외부보다 높게 유지되도록 조절

③ 세균의 포자발아에는 영양세포의 증식보다 높은 수분활성도가 필요하다.

④ 동일한 미생물이라도 증식환경의 pH, 영양조건, 유리산소의 유무, 수분활성도를 저하시키는 물질의 존재 등에 따라 생육에 요구되는 수분활성도가 달라진다.

⑤ Aw를 낮추어 미생물의 증식을 저해하는 방법 [기출]

　　㉠ 건조, 농축에 의한 수분제거

　　㉡ 당, 염의 첨가

　　㉢ 냉동에 의한 식품 속 수분 동결

> **• 참고**
>
> **식품 중의 미생물상(microflora)**
> 1. 미생물은 각각 환경에 적응하여 특유의 미생물상을 형성하고 발효, 부패 및 병원작용 등에 관여
> 2. 미생물상의 특징
> 　① 신선식품은 동·식물이 자라난 환경에서와 같은 미생물총 형성
> 　② 시간이 지남에 따라 복잡한 것이 단순해짐
> 　③ 1~2종 미생물이 우점종으로 존재
> 　④ 한 번 형성된 미생물상은 소규모 오염이 발생하더라도 변화 없음
> 　⑤ 표면적이 넓고 통기성이 좋은 식품 - 호기성균
> 　　식품의 내부, 산소가 잘 통하지 않는 식품 - 편성혐기성균이 잘 증식함
> 　⑥ 수분함량이 높은 식품 - 세균, 수분함량이 낮은 식품 - 곰팡이가 잘 증식함

2 식품관련 미생물

(1) 세균

① 세균의 일반적인 특성

　㉠ 미생물 중 원시핵 세포를 가지고 있는 단세포 생물로 2분열법에 의해 증식

　　ⓐ 시간이 경과함에 따라 대수적으로 그 수가 증가

　　ⓑ 세대시간(=배가시간) : 세균이 증식하여 그 수가 2배 증가하는 데 소요되는 시간

☀ 세균의 증식과 포자형성

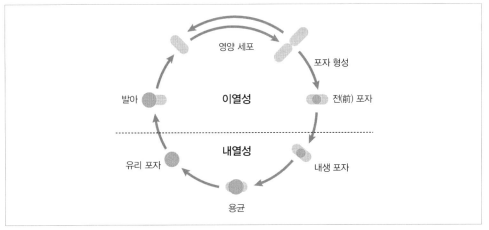

※ 아포(= 포자) : 세균이 외부환경이 성장이나 증식에 열악할 때 만들어 내는 일종의 저항체로 내열성이 강함

ⓒ 곰팡이나 효모에 비해 대사활성이 크고, 성장속도가 빠르다.

ⓒ 세균의 형태

   ⓐ 구균 : 직경 $1\mu m$ 전후 ⓒ 단구균, 쌍구균, 사련구균, 팔련구균, 포도상구균, 연쇄상구균 등

   ⓑ 간균 : 작은 것은 길이 $1\mu m$ 이하 ~ 큰 것 $10\mu m$ 이상

   ⓒ 나선균 : 호균, spirillum, spirohaeta

ⓔ Gram 양성균(보라색, 자주색)과 음성균(적색)

구분		그람양성균	그람음성균
간균	아포생성균	Bacillus, Clostridium 등	Desulfotomaculum
	비아포생성균	Listeria, 디프테리아균 등	대다수
구균		포도상구균, 연쇄상구균 등 대부분의 구균	임질균

> **• 참고**
>
> **세균의 증식곡선**
> 1. 유도기
>   ① 세균이 새로운 환경에 적응하는 시기
>   ㉠ 환경적응에 필요한 각종 효소를 생산하고 분열을 준비하는 시기
>   ㉡ RNA량과 세포의 크기 증가
>   ② 균수의 승가가 거의 없음
>   ③ 식품의 저장에서는 유도기간을 연장시켜 부패방지
> 2. 대수기 : 세균이 왕성하게 증식하는 시기
>   ① 균수가 대수적으로 증가(세대시간이 가장 짧은 시기)
>   ② 세포의 생리적 활성이 가장 큰 시기
> 3. 정지기
>   ① 균수의 증가와 감소가 같아 균수가 더 이상 증가하지 않는 시기
>   ② 정지기 초기에는 세균의 저항성이 강함-내생포자 형성균이 내생포자를 형성하는 시기
>   ③ 세포외 효소를 많이 분비
> 4. 사멸기 : 생균수가 감소하는 시기
>   – 유해 대사산물, 자기소화 등에 의해 사멸, 용균되는 세포수가 증가

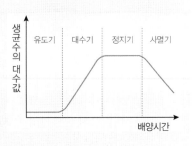

② 식품위생과 관련된 주요 세균

　　㉠ Bacillus속

　　　　ⓐ Gram 양성, 호기성·통성혐기성 간균, 내열성 아포형성균

　　　　ⓑ 토양을 중심으로 자연계에 널리 분포 – 식품오염의 주역

　　　　ⓒ 단백질, 전분 분해력이 강함, 내염성과 내당성(10% 식염에서도 생육 가능)

　　　　ⓓ 대표적인 균

　　　　　• Bacillus natto : 청국장 제조

　　　　　• Bacillus subtilis : 메주, 청국장 발효의 주요균 – 육류 및 어육제품, 밥, 빵, 우유 및 유제품 등의 부패에 관여

　　　　　• B. stearothermophillus, B. coagulans : 통조림의 Flat sour변패 [기출]

　　　　　• B. subtilis, B. mesentericus, B. licheniformis : 빵의 rope 변패

　　　　　• B. anthracis : 탄저균

　　　　　• B. cereus : 세레우스 식중독균

　　㉡ Micrococcus속

　　　　ⓐ Gram 양성, 호기성 구균, 무아포균으로 비수용성 색소(백, 황, 적 등) 생성

　　　　ⓑ Bacillus 다음으로 자연계에 널리 분포

　　　　ⓒ 대부분이 비병원성, 육류, 어패류 및 그 가공품의 부패균(단백질 분해력 강함) 육류 및 육제품 등의 표면에 점질물 생성

　　　　ⓓ 3~5% 염분에서도 생육이 가능한 내염성균

　　㉢ Pseudomonas속

　　　　ⓐ Gram 음성, 호기성 무아포 간균, 단모성 또는 속모성의 편모, 수중세균의 주체

　　　　ⓑ 저온균(15~25℃), 어류의 우점종으로 부패에 주도적 역할

　　　　ⓒ 증식속도가 빠르고 단백질과 지방의 분해력 강함, 수용성 색소 생산

　　　　ⓓ 방부제에 저항력이 강하고, 열에 약하며, 저온 저장되는 식품의 부패에 관여

　　　　ⓔ Pseudomonas fluorescens : 고미유 원인세균, 우유를 녹색으로 변화

　　　　　Pseudomonas aeruginosa : 부패세균, 우유를 청색으로 변화

　　　　　Pseudomonas synxantha : 우유의 황색변패

　　㉣ Proteus속

　　　　ⓐ Gram 음성, 호기성, 무아포 간균

　　　　ⓑ 장내세균으로 요소 분해(37℃에서 발육)

　　　　ⓒ 대표적인 호기성 부패세균으로 단백질의 분해력이 강하며 상온의 동물성 식품을 주로 부패시킴

　　㉤ Clostridium속

　　　　ⓐ Gram 양성, 편성혐기성 간균, 내열성의 아포형성

　　　　ⓑ 동물성 단백질 식품을 혐기적인 상태에서 분해

　　　　　예 육류, 육류가공품(소시지, 햄), 통조림

ⓒ 식중독의 원인균 : Clostridium botulinum, Clostridium perfringenes

ⓗ Vibrio속

    ⓐ Gram 음성, 무포자, 통성혐기성 간균

    ⓑ 종류

- 호염성(균이 증식할 때 나트륨 필요)균종 : 장염비브리오균(V. parahaemolyticus), 비브리오 패혈증(V. vulnificus)
- 나트륨이 없는 곳에서도 증식가능한 균종 : 콜레라균(V. cholerae)

ⓢ Escherichia

    ⓐ Gram 음성, 무아포 간균, 호기성 또는 통성혐기성, 유당을 분해하여 산과 가스를 생성

    ⓑ 장내세균과, 분변오염의 지표, 주로 동물의 장내에 서식

ⓞ Salmonella

    ⓐ Gram 음성, 통성혐기성 무아포 간균, 장내세균과

    ⓑ 대표적인 균

- S. enteritidis, S. typhimurium : 식중독균
- S. typhi, S. paratyphi : 감염병인 장티푸스, 파라티푸스의 원인균

ⓩ Staphylococcus

    ⓐ Gram 양성, 통성혐기성 구균

    ⓑ 사람의 피부에 많이 서식

    ⓒ Staphylococcus aureus : 황색포도상구균(독소형 식중독)

ⓧ Shigella

    ⓐ Gram 음성, 무포자 간균, 장내세균과

    ⓑ 세균성 이질균

ⓠ Listeria

    ⓐ Gram 양성, 통성혐기성 무포자 간균, 주모성 편모

    ⓑ L. monocytogenes : 식중독균

ⓔ Lactobacillus : 그람양성 간균, 젖산발효균 – 술, 발효유, 김치

· 참고

세균이 생성하는 독소

1. 외독소
   ① 세균이 증식하면서 생성되어 균체 밖으로 분비하는 독소
   ② 외독소를 만드는 균은 그람양성균인 경우가 대부분임
   ③ 독소의 성분은 단백질로 대개 가열에 민감함

2. 내독소
   ① 체내에 보유되어 균체 밖으로 독소가 분비되지 않는 독소
   ② 내독소를 만드는 균은 그람음성균인 경우가 대부분임
   ③ 독소의 성분은 지질다당체로 어느 정도 가열에 안정성이 있으며, 중독 시 열이 나고 외독소보다는 독성이 약함

(2) 곰팡이(Mold)

① 곰팡이의 일반적인 특성

　㉠ 편성 호기성 진핵세포로 균사나 포자에 의해 증식하고 햇빛을 싫어하는 다세포생물

　㉡ 건조에서도 잘 견디고, 세균, 효모보다 증식속도는 느림

　㉢ 증식가능 pH 2.0~9.0의 넓은 범위에서 성장이 가능하고 특히 pH 4에서 잘 증식하며, 유기산을 생성하는 종류도 많음

　㉣ 대체로 생육적온은 25~30℃인 중온성으로 세균보다 낮은 편, 일부 곰팡이는 저온에서도 성장이 가능 – Fusarium속 : 눈 덮인 곡류에서 증식하여 독소 생성

　㉤ 수분활성도에 따른 분류

Aw가 0.9 이상에서 생육하는 호습균	Fusarium속, Mucor속, Rhizopus속, Alternaria속 등	재배과정 중에 번식하는 1차오염 곰팡이
Aw가 0.80~0.89 이상에서 생육하는 중습균	Aspergillus속, Penicillium속 등	수확 후 저장 중에 기생하는 2차오염 저장 곰팡이
Aw가 0.79~0.65 이상에서 생육하는 호건균	일부 Aspergillus속, Monascus속 등	잼, 곡류, 건물, 과자류에 주로 발생

　※ 내건성 곰팡이는 0.61 정도에서도 증식

　㉥ 곰팡이는 건조한 조건에서도 증식이 가능하며 넓은 범위의 pH에서도 생육이 가능하여 건조식품이나 고염식품, 당절임식품, 산성식품 등에서도 생육가능

　㉦ 장류, 치즈, 주류 등 발효식품 제조, 식품공업에 이용되기도 하고, 항생물질 생성에도 이용

　㉧ Mycotoxin과 같은 인체에 치명적인 독소 생성

② 주요 곰팡이

　㉠ Aspergillus속

　　ⓐ A. oryzae(누룩곰팡이) : 전분당화력, 단백질 분해력이 강하며, 된장, 간장, 약주, 탁주 제조에 이용

　　ⓑ A. niger(흑국균) : 유기산 생성, 과일이나 채소의 흑변현상, 펙틴 분해력이 강해 과일주의 청징제로 이용

　　ⓒ A. flavus, A. parasiticus : 발암성의 아플라톡신 생성

　　ⓓ A. glaucus : 균은 청록색이며 낮은 수분함량, 높은 농도의 당이나 식염상태에서도 잘 생육, 가다랭이에 특유의 향기 부여

　　ⓔ A. sojae : 단백질 분해력이 강해 간장 제조에 이용

　㉡ Penicillium속

　　ⓐ 황변미의 원인 : P. islandicum, P. citrinum 등

　　ⓑ 밀감을 비롯한 과일의 연부병, 사과나 배 등에 푸른곰팡이병 : P. expansum

　　ⓒ 페니실린, 항생물질 제조에 이용 : P. notatum, P. chrysogenum

　　ⓓ 치즈 : P. camemberti, P. roqueforti

　㉢ Mucor속 : 털곰팡이

　　ⓐ Mucor mucedo : 토양, 과실, 퇴비에 널리 분포

ⓑ Mucor hiemalis : 토양 중에 널리 분포하며 pectinase 활성이 강함

ⓒ Mucor racemosus : 전분의 당화, 치즈 숙성에 이용, 주로 과일, 채소의 변패에 관여, 장류국균의 오염원

ⓓ Mucor rouxi(누룩곰팡이) : 전분 당화력이 강하고 알코올 발효력도 있어서 알코올 제조에 이용된 적이 있다.

ⓔ Mucor pusillus : 이 곰팡이가 생성하는 응집효소 – rennet 대용으로 이용

ⓕ Mucor javanicus : 전분당화력, 알코올 발효력, 젤라틴을 서서히 액화

ⓔ Rhizopus속(빵곰팡이) : 야채, 과일, 밀감, 딸기 등의 변패에 관여, 거미줄 곰팡이

ⓐ Rhizopus delemar : 당화효소를 생성, 전분당화력, 알코올 생산력이 강함, 아밀로법에 따라 알코올 제조

ⓑ Rhizopus javanicus : 전분당화력이 강해서 아밀로균

ⓒ Rhizopus nigricans : 알코올 발효해서 푸마르산 제조에 이용, 빵, 곡류, 과실 등에 흔히 발생하고 고구마 연부병의 원인

ⓓ Rhizopus japonicus : 아밀로법에 이용, 라피노오스 발효

ⓜ Fusarium속

ⓐ 엷은 분홍색, 자색, 황색 등의 균사

ⓑ 과일, 채소 등의 변패

ⓒ 저온에서 식중독성 무백혈구증을 일으키는 독소 생성

(3) 효모(Yeast)

① 일반적 특성

㉠ 분류상으로는 곰팡이와 같은 진균류이나 단세포로 이루어짐

㉡ 통성혐기성, 출아법으로 증식

㉢ 낮은 pH, 낮은 수분활성도의 환경에서도 잘 자라는 생리적 특성은 곰팡이와 같으나 혐기적 조건에서도 성장하는 점이 다르고, 곰팡이보다 대사활성이 높고 성장 속도도 빠름

㉣ 증식 pH범위는 2.0~8.5이며, 산성에서도 잘 증식한다(pH 4~5).

㉤ 내삼투압성 효모 : 잼과 같이 당 함량이 높은 식품에서 증식하여 거품을 발생하고 알코올 냄새를 냄

㉥ 형태 : 구형, 타원형, 소시지형, 레몬형 등 다양

㉦ 세균에 비해 낮은 수분활성도, pH에서도 생육이 가능하여 산성식품이나 발효식품 등의 숙성과 부패에도 관여

② 주요 효모

㉠ Saccharomyces속

ⓐ 당을 발효해 이산화탄소와 에탄올 생산

ⓑ S. cerevisiae : 빵효모, 청주효모, 맥주효모 등

㉡ Zygosaccharomyces : 꿀, 시럽, 포도주, 간장 등의 변질에 관여

ⓒ Candida속 : 형태는 곰팡이와 비슷한 효모이며, 단세포 단백질 생산에 이용

ⓓ Film yeast(산막효모)

　　ⓐ 산성식품의 표면에 증식하여 막을 형성하는 효모를 총칭

　　ⓑ Pichia속, Hansenula속, Debaryomyces속 등

(4) 원생동물

① 2.0~20μm 크기의 단세포 생물

② 건조에 대하여 매우 낮은 저항성, 활발한 운동성

③ 이질아메바, 말라리아, 톡소플라즈마 등

(5) Virus 기출

① 독립적으로 대사활동을 할 수 없고, 숙주세포가 있어야 증식할 수 있는 절대 기생성 세포내 생물, 동물 세포, 식물세포, 세균 세포에 기생하여 증식

② 간염 Virus, AIDS virus, 노로 바이러스, poliomyelitis virus 등

③ 특징

ⓐ RNA와 DNA 중 한 가지 핵산만을 가짐

ⓑ 여과미생물

ⓒ 생세포 내에서만 증식 가능

ⓓ 숙주특이성이 있다.

ⓔ 항생제에 대한 감수성이 없다.

④ 바이러스는 식품에서 증식하지 않으므로 식품의 품질에는 영향을 미치지 않으나 식품이나 물, 환경 등에 오염된 바이러스가 인간에게 전이되었을 때 식중독을 발생시킴

3 식품에 미생물의 오염경로

(1) 토양미생물

① 세균 : Bacillus, Micrococcus, Clostridium, Pseudomonas, Serratia, Proteus, Aerobacte 등

② 곰팡이 : Penicillium, Aspergillus, Mucor, Rhizopus, Fusarium 등

③ 효모 : Saccharomyces, Torula, Candida 등

④ 원충류

(2) 수생미생물 : 담수, 해수, 하수세균

① 담수세균

ⓐ 대표적인 세균으로 물 속 고유의 Gram 음성 간균인 슈도모나스

      ⓛ Pseudomonas, Achromobacter, Alcaligenes, Aeromonas, Flavobacterium 등

  ② 해수세균

      ㉠ 약 3%의 식염농도에서 잘 증식할 수 있는 Vibrio속이 대표적

      ㉡ 대표적인 세균 : Vibrio, Pseudomonas, Flavobacterium 등

(3) 분변미생물

  ① 장내세균에 속하는 Escherichia coli, Citrobacter, Enterobacter, Klebsiella, Proteus 등

  ② 소화기계 감염병 및 식중독의 원인균인 Salmonella, Shigella 등

  ③ 그 외 장구균, Clostridium, Lactobacillus 등

(4) 공중미생물

  ① Bacillus나 사상균의 아포, Gram 양성 구균류가 대부분을 차지함

  ② 공중에 고유한 미생물이 존재하지 않음

  ③ 바람 등에 의해 토양미생물이 공기 중으로 비산된 세균 중 자외선에 잘 견디는 미생물이 대부분을 차지

4 식품위생의 오염(위생)지표미생물 기출

(1) 세균검사의 목적

  ① 식품이 위생적으로 취급되었는가를 확인하는 것

  ② 식품의 보장성 검토

  ③ 식품이 위생적으로 안전한가를 판단하기 위한 것

> 위생지표균 : 통상적으로 병원성을 나타내는 것은 아니며 식품의 제조, 보존 및 유통환경 등 전반에 대한 위생수준을 나타내는 지표

(2) 위생지표균이 갖추어야 할 조건 기출

  ① 사람과 동물의 장관 내(분변 중)에 많은 수가 존재해서 분변에 의한 오염을 쉽게 검출할 수 있을 것

  ② 외계에서 병원세균과 생존력이 유사할 것(오염환경에서 병원성 미생물과 거의 유사한 기간 동안 살아남을 것)

  ③ 소화관 이외의 환경에서는 증식하지 않아야 함(체외에 배설된 후에는 증식하지 않아야 함).

  ④ 검사방법이 간단하고 국제적으로 통일되어 있어야 함

  ⑤ 병원성 미생물과 함께 존재할 것, 분변이 아닌 다른 곳에서 검출되지 않는 미생물일 것

⑥ 살균처리 등에 병원성 미생물과 유사한 방식으로 반응할 것

(3) 대장균군

① 그람음성, 무아포성 간균으로 유당을 35~37℃에서 48시간 이내에 분해하여 산과 가스를 생산하는 호기성 또는 통성혐기성균
② 대장균군 : 대장균, Citrobacter, Enterobacter, Klebsiella, Erwinia, Aeromonas 등
③ 일반적으로 어떤 식품에서 대장균군이 검출되었다는 것은 그 식품이 분변으로부터 오염되었을 가능성과 불결하고 취급이 잘못되었거나 병원균에 의한 오염 가능성을 시사함
④ 토양, 물과 같은 환경이나 채소 등에서 유래하는 것도 있으므로 대장균군이 검출되었다고 해서 분변에 오염된 것으로 이해하기보다 식품의 제조·가공 시 주변 환경에 의해 오염되었다고 판단 가능

(4) 분변계대장균

① EC배지에서 44.5±0.2℃의 항온수조로 24±2시간 배양하여 검출하며, 44.5℃에서 유당을 발효시키는 미생물로서 E. coli(대장균), Klebsiella 등이 이에 속함
② 분변오염의 지표로서 대장균군보다 정확
③ 대장균(Escherichia coli) 기출
  ㉠ 분변성 대장균군 중에서 가장 대표적인 미생물
  ㉡ 주된 서식처는 온혈동물의 장관이며 자연계에서는 생존기간이 비교적 짧음
  ㉢ indole 시험, methyl red 시험, voges-proskauer 시험, 구연산 이용능 시험에서 [+,+,-,-] 반응을 나타내는 세균이 전형적인 E.coli임
  ㉣ 한 동물이 대략 하루에 $1.3×10^8$~$1.8×10^{10}$을 배출함
  ㉤ 분변, 장내병원균과 밀접한 관련이 있음
  ㉥ 일반적으로 동결저장을 통해 사멸, 많은 병원균들이 대장균이 사멸된 후에도 생존
④ 식품에서 대장균에 의한 오염은 해당식품이 분변에 의해 오염되었을 가능성이 높다는 것을 보여 주며, 질병을 일으킬 수 있는 병원균의 오염가능성도 높음을 시사함
⑤ 대장균, 대장균군 : 가열, 건조, 동결에 대한 저항성이 약함

(5) 장구균

① 사람이나 온혈동물의 장관에 상존하는 그람양성 구균
② Enterococcus속과 분변성 Streptococcus균들이 해당
③ 대장균군과는 달리 환경에서의 검출률이 낮기 때문에 식품의 분변오염지표성이 높은 지표균주(사람이나 가축의 분변으로 오염되지 않은 환경에서는 거의 검출되지 않음)
④ 대장균군보다 분변 중 균수는 적지만 건조, 고온, 냉동 등 환경에 대한 저항력이 큼

⑤ 냉동식품, 건조식품, 가열식품에서의 생존율이 높아 이 식품 등의 위생검사에 대장균군보다 유용

☀ **분변오염지표균으로서 대장균군과 장구균의 비교** 기출

특성	대장균군	장구균
형태	간균	구균
그람염색성	그람음성	그람양성
장관 내 균수 수준	분변 1g 중 $10^7 \sim 10^8$	분변 1g 중 $10^5 \sim 10^8$
각종 동물의 분변에서의 검출상황	동물에 따라 불검출	대부분의 동물에서 검출
장 이외에서의 검출상황	일반적으로 낮음	일반적으로 높음
분리, 고정의 난이	비교적 쉽다.	비교적 어렵다.
외계에서의 저항성	약함	강함
동결에 대한 저항성	약함	강함
냉동식품에서의 생존성	일반적으로 낮음	일반적으로 높음
건조식품에서의 생존성	낮음	높음
생선, 채소에서의 검출률	낮음	일반적으로 높음
생육에서의 검출률	일반적으로 낮음	일반적으로 낮음
절인 고기에서의 검출률	낮거나 없음	일반적으로 높음
식품매개 장관계 병원균과의 관계	일반적으로 큼	적음
비장관계 병원균과의 관계	적음	적음

(6) **일반세균수(생균수)**

① 식품의 세균오염 정도를 나타내며 식품의 안전성, 보존성, 취급의 양부 등을 종합적으로 평가한다.

② 표준한천배지를 사용하여 35±1℃, 24~48시간 배양하여 형성된 집락수를 측정한다.

식품의 변질과 보존

1 식품의 변질

식품을 자연상태로 방치했을 때 수분의 변화, 광선, 온도의 작용, 효소나 산소, 미생물 등에 의해 식품 성분의 변화가 생겨 비타민과 영양가의 파괴, 향미의 손상 등을 가져오는 것을 말한다.

(1) 변질의 개요 기출

① 부패
  ㉠ 단백질과 같은 함질소유기물을 함유한 식품이 혐기성균 등에 의해 분해되어 본래의 성질을 잃고 악취를 내거나 유해물질을 생성하여 가식성을 잃는 현상
  ㉡ 혐기성균에 의해 → 암모니아, 아민, H_2S, CO_2, mercaptane, 저급화합물(methane, indole, skatol), 페놀 등 생성

🔒 CHECK Point 어패류의 부패(사후경직 → 자기소화 → 부패)

1. **어류의 자기소화**
   ① 단백질 → 펩티드·아미노산으로 분해(cathepsin에 의해)
   ② 미생물 작용에 의해 선도저하, 근육질 연화
   ③ 어취 심하고 부패가 수육에 비해 빨리 진행

2. **어류가 축육보다 쉽게 부패하는 이유**
   ① 근육구조가 단순하고 조직이 연하다.
   ② 수분함량 多
   ③ 육질이 알카리성에 가깝다.
   ④ 축육에 비해 세균, 효소, 효모 多
   ⑤ 껍질, 아가미, 내장 등의 분리가 불충분하여 세균의 부착기회 多
   ⑥ 천연면역소 小

3. **어패류 부패 생성물** : amine류(TMA, histamine), NH_3, H_2S, Indole, skatol 등

---

② **산패** : 지질이 미생물(생화학적 요인) 또는 산소, 광선, 금속 등의 비생화학적 요인에 의하여 산화·분해되는 현상 → 지방산 + glycerine, 알데히드, 케톤, 알코올, 중합체 등 생성(ketone형, 산화형, 가수분해형)
③ **변패** : 각종 미생물이 식품에서 증식하면서 탄수화물(당질)이나 지방질을 혐기성 상태에서 분해하여 산미를 형성하거나 비정상적인 맛과 냄새가 나는 현상
④ **발효** : 탄수화물에 미생물이 작용해서 유기산, 알코올을 생성하는 현상(생산물을 식용으로 함)

·참고

부패과정에서 식품성분의 변화과정
1. 당질→피루브산, 글루콘산→초산, 유산→이산화탄소, 물, 아세톤, 알코올류
2. 지질→글리세롤, 지방산, 유기산, 알데히드 등
3. 단백질→펩티드→아미노산→지방산, 암모니아, 아민류, 황화수소, 페놀, 크레졸, 인돌, 메르캅탄, 유기산, 이산화탄소 등
4. 부패 & 발효
   ① 공통점 : 가스생성, 성분변화, 미생물 관여
   ② 차이점 : 생성물의 가용성과 식용 유무

(2) 변질에 영향을 주는 인자

① 온도 : 저온균(10~20℃), 중온균(25~37℃), 고온균(50~60℃)

② 수분[Aw(수분활성도) : 미생물이 활용할 수 있는 자유수의 비율]

> 발육최저 Aw : 세균(0.90~0.91) > 효모(대부분 0.88(0.85)) > 곰팡이(0.80)

③ 산소
   ㉠ 편성호기성균 : 미생물 증식에 산소를 절대적으로 필요로 하는 것
   ㉡ 미호기성균 : 대기 중의 산소분압보다 낮은 분압일 때 생육을 더 잘하는 것
   ㉢ 편성혐기성균 : 산소가 존재하지 않아야 증식이 더 잘 되는 것
   ㉣ 통성혐기성균 : 산소 유무에 관계없이 생육하는 것

④ pH
   ㉠ 세균 : 최적 pH 6.5~7.6(pH6.8~7.2)
   ㉡ 곰팡이, 효모 : 최적 pH 3.0~5.0

⑤ 식품성분
   ㉠ 질소원 : 아미노산, peptone
   ㉡ 탄소원 : 당류(포도당)

⑥ 삼투압

⑦ 광선 : 광선에 의해 산화촉진

⑧ 금속 : Co, Fe, Ni, Mn등은 산화반응의 촉매작용을 해 식품의 산화변색 등을 일으킴

(3) 부패과정의 화학적 변화(단백질 변질이 주)

① 탈아미노반응(Deamination) : 세균이 생산하는 탈아미노효소에 의해 아미노산에서 아미노기($-NH_2$) 이탈→암모니아, 지방산, 케토산, 유기산, 알콜, 페놀 생성
   예 glycine → acetic acid, alanine → pyruvic acid
   aspartic acid → maleic acid

$$산화적 \quad R-CH-COOH+O \rightarrow R-CO-COOH+NH_3$$

$\alpha-keto$산   암모니아

NH_2 아미노산

$$환원적 \quad R-CH-COOH+2H \rightarrow R-CH_2-COOH+NH_3$$

포화지방산   암모니아

NH_2 아미노산

$$불포화적 \quad R-CH_2-CH-COOH \rightarrow R-CH=CH-COOH+NH_3$$

불포화지방산   암모니아

NH_2 아미노산

$$가수분해적 \quad R-CH-COOH+H_2O \rightarrow R-CH-COOH+NH_3$$

NH_2 아미노산   OH oxy산 암모니아

② **탈탄산반응(Decarboxylation)** : 부패세균이 생산하는 탈탄산효소에 의해 아미노산에서 탄산가스(CO_2) 이탈 → 아민생성

예
- glycine → methylamine
- lysine → cadaverine
- arginine → agmatine
- tyrosine → tyramine
- alanine → ethylamine
- ornithine → putrescine
- histidine → **histamine(알레르기의 원인물질)**

③ **탈아미노와 탈탄산 동시반응**

예
- glycine → methane
- valine → isobutylalcohol
- alanine → acetic acid
- phenylalaine → phenylacetic acid

④ **기타**

㉠ 함황 아미노산의 분해 : cysteine → mercaptane + 메탄 + CO_2

㉡ TMAO(트리메틸아민옥시드)가 환원되어 비린내의 원인물질인 TMA(트리메틸아민) 생성

㉢ tryptophane의 분해 : tryptophanase의 작용에 의해 indole 생성

㉣ 상어, 가오리 등의 연골어류는 근육 중에 다량 함유된 요소(urea)가 사후 각종 세균의 urease의 작용에 의해 다량의 암모니아 생성

⑤ **pH 변화**

㉠ 산성으로 변화 : glycogen, 전분

㉡ 사후 산성으로 되었다가 알칼리성으로 변화 : 어육, 식육

㉢ 처음부터 알칼리성으로 변화 : 상어육

(4) 식품의 초기부패 판정 기출

① **관능검사** : 후각, 시각, 미각, 촉각

㉠ 시험항목

ⓐ 냄새의 발생 : 암모니아 냄새, 아민 냄새, 산패한 냄새, 알코올 냄새 등

ⓑ 색깔의 변화 : 변색, 퇴색, 광택의 소실 등

ⓒ 조직의 변화 : 고체인 경우에는 탄력성, 유연성, 점액의 발생상태 등

ⓓ 이상한 맛이나 불쾌한 맛의 발생

ⓛ 장점과 단점

장점	단점
• 빠른 검사 • 검사가 쉽다. • 검사비가 저렴하다.	• 개인차가 존재한다. • 주관이 개입될 가능성이 있다. • 객관적이지 못하다. • 수량화, 수치화가 어렵다.

② 미생물학적 판정법

일반 세균수 – 식품 1g당 $10^7 \sim 10^8$ *cf* 안전한계 : 10^5

③ 화학적 판정법

㉠ 휘발성 염기질소(Volatile base nitrogen; VBN) : 30~40mg%(=30~40mg/100g)

cf 신선어육 : 5~10mg%
    보통어육 : 15~25mg%
    부패어육 : 50mg%

■ 중요한 휘발성 염기질소 예

휘발성 염기질소	기원화합물
암모니아	아미노산의 분해
methylamine	
dimethylamine	
trimethylamine	TMAO
ethylamine	alanine
isobutylamine	valine
isoamylamine	leucine
phenethylamine	phenylalanine
putrescine	ornithine
cadaverine	lysine

㉡ 트리메틸아민(Trimethylamine, TMA) : 4~6(10)mg%

cf 3mg% 이하 : 신선도 양호, 10mg% 이상 : 부패

㉢ histamine : 히스티딘이 세균에 의해 생성된 효소의 탈탄산 작용에 의해 히스타민(알레르기의 원인물질)으로 되어 축적

㉣ K값 : 60~80%

ⓐ 어육 중 ATP 분해 → ADP → AMP → IMP → inosine → hypoxanthine

$$kCL(\%) = \frac{\text{ATP분해물질(inosine+hypoxanthine)}}{\text{ATP+ADP+AMP+IMP+inosine+hypoxanthine}} \times 100$$

ⓑ 10% 이하 : 아주 신선, 20% 이하 : 신선도 양호, 40~60% 이하 : 신선도 저하

㉤ pH : 6.0~6.5

2 식품별 주요 변패 미생물 [기출]

(1) 과일, 채소류

① 과일

㉠ Lactobacillus, Leuconostoc 같은 내산성 세균을 제외한 대부분의 세균은 생육이 억제됨

㉡ pectin 분해력이 있는 곰팡이, 내산성이 높은 효모와 곰팡이에 의해 부패

  ⓐ Penicillium digitatum, P. italicum : 감귤류의 연부병

  ⓑ P. expansum : 과일의 연부병, 사과나 배 등에 푸른곰팡이병

  ⓒ Alternaria속 : 사과, 감귤류, 바나나, 파인애플 등의 흑부병

  ⓓ Collectotrichum gloeosporioides : 고추의 조직에 검은색 또는 암갈색의 반점을 형성하면서 부패를 일으키는 탄저병의 원인

  ⓔ Botrytis cinerea : 포도, 딸기 등의 회색곰팡이병

  ⓕ Saccharomyces, Hansenulla, Pichia, Candida 등의 효모는 과일 중의 당을 발효하여 알코올 냄새를 내기도 함

② 채소

㉠ Ceratostomella fimbriata : 고구마의 흑반병, ipomeamarone이라고 하는 쓴맛을 내는 독성 물질을 생산

㉡ Alternaria : 고구마의 흑부병

㉢ Rhizopus nigricans : 고구마의 연부병

㉣ Sclerotinia sclerotiorum : 셀러리 식물류에 증식하여 pink rot 발생

㉤ Erwinia carotovora : 당근, 양배추를 비롯한 채소류에 증식하여 연화성 부패를 일으킴

(2) 육류

① 단백질 분해력이 강한 세균 : Bacillus putrificus, Bacillus subtilis, Proteus vulgaris, Clostridium sporogenes 등

② 적색 색소 형성 세균 : Serratia marcescens

③ 염지육 : Micrococcus

(3) 어패류

저온성 수중세균 ┬ Pseudomonas(가장 많이 관여)
　　　　　　　├ Flavobacterium(표면착색)
　　　　　　　├ Achromobacter(부패 시 점성현상)
　　　　　　　└ Micrococcus

(4) 우유 및 유제품

① 우유
　㉠ 점질화, 알카리화 : Alcaligenes viscolactis
　㉡ 분홍색, 적색변패 : Serratia marcescens, Brevibacterium erythrogenes
　㉢ 청(회)색 변패 : Pseudomonas syncyanea(젖산균과 함께 증식 시)
　㉣ 녹색변패(형광색소 형성) : Pseudomonas fluorescens
　㉤ 황색변패 : Pseudomonas synxantha
　㉥ 청색변패 : Pseudomonas aeruginosa

② 버터
　㉠ Pseudomonas, Alteromonas와 같은 저온성 세균이 증식하여 부패취, 단백 분해취, 과일냄새 등을 생성
　㉡ 표면에 Penicillium 등의 곰팡이가 증식

③ 치즈 : Pseudomonas, Flavobacterium, Micrococcus 등의 세균이 증식하여 부패취, 산패취, 쓴맛, 색소 등을 생성

(5) 통조림

① 혐기성, 통성혐기성 조건에서 생육 가능한 내열성 포자형성균 : Bacillus, Clostridium

② Flat sour 변패(관의 내부는 팽창하지 않으나, 내용물이 산패한 상태인 무가스변패) : Bacillus stearothermophillus, Bacillus coagulans

(6) 곡류

① 쌀
　㉠ 수확직후 : Alternaria, Fusarium 등
　㉡ 저장과정 : Aspergillus, Penicillium 등
　㉢ 쌀밥 : 주로 Bacillus

② 밀
　㉠ 재배기간 : Fusarium(적미병), Alternaria(흑미병)
　㉡ 저장과정 : Aspergillus, Penicillium 등
　㉢ 빵의 rope 변패(점질화) : B. subtilis, B. mesentericus, B. licheniformis

(7) 기타

① 달걀 : 흑색변패(Proteus melanovogenes), 녹색변패(Pseudomonas fluorescens)

② 잼 : 내삼투압성 효모(Torulopsis bacillaris, Saccharomyes rouxii)

③ 두부 : 반점(Bacillus), 팽창(Micrococcus, Pseudomonas, Lactobacillus)

3 식품의 보존(변질방지)

(1) 물리적 방법

① 냉장·냉동법 : 온도를 낮게 해 미생물 생육 저지, 10℃ 이하 번식 억제, -5℃ 이하 번식 못함

    ㉠ 움저장 : 10℃ 전후, 감자, 고구마, 무, 배추 등

    ㉡ 냉장

        ⓐ 0~10℃에서 식품을 보존

        ⓑ 미생물의 증식 억제, 부패 지연, 자기소화 지연 → 단기간 보존기간을 연장

    ㉢ 냉동

        ⓐ 식품을 동결상태로 -18℃ 이하로 저장하는 방법

        ⓑ 증식억제 원리 : 식품 속의 수분을 동결시켜 미생물이 이용 가능한 수분을 감소시킴으로써 증식을 억제

        ⓒ 식품동결이 식품변화(얼음입자에 의해 세포손상)를 주는 단점이 있으나 장기간 보존이 가능하고, 해동 후 부패가 빠름

        ⓓ 얼음입자에 의한 세포손상을 줄이기 위해 최대빙결정생성대(-1~-5℃)를 단기간 통과해야 함

        ⓔ 해동 시 식품 내외의 온도차에 의한 품질 변화를 최소화할 것

    ㉣ 급속동결

        ⓐ -30~-40℃에서 급속동결

        ⓑ 장점 : 급속동결 시 얼음결정이 작아서 식품조직의 파괴가 적다(세포손상 최소화).

② 탈수건조법 : 식품에서 수분을 제거하여(수분함량이 15% 이하) 수분활성도를 저하시킴으로써 보존성을 향상시키는 것

    ㉠ 자연건조법 : 천일건조법

    ㉡ 인공건조법 : 열풍, 분무(분유, 인스턴트 커피), 박막(농축 토마토주스), 포말(과즙류), 적외선, 진공동결(건조 채소) 등

☀ **식품 건조방법과 특징**

건조방법		특징
자연 건조	천일건조법(일광건조법)	• 태양광선과 바람을 이용하여 수분을 자연 증발시켜 건조 • 간편하고 경제적이나 장시간 소요 • 품질을 균일하게 유지하기 어려움, 풍미 저하, 영양분 손실 초래

		열풍건조법	• 식품에 가열한 공기를 불어넣어 건조 • 식품의 산화, 퇴색이 일어남
인 공 건 조 법	상압 건조	배건법	• 식품을 직접 가열하여 건조 • 식품성분 변화가 많이 일어나지만, 특유의 향미 형성
		분무건조법	• 우유, 난백 등 액상식품을 가열, 공기 중에 분무하여 건조 • 분유, 건조난백, 인스턴트커피 등의 제조에 사용
		박막건조법	• 고형분이 많은 점조성 식품을 회전원통 표면에 박막상으로 펼쳐 건조 • 농축 토마토주스, 매쉬포테이토 등에 이용
		포말건조법	• 농축액즙에 점조제나 계면활성제 등의 거품안정제를 가하여 포말로 한 다음 다공판 위에서 열풍을 불어 넣어 건조 • 과즙류에 이용
		적외선건조법	• 적외선을 조사하여 식품을 건조 • 열효율이 높음
	가압건조법		가압, 가열상태에서 단번에 상압으로 환원시켜 순간적으로 수분을 제거
	감압 건조	진공건조법	저온에서 진공도 40~50mmHg로 감압하여 물의 비점을 저하시켜 탈수
		진공동결 건조법	• 식품을 동결시킨 후 0.01~1mmHg로 감압하여 수분을 승화시켜서 건조 • 고급 채소, 고급 인스턴트커피 등에 이용 • 다공성이어서 지질 산패가 쉽게 일어남

③ 자외선 조사

　ㄱ 최적파장 : 2537Å

　ㄴ 유효파장 : 2500–2800Å(250–280nm)

　ㄷ 식품표면, 기구 및 용기의 표면소독, 공기, 물 소독

④ 방사선 조사

　ㄱ 방사선 중 투과력이 강한 γ선이 살균력이 강함

　ㄴ ^{60}Co, ^{137}Cs 등

⑤ 가열살균법

살균방법	가열조건	특징
저온 장시간살균 (Low temperature long time, LTLT)	60~65℃, 30분 (63~65℃)	• 우유, 술, 간장, 주스, 소스 등의 살균에 이용 • 식품의 영양소 및 향미 보존 가능 • 완전한 살균 불가능
고온 단시간살균 기출 (High temperature short time, HTST)	71℃, 15초 (72~75℃, 15~20초)	• 과즙, 우유 살균에 이용 • 살균효과가 크고 영양성분의 파괴가 적음
초고온 순간살균 (Ultra high temperature, UHT)	130~150℃, 1~3초 (0.5~5초)	• 과즙, 우유 살균에 가장 널리 사용 • 높은 온도로 살균되기 때문에 미생물 증식에 의한 변질 가능성은 거의 없지만 일부 영양소의 파괴, 변형이 일어남
고온 장시간살균 (High temperature long time, HTLT)	95~120℃, 30~60분	• 통조림, 레토르트 파우치 살균에 이용 • 장시간 보존 가능

(2) **화학적 방법**

① 절임

㉠ 염장(10%)

ⓐ 효과

- 삼투압 증가에 의한 탈수작용, 수분활성 저하
- 미생물의 원형질 분리
- 염용액의 산소용해도 감소
- 자기소화효소에 대한 저해 작용
- 미생물에 대한 염소이온의 직접적 유해

ⓑ 소금농도

- 2%에서부터 억제되기 시작해 10% 정도면 대부분의 균이 억제
- 효모는 보통 15% 이상에서, 곰팡이는 대략 20% 이상에서 활성이 억제

㉡ 당장(50%)

ⓐ 고농도의 당첨가 효과 → 삼투압을 상승시켜 식품의 Aw 저하, 미생물세포의 탈수로 원형질 분리 → 미생물 생육증식 억제

ⓑ 당은 소금에 비해 삼투압이 낮고, 식품 내부 침투성 ↓

(1% 설탕용액 0.68기압, 1% 소금용액 7.6기압)

ⓒ 동일 농도일 때 분자량이 더 작을수록 Aw를 감소시키는 효과가 더 큼 : 설탕<전화당, 포도당

㉢ 산장(pH 4.5 이하)

ⓐ 무기산보다 유기산이 효과적 – 초산, 젖산 이용

ⓑ 대체로 pH 4.5 이하에서는 부패세균의 생육이 불가능해지고 pH 3~4에서는 사멸

ⓒ 식염, 설탕을 첨가하면 더욱 효과적(synergist)

② 식품첨가물 : 보존료, 살균료, 산화방지제 등을 사용

(3) **기타 복합처리법**

① Controlled Atmosphere(CA 저장, 가스치환)

㉠ 사용기체 : O_2↓, CO_2↑, N_2↑

㉡ 호흡작용억제(식물성 식품), 호기성 세균 발육억제(동물성 식품)

㉢ 한 가지 기체만을 사용하는 것보다 혼합기체를 일정비율로 함께 사용하는 것이 효과적

㉣ 주로 수확 후 채소, 과일이나 달걀 저장 시 이용

② 훈연법

㉠ 소금에 의한 탈수나 가열 처리 후에 목재를 불완전 연소시켜 나온 연기 속에 존재하는 aldehyde류, formaldehyde류, alchol류, phenol류, acid류 등의 살균성분이 식품조직에 침투되어 훈연하는 것으로 저장효과↑

    ⓛ 햄, 베이컨, 조개 등과 같은 어류, 육류제품에 사용

    ⓒ 훈연의 효과

        ⓐ 식품에 독특한 향기와 광택을 주어 기호성 증진

        ⓑ 건조에 따른 보존효과 상승

        ⓒ 훈연 중 살균성분 침투에 의한 방부 및 산화방지 등의 효과

③ 훈증

    ㉠ 식품을 훈증제로 처리하여 곤충의 충란 또는 미생물을 사멸시키는 것

    ㉡ 훈증제 : chloropicrin, chloroform, nitrogen dioxide가 널리 사용되고, methyl bromide, 산석회, 산화에틸렌, 2염화에틸렌, parathion, BHC 등이 사용

    ㉢ 모두 인체에 유독하므로 사용 시 주의가 필요함

④ 통조림, 병조림, film포장

    ㉠ 통조림 : 탈기 후 밀봉하여 고압 중에 가열살균되며, 살균온도 조건은 식품의 산성도에 따라 달라진다.

        ⓐ 어류, 육류, 채소, 장류, 조미식품 등 : 120℃ 고온에서 행해진다.

        ⓑ 토마토 제품, 굴 등 pH 4.6 이하의 산성식품 : 90℃ 이하의 살균방법 사용한다.

    ㉡ retort식품(내열플라스틱 밀봉 → 고압가열살균식품) : 조리된 식품을 내열성의 필름 주머니에 넣고 밀봉하여 고압가열 살균솥 중에서 105~120℃, 최소 10분 이상 살균한 것

⑤ 진공포장

    ㉠ 밀봉된 식품 내의 공기를 감압시켜 진공상태로 감소 내지 제거함으로써 호기성 미생물의 증식이나 지질의 산화 등을 방지

    ㉡ 밀봉된 용기나 포장 내에 식품과 함께 탈산소제(산화철계, 차아황산나트륨계, 산화효소 등)를 넣어서 산소를 흡수케 함으로써 호기성미생물의 생육, 유지의 산패 방지

소독과 살균

1. **소독**(Disinfection) : 이화학적 방법으로 병원성 미생물을 사멸시키거나 죽이지는 못하더라도 병원성을 약화
시켜 감염력을 상실시키는 조작→미생물 포자(아포)는 사멸되지 않고, 미생물의 오염 방지에 사용
2. **살균**(Pasteurization) : 따로 규정이 없는 한 세균, 효모, 곰팡이 등 미생물의 영양세포를 불활성화시켜 감소
시키는 것
3. **멸균**(Sterilization) : 미생물의 영양세포 및 포자(아포)를 사멸시켜 무균상태로 만드는 것
4. **방부**(Antiseptic) : 식품의 성상에 가능한 한 영향을 주지 않으면서 식품에 존재하는 세균의 증식 및 성장을
저지시켜 발효와 부패를 억제시키는 것

1 물리적 방법

(1) 가열법

- **D값** : 일정 온도에서 미생물을 90% 사멸시키는데 소요되는 시간
  예 $D_{121℃}$는 121℃에서 90%의 미생물을 사멸하는 데 소요되는 시간임

① 건열법

ⓐ 건열살균

ⓐ 건열살균기(Dry oven) 160~170℃에서 1~2시간 열처리 후 단열, 밀폐된 그대로 냉각시킨다.

ⓑ 초자기구(건열멸균기), 외과용 기구, 분말, 거즈, 솜 등

ⓒ 건열살균기 : 곡류, 절단한 채소, 과일 같은 원료, 가공된 제품을 건조시키거나 살균시킬
목적으로 150~160℃에서 30분 이상

ⓛ 화염멸균

ⓐ 물체표면의 미생물을 알콜램프, 가스버너 등의 화염으로 20초 이상 직접 태워 멸균

ⓑ 금속(백금이), 자기, 유리봉, 핀셋 등

ⓒ 소각법

ⓐ 병원체를 불꽃에 태워 버리는 방법으로 포자(아포) 형성균 사멸에 효과적

ⓑ 균에 오염된 의류, 폐기물 처리

② 습열법 : 수분으로 인한 균체단백질 변성의 효과, 함수율이 높을수록 저온에서도 사멸 가능

ⓐ 열탕(자비)소독

ⓐ 끓는 물을 이용해 100℃에서 5~30분(탄산나트륨 1~2% 가한 것은 살균효과가 큼)

ⓑ 용기, 조리기구, 식기 등의 살균

ⓛ 증기소독

　　ⓐ 끓는 물의 수증기를 이용하여 살균

　　ⓑ 조리대, 취사기구, 식품공장에서 발효조와 배관 등의 시설물 살균소독

ⓒ 고압증기멸균

　　ⓐ 고압증기멸균기(autoclave)에서 증기에 압력을 가해 멸균

　　ⓑ 121℃에서 15~20분간 실시하여 아포 형성균 멸균

　　ⓒ 미생물 배지, 배양기, 통조림 식품, 유리기구, 의류, 고무제품, 자기류 등

ⓔ 간헐멸균

　　ⓐ 100℃에서 30분간 가열을 24시간 간격으로 3회 반복 실시하여 아포 형성균 사멸

　　ⓑ 멸균의 원리 : 100℃ 가열로 증식형 세균(영양세포)을 죽이고, 가열자극에 의해 발아된 포자를 다음날 가열하여 죽이는 것을 반복함으로써 멸균

(2) 일광 및 광선소독법

① 일광소독

　　㉠ 단시간(10~15초)의 조사로 결핵균, 티푸스균, 페스트균 등 사멸

　　㉡ 계절, 기후, 장소 등의 요인에 영향을 받음

② 자외선 조사(UV조사)

　　㉠ 유효파장 : 2500~2800Å(250~280nm) – 살균에 가장 이상적 파장 : 2537Å(253.7nm)

　　㉡ 살균기작 : 미생물의 DNA 손상으로 사멸(세포 내 핵산에 흡수되어 DNA 손상으로 신진대사 장해, 증식능력 상실)

　　㉢ 자외선 램프 선정 : 5~60℃의 온도범위에서 고강도 자외선을 안정적으로 방사시킬 수 있는 저압램프(UV-C)를 많이 사용

　　㉣ 자외선 소독 시 고려사항 : 미생물의 민감도, 조사량과 관련된 투과도, 조도, 노출시간 등에 영향을 받으므로 소독 전 다른 방향족 유기물, 금속, 음이온성 등을 제거하는 것이 필요하고, 자외선 강도, 유속, 램프 상태를 주기적으로 점검

　　㉤ 자외선 살균력

　　　　ⓐ 이질균의 경우 15W 살균등으로 50cm거리에서 1~2분이내에 사멸, 10cm거리에서는 6~10초 만에 사멸

　　　　ⓑ 살균시간 : 대장균의 살균을 1로 기준하였을 경우 세균은 1.5~5배 < 효모류 3~6배 < 곰팡이류 5~50배 정도

　　㉥ 이용 : 물, 공기살균, 무균실, 분말식품, 도마의 표면살균 등

Ⓧ 장·단점 ^{기출}

장점	단점
• 사용이 간편하고 살균효과가 큼 • 모든 균종에 효과적임(곰팡이＜효모＜세균) • 균에 내성을 주지 않음 • 피조사물의 변화가 거의 없음	• 침투성이 없어 닿는 표면에만 살균효과가 있음 • 그늘진 부분에는 효과가 없음 • 조사하는 동안에만 효과가 있고 잔류효과가 없음 • 유기물 특히 단백질이 공존하는 경우 흡수되어 효과가 현저히 떨어짐 • 장시간 조사 시 지방류 산패 • 붉은 반점, 결막염, 각막염 등 유발

③ 방사선살균

  ㉠ 살균기작

   ⓐ 일정시간 이온화에너지에 노출시켜 미생물 사멸

   ⓑ 그 에너지는 식품을 통과하여 열에너지로 소멸되므로 방사선이 전혀 잔류하지 않음

   ⓒ 전리방사선의 치사작용

   • 직접작용 : 미생물 내에서 이온화가 일어나기 때문에 미생물의 유전물질, DNA 분자자체의 파괴유발

   • 간접작용 : 세포주위의 물질이 이온화되어 살균효과를 나타냄, 방사선의 전리작용의해 미생물 주변에서 생성되는 free radical이나 이온을 생성하고, 이들이 세포에 화학작용을 하여 치사효과를 나타냄

  ㉡ 방사선조사식품의 안전성

   ⓐ 1921년 미국에서 육류의 기생충 사멸을 목적으로 최초로 사용

   ⓑ 1961년 벨기에 브뤼셀에서 WHO/FAO/IAEA 공동으로 방사선 조사 식품의 건전성에 관한 과학적 연구 결과를 평가하기 위한 최초의 회의 소집 -식품조사공동전문위원회(JECFI) 설치

   ⓒ 1970년 WHO 주도로 FAO, IAEA 및 OECD가 방사선 조사식품의 안전성 평가를 위해 방사선 식품조사분야 국제과제 신설

   ⓓ 1980년 스위스 제네바에서 식품조사공동전문위원회(JECFI)는 지난 40년 동안 세계적으로 수행된 방사선 조사식품의 건전성 및 안전성 시험에 대한 결과를 종합적으로 평가하고 10kGy 이하의 방사선을 식품에 조사할 경우 독성학적으로 문제를 일으키지 않으며, 독성시험은 더 이상 필요가 없고 영양학적 및 미생물학적 측면에서도 문제를 발생하지 않는다고 발표(WHO, 1981)

  ㉢ 산업적으로 이용될 수 있는 방사선의 종류 및 특징

   ⓐ 감마선(코발트-60, 세슘-137의 방사성 핵종)

   • 전자선에 비해 고유의 에너지를 가지며 경제적이어서 식품조사의 대부분을 차지

   • 우수한 투과력을 지니고 있어 식품을 포장한 상태에서 살균, 살충 효과를 거둘 수 있고 재포장에 따른 2차오염이 없음

   • 코발트-60은 세슘-137에 비해 침투력, 조사 균일성, 용이성이 좋고 환경에 유해한

위험도 적어 실제로 식품조사에 주로 이용됨

ⓑ 10MeV 이하의 에너지를 가진 전자선

- 감마선에 비해 투과력이 약하여 작용범위가 제한되지만 식품의 표면살균에 이용가능
- 장점 : 에너지 발생이 전원에 의해 조절, 신속성, 정확성, 에너지 효율성, 소비자 수용성이 좋음

ⓒ 5MeV 이하의 에너지를 가진 엑스선

㉣ 특징

ⓐ 침투력↑(침투력 : α선 < β선 < γ선) → 포장된 식품, 대량살균 가능

ⓑ 처리과정에 온도상승이 거의 없기 때문에 냉살균 또는 무열살균이라 함

ⓒ 미생물의 종류와 환경에 따라 효과(감수성, 민감도, 내성)가 다름

- 포자는 영양세포에 비해 높은 내성을 가짐
- 혐기적 조건이나 동결상태에서, 수분활성도가 낮은 식품일수록 더 강도 높은 방사선 조사 필요

❖ 해충 및 미생물의 식품조사에 대한 감수성 [기출]

감수성	해충>대장균군>무아포형성균>아포형성균>아포>바이러스				
종류	화랑곡식나방 가루진드기 바퀴벌레 바구미 등 저곡해충류	대장균 살모넬라 장티푸스균 리스테리아 이질균 폐렴균	비브리오균 녹농균 탄저균 고초균 포도상구균 연쇄상구균 각종 곰팡이	포자 endotoxin exotoxin mycotoxin 아플라톡신 보툴리눔독소 생성억제	구제역 에볼라 각종 바이러스
소요선량	0.5~3kGy	1~5kGy	5~10kGy	10~20kGy	30kGy 이상

방사선조사선량 단위
- 전리방사선의 생물체나 무생물체에 대한 국제단위계의 방사선의 흡수선량의 단위는 Gy(그레이)가 사용된다.
- 1Gy = 1J/kg = 100rad : 전리방사선의 조사에 의해 물질 1kg당 1J의 에너지가 흡수될 때의 선량

㉤ 식품에 사용 시

ⓐ 식품에 Co-60의 감마선을 10kGy 이하로 조사

ⓑ 목적 : 발아억제, 살균, 살충, 숙도조절 등

ⓒ 한 번 조사한 식품에는 재조사를 할 수 없으며, 조사식품을 원료로 사용하여 제조·가공한 식품도 다시 조사하여서는 안된다.

㉥ 식품조사의 영향

ⓐ 10kGy 미만의 선량은 식품의 색, 맛, 향미 등에 아무런 영향을 미치지 않는다.

ⓑ 단백질, 탄수화물, 지방과 같은 거대분자 영양물질이나 무기질은 10kGy까지의 선량에 비교적 안정적이나 일부 비타민의 경우 손실

ⓒ 10kGy 이하 선량의 조사로 모든 미생물을 사멸시키지는 못한다.

ⓓ 고선량 조사 시 변색, 이취 등을 초래

☀ 방사선 조사량의 식품에 대한 기준(WHO/FAO) 기출

구분	목적	조사량(kGy)	적용식품
저선량 조사 (1kGy 이하)	발아억제	0.05~0.15	감자, 양파, 마늘, 생강 등
	해충, 기생충의 살균	0.15~0.50	곡물, 콩, 과일, 건조식품, 생선, 생돈육 등
	숙도의 지연	0.50~1.00	과실, 야채 등
중선량 조사 (1~10kGy 이하)	선도의 연장	1.00~3.00	과실, 딸기 등
	부패병원균의 사멸	1.00~7.00	생육, 냉동육, 생수산물, 냉동수산물 등
	식품특성의 개선	2.00~7.00	포도, 건조야채 등
고선량 조사 (10~50kGy 이하)	상업적 완전 멸균	30.0~50.0	환자용 무균식, 우주식, 특수영양통조림 등
	식품소재 또는 식품첨 가물의 멸균	10.0~50.0	향신료, 효소제 등

ⓢ 국내 식품조사 기준규격(식품공전)

☀ 허용대상 식품별 흡수선량

품목	조사목적	허가선량(kGy)
감자, 양파, 마늘	발아억제	0.15 이하
밤	살충·발아억제	0.25이하
버섯(건조 포함)	살충·숙도조절	1 이하
난분, 전분	살균	5 이하
곡류(분말 포함), 두류(분말 포함)	살균, 살충	5 이하
건조식육	살균	7 이하
어류, 패류, 갑각류 분말	살균	7 이하
된장, 고추장, 간장분말	살균	7 이하
건조채소류(분말 포함)·효모, 효소식품	살균	7 이하
조류식품·알로에 분말	살균	7 이하
인삼(홍삼 포함) 제품류	살균	7 이하
조미건어포류	살균	7 이하
건조향신료 및 이들 조제품	살균	10 이하
복합조미식품	살균	10 이하
소스·분말차·침출차	살균	10 이하
특수의료용도식품(2022.1.1.시행)	살균	10 이하

ⓞ 표시

ⓐ 완제품의 경우 : 조사처리된 식품임을 나타내는 문구 및 조사도안

   예 "방사선 조사", "감마선 조사", "방사선 살균", "방사선 살충", "감마선 발아억제"

ⓑ 조사처리한 원재료를 사용한 식품의 경우 : 원재료명란의 해당 원재료명
   에 예시와 같이 표시 예 양파(방사선조사), 방사선조사마늘, 감마선 발아억제
   마늘 등

ⓩ 방사선 조사 검지방법 기출

ⓐ 물리적인 방법

- 광자극발광법(= 광여기발광법, Photostimulated luminescence, PSL)
- 열발광법(= 열발광측정법, Thermoluminescence, TL)
- 전자스핀공명법(= 전자스핀자기공명법, 전자회절공명)

ⓑ 화학적인 방법
- 지방산의 분해산물 분석(탄화수소법) : 기체크로마토그래프/질량분석법
  - 원래의 지방산보다 탄소수가 1개 적거나, 2개 적으면서 첫 번째 탄소위치에 새로운 이중결합을 가진 탄화수소를 측정하여 방사선 조사여부를 판정하는 방법
  - 방사선 조사된 육류의 경우 지방산의 분해산물인 Cn-1 alkane 및 alkene이나 Cn-2 alkyl-1-ene을 분석하는 방법

ⓒ DNA 측정법
- 유전자코메트 분석법(스크리닝 검사법) : 방사선 조사에 의해 생성된 DNA 사슬 절단 부분을 검출하는 방법

(3) 여과멸균법

① 미생물이 통과할 수 없는 미세한 구멍을 가진 여과막을 이용해 미생물 제거
② 액체여과기에서는 chamberland 여과기, berkefeld 여과기, seitz 여과기 등을 사용
③ 공기의 제균 목적으로는 공기여과기(air filter)가 널리 사용됨
④ 가열 살균에 불안전한 의약품, 혈청배지, 백신, 맥주 효모균체 제거

2 화학적 방법

(1) 살균소독제의 개요

① 살균소독제 : 식품에 사용할 수 있는 식품첨가물과 조리기구 등에 사용하는 기구 등의 살균소독제로 구분

식품첨가물(살균제)	기구 등의 살균소독제
식품용	기구용
"식품첨가물"로 표시되어 있는 제품으로 과일류, 채소류 등 식품의 살균목적으로 사용하여야 하며, 최종식품 완성 전에 제거해야 함	"기구 등의 살균소독제"로 표시되어 있는 제품으로 조리기구 등의 살균목적으로 사용하여야 하며, 각 제품마다 사용농도가 규정되어 있으므로 사용기준에 따라 사용하여야 함
차아염소산나트륨, 차아염소산수, 이산화염소수, 오존수, 고도표백분 등	에탄올, 차아염소산나트륨, 과산화수소, 과산화초산, 이산화염소, 이염화이소시아눌산나트륨, 폴리하이드로클로라이드, 염화알킬벤질디메틸암모늄 등

올바른 사용법
1. **식품첨가물**(살균제) : 세척 – 살균 – 잔류하지 않도록 헹굼
2. **기구 등의 살균소독제** : 세척 – 헹굼 – 살균, 소독

② 화학적 소독제의 구비조건

- 용해도↑, 안전성이 있을 것
- 살균력, 침투력이 강할 것
- 부식성, 표백성이 없을 것
- 사용 후 냄새 제거가 쉬울 것
- 사용법이 용이할 것
- 인체에 무독, 무해할 것
- 소독 대상물이 손상을 입지 않을 것
- 값이 저렴하고 구하기 쉬울 것
- 석탄산 계수가 높을 것

> **· 참고**
>
> **석탄산 계수**
> 1. 소독제의 소독력 비교 시 기준
> 2. 석탄산과 동일한 살균력을 보이는 소독제의 희석도를 석탄산의 희석도로 나눈 값
> $$\Rightarrow \frac{소독약의\ 희석배수}{석탄산의\ 희석배수}$$
> 3. 어떤 일정한 온도(20℃)에서 장티푸스균이나 포도상구균 등의 시험세균으로 희석한 석탄산을 기준으로 희석한 어떤 시험소독제 간의 살균성을 비교, 검토하여 소독력의 효능을 숫자로 표시한 것 – 시험균은 5분 내 죽지 않고 10분 내에 사멸되는 희석배수
> 4. 석탄산 계수가 낮으면 소독력이 약하다는 의미

③ 화학적 소독제의 소독효과에 영향을 미치는 조건 **기출**

- 균종에 따라 균의 감수성이 다르다. 동일 균종이라면 균수가 증가할수록 살균효과가 나빠진다.
- 유기물질의 농도가 높을수록 효과가 저하된다.
- 온도가 높을수록 효과가 크다. – 온도가 10℃ 상승함에 따라 살균력은 거의 2배 증가
- 접촉시간이 충분할수록 효과가 크다.
- 소독제의 농도가 진할수록 효과가 크다.

(2) 소독제의 종류

① 염소계 소독제

　㉠ 살균기작 : 세균단백질과 결합하여 화합물 형성, 그 외 균체산화

　㉡ 살균효과 : 무포자균에는 효과가 좋으나 포자는 효과가 떨어지고, 결핵균에는 효과가 없음

　㉢ 특징

　　ⓐ 가격이 저렴하고, 액체, 분말형태로 저장이 용이

　　ⓑ 자극성, 금속부식성이 있음

　　ⓒ 유기물, 공기, 빛과의 접촉에 의해 살균효과 감소

　　ⓓ 휘발성이 강해 안정성이 낮음

　㉣ 종류

ⓐ 염소(Cl_2) : 활성산소의 산화로 살균성을 가짐, 자극성·금속부식성

ⓑ 차아염소산나트륨($NaOCl$)

ⓒ 표백분($CaOCl_2$) : 우물물, 수영장물 소독에 가장 적당

ⓓ 이염화이소시아눌산나트륨

ⓔ 이산화염소

㉱ 차아염소산나트륨 `기출`

  ⓐ 식품접촉기구의 표면소독 : 200ppm

  ⓑ 채소, 과일의 소독 : 100~130ppm 5분 정도 침지 후 음용수로 씻기

  ⓒ 살균목적 외에 소독·표백·탈취의 목적으로도 사용

> **소독제 희석 계산법**
>
> 원하는 유효염소농도(ppm)×희석액 용량(mL)
>
> = 원액의 유효염소농도(%)×희석할 차아염소산나트륨 용량(mL)
>
> ※ 원액의 유효염소농도 1% = 10,000ppm

> 예 차아염소산나트륨을 주원료로 한 식품첨가물인 일명 락스(유효염소 5%)를 사용할 때 : 물 $2l$를 유효염소 농도 100ppm으로 제조하려면 - 물 $2l$에 락스 $4ml$ 첨가하여 제조(500배 희석) `기출`

> **단위** `기출`
> - ppm은 100만분의 1에 해당하는 농도를 나타냄.
>
>   1ppm = 1mg/L(kg)
>
>   예 50ppm = 1kg중 50mg = 100g중 5mg
> - 100ppm = 0.01%

② **역성비누**(양성비누 : Invert soap)

㉠ 4급 암모늄염으로 된 계면활성제

  ⓐ 물에 녹아서 그 효력을 발휘하는 부분이 양이온이기 때문에 '양성비누'라고도 함

  ⓑ 일반 비누와 반대로 물속에서 양이온이 살균작용을 나타냄

㉡ 살균기작 : 세포막 손상, 단백질 변성

㉢ 효과 : 그람양성균, 대장균, 포도상구균, 티푸스(장, 파라), 이질균 등에 효과적이나 포자, 결핵균, 간염바이러스에 효과가 없음

㉣ 특징

  ⓐ 무미, 무취, 무자극성, 무독성

  ⓑ 침투력, 살균력 大(석탄산 계수가 200~500) ↔ 세정력 小

  ⓒ 비누나 중성세제와 동시에 사용 시, 유기물과 공존 시 살균력↓

㉤ 조리자의 손소독, 식기 소독, 주방기구나 용기, 냉장고, 쓰레기통 등의 살균소독

㉥ 손소독의 경우 원액 10%를 100~200배로 희석하여 2~3분 이상 씻거나 원액 사용 식기류나 용기는 보통 원액(10%)을 200~500배 희석하여 사용

㉦ 경수보다 연수에서, 냉수보다 온수에서, 산성보다 알칼리성에서 효력 증대

③ 에틸알코올(=에탄올, Ethyl alcohol)

　　㉠ 살균기작 : 탈수와 응고, 단백질 변성

　　㉡ 에틸알코올로 70% 수용액이 살균력이 강하고 그 외에 이소프로필알코올 50~70% 수용액을 사용하기도 함

　　㉢ 효과 : 일반 세균의 영양세포, 결핵균, 다수의 바이러스에 강한 살균작용, 포자와 사상균에는 효과가 적음

　　㉣ 특징

　　　　ⓐ 저온 사용 시 상온보다 살균효과가 감소

　　　　ⓑ 유기물 공존 시 살균효과가 감소

　　　　ⓒ 부식성이 적고 잔류물이 남지 않는다.

　　　　ⓓ 물기가 있는 표면에 사용 시 살균소독력이 감소하고 인화성이 있다.

　　㉤ 손, 발, 눈 등을 비롯한 모든 상처나 염증 부위의 소독이나, 식품제조나 조리 시 작업 전 소독에 많이 이용

④ 요오드(I_2)

　　㉠ 70% 에탄올의 1,000ml 중에 I_2 60g, KI 40g을 녹인 적자색 용액

　　㉡ 물에 녹지 않아서 요오드팅크를 만들어 사용

　　㉢ 살균기작 : 세균단백질과 결합하여 살균효과

　　㉣ 염소보다 침투력, 살균력↑ – 포자, 바이러스, 결핵균에 효과적

⑤ 과산화수소(H_2O_2)

　　㉠ 3% 수용액 사용

　　㉡ 살균기작 : 균체산화, 발생된 산소에 의해 살균작용

　　㉢ 자극이 적어 창상, 점막 소독에 사용

　　㉣ 포자 없는 세균 등 미생물의 소독에 사용

⑥ 승홍($HgCl_2$)

　　㉠ 0.1% 수용액

　　㉡ 살균기작 : 단백질 변성

　　㉢ 조직에 대한 자극성과 금속부식성이 강함

　　㉣ 손, 금속제가 아닌 물질, 기구, 기계 소독

⑦ 페놀(Phenol, C_6H_5OH)

　　㉠ 페놀은 무색결정으로 용해되기 어려우므로 열탕수를 이용하여 3~5%의 석탄산 수용액을 사용(평균 3% 수용액 사용, 배설물은 5% 용액이 효과적)

　　㉡ 살균기작 : 균체단백질 응고, 세포막 손상 등

　　㉢ 효과 : 일반세균, 결핵균, 곰팡이 등의 진균에 효과가 있으나 포자, 바이러스에는 효과가 적음

　　㉣ 특징

　　　　ⓐ 강한 냄새, 피부점막 자극, 금속제 부식작용이 강함

        ⓑ 순수하고 안정하므로 살균력 표시의 기준이 됨

        ⓒ HCl, H_2SO_4, NaCl 등을 1% 첨가 시 소독력 ↑

        ⓓ 유기물이 공존 시에도 소독효과가 떨어지지 않고, 고온일수록 효과 ↑

     ⓜ 오물, 오염된 실내벽이나 실험대, 축사, 선박, 화차, 시체, 변소, 배설물, 침구 등의 소독

⑧ 크레졸(Cresol)

     ㉠ 3% 용액 사용

     ㉡ 살균기작 : 세포막 손상으로 인한 살균효과

     ㉢ 효과 : 세균 등의 효과가 있으나 바이러스는 살균효과가 적음

     ㉣ 특징

         ⓐ 강한 냄새와 물에 용해성이 떨어짐

         ⓑ 크레졸비누액으로 만들어 용도에 따라 사용

         ⓒ 독성이 비교적 약하면서 소독력이 석탄산에 비해 2배의 효과가 있음

         ⓓ 유기물에 의한 소독효과가 떨어지지 않음

     ㉤ 손, 오물, 배설물, 실험실, 실내벽, 용기 등 소독

⑨ 과망간산칼륨(과망가니즈산칼륨, $KMnO_4$)

     ㉠ 0.1~5% 수용액 사용

     ㉡ 살균기작 : 균체산화

     ㉢ 살균력이 강하며 피부소독에 사용, 착색력이 강함

⑩ 오존(O_3)

     ㉠ 물에서 살균력 강함

     ㉡ 살균기작 : 균체산화(분해에 의해 발생된 산소에 의해 살균력을 가짐)

     ㉢ 장·단점

장점	단점
• 유해화합물이 생성되지 않음 • 염소보다 높은 살균력을 가짐 • 침전물이 생기지 않고 처리 후 맛의 변화를 유발하지 않음	• 전기를 많이 소비하여 비경제적 • 다량 노출 시 인체에 유해(피부암, 눈자극, 폐기능 서하 등)

     ㉣ 오존수

         ⓐ 정의 : 오존 발생기에서 생성된 오존기체를 용존시켜 얻어지는 것으로 오존을 주성분으로 하는 수용액

         ⓑ 사용기준 : 과일류, 채소류 등 식품의 살균목적으로 사용하여야 하며 최종식품완성 전에 제거

         ⓒ 특징 : 불안정한 무색의 액상으로서 특유의 냄새가 있음

⑪ 포르말린(Formalin)

     ㉠ formaldehyde의 30~40% 용액

     ㉡ 포자에 대한 살균유효량 : 0.1%

     ㉢ 세균의 발육 저해 : 0.002%

② 가구, 의류, 가죽, 털, 고무, 기구, 실내소독, 서적 등에 사용

  ⑫ 생석회(CaO) 기출

    ㉠ 살균기작

      ⓐ 생석회(산화칼슘, CaO)에 물을 가하면 물과 반응하여 200℃의 열이 발생하면서 살균, 살충작용을 하여 병원균을 사멸(생석회가 물과 반응하여 소석회로 될 때 열을 이용한 물리적 소독효과)

      ⓑ 소석회(수산화칼슘)가 물에 녹았을 때 강알칼리성을 이용한 화학적 소독효과

    ㉡ 가장 경제적인 변소 소독제, 그 외에 습기가 많은 하수, 오물, 가축분뇨, 퇴비, 우물, 물탱크, 분뇨탱크 등에도 사용

    ㉢ 수분에 의해 석회유가 만들어지기 때문에 결핵균, 포자 형성균에도 효과적

  ⑬ 에틸렌옥사이드

    ㉠ 살균력과 침투성이 우수하여 가장 널리 이용되는 멸균용 가스

    ㉡ 인화성, 독성이 강하기 때문에 취급에 주의 필요

    ㉢ 살균력은 습도가 40% 정도에서 가장 강하며 온도가 10℃ 상승함에 따라 살균력은 약 2배 증가

☀ 화학적 소독제의 종류와 주요작용 및 용도

소독액		주요작용	용도	농도	특징
수은 화합물	승홍	단백질 변성	손소독, 무균실 소독	0.1%	자극성, 금속부식성
	머큐로크롬		피부, 점막소독	2%	착색력
할로겐 유도체	차아염소산 나트륨	세균단백질과 결합	채소, 과일, 기기, 기구표면	100~200ppm	자극성, 금속부식성
	표백분		우물물, 수영장 소독		
	요오드팅크		피부소독, 식품접촉기구	3~6%	살균력 강함
역성 비누	역성비누 =양성비누	세포막 손상	손소독, 식기 소독 등	200~400배 희석	살균범위가 좁음
방향족 화합물	페놀	세포막 손상 단백질 변성	피부, 축사, 배설물 등 소독	3~5%	강한 냄새, 자극성, 금속부식성
	크레졸		손소독, 화장실 소독	3%	
산화제	과산화수소	균체산화	상처, 구내소독	3%	자극 적음
	과망간산칼륨		피부소독	0.1~5%	착색력
	오존		물소독		
	붕산		점막, 눈소독	2~3%	방부제
기 타	에틸알코올	탈수, 응고 단백질 변성	피부소독, 급식소의 검수대 등	70%	포자에 대한 효과가 낮음
	포르말린 포름알데히드	핵산변성 단백질 변성	의료기구소독, 병원, 창고소독 등	0.1%~0.002%	포자에 대한 살균효과가 큼

02 식품과 미생물 / 기출예상문제

01

식품 미생물총(microflora)의 특징으로 옳지 않은 것은?

① 함수량이 많은 식품에서는 세균류가 우선적으로 발육한다.
② 식품의 microflora는 항상 1~2종류의 미생물이 우세한 상태로 변한다.
③ 야채류, 과일, 곡류 등은 공기 중의 미생물에 오염을 받는다.
④ 생선류는 생육하고 있던 환경의 microflora의 지배를 받는다.

◀ 야채류, 과일, 곡류 등의 생식품은 각기 자란 주위 환경의 미생물상에 영향을 받는다.

02 교육청 유사기출

부패 미생물의 성장에 영향을 미칠 수 있는 식품의 내적 인자가 아닌 것은?

① pH
② 산화환원전위
③ 상대습도
④ 수분활성도

◀ • 내적 인자 : 식품 고유의 특성으로 식품의 수분함량(Aw), pH, 산화환원전위, 영양성분, 항생물질 함유 여부, 공존하는 다른 미생물의 존재 여부 등
　• 외적 인자 : 식품을 유통·보관하는 식품 외부의 환경조건으로 저장온도, 상대습도, 대기조성 등

03 교육청 유사기출 수탁지방직 2011년 기출

미생물학적 측면에서 잠재적 위해식품(PHF:Potentially Hazardous Food)에 해당되는 것은?

① 단백질 함량이 높고 수분활성도가 0.9 이상인 식품
② 단백질 함량이 낮고 pH가 4.6 이하인 식품
③ 탄수화물 함량이 높고 pH가 4.6 이하인 식품
④ 지방 함량이 높고 수분활성도가 0.9 이하인 식품

◀ 잠재적 위해식품(= 시간온도관리가 필요한 식품) : 단백질이나 탄수화물 함량이 높고 pH 4.6 이상이며 수분활성도가 0.85(0.90) 이상인 식품

04

미생물의 성장을 위해 필요한 최소 수분활성도가 높은 것부터 순서대로 배열한 것은?

① 세균 > 곰팡이 > 효모
② 세균 > 효모 > 곰팡이
③ 효모 > 세균 > 곰팡이
④ 곰팡이 > 세균 > 효모

◀ 미생물의 성장을 위해 필요한 최소 Aw : 세균(0.90~0.91) > 효모(0.88) > 곰팡이(0.80)

05

다음 중 성장에 있어 가장 낮은 수분활성도를 요구하는 미생물은?

① 곰팡이
② 효모
③ 세균
④ 내삼투압성 효모

미생물의 성장을 위해 필요한 최소 Aw : 세균(0.90~0.91) > 효모(0.88) > 곰팡이(0.80) > 내삼투압성 효모(0.60~0.61)

06 경남 유사기출

가장 낮은 수분활성도 조건에서 생육 가능한 미생물은?

① Penicillium paulum
② Bacillus cereus
③ Escherichia coli
④ Saccharomyces cerevisiae

생육을 위한 최저 수분활성도는 세균(②, ③) > 효모(④) > 곰팡이 순으로, 곰팡이인 Penicillium paulum이 가장 낮은 수분활성도에서 생육이 가능하다.

07 경기 유사기출

미생물의 생육에 필요한 수분과 산소에 대한 설명으로 옳지 않은 것은?

① 일반적으로 효모, 곰팡이가 생육하기 위한 최저 수분활성도는 각각 0.85, 0.90 이상이어야 한다.
② 세균의 포자발아에는 영양세포의 증식보다 높은 수분활성도가 요구된다.
③ 젖산균은 산소가 존재해야만 발효에 의해 에너지를 얻고 젖산을 생성할 수 있다.
④ 혐기성균은 SOD, catalase가 모두 결여되어 있어 유해 산소에 의해 생육이 저해된다.

젖산균은 산소존재와 관계없이 발효에 의해 에너지를 얻고 대사산물로 젖산을 생성할 수 있다.

08 경기 유사기출

식품에서 미생물의 생육조건에 대한 설명으로 옳지 않은 것은?

① 효모는 세균에 비해 낮은 수분활성도와 pH에서도 생육이 가능하다.
② 일반적인 병원성 세균은 Aw 0.85 이하의 식품에서는 증식할 수 없다.
③ Bacillus속은 외부의 열악한 환경조건에서 포자를 형성할 수 있다.
④ 곰팡이는 pH 4.0 이하에서 생육할 수 없다.

곰팡이의 증식가능 pH는 2.0~9.0으로 넓은 범위에서 생육이 가능하다.

answer | 05 ④ 06 ① 07 ③ 08 ④

09

미생물의 성장인자에 대한 설명으로 옳지 않은 것은?

① 보통 곰팡이와 세균이 자랄 수 있는 최저 수분활성은 각각 0.80과 0.90 정도이다.
② 생장에 산소가 필수적이지 않지만 산소가 있으면 더 잘 자라는 균은 통성혐기성균이다.
③ 대부분의 부패균들은 중온균으로 냉장에서 증식하지 못하나, Bacillus속과 같은 저온균은 냉장에서도 증식가능하다.
④ 유기산에 의한 생육저해는 미생물의 세포질의 pH 변화에 의한 것이다.

• Bacillus속은 중온균이며, 대표적인 저온균으로 식품을 부패시키는 균은 Pseudomonas속이다.

10

미생물 증식 곡선의 순서가 맞게 연결된 것은?

① 사멸기 → 대수기 → 유도기 → 정지기
② 유도기 → 대수기 → 정지기 → 사멸기
③ 사멸기 → 유도기 → 대수기 → 정지기
④ 유도기 → 대수기 → 사멸기 → 정지기

11

Gram 양성 간균으로 포자를 형성하는 편성혐기성균은?

① Corynebacterium속
② Listeria속
③ Clostridium속
④ Bacillus속

• Corynebacterium속, Listeria속 : Gram 양성, 무아포 간균
• Bacillus속 : Gram 양성, 아포형성 호기성·통성혐기성 간균

12

내열성 아포형성균으로 자연계에 널리 분포되어 있어 식품오염의 주역이 되는 미생물은?

① Bacillus
② Proteus
③ Pseudomonas
④ Clostridium

Bacillus속
• Gram 양성 호기성·통성혐기성 내열성 아포형성 간균
• 토양을 중심으로 자연계에 널리 분포 – 식품오염의 주역
• 단백질, 전분 분해력이 강함, 내염성과 내당성(10% 식염에서도 생육가능)

13 교육청 유사기출

다음 중 냉장보관 중인 육류의 부패에 관여하는 미생물은?

① Bacillus
② Salmonella
③ Pseudomonas
④ Streptococcus

🔹 대표적인 저온균으로 냉장보관 중인 식품의 부패에 관여하는 균은 Pseudomonas이다.

14 경기 유사기출

통조림의 외관이 변하지 않는 flat sour 변패의 원인균은?

① Bacillus cereus
② Bacillus coagulans
③ Bacillus putrificus
④ Bacillus nigricans

🔹 통조림의 flat sour 변패 원인균은 B. stearothermophillus, B. coagulans이다.

15 식품기사 2017년 1회

식빵의 부패현상인 점조현상(ropiness) 원인균으로 다음 중 어느 것이 가장 많이 나타나는가?

① Aspergillus glaucus
② Aspergillus niger
③ Bacillus cereus
④ Bacillus mesentericus

🔹 빵의 rope 변패 원인균은 B. subtilis, B. mesentericus, B. licheniformis이다.

16 경기 유사기출

수분함량이 적고 당함량이 높은 식품의 부패에 주로 관여하는 미생물은?

① 세균, 곰팡이
② 곰팡이, 효모
③ 바이러스, 세균
④ 효모, 세균

🔹 곰팡이, 효모는 세균보다 낮은 pH, 낮은 Aw에서도 생육이 가능하여 수분함량이 적은 식품의 부패에 관여한다.

17 식품기사 2015년 1회

식품 내에서 곰팡이의 발생조건에 대한 설명으로 부적절한 것은?

① 세균의 발육이 어려운 곳에서도 발생한다.
② 고농도의 당을 함유하는 식품에서도 잘 발육한다.
③ 항생제를 첨가한 식품에서도 잘 발육한다.
④ 우유가 변패되는 경우 세균보다 곰팡이가 먼저 발생한다.

answer | 13 ③ 14 ② 15 ④ 16 ② 17 ④

◀ 곰팡이 발생조건
- 수분 10% 이하인 건조식품이 온도가 높은 환경에 노출 시
- 세균증식이 저지될 때
- pH 4.0 이하(산성식품)에 보관되었을 때
- 건조식품, 당이나 식염농도가 높은 식품에서도 증식

18 경기 유사기출

곰팡이에 대한 설명으로 옳지 않은 것은?

① Aspergillus속이 Fusarium속보다 수분함량이 낮은 식품에서 더 잘 증식한다.
② 수확 후 저장 중에 기생하는 2차 오염 저장곰팡이는 Aspergillus속 등의 중습균이다.
③ Mucor racemosus는 전분당화, 치즈숙성에 이용되지만 야채, 과일의 변패에도 관여한다.
④ Rhizopus속 곰팡이는 털곰팡으로 식품의 변질에도 관여하지만 식품의 제조에도 많이 이용된다.

◀ Rhizopus속
- 빵곰팡이 또는 거미줄 곰팡이라고도 함
- 야채, 과일, 밀감, 딸기 등의 변패에 관여
- Rhizopus delemar : 당화효소를 생성
- Rhizopus javanicus : 전분당화력이 강해서 아밀로균
- Rhizopus nigricans : 알코올 발효해서 푸마르산 제조에 이용, 빵, 곡류, 과실 등에 흔히 발생하고 고구마 연부병의 원인
- Rhizopus japonicus : 아밀로법에 이용, 라피노오스 발효

19 수탁지방직 2009년 기출

식품에서 곰팡이에 관한 설명으로 옳지 않은 것은?

① 곰팡이는 산성영역에서도 증식이 잘되므로 pH가 낮은 과실류의 부패를 야기시킨다.
② 담장, 염장제품에서는 수분활성(Aw)이 낮아 세균보다도 곰팡이가 증식할 수 있다.
③ 곰팡이는 산소가 없는 진공포장식품에서도 증식할 수 있다.
④ 식품을 건조시키면 세균, 효모, 곰팡이 순으로 생육하기 어려워진다.

◀ 대부분의 곰팡이는 편성호기성으로 산소가 없는 환경에서는 증식할 수 없다.

20

전분당화력과 단백질 분해력이 강해 약주, 탁주, 된장, 간장 제조에 이용되는 미생물은?

① Mucor　　　　　　　　　② Aspergillus
③ Penicillium　　　　　　　④ Rhizopus

◀ Aspergillus속
- A. oryzae(누룩곰팡이) : 전분당화력, 단백질 분해력이 강하며, 된장, 간장, 약주, 탁주 제조에 이용
- A. niger(흑국균) : 유기산 생성, 과일이나 채소의 흑변현상, 펙틴 분해력이 강해 과일주의 청징제로 이용
- A. flavus, A. parasiticus : 발암성의 아플라톡신 생성

21

유기산을 생성하며 흑국균으로써 과일이나 채소의 흑변현상과 관련이 있고, 펙틴 분해력이 가장 강한 균주는?

① Aspergillus oryzae
② Aspergillus niger
③ Aspergillus awamori
④ Aspergillus flavus

22 경기 유사기출

바이러스에 대한 설명으로 옳은 것은?

① 바이러스는 동식물 세포, 세균 세포에 기생하여 증식한다.
② 바이러스는 세포처럼 DNA와 RNA를 모두 가지고 있다.
③ 바이러스는 항생제에 대한 감수성이 있다.
④ 바이러스는 물, 식품 등에서 증식한다.

🔊 바이러스는 DNA와 RNA 중 한 가지 핵산만을 가지려, 항생제에 대한 감수성이 없고, 식품이나 물 등에서 증식하지 않는다.

23 식품기사 2017년 3회

식품 내에 존재하는 미생물에 대한 설명으로 틀린 것은?

① 곰팡이는 일반적으로 세균보다 나중에 번식한다.
② 수분활성도가 높은 식품에는 세균이 잘 번식한다.
③ 수분활성도 0.8 이하의 식품에서는 거의 모든 미생물의 생육이 저지된다.
④ 당을 함유하는 산성식품에는 유산균이 잘 번식한다.

🔊 대부분의 미생물은 Aw 0.6 이하에서는 생육할 수 없다.

24

다음 식품과 관련된 부패미생물에 대한 설명으로 옳지 않은 것은?

① 단백질 분해력이 강한 호기성 부패균으로 어패류, 수산연제품에 많고, 고기, 계란의 변패에 도 관여하는 것은 Proteus속이다.
② 우유를 알칼리화하고 점질화시키는 변패미생물은 Pseudomonas fluorescens이다.
③ Fusarium속은 저온에서 독소를 생성하여 식중독성 무백혈구증을 일으킨다.
④ Penicillium속 곰팡이는 식품에서 흔히 볼 수 있는 푸른곰팡이로 밀감을 비롯한 과일의 연부병의 원인 곰팡이이다.

🔊 • 우유를 알칼리화 점질화시키는 변패미생물 : Alcaligenes viscolactis
   • 고미유, 우유의 녹색변패(형광색소 형성)미생물 : Pseudomonas fluorescens

answer | 21 ② 22 ① 23 ③ 24 ②

25 경기 유사기출

다음 식품과 관련된 미생물에 대한 설명으로 옳지 않은 것은?

① 바이러스는 식품에서 증식하여 식품의 품질을 저하시킬 수 있으며, 사람에게 질병을 유발할 수도 있다.

② 곰팡이는 건조한 조건(Aw 0.6 이상)에서도 증식이 가능하며 넓은 범위의 pH에서도 생육이 가능하다.

③ 효모는 당함량이 높은 식품에서 문제가 되는데, 당을 분해하여 거품을 생성하고 알코올 냄새가 나게 한다.

④ 세균의 포자는 여러 가지 제어법(열처리, 건조, 화학약품, 방사선 등)에 높은 저항성을 나타내 세균의 살균에 큰 어려움을 증가시킨다.

🔊 바이러스는 식품에서는 증식하지 않기 때문에 식품의 품질에 영향을 미치지 않는다.

26 식품산업기사 2020년 1·2회

지표미생물의 자격 요건으로서 거리가 먼 것은?

① 병원균과 유사한 안정성(저항성)　　　② 분석 시 증식 및 구별의 용이성

③ 분변 및 병원균들과의 공존 또는 관련성　④ 분석 대상 시료의 자연적 오염균

🔊 오염(위생)지표미생물은 사람, 동물의 장관 내에 많은 수가 존재해서 분변에 의한 오염을 쉽게 검출할 수 있어야 하며 자연적 오염균으로 존재해서는 안된다.

27 수탁지방직 2009년 기출

식품오염의 지표미생물로 사용되고 있는 대장균군에 포함되지 않는 것은?

① Enterococcus

② Citrobacter

③ Klebsiella

④ Enterobacter

🔊 대장균군
- 그람음성, 무아포성 간균으로 유당을 35~37℃에서 48시간 이내에 분해하여 산과 가스를 생산하는 호기성 또는 통성혐기성균
- 대장균, Citrobacter, Enterobacter, Klebsiella, Erwinia, Aeromonas 등이 해당됨

28 식품산업기사 2014년 3회

대장균군에 대한 설명으로 옳은 것은?

① 그람음성, 무아포의 간균으로 젖당을 분해하는 호기성, 통성혐기성균이다.

② 그람양성, 간균으로 젖당을 분해하는 호기성, 통성혐기성균이다.

③ 그람음성, 구균으로 젖당을 분해하지 않는 호기성, 통성혐기성균이다.

④ 그람음성, 무아포의 간균으로 젖당을 분해하지 않는 통기성, 통성혐기성균이다.

answer | 25 ① 　26 ④ 　27 ① 　28 ①

29 교육청 유사기출

다음 식품 위생지표균에 대한 설명으로 옳지 않은 것은?

① 사람과 동물의 분변 중에 다량 존재해야 한다.
② 체내에서 배출된 후에는 증식하지 않아야 한다.
③ 검사방법이 간단하고, 나라마다 각기 다르다.
④ 식품이 위생적으로 취급되었는지 확인하는 데 사용한다.

◀ 식품 위생지표균은 검사방법이 간단하고, 국제적으로 통일되어 있어야 한다.

30 교육청 유사기출

식품위생의 오염지표미생물인 대장균군과 장구균에 대한 설명으로 옳지 않은 것은?

① 대장균군은 간균으로 그람음성 세균이다.
② 장구균은 구균으로 그람양성 세균이다.
③ 대장균군은 장구균에 비해 가열식품에서 저항력이 높다.
④ 장구균은 대장균군에 비해 냉동, 건조식품에서 생존성이 높다.

◀ 장구균은 대장균군보다 건조, 고온, 냉동 등 환경에 대한 저항력이 더 크다.

31 경북 유사기출

대장균에 대한 설명으로 옳지 않은 것은?

① 장내세균과로 그람음성 간균이다.   ② 동결저장 중에 사멸되지 않는다.
③ 주된 서식처는 사람, 동물의 장관이다.   ④ 유당을 분해해 산과 가스를 생성한다.

◀ 대장균은 동결에 대한 저항성이 약해 일반적으로 동결저장을 통해 사멸된다.

32 경남 · 교육청 유사기출

대장균군에 대한 설명으로 옳지 않은 것은?

① 온혈동물의 장관 내 생존하는 그람음성의 비포자형성 간균이다.
② 젖당을 발효하여 산과 가스를 생성한다.
③ 대장균은 분변성 대장균군에 포함된다.
④ 대장균군은 생선, 채소에의 검출률이 일반적으로 높다.

◀ 대장균군은 생선, 채소에의 검출률이 일반적으로 낮다.

---

answer | 29 ③ 30 ③ 31 ② 32 ④

33 교육청 유사기출

다음에서 설명하는 세균은?

- 그람양성 구균으로 사람이나 동물의 분변에서 검출된다.
- 동결에 대한 저항성이 크다.
- 냉동식품의 오염지표균이다.

① Listeria monocytogenes
② Escherichia coli
③ Pseudomonas synxantha
④ Enterococcus faecalis

🔖 냉동식품의 분변오염지표균은 장구균인 Enterococcus faecalis로 사람이나 동물의 장관 내에 상존하는 그람양성 구균이다. 동결에 대한 저항성이 커서 냉동식품의 분변오염지표로 사용한다.

34 경북 유사기출

식품의 변질에 대한 설명으로 옳지 않은 것은?

① 변패는 미생물 및 효소 등에 의하여 탄수화물, 지방질 및 단백질이 분해되어 산미를 형성하는 현상이다.
② 부패는 단백질과 질소화합물을 함유한 식품이 자가소화, 부패세균의 효소작용으로 인해 분해되는 현상이다.
③ 산패는 지방질이 미생물, 산소, 햇볕, 금속 등으로 인하여 산화·분해되는 현상이다.
④ 발효는 미생물의 분해작용에 의해 사람에게 유용한 유기산, 알코올 등이 생성되는 현상이다.

🔖 변패는 미생물 및 효소 등에 의하여 탄수화물 및 지방질이 분해되어 산미를 형성하거나 비정상적인 맛과 냄새가 나는 현상이다.

35

미생물의 작용에 의한 단백질 식품의 부패생성물이 아닌 것은?

① 히스티딘
② 암모니아
③ 황화수소
④ 메탄

🔖 부패생성물 : 암모니아, 아민(트리메틸아민, 히스타민 등), H_2S, CO_2, mercaptane, 저급화합물(methane, indole, skatol), 페놀 등

36 식품산업기사 2014년 2회

식품의 변질을 일으키는 가장 중요한 요인은?

① 잔류농약
② 광선
③ 미생물
④ 중금속

answer | 33 ④ 34 ① 35 ① 36 ③

37 식품기사 2014년 1회

어패류의 부패에 관련된 설명으로 옳은 것은?

① 일반적으로 백색육 생선은 적색육 생선보다 부패속도가 빠르다.
② 스트레스 등의 치사조건은 어패류의 사후 품질에 영향을 주지 않는다.
③ 굴의 부패속도가 느린 것은 다량 포함된 glycogen이 젖산으로 분해되어 산성 pH가 오래 유지되기 때문이다.
④ 일반적으로 부패세균은 산성영역에서 잘 증식하므로 어패류의 산도는 부패속도 추정의 좋은 요소이다.

◀ 일반적으로 적색육 생선의 부패속도가 더 빠르며, 스트레스 등의 치사조건은 사후 품질에 영향을 준다. 일반적으로 부패세균은 중성영역에서 잘 증식한다.

38 경기 유사기출

식품의 변질에 대한 설명으로 옳지 않은 것은?

① 일반적으로 부패미생물은 식품 중의 자유수만 이용한다.
② 미생물이 생성한 효소에 의한 탈탄산반응에 의해 히스티딘이 알레르기의 원인물질인 히스타민이 된다.
③ 유지의 자동산화는 식품 중에 함유된 지방산의 이중결합이 많을수록 어렵다.
④ 밥, 빵 등의 탄수화물 식품은 부패가 진행됨에 따라 pH가 점점 저하된다.

◀ 이중결합이 많은 불포화지방산일수록 산화가 쉽게 일어난다.

39 식품기사 2014년 2회

일반적으로 식품의 초기 부패 단계에서 나타나는 현상이 아닌 것은?

① 보통 불쾌한 냄새를 발생하기 시작한다.
② 퇴색, 변색, 광택 소실을 볼 수 있다.
③ 액체의 경우 침전, 발포, 응고를 볼 수 있다.
④ 단백질 분해가 시작되지만 총균수는 감소한다.

◀ 부패가 진행될수록 총균수는 증가한다.

40 식품기사 2015년 3회

식육의 초기부패를 감별하는 방법과 관련이 적은 것은?

① pH 측정
② 생균수 측정
③ 휘발성 염기질소 측정
④ 과산화물가 측정

---

answer | 37 ③ 38 ③ 39 ④ 40 ④

◀ 식품의 신선도 및 부패판정법
1. 관능시험 : 색, 냄새, 맛, 연화 등
2. 일반세균수의 측정 : 식품 1g당 균수가 $10^7 \sim 10^8$일 때 초기부패
3. 화학적 검사
   • 휘발성 염기질소(VBN) : 5~10mg% 신선, 15~25mg% 보통, 30~40mg% 초기부패
   • 트리메틸아민(TMA) : 3mg% 이하 신선, 4~6(10)mg% 초기부패, 10mg% 이상 부패
   • K값 : 10% 이하 아주 신선, 20% 이하 신선도 양호, 40~60% 신선도 저하, 60~80% 초기부패
   • 히스타민
   • pH검사 : 6.0~6.5
4. 물리적 검사 : 식품의 경도, 점도, 탄성, 전기저항 등 측정

41　식품기사 2013년 1회

다음 중 일반적인 식품의 신선도에 대한 지표로 사용되기에 가장 적합한 것은?

① 일반 세균수　　　　　　② 대장균군수
③ 대장균수　　　　　　　④ 병원성 대장균수

◀ • 일반적인 식품의 신선도 판정의 지표가 되는 것은 일반 세균수(생균수)이다.
　• 대장균군수, 대장균수는 분변오염의 지표이다.

42　수탁지방직 2011년 겨출

식품의 초기부패 판정을 위한 화학적 검사법이 아닌 것은?

① 휘발성 염기질소 측정　　② pH 측정
③ K값 측정　　　　　　　④ 경도 측정

◀ 경도 측정은 물리적 검사법이다.

43　식품산업기사 2017년 3회

일반적으로 식품의 초기부패단계에서 1g 세균수는 어느 정도인가?

① 1~10　　　　　　　　　② $10^2 \sim 10^3$
③ $10^4 \sim 10^5$　　　　　　　④ $10^7 \sim 10^8$

44　수탁지방직 2009년 기출

식품의 신선도 및 부패의 화학적 판정에 있어 일반적인 지표 물질과 관련이 없는 것은?

① 트리메틸아민(Trimethylamine)　　② 휘발성 염기질소(VBN)
③ 이노신(Inosine)　　　　　　　④ 아크릴아마이드(Acrylamide)

◀ 아크릴아마이드는 탄수화물 함량이 높은 식품을 고온에서 조리할 때 아미노산과 당이 열에 의해 결합하는 마이야르 반응을 통해
　생성되는 신경독소물질로 식품의 신선도와는 관련이 없다.

answer | 41 ① 42 ④ 43 ④ 44 ④

45 경기·교육청 유사기출

식품의 초기부패판정에 대한 설명으로 옳지 않은 것은?

① 휘발성 염기질소가 30~40mg/100g일 때 초기부패로 본다.
② 어류의 TMA값이 3mg%이면 신선한 상태이다.
③ 어육의 K값이 20%이면 신선한 상태이다.
④ 육류의 경우 pH가 5.5 전후일 때 초기부패로 본다.

🔸 pH가 6.0~6.5일 때 초기부패로 본다.

46 경북 유사기출

식품의 변패와 관련 미생물의 연결이 옳지 않은 것은?

① 채소의 연화성 부패 : Bacillus coagulans
② 빵의 rope 변패 : Bacillus subtilis
③ 우유의 적변 현상 : Serratia marcescens
④ 우유의 녹변 현상 : Pseudomonas fluorescens

🔸 채소의 연화성 부패 : Erwinia carotovora

47 경북 유사기출

식품의 변질과 관련된 미생물에 대한 설명으로 옳지 않은 것은?

① Pseudomonas synxantha는 우유를 청색으로 변색시킨다.
② Bacillus coagulans는 통조림의 무가스 변패에 관여한다.
③ Brevibacterium erythrogenes는 식품을 적색으로 변색시킨다.
④ Micrococcus varians는 육제품 표면에 점질물을 생성한다.

🔸 Pseudomonas synxantha는 우유를 황색으로 변색시킨다.

48

다음 식품의 보존법 중 물리적인 방법에 해당하는 것은?

① 염장법　　　　　　　② 냉동법
③ 훈연법　　　　　　　④ 보존료 첨가

🔸 • 물리적 방법 : 건조법, 냉동법, 냉장법, 가열법, 자외선조사 등
　 • 화학적 방법 : 염장법, 당장법, 산저장법, 식품첨가물 등
　 • 복합적 처리방법 : CA저장, 훈연법, 통조림법, 필름포장 등

answer | 45 ④　46 ①　47 ①　48 ②

49 식품기사 2021년 1회

식품을 저장할 때 사용되는 식염의 작용 기작 중 미생물에 의한 부패를 방지하는 가장 큰 이유는?

① 나트륨이온에 의한 살균작용
② 식품의 탈수작용
③ 식품용액 중 산소용해도의 감소
④ 유해세균의 원형질 분리

🔖 염장은 식품에 소금을 가해 삼투압 증가로 식품 중 수분을 탈수시켜 수분활성도를 감소시킴으로써 미생물의 증식을 억제한다.

50 식품기사 2016년 3회

훈연 중 살균효과를 내는 주요 물질은?

① cresol, ammonia
② formaldehyde, acetaldehyde
③ skatol, phenol
④ citric acid, histamine

🔖 훈연은 소금에 의한 탈수나 가열 처리 후에 목재를 불완전 연소시켜 나온 연기 속에 존재하는 aldehyde류, formaldehyde류, alchol류, phenol류, acid류 등의 살균성분이 식품조직에 침투되어 저장성을 높이는 방법이다.

51 경기 유사기출

식품의 수분활성도를 저하시켜 저장성을 향상시키는 식품보존법이 아닌 것은?

① 유기산첨가
② 탈수건조
③ 농축
④ 냉동

🔖 수분활성도를 낮추어 미생물의 증식을 저해하는 방법
• 건조, 농축에 의한 수분제거 • 당, 염의 첨가 • 냉동에 의한 식품 속 수분동결

52

미생물의 생육을 억제시킬 수 있는 염장법의 농도로 가장 적절한 것은?

① 1% 이상
② 5%
③ 10% 이상
④ 50% 이상

🔖 소금을 이용한 염장은 삼투압에 의한 탈수로 미생물의 증식을 억제하는 방법으로 10% 이상의 염농도일 때 효과가 있다.

53 식품기사 2019년 1회

미생물에 의한 부패에 대한 설명으로 틀린 것은?

① 미생물에 의하여 식품의 변색, 가스 발생, 점액생성, 조직 연화 등 부패현상이 나타난다.
② 식품의 부패를 예방하기 위하여 보존료를 사용할 수 있다.
③ 냉동처리를 하면 식품의 표면건조를 통해 미생물의 생육을 정지시키며, 사멸을 유도할 수 있다.
④ 부패균은 식품의 종류에 따라서 다르다.

answer | 49 ② 50 ② 51 ① 52 ③ 53 ③

◀ 냉동의 증식억제 원리
- 식품 속의 수분을 동결시켜 미생물이 이용 가능한 수분을 감소시킴으로써 증식을 억제함
- 온도를 저하시켜 미생물의 생리활성을 낮춤으로써 증식을 억제함

54

식품의 변질을 방지하기 위한 방법에 대한 설명으로 옳지 않은 것은?

① 유기산 중 해리형이 비해리형보다 미생물의 번식을 저지하는 데 효과적이다.
② 냉동법은 식품 속 수분을 동결시켜 미생물이 이용가능한 수분함량을 감소시킨다.
③ 저온살균은 60~65℃ 30분간 가열한다.
④ CA저장은 과일, 채소같은 식물성 식품에 대해 호흡작용을 억제시킴으로써 저장성을 향상시킨다.

◀ 비해리형 유기산은 해리형보다 손쉽게 미생물의 세포막을 통과하여 세포 내의 pH를 저하시키고 효소활성이나 핵산에 영향을 줌으로써 미생물의 증식을 저지하는 데 더 효과적이다.

55 교육청 유사기출

식품보존법에 대한 설명으로 옳은 것은?

① 미생물의 생육을 억제시키기 위한 당장처리 시 당농도는 10% 이상이 좋다.
② 수분활성도가 낮을수록 미생물은 잘 번식한다.
③ 저온 살균처리한 식품에는 미생물이 존재하지 않는다.
④ 호기성 부패균의 증식을 억제하는 방법에는 통조림법이 좋다.

◀ 당장처리 시 당농도는 50% 이상이어야 하며, 수분활성도가 높을수록 미생물이 잘 증식한다. 저온살균은 60~65℃에서 30분 가열하는 것으로 이를 통해 모든 균을 사멸할 수는 없다.

56 교육청 · 경북 유사기출

식품의 변질방지법에 대한 설명으로 옳지 않은 것은?

① 염장은 삼투압을 높여 식품을 탈수시키는 방법이다.
② 훈연 시 phenol류, aldehyde류 등 살균성분이 식품에 침투된다.
③ CA저장에는 N_2, CO_2, O_2 등의 기체를 혼합하여 사용한다.
④ 산장은 초산, 젖산 등의 무기산을 이용하여 식품의 pH를 낮춘다.

◀ 산장에는 초산, 젖산 등의 유기산을 이용한다.

answer | 54 ① 55 ④ 56 ④

57

다음 미생물관리나 제거방법에 대한 설명으로 옳은 것은?

① 어떤 물질에 부착되어 있는 미생물을 사멸하여 무균상태로 만드는 것을 소독이라 한다.
② 어떤 물질에 존재하는 병원성 미생물만을 제거하여 감염력을 박탈하는 것을 살균이라 한다.
③ 미생물의 발육을 저지시키는 것을 방부라고 한다.
④ 멸균이라 함은 세균, 효모, 곰팡이 등의 영양세포를 사멸시키는 것을 말한다.

- **소독** : 이화학적 방법으로 병원 미생물을 사멸하거나 죽이지 못하더라도 병원성을 약화시켜 감염력을 상실시키는 조작
- **살균** : 물리·화학적 방법으로 세균, 효모, 곰팡이 등 미생물의 영양세포를 사멸시키는 것
- **멸균** : 미생물의 영양세포 및 포자를 사멸시켜 무균상태로 만드는 것

58

미생물의 살균이나 소독방법 중 물리적인 방법이 아닌 것은?

① 여과   ② 가열
③ 염소소독   ④ 자외선

- **물리적인 방법** : 가열법, 자외선 조사, 방사선 조사, 여과멸균법(세균여과법) 등
- **화학적인 방법** : 염소, 알코올, 페놀 등 소독제를 이용한 방법

59

병조림, 통조림의 보툴리누스균 처리나 배지의 멸균방법으로 가장 적합한 것은?

① 화염멸균법   ② 간헐멸균법
③ 고압증기멸균법   ④ 열탕소독법

- **고압증기멸균법**
  - 고압증기멸균기(autoclave)에서 증기에 압력을 가해 멸균
  - 121℃ 15~20분간 실시하여 아포 형성균 멸균
  - 미생물 배지, 배양기, 통조림 식품, 유리기구, 의류, 고무제품, 자기류 등에 사용

60 식품산업기사 2013년 2회

우유 살균처리는 무슨 균의 살균을 그 한계온도로 하였는가?

① 결핵균   ② 티푸스균
③ 연쇄상구균   ④ 디프테리아균

- 우유 살균은 우유에 혼입되는 병원성 미생물 중 가장 내열성이 강한 결핵균을 사멸시킬 수 있는 살균온도와 시간의 배합이다.

answer | 57 ③ 58 ③ 59 ③ 60 ①

61 수탁지방직 2010년 기출

우유의 저온살균 실시 여부를 알 수 있는 시험법은?

① 포스파타제 측정
② 산도 측정
③ 메틸렌블루 시험법
④ 에탄올 시험법

🔹 **포스파타제(phosphatase) 시험**
생유 중에 존재하는 포스파타제는 내열성이 작아 63℃, 30분 가열로 완전히 활성을 잃기 때문에 살균처리한 우유에는 포스파티제가
존재하지 않는다. 따라서, 포스파타제 음성이면 저온살균이 완전하게 되었음을 의미한다.

62 식품기사 2016년 2회

불연속멸균법(간헐멸균법)의 설명으로 옳은 것은?

① 100℃에서 3회에 걸쳐 시행하는 것이 보통이다.
② 항온기는 필요하지 않다.
③ 고압멸균기가 있어서 실행할 수 있다.
④ 포자형성균에는 적합하지 않다.

🔹 **간헐멸균법**
• 100℃, 30분간 가열을 24시간 간격으로 3회 반복 실시하여 아포 형성균 사멸
• 멸균의 원리 : 100℃ 가열로 증식형 세균(영양세포)을 죽이고, 가열자극에 의해 발아된 포자를 다음날 가열하여 죽이는 것을
반복함으로써 멸균

63

다음 가열살균법에 대한 설명 중 옳지 않은 것은?

① 71~75℃에서 15초 이상 가열처리하는 고온순간 살균에서는 내열성 포자가 살아남는다.
② 간헐멸균은 100℃, 30분 가열조작을 3회 반복함으로써 포자를 사멸시키는 방법이다.
③ 열탕 또는 증기소독은 포자를 사멸시킬 수 있으며, 소독 후 살균된 용기를 충분히 건조해야
그 효과가 유지된다.
④ 건열살균은 건열살균기를 160℃까지 상승시켜 1~2시간 유지하는 방법으로 멸균이 가능하다.

🔹 열탕소독, 증기소독은 포자를 사멸시킬 수 없는 살균소독법이다.

64

**자외선의 살균력은 미생물의 종류에 따라 차이가 있다. 다음 중 자외선 조사 시 가장 효과가 큰 미생
물은?**

① 세균
② 해충
③ 효모
④ 곰팡이

🔹 • 모든 균종에 효과적이지만 균종에 따라 효과가 다르다.
• 효과는 해충< 곰팡이< 효모< 세균의 순이다.

---

answer | **61** ① **62** ① **63** ③ **64** ①

65 식품산업기사 2017년 1회

식품을 자외선으로 살균할 때의 특징이 아닌 것은?

① 유기물 특히 단백질 식품에 효과적이다.
② 조사 후 조사 대상물에 거의 변화를 주지 않는다.
③ 비열 살균한다.
④ 살균효과는 대상물의 자외선 투과율과 관계있다.

📢 자외선은 유기물 특히 단백질이 공존하는 경우 흡수되어 효과가 현저히 떨어진다.

66 교육청 유사기출

자외선살균에 대한 설명으로 옳지 않은 것은?

① 잔류효과가 없다.
② 살균력이 가장 큰 파장은 253.7nm이다.
③ 특정세균에만 살균효과가 있다.
④ 투과력이 없어 살균효과는 표면에 한정된다.

📢 자외선 조사는 모든 균종에 효과적이다.

67 경남 유사기출 식품기사 2017년 2회

식품의 조사(food irradiation) 시 사용할 수 있는 것은?

① ^{60}Co의 감마선
② ^{137}Cs의 감마선
③ ^{90}Sr의 베타선
④ ^{137}I의 베타선

📢 • 식품에 CO-60의 감마선을 10kGy 이하로 조사
  • **목적** : 발아억제, 살균, 살충, 숙도조절 등
  • 한 번 조사한 식품에는 재조사를 할 수 없으며, 조사식품을 원료로 사용하여 제조·가공한 식품도 다시 조사하여서는 안됨

68

식품의 보존방법 중 방사선 조사에 대한 설명으로 옳지 않은 것은?

① 1kGy 이하의 저선량 방사선 조사를 통해 발아억제, 기생충 사멸 등의 효과를 얻을 수 있다.
② 10kGy 이하의 방사선 조사로는 모든 병원균을 완전히 사멸시키지 못한다.
③ 침투성이 강하므로 용기 속에 밀봉된 식품을 조사시킬 수 있으나 대상 식품의 온도 상승을 초래하는 단점이 있다.
④ 바이러스의 사멸을 위해서는 발아 억제를 위한 조사보다 높은 선량이 필요하다.

📢 방사선 조사는 대상 식품의 온도상승이 거의 없는 냉살균이다.

---

answer | 65 ① 66 ③ 67 ① 68 ③

69 식품기사 2021년 2회

식품의 방사선 조사에 대한 설명 중 틀린 것은?

① 식품에는 감마선이 이용된다.
② 조사 대상물의 온도 상승 없이 냉살균이 가능하다.
③ 방사선 조사한 식품의 살균효과를 증가시키기 위해 재조사한다.
④ 침투력이 강해 포장 용기 속에 식품이 밀봉된 상태로 살균할 수 있다.

◀ 일단 방사선 조사를 한 식품에는 재조사를 할 수 없다.

70 경기 유사기출

방사선에 대한 내성이 가장 강한 미생물은?

① 바이러스
② 대장균군
③ 해충
④ 아포형성균

◀ 방사선에 대한 내성 : 해충< 대장균군< 무아포형성균< 아포형성균< 아포< 바이러스

71

방사선 조사 식품에 대한 설명으로 옳지 않은 것은?

① 방사선 조사량은 Gy로 표시하며, 1Gy=1J/kg이다.
② 식품을 일정시간 동안 이온화 에너지에 노출시킨다.
③ 1kGy 이하의 저선량의 감마선은 해충을 살충 혹은 불임화 시킬 수 있다.
④ 수분활성도가 높은 식품일수록 더 강도 높은 방사선 조사가 필요하다.

◀ 방사선의 효과는 대상식품의 수분활성도에 따라 달라지는데 건조한 식품, 즉 수분활성도가 낮은 식품일수록 더 강도 높은 방사선조사가 필요하다.

72 경기 유사기출 식품기사 2014년 1회

방사선 조사식품의 검지방법이 아닌 것은?

① 휘발성 탄화수소 측정
② 수분활성도 측정
③ DNA 측정
④ 전자회절공명에 의한 free radical 측정

◀ 방사선 조사식품의 감지방법 : 광자극발광법, 열발광법, 전자스핀공명법, 휘발성 탄화수소 측정, DNA분석 등

answer | 69 ③ 70 ① 71 ④ 72 ②

73 경기 유사기출

식품에 ^{60}CO을 사용할 때 가장 낮은 선량을 조사하는 경우는?

① 감자, 양파 등 발아억제
② 선도의 연장
③ 식품특성의 개선
④ 과일, 야채 등 숙도지연

구분	목적	조사량(kGy)
저선량 조사 (1kGy 이하)	발아억제	0.05~0.15
	해충, 기생충의 살균	0.15~0.50
	숙도의 지연	0.50~1.00
중선량 조사 (1~10kGy 이하)	선도의 연장	1.00~3.00
	부패병원균의 사멸	1.00~7.00
	식품특성의 개선	2.00~7.00

74 교육청 · 경북 유사기출

식품의 방사선 조사에 대한 설명으로 옳지 않은 것은?

① 식품에 주로 사용하는 것은 ^{60}Co의 감마선 또는 전자선이다.
② 식품별 방사선 흡수선량의 단위는 kGy로 나타낸다.
③ 동물육의 건조식품, 고체식품의 살균을 통해 식중독을 억제한다.
④ 조사식품을 원료로 사용하여 제조 · 가공한 식품의 경우 다시 조사할 수 있다.

한 번 조사한 식품에는 재조사 할 수 없으며, 조사식품을 원료로 사용하여 제조 · 가공한 식품도 다시 조사하여서는 안된다.

75

물리적 살균 · 소독에 대한 설명 중 옳은 것은?

① 자외선 살균은 대부분의 물질을 투과하지 않으며, 잔류효과가 없다.
② 간헐멸균은 100℃ 가열처리 방법으로 포자형성균에 적합하지 않다.
③ 여과를 이용한 미생물 제거방법은 배지 등에 사용되며, 바이러스도 제거가 가능하다.
④ 방사선 조사 후 건조 또는 탈기과정이 필요하며 잔류독성이 있다.

간헐멸균은 100℃, 30분간 가열을 24시간 간격으로 3회 반복 실시하여 포자형성균의 사멸이 가능하다. 여과를 통해서 바이러스 제거는 불가능하며, 방사선 조사 후 건조, 탈기과정은 필요 없으며 잔류독성도 없다.

76 교육청 · 경남 유사기출

화학적 소독제가 갖추어야 할 조건에 해당하지 않는 것은?

① 부식성, 표백성이 없어야 한다.
② 사용법이 용이해야 한다.
③ 석탄산 계수가 낮아야 한다.
④ 사용 후 냄새 제거가 쉬워야 한다.

answer | 73 ① 74 ④ 75 ① 76 ③

🔹 **소독제의 구비조건**
- 용해도↑, 안전성이 있을 것
- 부식성, 표백성이 없을 것
- 사용법이 용이할 것
- 소독 대상물이 손상을 입지 않을 것
- 석탄산 계수가 높을 것
- 살균력, 침투력이 강할 것
- 사용 후 냄새 제거가 쉬울 것
- 인체에 무독, 무해할 것
- 값이 저렴하고 구하기 쉬울 것

77 식품기사 2019년 2회

석탄산 계수에 대한 설명으로 옳은 것은?

① 소독제의 무게를 석탄산 분자량으로 나눈 값이다.
② 소독제의 독성을 석탄산의 독성 1,000으로 하여 비교한 값이다.
③ 각종 미생물을 사멸시키는 데 요하는 석탄산의 농도 값이다.
④ 석탄산과 동일한 살균력을 보이는 소독제의 희석도를 석탄산의 희석도로 나눈 값이다.

🔹 **석탄산 계수**
- 소독제의 소독력 비교 시 기준
- 석탄산과 동일한 살균력을 보이는 소독제의 희석도를 석탄산의 희석도로 나눈 값

78 식품기사 2021년 1회

소독제와 소독 시 사용하는 농도의 연결이 틀린 것은?

① 알코올 : 36% 수용액
② 석탄산 : 3~5% 수용액
③ 과산화수소 : 3% 수용액
④ 승홍 : 0.1% 수용액

🔹 살균·소독제로서 알코올(에탄올)은 70% 수용액이 가장 효과적이다.

79 경북 유사기출 식품기사 2015년 2회

식품위생상 역성비누의 사용이 부적합한 경우는?

① 손소독
② 기구소독
③ 하수소독
④ 식기소독

🔹 역성비누는 유기물 공존 시에 효과가 저하되므로 오물, 하수소독 등에는 부적합하다.

80 교육청 유사기출

다음 중 야채, 과일 소독에 가장 적합한 소독제는?

① 차아염소산나트륨
② 에탄올
③ 석탄산
④ 역성비누

answer | 77 ④ 78 ① 79 ③ 80 ①

◀ 차아염소산나트륨
• 식품접촉기구의 표면소독 : 200ppm
• 채소, 과일의 소독 : 100ppm 농도에서 5분 정도 침지 후 음용수로 씻기

81 [경기 유사기출]

다음 중 20ppm에 해당되는 것은?

① 1,000g 중 20g

② 1,000g 중 2mg

③ 100g 중 20mg

④ 1g 중 20μg

◀ 20ppm = 1kg 중 20mg = 1,000g 중 20mg = 100g 중 2mg = 100g 중 2,000μg = 1g 중 20μg

82 [교육청 유사기출]

다음 역성비누에 대한 설명으로 옳은 것은?

① 일반 비누와 달리 해리하여 음전하를 띤다.

② 유기질 성분과 함께 있으면 효과가 좋아진다.

③ 미생물세포막 손상과 단백질 변성으로 살균력을 나타낸다.

④ 일반 비누와 함께 사용하면 살균력이 강해진다.

◀ 역성비누(양성비누 : Invert soap)
• 4급 암모늄염으로 된 계면활성제
　- 물에 녹아서 그 효력을 발휘하는 부분이 양이온이기 때문에 '양성비누'로 불림
　- 일반 비누와 반대로 물속에서 양이온이 살균작용을 나타냄
• 살균기작 : 세포막 손상, 단백질 변성
• 효과 : 그람양성균, 대장균, 포도상구균, 티푸스(장, 파라), 이질균 등에 효과적이나 포자, 결핵균에 효과 없음
• 특징
　- 무미, 무취, 무자극성, 무독성
　- 침투력, 살균력 大(석탄산 계수가 200~500) ↔ 세정력 小
　- 비누나 중성세제와 동시에 사용 시 살균력 ↓
　- 유기물과 공존 시 살균력 ↓
• 조리사의 손소독, 식기 소독, 주방기구나 용기 등의 살균소독

83

다음 살균소독에 대한 설명으로 옳지 않은 것은?

① 자외선 조사는 식품제조시설의 공기 살균에 이용된다.

② 역성비누는 일반 비누와 함께 사용 시 효과가 감소한다.

③ 고압증기 멸균법은 세균의 포자를 사멸할 수 있다.

④ 차아염소산나트륨은 과일, 채소 소독 시 100ppm 농도에서 20분 정도 침지한다.

◀ 차아염소산나트륨은 과일, 채소 소독 시 100ppm 농도에서 5분 정도 침지한다.

84 식품기사 2015년 3회

오존을 이용하여 살균 시 일반적인 특성이 아닌 것은?

① 유해 반응생성물을 잔류시키지 않는다.
② 처리 후에 맛의 변화를 유발하지 않는다.
③ 염소계 약재로는 제거하기 어려운 미생물의 제거능력이 우수하다.
④ 다른 물질들과의 반응으로 인해 부영양화가 발생한다.

◀ 오존(O_3)
- 살균기작 : 균체산화(분해에 의해 발생된 산소에 의해 살균력을 가짐)
- 장·단점

장점	단점
• 유해화합물이 생성되지 않음 • 염소보다 높은 살균력을 가짐 • 침전물이 생기지 않고 처리 후 맛의 변화를 유발하지 않음	• 전기를 많이 소비하여 비경제적 • 다량 노출 시 인체에 유해(피부암, 눈자극, 폐기능 저하 등)

85 수탁지방직 2010년 기출

효과적인 살균소독방법에 대한 설명으로 옳지 않은 것은?

① 살균소독제는 인체에 대한 독성이 낮거나 없어야 한다.
② 올바른 살균소독법은 세척→헹굼→살균 소독의 순서로 해야 한다.
③ 자외선 살균법은 미생물의 DNA에 작용하여 미생물을 사멸시키는 방법이다.
④ 방사선 살균법은 Co-60이나 Cs-137과 같은 방사선 동위원소로부터 방사되는 투과력이 강한 α선을 가장 많이 이용하여 세균 등을 사멸시키는 방법이다.

◀ 방사선 살균에 이용하는 것은 침투력이 좋은 γ선이다.

86 식품기사 2019년 1회

다음 중 차아염소산나트륨 소독 시 비해리형 차아염소산으로 존재하는 양(%)이 가장 많을 때의 pH는?

① pH 4.0
② pH 6.0
③ pH 8.0
④ pH 10.0

◀ 염소계 살균제인 차아염소산나트륨의 살균력은 비해리형 차아염소산(HClO)에 의해 유래되는데, 비해리형 차아염소산은 pH가 낮아질수록 증가하고 이에 따라 살균력도 커진다. 비해리형 차아염소산의 양(%)은 pH가 4.0일 때 100%이고, pH가 상승할수록 점점 감소되어 pH가 10.0일 때는 0.2%가 된다.

---

answer | 84 ④ 85 ④ 86 ①

식중독

식중독의 개요

1 정의

① **식품위생법 제2조 제14항** : 식품의 섭취로 인하여 인체에 유해한 미생물 또는 유독물질에 의하여 발생하였거나 발생한 것으로 판단되는 감염성 또는 독소형 질환

② WHO : 식품 또는 물의 섭취에 의해 발생되었거나 발생된 것으로 생각되는 감염성 또는 독소형 질환

③ 세균 또는 그것이 생산한 독소, 유독화학물질, 유해성분 등이 함유된 음식물을 섭취함으로써 일어나는 급성 또는 만성적인 건강장애

2 식품위생법에 근거한 식중독 발생 시 보고절차 및 식중독의 원인 조사

(1) 식품위생법 제86조(식중독에 대한 조사 보고)

① 다음 각 호의 어느 하나에 해당하는 자는 지체 없이 관할 특별자치시장·시장(「제주특별자치도 설치 및 국제자유도시 조성을 위한 특별법」에 따른 행정시장을 포함한다. 이하 이 조에서 같다) ·군수·구청장에게 보고하여야 한다. 이 경우 의사나 한의사는 대통령령으로 정하는 바에 따라 식중독 환자나 식중독이 의심되는 자의 혈액 또는 배설물을 보관하는 데에 필요한 조치를 하여야 한다.

  1. 식중독 환자나 식중독이 의심되는 자를 진단하였거나 그 사체를 검안한 의사 또는 한의사

  2. 집단급식소에서 제공한 식품등으로 인하여 식중독 환자나 식중독으로 의심되는 증세를 보이는 자를 발견한 집단급식소의 설치·운영자

> **법시행규칙 제93조(식중독환자 또는 그 사체에 관한 보고)**
> ① 의사 또는 한의사가 법 제86조 제1항에 따라 하는 보고에는 다음 각 호의 사항이 포함되어야 한다.
>   1. 보고자의 주소 및 성명
>   2. 식중독을 일으킨 환자, 식중독이 의심되는 사람 또는 식중독으로 사망한 사람의 주소·성명·생년월일 및 사체의 소재지
>   3. 식중독의 원인
>   4. 발병 연월일
>   5. 진단 또는 검사 연월일

② 특별자치시장·시장·군수·구청장은 제1항에 따른 보고를 받은 때에는 지체 없이 그 사실을 식품의약품안전처장 및 시·도지사(특별자치시장은 제외)에게 보고하고, 대통령령으로 정하는 바에 따라 원인을 조사하여 그 결과를 보고하여야 한다.

③ 식품의약품안전처장은 제2항에 따른 보고의 내용이 국민건강상 중대하다고 인정하는 경우에는 해당 시·도지사 또는 시장·군수·구청장과 합동으로 원인을 조사할 수 있다.

④ 식품의약품안전처장은 식중독 발생의 원인을 규명하기 위하여 식중독 의심환자가 발생한 원인 시설 등에 대한 조사절차와 시험·검사등에 필요한 사항을 정할 수 있다.

(2) 식품위생법 시행령 제59조(식중독 원인의 조사) 기출

① 식중독 환자나 식중독이 의심되는 자를 진단한 의사나 한의사는 다음 각 호의 어느 하나에 해당하는 경우 법 제86조 제1항 각 호 외의 부분 후단에 따라 해당 식중독 환자나 식중독이 의심되는 자의 혈액 또는 배설물을 채취하여 법 제86조 제2항에 따라 특별자치시장·시장·군수·구청장이 조사하기 위하여 인수할 때까지 변질되거나 오염되지 아니하도록 보관하여야 함. 이 경우 보관용기에는 채취일, 식중독 환자나 식중독이 의심되는 자의 성명 및 채취자의 성명을 표시

1. 구토·설사 등의 식중독 증세를 보여 의사 또는 한의사가 혈액 또는 배설물의 보관이 필요하다고 인정한 경우

2. 식중독 환자나 식중독이 의심되는 자 또는 그 보호자가 혈액 또는 배설물의 보관을 요청한 경우

② 법 제86조 제2항에 따라 특별자치시장·시장·군수·구청장이 하여야 할 조사

1. 식중독의 원인이 된 식품등과 환자 간의 연관성을 확인하기 위해 실시하는 설문조사, 섭취음식 위험도 조사 및 역학적(疫學的) 조사

2. 식중독 환자나 식중독이 의심되는 자의 혈액·배설물 또는 식중독의 원인이라고 생각되는 식품 등에 대한 미생물학적 또는 이화학적(理化學的) 시험에 의한 조사

3. 식중독의 원인이 된 식품 등의 오염경로를 찾기 위하여 실시하는 환경조사

3 역학조사

(1) 역학조사의 단계(식품의약품안전처) 기출

① 준비단계
  ㉠ 원인조사반을 구성하고 업무를 분장하며 검체 채취기구를 준비한다.
  ㉡ 사전정보 수집, 필요기구 및 도구 준비

② 현장조사단계
  ㉠ 식품취급자 설문조사 및 위생상태를 확인하고 현장 시설 조사를 통한 오염원 추정, 검체 채취 및 의뢰를 실시하고, 수집된 데이터를 분석하여 가설설정 및 검증을 한다.
  ㉡ 기본 자료 확보, 종사자 위생상태 확인, 현장확인, 검체 채취 및 의뢰

③ 정리단계
  ㉠ 확보된 기본 자료, 현장 확인 및 점검결과, 검시현황 등을 바탕으로 여러 발생원인인자에

대한 분석을 통해 오염원 및 경로 추정을 실시한다.

ⓒ 오염원 및 경로추정

④ 조치단계 : 확산 방지를 위한 예방조치를 실시하고 결과를 보고한다.

(2) 역학조사의 기본원칙

① 인지단계

ⓐ 진단의 확보 : 임상적 진단, 병원학적 진단, 역학적 진단

ⓑ 유행의 인지

② 현상단계

ⓐ 역학현상의 파악 : 기초인구현상, 생물학적 현상, 시간적 현상, 지리적 현상, 사회적 현상

ⓑ 유행인자의 규명 : 병원물질의 규명, 오염경로와 오염원 규명

③ 해석단계

유행기작의 해석 : 공통감염경로, 연쇄경로 감염조사, 공통 원인식 발견

④ 구성단계

ⓐ 가설의 설정과 실증

ⓑ 유행법칙의 발견

⑤ 방어단계

유행의 방어와 예방 : 오염원 대책, 오염경로 대책, 공중에 대한 대책

4 식중독의 발생상황 기출

(1) 연도별 식중독 발생현황

기후의 변화와 집단급식의 확대, 외식기회의 증가 등 생활패턴의 변화로 과거에 비해 식중독 발생률이 증가하였으며, 80년대에 비해 건당 환자수가 증가하여 식중독 사고가 대형화되었다.

(2) 원인시설별 식중독 발생현황

2011~2020년 동안 음식점에서 발생한 식중독이 발생건수의 57.2% 차지하고 있으며, 환자수는 학교와 같은 집단급식시설에서 가장 많았다.

〈2024년 6월 30일 기준 식품의약품안전처 통계자료〉

연도	발생건수(건)	환자수(명)	환자수/건(명)
2010	271	7,218	26.6
2011	249	7,105	28.5
2012	266	6,058	22.8
2013	235	4,598	19.6
2014	349	7,466	21.4
2015	330	5,981	18.1
2016	399	7,162	17.9
2017	336	5,649	16.8
2018	363	11,504	31.7
2019	286	4,075	14.2
2020	164	2,534	15.5
2021	245	5,160	21.1
2022	311	5,501	17.7
2023	362	8,485	23.4

연도	구분	학교	학교 외 집단급식	음식점	가정집	기타	불명	합계
2011	발생건수	30	10	117	8	33	51	249
	환자수	2,061	460	1,753	51	2,217	563	7,105
2012	발생건수	54	9	95	14	22	72	266
	환자수	3,185	246	1,139	54	758	676	6,058
2013	발생건수	44	14	134	5	24	14	235
	환자수	2,247	608	1,297	22	502	282	4,958
2014	발생건수	51	15	213	7	50	13	349
	환자수	4,135	380	1,761	28	1,078	84	7,466
2015	발생건수	38	26	199	9	54	4	330
	환자수	1,980	802	1,506	34	1641	18	5,981
2016	발생건수	36	32	251	3	73	4	399
	환자수	3,039	904	2,120	16	974	109	7,162
2017	발생건수	27	23	222	2	52	10	336
	환자수	2,153	426	1,994	6	776	294	5,649
2018	발생건수	44	38	202	3	67	9	363
	환자수	3,136	1,875	2,323	10	4,094	66	11,504
2019	발생건수	24	29	175	3	48	7	286
	환자수	1,214	620	1,409	7	764	61	4,075
2020	발생건수	13	25	108	3	15	0	163
	환자수	401	1,043	797	13	280	0	2,534
2021	발생건수	21	55	119	3	44	3	245
	환자수	708	1,227	2,705	12	501	7	5,160
2022	발생건수	25	44	180	3	43	16	311
	환자수	1,102	903	2,117	32	1,239	108	5,501
합계	발생건수	407	320	2,015	63	525	203	3,533
	환자수	25,361	9,494	20,921	285	14,824	2,268	73,153

(3) 월별 식중독 발생현황

발생건의 약 50% 정도가 여름철(5월~9월)에 집중 발생하고 있으며, 노로바이러스 식중독이 증가하면서 겨울철에도 식중독이 지속적으로 발생

연도	구분	1월	2월	3월	4월	5월	6월	7월	8월	9월	10월	11월	12월	합계
2012	발생건수	9	21	11	17	28	27	20	28	38	24	17	26	266
	환자수	294	392	296	387	680	503	300	590	1403	189	346	678	6,058
2013	발생건수	22	4	19	24	20	24	26	15	18	15	21	27	235
	환자수	286	50	327	896	252	677	611	405	450	141	492	371	4,958
2014	발생건수	9	14	24	22	35	36	33	43	27	24	32	50	349
	환자수	56	80	1,063	371	1,548	955	484	1,429	261	257	342	620	7,466
2015	발생건수	36	13	23	30	27	31	34	31	28	34	24	19	330
	환자수	322	149	412	402	493	752	527	1729	400	299	221	275	5,981
2016	발생건수	14	9	25	39	43	36	22	62	39	41	37	32	399
	환자수	98	51	358	554	673	761	280	2388	425	731	446	397	7,162
2017	발생건수	20	18	16	26	40	44	46	46	31	16	17	16	336
	환자수	121	89	146	409	605	916	429	1555	745	332	179	123	5649
2018	발생건수	17	15	37	25	31	28	35	36	56	45	23	15	363
	환자수	125	194	816	444	853	732	630	1,536	5,239	608	185	142	11,504

														합계
2019	발생건수	21	16	19	31	35	37	28	25	22	16	18	18	286
	환자수	216	109	504	543	438	532	550	333	136	227	236	251	4,075
2020	발생건수	28	9	3	8	5	19	30	18	16	11	10	7	164
	환자수	217	75	117	112	19	488	688	160	157	171	252	78	2,534
2021	발생건수	9	11	21	24	18	24	28	46	23	11	14	16	245
	환자수	292	298	401	417	194	343	1,293	878	335	222	142	345	5,160
2022	발생건수	10	8	13	12	30	42	57	31	29	22	26	31	311
	환자수	139	134	422	148	657	1,043	652	538	578	436	312	442	5,501
합계	발생건수	195	138	211	258	312	348	358	381	327	259	239	257	3,284
	환자수	2,166	1,621	4,862	4,683	6,412	7,702	6,444	11,541	10,129	3,613	3,153	3,722	66,048

(4) 원인물질별 식중독 발생현황

① 우리나라에서 발생하는 식중독은 대부분 세균성 식중독이며 주로 살모넬라균, 황색 포도상구균, 병원성 대장균, 장염비브리오균에 의한 식중독이다. 또한 과거에는 발생기록이 없던 노로바이러스와 캠필로박터 제주니에 의한 식중독발생도 증가되고 있어 이에 대한 대책이 요구된다.

② 특히 노로바이러스 식중독이 급증하고 겨울철에도 지속 발생

③ 집단급식소 식중독은 병원성대장균, 황색포도상구균, 노로바이러스, 캠필로박터균, 바실러스균에 의해 발생한 것으로 조사됨

☀ 원인물질별 발생건수 기출

⟨2024년 6월 30일 기준 식품의약품안전처 통계자료⟩

연도	병원성 대장균	살모넬라	장염 비브리오균	캠필로박터제주니	황색 포도상구균	클로스트리디움퍼프린젠스	바실러스세레우스	기타세균	노로바이러스	기타바이러스	원충	자연독	화학물질	불명	진행중	합계
2011	32	24	9	13	10	7	6	2	31	3	0	4	0	108	0	249
2012	31	9	11	8	5	13	6	0	50	1	0	3	0	129	0	266
2013	31	13	5	6	5	33	8	0	43	1	0	1	0	89	0	235
2014	38	24	7	18	15	28	11	0	46	4	0	1	0	157	0	349
2015	39	13	5	22	11	15	6	0	58	2	15	0	0	144	0	330
2016	57	21	22	15	1	8	3	0	55	0	39	1	0	177	0	399
2017	47	20	9	6	0	7	10	1	46	2	39	2	0	147	0	336
2018	51	18	11	14	3	14	15	5	57	2	37	1	0	134	0	363
2019	25	15	5	12	4	10	5	1	46	8	48	2	0	87	0	303
2020	23	21	3	17	1	8	3	0	29	1	10	0	0	48	0	164
2021	32	32	2	28	5	11	7	2	57	8	2	1	0	58	0	245
2022	27	44	0	14	10	10	11	7	49	2	6	2	0	129	0	311
합계	433	258	89	173	70	164	91	18	567	34	196	18	0	1,422	40	3,533

CHECK Point 식중독지수 [기출]

① (예측모델)식중독 발생에 영향을 주는 영향인자 확대
   ※ (기존) 기상변수 → (확대) 기상변수, 환경변수, 사회관계망(SNS) 변수
② (위험도 단계) 과거 식중독 발생특성 분석으로 날씨에 따른 식중독 예방에 중점을 둔 기준 값 조정
   ※ (단계별 발생 비율) 관심 45%, 주의 31%, 경고 18%, 위험 6% 비율('15년 서울 기준)
③ (대응요령) 식중독 발생 위험도 단계별 구체적 대응요령 제공으로 일상생활에서의 서비스 활용도 강화 추진

식중독 지수 해설

		지수범위	대응요령
행동요령	위험	86이상	식중독 발생가능성이 매우 높으므로 식중독예방에 각별한 경계가 요망됩니다. 설사, 구토 등 식중독 의심 증상이 있으면 의료기관을 방문하여 의사 지시를 따릅니다. 식중독 의심 환자는 식품 조리 참여에 즉시 중단하여야 합니다.
	경고	71이상 86미만	식중독 발생가능성이 높으므로 식중독 예방에 경계가 요망됩니다. 조리도구는 세척, 소독 등을 거쳐 세균오염을 방지하고 유통기한, 보관방법 등을 확인하여 음식물 조리, 보관에 각별히 주의하여야 합니다.
	주의	55이상 71미만	식중독 발생가능성이 중간 단계이므로 식중독예방에 주의가 요망됩니다. 조리음식은 중심부까지 75℃(어패류 85℃) 1분 이상 완전히 익히고 외부로 운반하실 때에는 가급적 아이스박스 등을 이용하여 10℃ 이하에서 보관·운반 합니다.
	관심	55미만	식중독 발생가능성은 낮으나 식중독 예방에 지속적인 관심이 요망됩니다. 화장실 사용 후, 귀가 후, 조리 전에 손 씻기를 생활화 합시다.

식중독의 분류

분류		구분	원인
생물학적 식중독	세균성 식중독	감염형	Salmonella균, 장염 Vibrio, 병원성 E. Coli 일부 Campylobacter, Arizona, Yersinia, Listeria
		독소형	포도상구균, Botulinus, Cereus균(구토형)
		[기출] 중간형 (감염독소형)	Clostridium perfringens, Cereus균(설사형), 독소생성 대장균
		기타	장구균, 알레르기성 식중독 등
	바이러스 식중독	감염형	Norovirus, 로타바이러스, 아스트로바이러스, 장관아데노바이러스 등
화학성식중독		유독·유해 화학물질에 의해	• 유해금속 • 유해농약 • 유해성 식품첨가제 • 기타 유독성 화학물질 • 음식물 용기, 기구, 포장에 사용된 유해성 물질 • 식품가공 중 형성되는 유독물질 등
자연독 식중독		식물성	독버섯, 감자, 기타 유독식물
		동물성	복어, 조개류, 독어류
곰팡이독 식중독		Mycotoxin중독	Aflatoxin, 황변미독, Fusarium, 맥각독 등

※ 곰팡이독 식중독은 자연독으로 분류하기도 함

02 세균성 식중독

1 세균성 식중독의 개요

(1) 세균성 식중독균의 최적발육 조건

① 온도 : 25~40℃(37℃) *cf* welchii : 43~47℃

② pH : 7~8

(2) 예방법

① 식품섭취 전 가열 살균

② 가급적 조리직후 섭취, 보관 시 냉장·냉동 보관

③ 조리사, 식품취급자 및 일반 식품에 대한 식품위생지식 교육실시

④ 설사, 화농질환자의 조리금지, 식품취급자의 손씻기와 소독 습관화

⑤ 식품 매개 위생동물의 부엌창고 침입 방지 및 박멸

⑥ 조리에 사용된 기구 등은 세척, 소독하여 2차 오염을 방지하기

(3) 세균성 식중독 & 경구 감염병의 차이점 `기출`

구분	세균성 식중독	경구 감염병
발병 균량	다량	미량
병원균의 독력	약함	강함
잠복기	비교적 짧다.	비교적 길다.
2차감염	×	○
면역성	×	있는 경우가 많음
음용수	비교적 관계가 적음	음용수로 인해 감염됨
예방조치	균의 증식을 억제하면 가능	거의 불가능

(4) 감염형과 독소형 식중독 비교

구분	감염형 식중독	독소형 식중독
증식 및 발증	생균섭취 후 세균이 장내에서 증식하여 발생	식품 중에 세균이 증식하여 독소를 생성한 후 섭취하여 중독
종류	살모넬라, 장염비브리오, 여시니아, 리스테리아, 캠필로박터 등	포도상구균, 보툴리누스, 세레우스(구토형)
잠복기	비교적 길다.	비교적 짧다.

가열처리	효과가 있다.	독소가 내열성인 경우 효과가 없다.
독소생성	×	식품 중에서 균체외독소 생성
발열증상	○	거의 없음
공통증상	위장증상	

2 감염형 식중독

식품 중에 세균이 증식한 상태에서 그 생균을 대량 경구적으로 섭취 시 이것이 장관 내 정착, 증식해서 복통, 구토, 발열 등의 증상을 일으키는 식중독

(1) Salmonella 식중독

① 원인균 : S. enteritidis, S. typhimurium, S. cholerae suis, S. thompson, S. pullorum, S. derby, S. newpot, S. infantis 등

　　🔖 S. typhi(장티푸스), S. paratyphi(파라티푸스)와는 구별할 것

② 원인균의 성상 및 특징

　ㄱ Gram 음성, 무포자 간균, 통성 혐기성, 주모성 편모, 장내세균과이며 토양 및 수중에서는 비교적 오래 생존

　ㄴ 살모넬라의 생육조건

조건	최저	최적	최대
온도(℃)	5.2	35~43	46.2
pH	3.8	7~7.5	9.5
Aw	0.94	0.99	>0.99

　　ⓐ 37℃, pH 7~8에서 최대발육, 10^6 ↑균 섭취 시 발병

　　ⓑ 생육온도 범위 5.2~46.2℃(10℃ 이하의 식품 중에서는 거의 증식할 수 없음)

　ㄷ 내열성이 비교적 약해 60℃ 20분 사멸

　ㄹ 포도당, 맥아당, 만노오스 등을 분해하고, cytochrome oxidase 음성, 유당, 서당은 분해는 하지 못함

　ㅁ catalase 양성, MR(+), VP(-), 구연산시험(+)

　ㅂ 트립토판으로부터 인돌을 형성하지 못하고 황화수소 생성

　ㅅ SS배지 등을 사용하여 선별할 수 있으나 TSI배지를 사용하여 확인

③ 잠복기 및 증상

　ㄱ 잠복기 : 6~72시간(균종에 따라 다양) 보통 12~24시간

　ㄴ 증상 : 심한 발열(38~40℃), 메스꺼움, 구토, 복통, 설사 등의 일반적인 위장염 증상

④ 원인식품 및 감염경로

　ㄱ 우유, 육류, 난류 및 그 가공품(마요네즈), 어패류 및 그 가공품, 도시락, 튀김류 등

　ㄴ 부적절하게 가열한 동물성 단백질식품과 식물성 단백질 식품, 어패류와 불완전하게 조리된

그 가공품, 면류, 야채, 샐러드, 도시락 등 복합조리식품 등

ⓒ 사람, 가축, 가금, 개, 고양이, 기타 애완동물, 가축·가금류의 식육 및 가금류의 알, 하수와 하천수 등 자연환경 등에 균이 존재하며, 보균자의 손, 발 등 2차 오염에 의한 오염식품을 섭취할 때에도 감염

⑤ 예방

ⓐ 식육류의 청결한 취급과 저온보존

ⓑ 조리 후 식품을 가능한 한 신속히 섭취하도록 하며 남은 음식은 5℃ 이하 저온 보관

ⓒ 식품을 75℃에서 1분 이상 가열 조리한 후 섭취

ⓓ 조리에 사용된 기구 등은 세척, 소독하여 2차 오염을 방지하기

ⓔ 조리 후 주방 안에서 재오염되는 것을 방지. 날 음식 섭취 피하기

ⓕ 쥐, 파리, 바퀴 등의 침입을 막기 위한 방충 및 방서시설

ⓖ 거북이 포함 파충류는 살모넬라에 감염되기 쉬우므로 파충류를 만진 후에는 반드시 손을 씻기

(2) 장염 Vibrio 식중독

① 원인균 : Vibrio parahaemolyticus

우리나라에서 발병률이 높은 세균성 식중독균으로 하절기(5~10월) 해산어류의 생식으로 감염되기 쉬움

② 원인균의 성상 및 특징

ⓐ Gram 음성, 무포자 간균, 단모성 편모, 통성혐기성균

ⓑ 병원성 호염균 : 3(3~4)% 전후의 염농도(10% 이상의 염농도에서는 성장이 정지)에서 잘 발육, 민물·증류수에서 빨리 사멸, 해수온도가 15℃ 이상이면 급격하게 증식

ⓒ 생육조건

	최적	범위
온도(℃)	37	5~43
pH	7.8~8.6	4.8~9.6
Aw	0.981	0.94~0.996
Atmosphere	호기	호기~혐기
Salt(%)	3	0.5~10

ⓐ 최적발육 온도 35~37℃, pH 7.5~8.0

ⓑ 최적조건에서는 세대시간이 10~12분으로 2~3시간 상온에서 방치 시 발병균량에 도달 가능

ⓒ 냉장, 냉동에 민감해 저장 중 수가 서서히 감소

ⓓ 내열성이 약해 60℃, 5분 이상, 55℃에서 10분 가열 시 사멸

ⓔ 카나가와 현상(Kanagawa phenomenon:KP)

ⓐ 병원성인 것은 환자로부터 분리된 균주가 특수한 혈액한천배지로 배양하면 발육한 균의 주변에 투명한 용혈환을 나타내는 현상

ⓑ 이 현상을 일으키는 내열성 용혈독(단백성 독소)을 생성하는 균이 설사를 일으킴

③ 잠복기 및 증상

ㄱ 잠복기 : 8~20(10~18)시간

ㄴ 증상

ⓐ 복통, 메스꺼움, 구토, 발열(37~39℃), 수양성 설사 등의 급성 위장염 증상

ⓑ 심한 경우 1일 10회 이상의 설사를 하며 점액이나 혈액이 섞여 나오기도 함

④ 원인식품 및 감염경로

ㄱ 장염 vibrio로 오염된 바다어패류, 생어패류로 만든 회나 초밥

ㄴ 연안의 해수, 바다벌, 플랑크톤 등에 널리 분포

ㄷ 세정이 불충분한 조리대, 도마, 식칼, 행주로 2차오염

ㄹ 하절기에 근해의 연체류, 어류, 패류의 체표, 내장, 아가미 등에 부착하여 있다가 근육으로 이행되거나 유통과정 중에 증식하여 식중독을 일으킴

ㅁ 특히, 어패류의 체표, 내장, 아가미 등에 부착되어 있다가 이를 조리한 사람의 손과 기구로부터 다른 식품에 2차 오염되어 식중독을 발생시킴

⑤ 예방 ^{기출}

ㄱ 가능한 한 어패류의 생식을 피하고, 60℃에서 5분 이상 가열하여 섭취

ㄴ 냉장 또는 냉동

ㄷ 어패류를 민물(수돗물)로 충분히 씻기

ㄹ 조리용 기구(칼, 도마 등)의 소독(횟감용 칼, 도마는 구분하여 사용)

• 참고

비브리오 패혈증

① 원인균 : 비브리오 패혈증균(Vibrio vulnificus) ^{기출}
- 호염성 비브리오(염농도 1~3%인 배지에서 잘 번식)
- Gram 음성 간균, 단모성 편모
- 4℃이하에서 증식할 수 없고 60℃ 이상에서 사멸

② 감염경로
- 여름철에 원인균에 오염된 해산 어패류를 생식한 경우
- 원인균에 오염된 어패류에 찔리거나 물릴 때나 피부상처를 통해서 감염

③ 잠복기 및 증상
- 창상감염형 : 피부상처가 있거나 어패류에 물리거나 찔렸을 때
  - 잠복기 12시간
  - 창상부위에 부종과 홍반 발생, 수포성 괴사
- 경구감염형(패혈증) : 당뇨병, 간질환 등 만성질환자들이 오염된 해산물을 생식한 뒤 발생
  - 잠복기 16~24시간
  - 피부병소가 사지, 특히 하지에, 부종, 발적, 반상출혈, 수포형성, 궤양, 괴사 등 피부병변을 동반한 패혈증(치명률이 높음)

④ 특징
- 2000년 제3군 법정감염병으로 지정 → 2020년 제3급 법정감염병으로 변경
- 간질환 등을 가지고 있는 고위험군에서 발생
  고위험군 : 간질환자, 알코올 중독자, 면역저하 환자 등

- 치명률은 50% 내외
- 40세 이상의 남자에게서 / 주로 여름철 서남 해안지역에서 발생

⑤ 예방법
- 하절기 어패류의 생식을 금함(60℃ 이상으로 가열)
- 어획에서 소비에 이르기까지 저온저장(여름철 가급적 5℃ 이하로 저온저장)
- 담수에 씻기
- 피부에 상처가 있는 사람은 어패류 취급 및 조리 피하기
  몸에 상처가 있는 사람은 상처부위가 오염된 해수와 직접 접촉하지 않도록 함

(3) 병원성 대장균 식중독

① 원인균 : 병원성 Escherichia coli (Pathogenic E. coli)

② 원인균의 성상 및 특징

  ㉠ Gram 음성, 무포자 간균, 호기성 또는 통성 혐기성균, 장내세균과, 주모성 편모가 있어 운동성이 있지만 편모가 없어 비운동성인 것도 있음

  ㉡ 일반 대장균과는 형태나 특성상으로는 차이가 없지만 항원성(O항원:균체항원, H항원:편모항원, K항원:협막항원)의 차이가 있음

  ㉢ 유당, 과당을 분해해 산과 가스 생산

  ㉣ 대장균은 MacConkey 한천배지에서 젖당을 분해하여 핑크색 집락 생성
- EMB 한천배지에서 젖당을 분해하여 금속성 광택의 청록색 집락을 형성, BTB 한천배지에서는 황색집락 형성
- 인돌시험 양성, 메틸레드 시험 양성, VP시험 음성, citrate 이용시험 음성

  ㉤ E. coli O157:H7은 sorbitol을 분해하지 못하기 때문에 Sorbitol MacConkey agar에서 무색집락을 형성

  ㉥ 생육조건
- 최적발육온도 : 37℃

조건	최저	최적	최대
온도(℃)	약 7~8	35~40	약 44~46
pH	4.4	6~7	9.0
Aw	0.95	0.995	–

  ㉦ 60℃ 30분 가열 시 사멸

③ 발병양식에 따른 분류

〈식품의약품안전처 자료〉

특성	병원성 대장균			
	장독소형대장균(ETEC)	장병원성 대장균(EPEC)	장침입성 대장균(EIEC)	장출혈성 대장균(EHEC)
독소	이열성 또는 내열성 독소(enterotoxin)	–	–	베로독소 (Verotoxin)
장관 침입성	–	–	+	
설사	수양성	수양성 또는 혈액성	점액 및 혈액성	수양성 및 심한 혈액성
열	낮음	+	+	–

주요 감염장관	소장	소장	대장	대장
주요 혈청형	O6:H16, O8:H9 등	O6:H11, O55:H6 등	O28, O124:H7, O143:NM 등	O157:H7, O26:H11 등
감염량	많은 양	많은 양	적은 양	적은 양

㉠ 장관병원성 대장균(Enteropathogenic E. coli, EPEC)

　ⓐ 유유아의 하계 설사증(1세 이하의 신생아에서 주로 발생)

　ⓑ 잠복기 : 9~12시간

　ⓒ 증상 : 구토, 복통, 설사, 발열증상을 보이며 급성위장염을 보임

　ⓓ 원인식품 : 오염된 신생아용 분유와 유아음식

㉡ 장관침입성 대장균(Enteroinvasive E. coli, EIEC)

　ⓐ 인간이 고유숙주로 이질균과 같이 대장점막의 상피세포에 침입해서 감염을 일으켜→세포괴사 등에 의해 궤양 형성

　ⓑ 잠복기 : 약 10~18시간

　ⓒ 증상 : 발열, 복통이 주증상, 환자의 10%정도는 합병증을 일으키고 혈액과 점액이 섞인 설사, 이질과 유사한 장염을 일으킴

㉢ 장관독소원성 대장균(Enterotoxigenic E. coli, ETEC)

　ⓐ 콜레라와 유사한 독소(엔테로톡신)를 생산

　　• 60℃에서 10분간 가열했을 때 활성을 잃는 이열성 독소

　　• 100℃ 30분간 가열해도 내성을 나타내는 내열성 독소

　ⓑ 콜레라와 유사한 특징을 보이는데, 이 균은 소장상부에서 증식해서 mℓ당 10^7~10^9의 균농도에 도달하면 콜레라 같은 설사증을 일으킴

　ⓒ 장염과 여행자 설사증의 원인균으로 알려져 있음

　ⓓ 잠복기 : 10~12시간

　ⓔ 증상 : 수양성 설사, 복통, 구토, 산성증, 피로, 탈수 등이며 열은 없거나 미열

㉣ 장관출혈성 대장균(Enterohemorrhagic E. coli, EHEC) 기출

　ⓐ 혈청형 중 O26, O103, O104, O111, O113, O146, O157 등이 속함

　ⓑ 대표적인 균 : E. Coli O157 : H7

　　1982년 미국에서 햄버거에 의한 식중독 사건으로 처음 확인됨

　ⓒ 특징

　　• 산에 내성이 커서 증식 최저 pH가 4.0~4.5

　　• 10^3 이하의 적은 균량으로도 발병

　　• 사람으로부터 사람으로 감염 가능

　　• 인체 내에서 베로독소(Verotoxin 또는 시가독소)를 생성하여 식중독을 일으킴

　　　- 베로독소(시가독소)를 생성하므로 베로독소(시가독소) 생산성 대장균(STEC)이라고도 함

　　　- 시가적리균이 생산하는 시가독소와 동일하거나 유사한 것으로 알려짐

　　　- 시가독소는 세포의 단백질 합성을 저해하여 세포를 사멸시키며 사람의 장 및 신장의

상피세포들의 주요 표적 세포가 됨

- 장 세포가 사멸되어 설사가 발생하며, 신장 사구체 상피세포의 손상과 모세혈관 폐색에 의한 급성신부전 유발

ⓓ 감염원 및 경로
- 주요 오염원은 완전히 조리되지 않은 쇠고기 분쇄육, 소가 가장 중요한 병원소임
- 칠면조, 샌드위치, 원유, 사과주스, 무싹, 시금치 등
- 소독되지 않은 물을 음용한 경우 / 감염되어 있는 호수에서 수영할 경우
- 위생상태나 손을 씻는 습관이 부적절할 때 감염된 환자의 변으로부터 등

ⓔ 잠복기 : 3~8일

ⓕ 증상
- 주증상은 혈변과 심한 복통 등 출혈성 대장염, 발열은 없거나 적음
- 감염의 약 2~7%는 혈전성 혈소판 감소증, 용혈성요독증후군, 심한 경우 신부전증을 유발하기도 하며 이 경우 사망률은 3~5%

> **용어정리** 🖊
>
> **용혈성 요독증후군** : 장출혈성 대장균에 감염되어 신장기능 저하로 체내 독이 쌓여 급성신부전 등이 발생하는 증상

ⓖ 예방
- 음식물은 75℃에서 1분 이상 되도록 충분하게 가열하여 섭취
- 조리기구를 구분하여 사용하여 2차오염 방지
- 생육과 조리된 음식을 구분하여 보관
- 개인위생관리 철저

ⓗ 선별검사 : ELISA법, 라텍스응고법, DNA probe법, MacConkey Sorbitol agar

㉤ 장관응집성 대장균(Enteroaggregative E. coli, EAEC)

ⓐ 주 혈청형 : O3, O15, O44, O77, O86, O92, O104 등

ⓑ 상피세포에 벽돌 쌓기처럼 부착되어 장내벽에 바이오필름을 형성

ⓒ 최근 주목받고 있는 대장균임

ⓓ 특히 개발도상국 소아의 만성설사의 원인이 되어 수양성 설사, 구토, 탈수 등의 증상을 보임

(4) Campylobacter균 식중독

① 원인세균 : Campylobacter jejuni, Campylobacter coli

㉠ 예전에는 Vibrio fetus라고 불림

㉡ 소나 염소의 전염성 유산과 가축의 태반염, 설사증의 원인균으로 인수공통병원균

② 원인균의 성상 및 특징

㉠ Gram 음성, 무포자 나선형 간균, 양극 또는 단극에 긴 편모를 가지고 있어 특유의 나선형(screw상) 운동

ⓛ 생육조건

조건	최저	최적	최대
온도(℃)	32	42~43	45
pH	4.9	6.5~7.5	약9
NaCl(%)	–	0.5	1.5
Aw	0.987	0.997	–
Atmosphere	–	$5\%O_2 + 10\%CO_2$	–

ⓐ 일반적인 호기배양방법으로 전혀 발육하지 않는 미호기성균(5~10%)

상온의 공기 속에서 서서히 사멸

산소가 전혀 없는 혐기조건에서도 성장할 수 없음

ⓑ 발육온도 : 42℃(냉장온도에서 증식억제), 25℃ 이하에서는 생육이 어려움

ⓒ 최적조건에서도 증식속도가 느림

ⓒ 감염균량은 10^3↓로 미량, 탄수화물은 거의 분해하지 않음

ⓒ 산성, 건조나 가열에 약해 60℃ 30분 가열로 사멸

③ 잠복기 및 증상

㉠ 잠복기 : 2~7일(평균 2~5일)

㉡ 증상

ⓐ 설사, 복통, 발열, 구토, 권태감, 근육통을 주증상으로 하는 감염형 장염

ⓑ 드물지만 길랑-바레 증후군(급성감염성 다발성신경염)의 원인이 되기도 함

④ 원인식품 및 감염경로

㉠ 이 균은 소, 염소, 돼지, 개, 고양이 등의 가축과 닭 등의 가금류 등이 보균

㉡ 사람에게 감염되는 경로는 주로 원인균에 오염된 식육, 살균처리하지 않은 우유, 햄버거, 닭고기 등

㉢ 배설물에 의해 2차 오염된 물로 인한 집단 발생

㉣ 미국 FDA : 버섯, 날생선, 조개 및 굴류 등

⑤ 예방

㉠ 생육을 만진 경우 손을 깨끗하게 씻고 소독하여 2차 오염 방지

㉡ 생균에 의한 감염형이므로 식품을 충분히 가열하여 섭취

㉢ 수중에서 장시간 생존할 수 있으므로 마시는 물도 끓여 마시기

㉣ 식육의 생식을 피하고, 열이나 건조에 약하므로 조리기구는 물로 끓이거나 소독하여 건조시킴

(5) Yersinia enterocolitica 식중독

① 원인균 : Yersinia enterocolitica

돼지장염균으로 알려진 인수공통병원균

② 원인균의 성상 및 특징

㉠ Gram 음성, 무포자 간균, 통성혐기성균, 장내세균과 30℃에서는 주모성 편모를 가지나

37℃에서는 편모를 잃음

ⓛ 생육조건

조건	최저	최적	최대
온도(℃)	-1.3	25~37	42
pH	4.2	7.2	9.6(생육), 10(불가)
Aw	0.94	-	

ⓐ 다른 장관계 병원균에 비해 발육온도가 낮고 세대시간이 길다.

ⓑ 발육최적온도 : 25~35℃, 4℃에서도 잘 발육하는 저온세균

ⓒ 냉장온도와 진공포장 상태에서도 증식이 가능, 가을과 겨울철에 식중독 발생의 원인

ⓓ 메틸레드 양성, citrate 시험 음성

ⓔ 63℃에서 30분(75℃, 3분 이상) 가열 시 사멸

③ 잠복기 및 증상

ㄱ 잠복기 : 6~24시간(때로는 2일에서 10일이상이 되는 경우도 있음, 평균 2~5일)

ㄴ 증상

ⓐ 맹장염과 유사한 복통, 39℃이상의 발열, 설사(수양변) 등이 따르는 급성위장염과 패혈증, 피부의 결절성 홍반, 다발성 관절염, 회장말단염 등 2차 면역질환으로 여시니아증 유발

ⓑ 연령이 낮을수록 감수성이 높으며 맹장염과 증세가 비슷하여 맹장염으로 오인되기도 함

④ 원인식품 및 감염경로

ㄱ 감염경로는 보균동물의 분변(돼지, 개, 고양이 등)이 문제가 되며, 보균동물과의 접촉에 의한 직접 감염과 이 균에 오염된 식품과 보균 동물의 배설물에 2차 오염된 물 등이 주요 감염원

ㄴ 돼지가 주오염원이며, 주원인 식품은 오염된 우유와 식육 및 먹는 물

⑤ 예방법

ㄱ 돈육 취급 시 조리기구와 손을 깨끗이 세척, 소독한다.

ㄴ 균이 0℃에서도 증식이 가능한 점을 고려할 때 냉장 및 냉동육과 그 제품의 유통과정에 주의해야 함

ㄷ 개인위생 철저, 충분히 가열하여 섭취

(6) 리스테리아 식중독

① 원인균 : Listeria monocytogenes

양의 유산이나 수막염, 소, 양, 돼지의 뇌염, 패혈증의 원인균으로 인수공통병원균

② 원인균의 성상 및 특징

ㄱ Gram 양성, 통성혐기성, 무포자 간균, 주모성(다발성) 편모

ㄴ 생육조건

조건	최저	최적	최대
온도(℃)	−1.5~+3	30~37	45
pH	4.2~4.3	7.0	9.4~9.5
Aw	0.90~0.93	0.97	>0.99
Salt(%)	<0.5	N/A	12~16

ⓐ 발육최적온도는 약 30~35℃이며, 4℃에서도 느린 속도로 생육 가능

ⓑ 내염성(10% 식염첨가 육즙배지에서도 생육 가능)

ⓒ 가장 소량으로 발생 : 수개~10^3개 균수만으로도 식중독 발생 `기출`

ⓓ 카탈라아제 양성, 메틸레드 양성, VP 양성

　과당, 포도당, 만노오스, 글리세롤로부터 산 생성

　sheep blood agar상에서 용혈현상

③ 잠복기 및 증상

　㉠ 잠복기 : 9~48시간(위장관성), 2~6주(침습성)

　㉡ 증상

　　ⓐ 근육통, 발열, 오심이 주증상

　　ⓑ 건강한 성인에게는 대부분 무증상으로 경과, 인플루엔자와 비슷한 증상

　　　임산부는 유산, 사산

　　　감수성이 높은 임산부, 신생아, 노인 등 면역능력이 서하된 사람에게 패혈증, 수막염,

　　　뇌수막염 등

④ 원인식품 및 감염경로

　㉠ 원유, 살균처리하지 않은 우유, 치즈, 아이스크림, 식육제품 등

　　가공, 비가공 가금육, 비가공 훈연생선 및 채소류 등

　㉡ 감염원 및 감염경로 : 부적절한 축산제품의 취급처리, 적절하지 못한 물의 사용 등

⑤ 예방법

　㉠ 식품의 냉장, 냉동 저장 시 온도관리를 철저히 할 것

　㉡ 살균되지 않은 우유의 섭취나 식육을 생식하는 것은 피할 것

　㉢ 고염농도, 저온상태의 환경에서도 잘 적응하여 성장하기 때문에 균의 오염 예방이 매우
　　어려우므로 식품제조 단계에서의 균의 오염방지 및 제거가 가장 최선

3 독소형 식중독

식품에서 균이 증식할 때 생성한 독소를 섭취함으로써 일어나는 식중독

(1) 포도상구균 식중독

① 원인균 : Staphylococcus aureus(황색포도상구균)

　㉠ 사람의 피부, 점막 등의 상처에 침입해 염증을 일으키는 대표적인 화농균

ⓒ 자연계에 널리 분포하고 자연환경에 대한 저항성이 강함

② 원인균의 성상 및 특징

　　㉠ Gram 양성, 무포자 구균, 편모 없음, 통성혐기성균

　　㉡ 세포벽이 당, peptide 등으로 구성되어 있어 아포를 형성하지 않는 균 중 저항성 강함.

　　㉢ 생육조건

조건	생육		독소 생성	
	최적	범위	최적	범위
온도(℃)	37	7~48	30~37	10~48
pH	6~7	4~10	7~8	4.5~9.6(호기) 5.0~9.6(혐기)
Aw	0.98	0.83~>0.99(호기) 0.90~>0.99(혐기)	0.98	0.87~>0.99(호기) 0.92~>0.99(혐기)
Atmosphere	호기	혐기~호기	호기	혐기~호기

　　　ⓐ 내염성균 → 15%염분에서 생육가능

　　　ⓑ 건조상태에서 저항성이 강하여 식품이나 가검 등에서 장시간 생존

　　　ⓒ 발육최적온도 30~37℃

　　㉣ 균은 내열성 弱 → 80℃ 10분 사멸

　　㉤ 만니톨을 분해하고 coagulase(혈장응고효소) 양성, 카탈라아제 양성

　　　과당과 젖당 등을 발효하여 젖산을 생성하지만 가스 생성 능력은 없음

③ 식중독의 원인이 되는 enterotoxin 생산

> **특징**
> - 장내(장관)독소, 균체외 독소, 독소는 단순단백질
> - 면역화학적 성질에 따라 A~E형으로 구분
> - 독소의 생성조건 : 10~40℃, pH 6.8~7.2 가능
> 　　　　　　　　　　NaCl 10% 이상에서 독소생산 억제
> - 정제독소는 물, 염류용액에서는 용해되나 유기용매에서는 용해되지 않는다.
> - 단백질 분해효소에 의해 분해되지 않는다.
> - pH 2.5 이상일 때 pepsin에 대해 안정
> - 내열성 크다 : 120℃에서 20분 가열해도 활성을 잃지 않으며, 220(218~248℃)℃ 이상 30분 이상 가열하여야 파괴 → 독소가 내열성이 커 섭취 전 일반적 조리가열에 의한 예방효과 없다.

④ 잠복기 및 증상

　　㉠ 잠복기 : 1~6 시간 (평균3시간) ⇒ 잠복기 가장 짧은 세균성 식중독

　　㉡ 증상

　　　ⓐ 발열 거의 없음, 메스꺼움, 구토, 복통, 수양성 설사, 탈수 등이며 치사율은 낮은 편임

　　　ⓑ 세레우스균(구토형) 식중독 증상과 매우 유사

⑤ 원인식품 및 감염경로

　　㉠ 육류 및 그 가공품, 우유, 크림, 치즈, 버터 등과 이들을 재료로 한 과자류, 유제품, 곡류와 그 가공품, 어육연제품, 도시락 등

　　㉡ 사람(조리인)의 화농성 염증, 콧구멍·목구멍 존재하는 포도상구균 → 손, 기침, 재채기, 유방염이 있는 젖소로부터 감염됨

      ⓒ 토양, 하수 등의 자연계에 널리 분포하며 건강인의 약 30%가 이 균을 보균하고 있으므로 코 안이나 피부에 상재하고 있는 황색포도상구균이 식품에 혼입

⑥ 예방

      ㉠ 화농성 질환, 인후염 조리자는 조리업무 금지

      ㉡ 식품은 적당량을 조속히 조리한 후 모두 섭취하고, 식품이 남았을 경우 5℃ 이하로 냉장보관

      ㉢ 식품제조에 필요한 모든 기구, 기기 등을 청결히 유지하고 2차오염 방지

(2) Botulinus균 식중독(통조림균)

① 원인균 : Clostridium botulinum

② 원인균의 성상 및 특징

      ㉠ Gram양성, 간균, 내열성 아포형성, 주모성 편모, 편성 혐기성(밀폐식품)

      ㉡ 신경독소는 항원성에 따라 A-G형의 7형으로 분류(C형은 C1, C2)

      → A, B, E, F형이 사람에게 식중독 유발, A형이 가장 치명적

	A형	B형	F형	E형
최적온도	37~39℃(최저한계 10℃)			28~32℃(최저한계 3.3℃)
포자	100℃에서 6시간, 120℃에서 4분 가열로 파괴			100℃에서 5분, 80℃에서 10분 가열로 파괴
단백질 분해력	단백질 분해능력 있음(B형, F형은 없는 것도 있음)			단백질 분해능력 없음
원인식품	과일, 채소,육류	육류, 사료	육류	어류

      ㉢ 생육조건

조건	1군	2군
최저온도(℃)	10~12	3.3
최저pH	4.6	5.0
NaCl농도	10%	5%
포자의 열저항성	121℃maximum	82.2℃in general
포자방사선조사 저항성(조건 : -50~-10℃)	D=2.0~4.5kGy	D=1.0~2.0kGy
생성독소	A, B, F	B, E, F

      ㉣ 독성이 강해 세균성 식중독 중 치명률이 가장 높다.

③ 식중독의 원인이 되는 neurotoxin(신경계독소)생산

> **특징**
> • 독소는 단순단백질(분자량 약 15만의 유독성 1분자와 분자량이 다른 무독성 1분자의 복합체)
> • 균이 혐기적인 상태에서 증식 시 생산
> • 산에 안정적이며 소화효소에 의해 분해되지 않음
> • 내열성 弱 → 80℃ 20분, 100℃ 2-3분 파괴
> • 콜린 작동성의 신경접합부에 작용하여 아세틸콜린의 유리를 저해하여 신경마비를 일으킴
> • 매우 독성이 강하여 마우스 경구 치사량은 0.001μg이며, 0.1μg정도로 인간에게 중독을 일으킴

④ 잠복기 및 증상

　　㉠ 잠복기 : 일반적으로 12~36시간, 빠르면 2~4시간

　　㉡ 증상

　　　　ⓐ 신경계 마비증상(신경친화성 식중독)이 주된 증상

　　　　ⓑ 발열 거의 없음, 초기증상은 메스꺼움, 구토, 복통, 설사 등의 위장증상을 나타내고 그
　　　　　후 특징적인 신경증상 → 권태감, 두통, 현기증

　　　　눈 증상 : 시력저하, 복시, 동공확대, 광선자극에 대한 무반응

　　　　인·후두 증상 : 타액분비 저하, 구갈, 실성, 언어장애, 연하곤란

　　　　호흡근, 횡격막 마비에 의한 호흡곤란으로 질식사

⑤ 원인식품 및 감염원

　　㉠ 가열이 불충분한 채소, 과일 등의 병조림·통조림, 햄, 소시지 등의 식육제품, 어류 등의
　　　훈제품

　　㉡ 구미에서는 A형, B형 균에 의한 식중독이 많고, E형균은 일본, 캐나다, 러시아 등에서 주로
　　　발생

　　㉢ 감염원 및 감염경로 : 토양, 하천, 호수, 바다흙, 동물의 분변, 어류, 갑각류의 장관 등에도
　　　널리 분포

⑥ 예방

　　㉠ 분변오염 방지

　　㉡ 병·통조림 제조 시 멸균 철저히-포자의 완전살균(120℃ 4분)

　　㉢ 독소는 열에 약하므로 섭취 전 충분히 가열(80℃ 20분 또는 100℃ 수 분간 가열)

　　㉣ 물리적, 화학적 방법에 의한 포자의 발아 및 균의 증식억제(pH 4.5 이하, Aw 0.94 이하,
　　　온도 3.3℃ 이하, 아질산나트륨 등의 항균제 사용)

　　㉤ 식품 원재료에는 포자가 있을 가능성이 높으므로 채소와 곡물을 반드시 깨끗이 세척하고
　　　생선 등 어류는 신선한 것으로 조리

4 중간형(감염·독소형, 생체내 독소형)

식품과 함께 섭취된 다량의 세균이 장관 내에서 증식하거나 아포를 형성할 때 독소를 생산(생체
내 독소)하여 그 독소에 의해 식중독이 발생

(1) Clostridium perfringens 식중독

① 원인균 : Clostridium perfringens
　　토양, 하천과 하수 등 자연계와 사람을 비롯하여 동물의 장관, 분변, 식품 등에 널리 분포

② 원인균의 성상 및 특징

　　㉠ Gram 양성, 편성혐기성 간균, 내열성 아포형성, 편모없음, 동물의 장관에 상주, 가스괴저균

ⓛ 생육조건

조건	최저	최적	최대
온도(℃)	12	43~47	50
pH	5.5~5.8	7.2	8.0~9.0
NaCl(%)	–	5.0까지 (일부 8%가능)	–
Aw	0.94	0.95~0.96	0.97

    ⓐ 최적발육 온도 : 43~47℃(생육온도 15~50℃), 최적 pH7.2

    ⓑ 세대시간은 10~12분으로 상당히 빠르게 증식

ⓒ 병원성 균주와 엔테로톡신(enterotoxin)

    ⓐ 독소의 종류와 면역학적 특성에 따라 A~F형 분류-A형이 대표적인 식중독의 원인균

    ⓑ 보통 웰치균 포자는 100℃ 5분이면 사멸하나, 식중독의 원인이 되는 내열성 균주(A형균)의 아포는 내열성이 강해 100℃ 4시간 가열해도 사멸하지 않음(내열성 아포형성균)

    ⓒ 균을 섭취한 후 장관 내에서 아포 형성 시 장독소(enterotoxin)을 생산 → 발증

    식품 중에서 생산된 독소는 식품과 함께 섭취되어도 위산에 의해 무독화되어 발증되지 않음

    ⓓ 웰치균이 생성한 엔테로톡신

      • 단순단백질, 식중독의 원인

      • 산이나 열에 약하여 pH 4.0 이하, 60℃ 4분 가열로 활성을 잃음

ⓔ 혈액한천배지에서 이중용혈내를 만들고 이것을 공기 중에 두면 녹색을 띔

    유당을 포함한 대부분의 당을 발효하여 산과 가스 생성

③ 잠복기 및 증상

  ⓛ 잠복기 : 8~20 시간 (평균 12시간)

  ⓛ 주증상은 복통, 수양성 설사, 때로는 주증상에 앞서 복부팽만감이 나타나며, 통상적으로 가벼운 증상 후 회복

④ 원인식품 및 감염원

  ⓛ 주요 원인식품 : 동물성 고단백질(탄수화물로 된 식품에서는 거의 발생하지 않음)식품을 미리 가열 조리된 후 실온에서 장시간 방치된 식품에서 많이 발생

> **• 참고**
>
> **가열 조리한 단백질 식품이 원인식품이 되는 이유**
>
> 1. 원인식품이 원인균에 의해 오염되기 쉬운 식품이므로
> 2. Clostridium perfringens균 포자 발육이 촉진되므로
> 3. 가열에 의해 공기가 추출되어 식품의 혐기성 상태가 커지므로
> 4. 가열시에는 무포자균은 살균되고 perfringens균만 선택적으로 생존하므로

  ⓛ 감염원 및 감염경로

    ⓐ 보균자의 분변을 통한 식품의 감염, 조리실의 하수, 쥐, 가축의 분변

    ⓑ 물, 토양, 하수 등 자연계, 가축과 가금류의 장관에 상재하며 건강한 사람의 장관에도 존재

⑤ 예방

　⊙ 식품은 신선한 원재료로 필요섭취량만을 신속하게 가공 조리하여 남기지 않도록 함

　ⓛ 조리식품을 바로 먹거나 보존할 경우 얇은 용기에 넣어 급랭하여 냉장하며, 뚜껑 있는 용기라
　　도 장시간 실온에 방치하는 것 피하기

　ⓒ 보존식품을 먹기 전 충분히 가열하기

　ⓔ 혐기성균이므로 식품을 대량으로 큰 용기에 보관하면 혐기조건이 될 수 있으므로 소량 씩
　　용기에 넣어 보관

　ⓜ 사람과 동물의 분변, 흙 등에 의한 오염방지

(2) Cereus균 식중독

① 원인균 : Bacillus cereus

② 원인균의 성상 및 특징

　⊙ Gram 양성, 호기성 · 통성혐기성 간균, 내열성 아포형성, 주모성 편모

　　ⓐ 토양세균의 일종으로 사람의 생활환경, 토양, 농장, 산야, 하천, 먼지, 오수 등 자연계에
　　　널리 분포

　　ⓑ 전분 분해작용, 단백소화 작용이 강함

　ⓛ 생육조건

조건	최저	최적	최대
온도(℃)	4	30~40	55
pH	5.0	6.0~7.0	8.8
Aw	0.93	–	–

　　ⓐ 최적생육온도 28~35℃, 최적 pH 6.0~7.0, 수분활성 0.94이상(최적 0.98)

　　ⓑ pH 5.7, NaCl 7%에서도 생육이 가능

　ⓒ 일반 Bacillus속과 구별되는 특징으로 β-hemolysis를 보이며, 레시티나아제를 생성하여
　　난황반응(egg yolk)에서 양성

　　ⓐ 카탈라아제 생산, VP 반응 양성, citrate 이용능 양성

　　ⓑ casein과 티로신을 분해

③ 구토형과 설사형 비교 [기출]

특징		구토형	설사형
독소		구토독(emetic toxin, cereulide)	엔테로톡신
	생산	식품 중	생체내
	구성물질	저분자 펩티드	고분자 단백질
	열저항성	내열성 126℃ 90분에서도 불활성화되지 않음	이열성 60℃ 5분간의 열처리로 불활성화
	소화효소	소화효소에 의해 분해되지 않음	소화효소에 의해 분해되어 불활성화
	pH영향	pH에 안정적	pH에 불안정

잠복기	1~6시간	8~16시간, 평균 12시간
주증상	메스꺼움, 구토가 주증상 포도상구균식중독과 유사한 증상	강한 복통과 수양성 설사가 주증상 웰치균식중독과 유사한 증상
주원인식품	쌀밥, 볶음밥, 감자, 파스타 등 전분질 식품	식육제품, 수프, 푸딩, 바닐라소스, 향신 료를 이용한 요리 등
분류	독소형	중간형(생체내독소형)

※ 설사형 식중독은 10^7~10^8/g이상의 균량을 섭취해야 감염
※ 구토형 식중독은 10^6~10^7/g(10^7~10^8/g) 이상의 균량이면 식품 중에서 발병 독소량을 생산하는 것이 가능

④ 예방

    ㉠ 곡류, 채소류는 세척하여 사용

    ㉡ 조리된 음식은 장기간 실온방치를 금지하고, 5℃ 이하에서 냉장보관

    ㉢ 저온보존이 부적절한 김밥 같은 식품은 조리 후 바로 섭취

    ㉣ 가열 조리된 식품의 신속한 냉각과 보관온도와 시간 관리로 포자의 발아와 증식을 억제

5 기타 세균성 식중독

(1) Allergy성 식중독(histamine 중독) 기출

① 원인균

    ㉠ Morganella morganii

       • 그람음성, 통성혐기성, 간균

    ㉡ 어육 등에 번식해 히스티딘 탈탄산효소를 생성하여 histidine으로부터 알레르기성 식중독의
       원인물질인 histamine 생성

② 잠복기 및 증상

    ㉠ 잠복기 : 30~60분(5분~1시간, 30분 전후)

    ㉡ 증상 : 얼굴, 입 주변과 귓불의 열감, 상반신 또는 전신에 홍조, 작열감, 두드러기 비슷한
       발진, 발열, 두통, 위장염 등의 증상

    ㉢ 원인식품 및 감염경로 : 꽁치, 고등어, 정어리 등 붉은살 생선, 조리기구에 의한 2차오염도
       일어남

③ 예방

    ㉠ 어류의 충분한 세척과 가열, 살균, 냉동보관

    ㉡ 붉은살 생선 특히 그 가공품은 신선한 것을 구입하기

    ㉢ 표면에 거품이 생긴 것은 알레르기 식중독을 유발할 수 있으므로 주의

· 참고

알레르기성 식중독과 식품 알레르기 비교

	알레르기성 식중독	식품 알레르기
원인	세균에 의해 히스티딘이 히스타민으로 탈탄산되거나 유독아민 생성	알레르기를 일으키는 원인물질에 면역계 과민반응
발생	다수(집단적)	소수(개인적)
식품처리	비위생적	위생적
원인식품	꽁치, 고등어, 정어리 등의 붉은살 생선	복숭아, 돼지고기, 달걀, 우유, 새우, 땅콩, 치즈, 대두, 밀, 생선 등
증상	구토, 설사, 복통, 작열감, 두드러기, 홍조 등	두드러기, 구토, 설사, 천식, 비염, 두통 등

(2) 사카자키균 식중독

① 원인균 : Cronobacter sakazakii(Enterobacter sakazakii)

    ㉠ 그람음성, 간균, 장내세균과의 일종

    ㉡ 열저항성이 높은 편이고 건조한 식품에 내성을 가짐

② 식중독 사건 : 생후 1년 이하의 유아가 조제분유를 먹고 식중독이 발생

③ 증상 : 대장염, 뇌막염, 더 나아가 패혈증 등으로 사망

(3) 에로모나스균 식중독

① 원인균 : 에로모나스 하이드로필라(Aeromonas hydrophila), 에로모나스 소브리아(A. sobria)

② 특징

    ㉠ 그람음성, 통성혐기성 간균, 극편모

    ㉡ 생육최적온도 30~35℃, 10℃ 이하에서는 생육 불가능

③ 잠복기 및 증상

    ㉠ 잠복기 : 8~9시간

    ㉡ 증상 : 구역질, 구토, 복통, 설사 등의 급성위장염 증상, 발열

④ 원인식품 : 어패류, 마카로니 등

바이러스성 식중독

☀ 식중독의 원인으로서 세균과 바이러스의 차이점 [기출]

	세 균	바이러스
특성	세균 자체 또는 세균이 만든 독소에 의해 발병	DNA 또는 RNA가 단백질 외피에 둘러싸여 있는 매우 작은 입자형
증식	온도, 습도, 영양분 등이 적당하면 증식	자체 증식 불가능, 반드시 숙주에 침입하여야 증식
발병량	일정량($10^2 \sim 10^6$) 이상의 균이 존재하여야 발병	미량($10 \sim 10^2$)으로도 발병
증상	설사, 구토, 복통, 구역질, 발열, 두통 등	구역질, 구토, 설사, 두통, 발열 등
치료	항생제 등으로 치료할 수 있으며 일부는 백신이 있음	일반적 치료법이나 백신이 없음
2차감염	2차 감염되는 경우는 거의 없음	대부분 2차 감염됨

☀ 바이러스성 식중독의 원인 및 증상

병원체	잠복기	증상		전파기전	2차 감염
		구토	열		
노로바이러스	24~48시간	일반적	드물거나 미약	식품, 물 접촉감염, 분변 – 경구 전파	○
로타바이러스 A군	1~3일	일반적	일반적	물, 비말감염, 병원감염, 분변–경구 전파	○
아스트로바이러스	1~4일	가끔	가끔	식품, 물, 분변–경구 전파	○
장관 아데노바이러스	7~8일	일반적	일반적	물, 분변–경구 전파	○

1 노로바이러스 식중독

(1) 병원체

① 주요 원인 바이러스는 노로바이러스(Norovirus) 그룹이며, 최근 공식 명명

② Calicivirus 계열로 성질이 유사한 일군의 SRSV(small round structured virus)들을 총칭함

③ 과거에는 Norwalk virus, Sapporo virus, Snow Mountain virus, Taunton virus 등 식중독 사고가 발생한 지역의 명칭을 따 명명하거나 Norwalk like virus로 불렸음

④ 병명은 바이러스성 장염, 급성 비세균성 장염, 겨울 구토바이러스 질환 등으로 불림

(2) 특징

① 작은 크기의 둥근모양으로 외가닥의 RNA를 가진 껍질이 없는 바이러스, 캡시드는 존재

② 사람의 장관 내에서만 증식 할 수 있으며, 동물이나 세포배양으로 배양되지 않음

③ 사람에게만 질병을 유발하는 바이러스로 6개 유전자형(GI, GII, GIII, GIV, GV, GVI) 중 3개 유전자형(GI, GII, GIV)이 식중독을 유발, 우리나라, 일본에서는 식중독의 90%이상이 GII형

④ 겨울철 설사바이러스(겨울철 굴, 지하수 등) – 1년 내내 발생하나 겨울철에 집중적으로 발생

⑤ 대부분은 경구감염 또는 접촉감염을 통해 이루어지지만, 일본의 경우 공기에 의한 감염 사례가 있음

⑥ 물리·화학적으로 안정된 구조를 가지며 다양한 환경에서 생존 가능
실온에서 10일, 10℃ 해수 등에서 30~40일, −20℃ 이하의 조건에서 장기간 생존

⑦ 노로바이러스 입자 10개만 섭취해도 사람에게 질병 유발, 증상이 소멸된 이후에도 1~2주간 전염이 가능한 강력한 감염력을 가짐, 사람–사람 감염가능

⑧ 건조된 구토물 1g에 약 1억 개의 바이러스 입자를 함유하고 있으며, 손이나 문고리 등을 통해 사람과 사람간의 2차 감염 유발

⑨ 구토나 설사 증상 없이도 바이러스를 배출하는 무증상 감염도 발생

☀ **노로바이러스의 특성 및 문제점**

특성		문제점
낮은 감염량	10^2 이하의 입자로도 감염 가능	• 사람에게서 사람에게로 감염 • 2차감염이 가능 • 식품조리자에 의한 전염 가능
바이러스 배출	보통 2~3일 바이러스 배출 2주까지도 배출 가능	• 2차감염의 위험성이 높음 • 식품조리자 관리문제
환경에서 안정성	10ppm 이하 염소소독 60℃ 가열, 냉장에서도 생존	오염된 물에서 제거가 어려움 냉장, 가열한 굴에서 생존
다양성	다양한 유전자형, 항원형 존재	재감염
영구면역 없음	재감염 가능	장기적인 면역을 가진 백신 개발이 어려움

(3) 감염원 및 감염경로

① 주로 분변–구강 경로를 통해 감염 ⇒ 경구감염 : 환경에 노출된 분변, 구토물의 바이러스가 물, 음식물, 손 등을 통해 사람의 입으로 전파 섭취되어 감염
  ㉠ 바이러스 섭취→장내증식→발병→구토·분변→환경방출→지하수, 연안 해수 등 오염
    →채소류·어패류 오염→섭취→발병
  ㉡ 바이러스 섭취→장내증식→발병→구토·분변→환경방출→손 등과 접촉하여 사람간 전파 또는 부유물 흡입→경구감염→발병

② 노로바이러스에 감염된 식품이나 음용수를 섭취했을 때
오염된 물건을 만진 손으로 입을 만졌을 때
환자와 식품, 기구 등을 함께 사용했을 경우 등 다양한 경로를 통해 감염

(4) 잠복기 및 감염증상

① 잠복기 : 일반적으로 24~48시간(12시간 경과 후 증상을 보이는 경우도 있음)

② 증상

    ㉠ 메스꺼움, 구토, 설사, 위경련 등이며 때때로 미열, 오한, 두통 등을 동반하며 분사형 구토가 특징적임

    ㉡ 보통 경미한 장염 증세를 나타내며 보통 1~3일 지나면 자연적으로 회복

    ㉢ 소아, 노인의 경우 심한 구토로 인한 탈수가 심할 경우 치명적

    ㉣ 어린이에서는 구토가 설사보다 많고, 성인은 설사가 많음

(5) 노로바이러스 검사법 : PCR법, ELISA법, 전자현미경법, 면역현미경법 기출

(6) 노로바이러스의 예방법

① 항바이러스 백신 등이 개발되어 있지 않으므로 개인위생관리 철저 : 조리 전, 식사 전, 화장실 사용 후 항시 손 세척

② 과일과 채소는 흐르는 물에서 깨끗이 세척하여 섭취

③ 오염 지역에서 채취한 어패류 등은 85℃에서 1분 이상 가열하여 섭취

④ 위생적인 식수공급 : 오염이 의심되는 지하수 등은 사용을 자제하고 식수나 세척용으로 사용이 불가피한 경우에는 반드시 끓여서 사용

⑤ 가열조리한 음식물은 맨손으로 만지지 않도록 주의

⑥ 2차 감염을 막기 위해 노로바이러스 환자의 변, 구토물에 접촉하지 않으며, 오물 등 처리시에는 반드시 일회용 비닐장갑 등을 착용하고, 오물은 비닐 봉토에 넣은 후 차아염소산나트륨액을 스며들 정도로 분무하고 밀봉하여 폐기

⑦ 칼, 도마, 행주 등은 85℃에서 1분 이상 가열하여 사용함

⑧ 바닥, 조리대 등은 물과 염소계 소독제를 이용하여 철저히 세척살균함

⑨ 노로바이러스 의심 식중독 발생 시 구토물과 분비물, 오염된 부위 및 시설 등은 1,000ppm 이상의 높은 농도로 살균·소독을 하여 2차 감염을 방지

2 설사성 로타바이러스 기출

(1) 병원체

① Reoviridae에 속하는 로타바이러스 : 수레바퀴 모양을 갖는 소화기 바이러스

② 구형의 2개의 사슬을 가진 RNA 바이러스

③ 외피(envelope)를 가지지 않는 정이십면체 구조이며, 세층의 동심성 캡시드를 가짐

④ A~G형 → 사람에게는 A, B, C군이 보고됨

(2) 감염경로와 발생현황

① A형 로타바이러스

㉠ 영유아·아동에게 중증 설사 유발

㉡ 사람에서 유래하는 바이러스형은 7혈청형으로 주로 1~4형

㉢ 매년 11월부터 그 다음해 3월의 동절기에 유행

② B형 로타바이러스

㉠ 성인에서 심한 설사를 일으켜 일명 성인성 설사중 로타바이러스라 불림

㉡ 중국에서 사람과 사람사이에 수백명에서 수천명에 이르는 대규모 유행 자주발생

③ C형 로타바이러스

㉠ 위장염환자로부터 산발적으로 보고, 집단발생은 드물다.

㉡ 일본, 영국에서 최초 보고된 로타바이러스로 매우 드묾

④ 감염경로

㉠ 주로 경구감염 : 오염된 식수 또는 식품을 경구 섭취함으로써 감염

㉡ 비교적 환경에 안정하기 때문에 오염된 기구의 표면을 접촉하거나 감염된 환자를 접촉함으로 써 감염되기도 함

(3) 증상

① A형 로타바이러스

㉠ 잠복기 : 1~3일(평균 2일)

㉡ 증상 : 구토, 설사, 발열, 복통, 탈수증상, 구토로 시작하여 4~8일간의 설사 등

㉢ 예방

ⓐ 올바른 손 씻기

• 흐르는 물에 비누로 30초 이상 손 씻기

• 외출 후, 식사 전, 배변 후, 조리 전, 기저귀 간 후

ⓑ 안전한 음식 섭취 : 음식은 익혀먹기 / 물을 끓여먹기

ⓒ 환자와의 접촉을 최소화

ⓓ A군 로타바이러스 경구용 백신 : 예방접종

② B형 로타바이러스

㉠ 잠복기 : 평균 2~3일

㉡ 증상 : 심한 수양성 설사로 20% 환자에게 1일 10회 이상의 설사를 일으킴 복부팽만, 구역질, 구토, 복통 등, 평균 1~14일 계속하다 회복

③ C형 로타바이러스

㉠ 잠복기 : 평균 2~3일

㉡ 증상 : 수양성 설사, 복통, 구토 등

3 아스트로바이러스 식중독

(1) 특징

① 아스트로바이러스과에 속하는 한 가닥의 RNA 바이러스로 유아설사의 약 2~8%차지
② 주로 어린이한테 감염되며 추운 계절에 유행
③ 온대지방-주로 겨울철에 검출 / 열대지방-장마시기에 주로 검출

(2) 감염경로 : 분변-경구감염

(3) 증상

① 잠복기 1~4일, 짧은 경우 24~36시간
② 주요증상 : 구토, 설사, 오한, 두통, 식욕결핍, 복통, 발열 증상이 3~4일간 지속되는 특징

(4) 예방법

① 위생수칙 준수
② 오염된 물에 의한 식품의 오염 주의

4 장관 아데노바이러스(Enteric Adenovirus)

(1) 특징

① 외피가 없는 이중가닥의 DNA 바이러스
② 영유아군 및 면역능이 저하된 성인에 감염시 사망 초래
③ 연중 환자 발생, 주 감염집단 : 2세 이하의 소아
④ 화학·물리적 처리에 매우 안정적이므로 외부 환경에서도 장기간 생존 가능

(2) 감염경로

① 분변-경구경로
② 감염된 사람과의 접촉을 통해 감염

(3) 증상

① 잠복기 : 3~10일, 평균 7일정도로 다른 바이러스보다 긴 것이 특징
② 묽은 설사, 구토, 낮은 온도의 발열, 탈수, 호흡기 증상 등

(4) 예방법

① 사람과 사람간의 전파 차단
② 손세척 철저히, 오염원의 제거

○ 화학성 식중독의 원인

① 식품제조, 가공, 보존중 고의 또는 과실로 첨가, 유입(불허용 첨가물)
② 식품의 제조과정 중 우연히 혼입(유해금속, 열매체)
③ 기구, 용기, 포장재료의 소재가 용출되어 식품으로 이행(유해금속, formaldehyde)
④ 식품 제조, 가공, 보존중 생성(변이원성 물질, nitrosamine류, 다환방향족 탄화수소 등)
⑤ 환경오염물질로 식품에 잔류(유해금속, 농약류, 방사성물질, 유해 유기화합물)

1 유해성 금속

(1) 중금속

화학적으로는 비중 4.0 이상의 금속

① 중금속의 독성
  ㉠ 단백질의 침전제 : 단백질의 −SH기와 결합하여 구조 단백질을 변성시키거나 효소단백질의 활성 저해
  ㉡ 유기금속 : 금속이 탄소와 공유결합을 하고 있는 것으로 지용성이 높기 때문에 체내에서는 지질이 풍부한 뇌신경 세포에 분포하여 중추신경계의 독성을 나타냄
  ㉢ 무기금속 : 다른 장기에 분포, 특히 신장이나 뼈 조직에 영향

② 중금속의 흡수
  ㉠ 장관에서 무기금속에 대한 장벽이 있어 극히 흡수가 어려움
  ㉡ 정상성분인 철과 동은 생체 내 부족상태가 되지 않는 한 흡수율이 낮고, 카드뮴과 납은 투여량의 미량이 흡수
  ㉢ 금속 간 흡수에 관한 상호작용을 볼 수 있는데 식이 중 칼슘저하는 납, 카드뮴의 흡수를 촉진함
  ㉣ 유기금속은 극히 흡수가 쉬움, 거의 정량적으로 흡수

③ 중금속의 체내축적

☀ **주요 금속의 생물학적 반감기**

금속	장기	생물학적 반감기
카드뮴	사람의 신장	17.6년(혹은 33년)
납	사람의 혈액	1개월
	사람의 뼈	10년
무기수은	사람의 전신	29~60일
수은증기	사람의 뇌	수년
메틸수은	사람의 전신	70일

④ 중금속 기준

💡 **주요 식품별 중금속 기준** 기출

식품	중금속
곡류(현미제외), 서류, 콩류, 땅콩 또는 견과류, 유지 종실류, 과일류, 엽채류, 엽경채류, 근채류, 과채류, 버섯류	납, 카드뮴
쌀	무기비소
소고기, 돼지고기, 가금류고기, 돼지간, 소간, 돼지신장, 소신장	납, 카드뮴
원유 및 우유류	납
어류	납, 카드뮴, 수은, 메틸수은
연체류	납, 카드뮴, 수은
갑각류, 해조류	납, 카드뮴

(2) As(비소)

① 용출 및 유래

  ㉠ 순도가 낮은 식품첨가물 중 불순물로 혼입 : 간장중독사건, 조제분유사건

  ㉡ 도자기, 법랑제품의 안료로 식품에 오염

  ㉢ 비소제 농약을 밀가루로 오용하는 경우

② 중독증상

  ㉠ 무기비소가 유기비소에 비해 독성이 강함

  ㉡ 급성중독 : 37~38℃ 발열, 식욕부진, 구토, 탈수증상, 복통, 체온저하, 혈압저하, 경련, 혼수상태가 되어 사망, 중독량은 아비산으로 50mg 이상

  ㉢ 대기오염에 의한 중독 : 흑피증(피부의 색소 침착), 백반 등의 흑피증, 비중격천공 등

  ㉣ 만성중독 : 피부가 청색으로 변함, 피부발진 외에 손발, 피부에 각화현상, 색소침착이상, 구토, 복통, 빈혈, 체중감소, 신열을 일으키는데 황달이 특징적

  ㉤ 비소화합물은 피부암뿐만 아니라 폐암, 간암의 원인물질

③ 독성

치사율	전신독성	면역독성	신경독성	생식/발생독성	유전독성	발암성
○	○	–	○	○	○	○

출처 : 식품의약품안전처

> **·참고**
>
> **비소**
> 1. 흡수된 비소는 소변, 대변, 피부, 손발톱, 모발 그 외 땀, 체모 등을 통해 배설
> 2. 흡수된 비소의 80%는 체내 축적되어 분포되고 주로 간, 신장, 뼈, 피부이고 특히 손·발톱, 모발에 축적
> 3. 손톱에 미스선이(손톱을 가로지르는 흰선) 나타나므로 손톱의 성장과 그 선의 거리를 비교해 폭로시간 추정

(3) Cu(구리)

① 용출 및 유래

  ㉠ 조리용 기구 및 식기에서 용출되는 구리녹에 의한 식중독

  ㉡ 녹색채소 가공품의 발색제로 남용되어 효소작용저해

ⓒ 구리제 기구나 용기에서 물이나 탄산에 의해 부식되어 생긴 유독성 녹청에 의해 식중독

② 중독증상

　　　㉠ 구강의 작열감, 다량의 타액분비, 메스꺼움, 구토, 두통, 발한, 경련 등

　　　㉡ 다량 섭취 시 체내 SH화합물과 결합해 효소작용 저해, 간세포의 괴사, 간에 색소 침착

③ 축적성 없어 만성보다는 주로 급성중독이 발생

(4) Cd(카드뮴)

① 식품용 기구나 용기, 기구나 기계의 도금, 콘덴서, 건전지 제조, 도료제조, 합금 등에 널리 사용

② 용출 및 유래

　　　㉠ 1940년대 일본 도야마현의 진즈가와 유역에서 처음 발생 : 축전지 공장, 아연 제련 공장, 광산 등의 폐수에 함유 → 이타이이타이(itai-itai)병

　　　㉡ 각종 식기 도금에서 용출 : 특히 산성에서 용출 잘됨

　　　ⓒ 카드뮴은 주로 벼와 같은 식물에 잘 흡수

　　　　동물성 식품에서는 간장이나 신장 부위에 ↑(어패류의 내장)

③ 중독증상

　　　㉠ 카드뮴의 소화관 흡수율 5~8% 정도, 칼슘함량이 낮을수록 흡수가 촉진되며 아연은 길항작용으로 흡수를 방해

　　　㉡ 생물학적 반감기는 10년 이상으로 축적성이 높음

　　　ⓒ 적혈구나 알부민과 결합하여 수송되는데 metallothionein과 결합하기도 함
　　　　metallothionein과 결합된 상태로 신장과 간에 축적

　　　㉣ 표적장기 : 신장 – 신장세뇨관 손상으로 단백뇨를 일으킴

　　　㉤ 급성중독이 강한 금속 : 구토, 설사, 복통, 두통 등 소화기장애, 그 외에 신장과 카드뮴 분진의 흡입 시에는 폐장애

　　　㉥ 만성중독
　　　　ⓐ 신장기능장애 : 당, 아미노산 및 저분자단백질의 배설이 증가
　　　　ⓑ 비타민 D_3의 활성화 억제로 혈중 칼슘농도를 낮추고, 근위세뇨관 병변에 의한 칼슘과 인의 손실로 골연화증을 일으킴, 허리통증, 보행불능

　　　㉦ 이타이이타이병
　　　　ⓐ 등뼈, 손발, 관절이 아프고 뼈가 약해져 잘 부러지는 공해병
　　　　　신장기능장애와 칼슘대사장애로 인한 골연화증
　　　　ⓑ 다산을 경험한 여성에게서 발병률이 높음

④ 독성

치사율	전신독성	면역독성	신경독성	생식/발생독성	유전독성	발암성
○	○	–	△	△	○	○

○ 독성있음, – 해당연구자료 없음, △ 독성 여부 불분명함　　　　　　　　출처 : 식품의약품안전처

⑤ 기준

    ㉠ 밀, 쌀, 대두, 엽채류, 참깨 : 0.2mg/kg 이하(현미제외)

    ㉡ 두류, 서류, 근채류 : 0.1mg/kg 이하

    ㉢ 연체류 : 2.0mg/kg 이하(다만, 오징어는 1.5mg/kg 이하, 내장을 포함한 낙지는 3.0mg/kg 이하)

    ㉣ 갑각류 : 1.0mg/kg 이하(다만, 내장을 포함한 꽃게류는 5.0mg/kg 이하)

    ㉤ 어류 : 0.1mg/kg 이하(민물 및 회유 어류에 한함), 0.2mg/kg 이하(해양어류에 한함)

    ㉥ 해조류 : 0.3mg/kg 이하[김(조미김 포함) 또는 미역(미역귀 포함)에 한함]

    ㉦ 냉동식용 어류내장 : 3.0 이하(다만, 어류의 알은 1.0 이하, 두족류는 2.0 이하)

(5) Hg(수은)

① 상온에서 유일한 액체금속으로 가성소다공업, 전기제품, 도료, 약품, 농약제조 등에 사용

    ㉠ 무기수은 : 수은증기, 수은이온

    ㉡ 유기수은 : 메틸수은과 같은 alkyl수은, 페닐수은과 같은 aryl수은

    ㉢ 환경 중에 배출된 무기수은은 토양, 하천, 해저에 존재하는 세균, 진균류에 의해, 어류나 포유동물의 간에서 메틸화됨

② 용출 및 유래

    ㉠ 1950년대 일본에서 공장폐수에 오염된 어패류 섭취 시 발생 → 미나마타병

    ㉡ 콩나물 배양 시 소독제로 사용 - 유기수은제 농약

③ 중독증상

    ㉠ 무기수은 : 급성중독은 구내염, 눈물, 복통, 구토, 설사 등으로부터 안면창백, 혈압강하와 2일 정도 내 무뇨증상, 신부전 등

    ㉡ 유기수은

        ⓐ 무기수은보다 유기수은이 독성이 더 강하며, 유기수은 중 메틸수은이 독성이 가장 강함

        ⓑ 메틸수은은 지용성이 크므로 소화관과 폐에 흡수되어 중추신경계와 태아조직에 농축, 생물학적 반감기 70일

        ⓒ 오줌과 머리카락은 수은의 폭로와 축적정도를 판단하는 좋은 지표 (임상증상이 나타나는 한계점 : 머리카락의 경우 50ppm)

        ⓓ 무기수은과 페닐수은의 표적장기는 신장, 수은증기는 고농도 단기 폭로시에 폐에, 중간농도로 오랜 폭로 시 신장에, 낮은 농도의 장기 폭로시 뇌에 각각 손상

        ⓔ 중독증상

          • 사지신경마비, 연하곤란, 시력감퇴, 난청, 언어장애, 호흡마비, 정신장해 등

          • 만성중독 중 소뇌성 운동실조, 언어장애, 시야협착 등의 헌터러셀 증후군을 나타냄

④ 독성

치사율	전신독성	면역독성	신경독성	생식/발생독성	유전독성	발암성
○	○	△	○	○	○	△

출처 : 식품의약품안전처

⑤ 기준

㉠ 어류, 연체류의 수은 기준 : 0.5 mg/kg 이하(아래 ㉮의 어류 제외)

㉡ 어류의 메틸수은 기준 : 1.0 mg/kg 이하(아래 ㉮의 어류에 한함)

㉮ 메틸수은 규격 적용 대상 해양어류 : 쏨뱅이류(적어포함, 연안성 제외), 금눈돔, 칠성상어, 얼룩상어, 악상어, 청상아리, 곱상어, 귀상어, 은상어, 청새리상어, 흑기흉상어, 다금바리, 체장메기(홍메기), 블랙오레오도리, 남방달고기, 오렌지라피, 붉평치, 먹장어(연안성 제외), 흑점샛돔(은샛돔), 이빨고기, 은민대구(뉴질랜드계군에 한함), 은대구, 다랑어류, 돛새치, 청새치, 녹새치, 백새치, 황새치, 몽치다래, 물치다래

(6) Pb(납)

① 융점이 낮고 연질, 가공하기 쉽고 부식성이 매우 적은 것이 장점

습기가 많은 공기 속에서 표면이 산화

납정련공장, 상수도용납관, 활자합금, 납땜, 용접, 도료, 안료, 납유리공장, 축전지의 전극, 살충제 농약, 유연휘발유, 도자기, 법랑제품의 유약 및 무늬용 도금 등 널리 사용

② 용출 및 유래 : 통조림 땜납, 도자기 유약성분, 법랑제품 유약성분에서 검출 – 산성식품 담을 때 용출↑

③ 중독증상

㉠ 뼈의 반감기는 10년, 혈중 납의 반감기는 약 1개월

㉡ 연연(잇몸에 녹흑색의 착색), 연산통, 복부의 산통, 구토, 설사, 사지마비, 빈혈, 중추신경장애, coproporphyrin이 뇨(尿)로 배설 등

㉢ 무기납 : 조혈기, 중추신경계, 신장, 소화기에 장해, 헤모글로빈 합성저해에 의한 빈혈, 소변 중 coproporphyrin의 증가, 혈중 δ-aminolevulinic acid(δ-ALA) 증가, 더욱 진행되면 안면창백, 연연, 말초 신경염, 심근마비, 급성복부산통 등

㉣ 유기납 : 휘발성이 높아 기도 또는 피부로부터 흡수되기 쉽고, 특히 뇌에 축적, 중추신경계에 강한 독성, 가벼운 경우 두통, 수면장애, 다몽, 식욕부진, 심하면 흥분, 불안, 환각, 구통 등을 거쳐 정신착란, 혼수를 일으켜 사망

④ 기준

㉠ 어류 : 0.5 mg/kg 이하

㉡ 연체류 : 2.0 mg/kg 이하(다만, 오징어는 1.0이하, 내장을 포함한 낙지는 2.0 이하)

㉢ 먹는 물 : 0.01mg/kg 이하

㉣ 납땜 시 납을 0.1%이상 함유해서는 안됨

(7) Sn(주석)

① 용출

㉠ 식품제조기구, 통조림(과일, 주스통조림), 도기안료 : 산성식품에서 용출

㉡ 주석은 관내용물 중 질산이온이 있거나 산성식품에서 산소존재 하에 용출이 급격히 증가

② 기준

식품	기준
통병조림 식품	150mg/kg 이하(알루미늄 캔을 제외한 캔제품에 한하며, 산성 통조림은 200mg/kg 이하 이어야 함)
다류, 커피	150mg/kg 이하(알루미늄 캔 이외의 액상 캔 제품에 한함)
과일 · 채소류 음료, 탄산음료류 인삼 · 홍삼음료류, 기타 음료	150mg/kg 이하(알루미늄 캔 이외의 캔 제품에 한함)

(8) Sb(안티몬)

① 용출

에나멜코팅용 기구(법랑제 식기), 도자기의 착색료 : 산성식품에서 용출

② 중독증상 : 메스꺼움, 구토, 입술의 종양, 침이 잘 안 넘어가고, 복통, 경련, 실신 등

(9) Zn(아연)

① 에나멜코팅용 기구, 도금용기에서 용출, 주스류 등의 산성식품에서 문제

② 급성중독 시 복통, 설사, 경련 일으킴

(10) 크롬(Cr)

6가크롬 : 경구, 경피, 경기도로 흡수되어 3가크롬으로 환원될 때 궤양, 피부염, 알레르기성 습진, 결막염, 비염 등을 일으킴, 계속적인 흡입으로 비중격천공과 폐암 발생률 상승

(11) 금속류의 섭취허용량(WHO/FAO) 기출

금속	섭취허용량(mg/kg, 체중)
수은(Hg)	Total Hg 0.005/week Methyl Hg 0.0033/week
카드뮴(Cd)	0.0067~0.0083/week
납(Pb)	0.05/week
철(Fe)	0.8/day
아연(Zn)	0.3~1.0/day
비소(As)	2/day
주석(Sn)	20/day

2 식용 용기, 기구, 포장에 의한 식중독

(1) 금속제 : As, Cu, Cd, Hg, Pb, Sn, Sb, Zn

☀ **금속의 용도** 기출

금속	용도
카드뮴(Cd)	식품용 기계, 용기, 식기도금
납(Pb)	도자기, 옹기, 법랑의 유약
안티몬(Sb)	도자기, 법랑제 식기의 착색료
아연(Zn)	물통, 용기
구리(Cu)	놋쇠, 청동, 양은
주석(Sn)	통조림 내부

(2) 초자용기 : As, Pb 등이 용출

(3) 도자기, 법랑피복 제품

① 도자기 표면에 그림, 무늬, 착색 시 또는 배합한 안료 또는 유약에서 소성온도가 불완전 할 때, 산성 물질과 접촉 할 경우 쉽게 용출
② 법랑 피복 제품의 유약으로서 유해성 금속화합물인 붕사, 납, 주석, 코발트 등을 사용 시 용출
③ 옹기류는 유약에 납이나 기타 중금속 화합물이 함유되어 있을 경우 소성 온도가 낮은 경우 제대로 유리질화 되지 못하면 용출

(4) 합성수지제품

① 열경화성수지 : formaldehyde 용출
※ 열경화성 수지 : 열을 가해 경화 성형하면 다시 열을 가해도 형태가 변하지 않는 수지, 내열성·내용제성·내약품성·기계적 성질·전기절연성이 좋음
　㉠ 요소수지
　　ⓐ 요소와 포름알데히드 축합
　　ⓑ 멜라민 수지에 비해 유동성, 금속기재에 대한 부착성이 우수, 내수성·내후성 열약
　　ⓒ 화장품 용기, 쟁반, 병마개 등에 이용
　㉡ melamine수지
　　ⓐ 멜라민과 포름알데히드의 축합
　　ⓑ 단체급식용 식기, 젓가락, 쟁반 등의 제조에 이용
　㉢ phenol수지
　　ⓐ 페놀과 포름알데히드의 축합
　　ⓑ 기계적 성질, 내열성, 난연성, 내수성, 내산성, 전기절연성이 우수
　　　경화 후 황갈색 또는 적갈색을 띠고 경시변화에 의해 색상이 짙어지고 내알칼리성은 약함

ⓒ 식기, 냄비손잡이, 찬합 등에 많이 이용

② **열가소성 수지** : 가소제(프탈레이트), 안정제 용출

※ 다시 열을 가하면 부드러워지고 냉각하면 단단해지는 성질을 가짐

㉠ Polyethylene(PE)

ⓐ 저밀도 PE : 고압법에 의해 만드는 것, 성형이 쉽고 투명, 내수성, 방수성 우수 신선한 과채류의 포장에 적합

ⓑ 고밀도 PE : 수증기와 가스 투과성이 적고 내열성이 우수하여 고온살균에 사용

ⓒ 에틸렌 중합 때 생기는 저분량의 성분은 유해, 지용성이어서 유지식품에 녹아 유해한 영향을 줄 수 있음

㉡ Polypropylene : 밀봉용기, 쓰레기통, 전기기기 부품 등

㉢ Polystyrene(PS)

ⓐ 휘발성 물질 및 스티렌 monomer(단량체) 용출로 인해 이취 발생

ⓑ 컵라면 용기(PS수지)에서 용출되는 내분비 장애물질 : styrene dimer, styrene trimer

㉣ PVC(Polyvinyl Chloride)-V.C.M, 가소제, 안정제 용출

ⓐ PE 보다 투명성, 내수성, 내산성, 값이 저렴하여 포장재로 많이 사용

ⓑ 주성분은 거의 무해하고 가공 시 첨가되는 가소제(DEHP), 안정제 용출

ⓒ 염화비닐단량체(V.C.M,) : 마취작용, 폐부종, 골단용해성, 간혈관 육종, 발암성 등

③ **테프론** [기출] : 테프론코팅조리기구에서 300℃ 이상 고온에서 가열하면 발암성이나 최기형성 유해물질인 헥사플루오로에탄이 생성됨

(5) 종이제품

형광 증백제의 발암성 : 식품을 포장하는 종이에는 사용을 금함

3 농약에 의한 식중독

(1) 농약

① **농약관리** : 농업인들의 농약 안전 사용을 위한 '안전사용기준(PHI)'과 소비자의 안심 섭취 기준을 제시하는 '잔류허용기준(MRL)'으로 구분

출처 : 식품의약품안전처

구분	안전사용기준 (PHI, Pre-Harvest Interval)	잔류허용기준 (MRL, Maximum Residue Limits)
개념	농업인들이 농약을 안전하고 효과적으로 사용할 수 있는 기준	사람이 일생동안 섭취해도 건강에 이상 없는 수준의 허용량
근거	농약관리법(농식품부, 농진청)	식품위생법(식약처)
예시	비펜트린 유제 : 감귤에 자나방류 발생시 수확 14일 전까지 1천배 희석하여 3회 이내 살포	비펜트린(Bifenthrin)(단위 : ppm) : 가지 0.3, 감귤 0.5, 감자 0.05, 갓 1.0, 배추 0.7, 오이 0.5 등

② 농약허용기준강화제도(농약허용물질목록 관리제도, PLS : Positive List System) [기출]

　　㉠ 국내외 농산물별로 등록된 농약에 대해서는 잔류허용기준을 설정(식약처에서 제시하는 식품
　　　공전의 식품기준 및 규격의 농약잔류허용기준)하여 적용하고, 없을 경우 일률적인 0.01ppm
　　　적용('19.1.1 전면 시행)

　　　　ⓐ 작물별로 등록된 농약에 한해 일정 기준 내에서 사용하도록 하고, 잔류허용기준이 없는
　　　　　농약의 경우 일률적으로 0.01ppm을 적용하는 제도
　　　　ⓑ 농약의 오·남용으로부터 국민의 건강을 보호하기 위해 국내외에서 사용이 등록되어
　　　　　잔류허용기준이 설정된 농약 이외에는 사용을 금지하는 제도

출처 : 식품의약품안전처

잔류허용기준 여부	농약 PLS 시행 전	농약 PLS 시행 후
기준 설정 농약	설정된 잔류허용기준(MRL) 적용	설정된 잔류허용기준(MRL) 적용
기준 미설정 농약	① CODEX 기준 적용 ② 유사 농산물 최저기준 적용 ③ 해당 농약 최저기준 적용	일률기준(0.01ppm) 적용 * 기준이 없음에도 ①·②·③ 순차 허용으로 발생하는 농약 오남용 개선

　　㉡ 도입 목적 : 농산물 안전 강화와 올바른 농약 사용 유도
　　㉢ 일률기준 적용이유
　　　　ⓐ 안전성이 입증되지 않은 수입농산물 차단
　　　　ⓑ 미등록 농약의 오남용 방지

(2) 유기인제

① 맹독, 체내분해 잘됨(잔류성 ↓) → 주로 급성중독
② 유기인제의 작용기전 : 체내에 흡수된 유기인제는 체내효소인 cholinesterase와 결합해 작용
　저해

> 혈액과 조직에 유해한 acetylcholine $\xrightarrow{\text{cholinesterase}}$ acetic acid + choline 로 분해되어야 하는데, 유기인
> 제에 중독 시 cholinesterase와 결합해 작용을 저해하여 유해한 acetylcholine 축적으로 신경흥분 전도 불가능

③ 중독증상 : 부교감 신경증상(메스꺼움, 오심, 구토, 발한, 동공축소 등), 교감신경증상(혈압상
　승), nicotine증상(근력감퇴, 전신경련), 중추신경마비증상(현기증, 두통, 발열, 혼수 등)
④ 살균제, 살충제
⑤ 종류 : parathion, methylparathion, malathion, DDVP(반감기가 가장 짧다), diazinon,
　EPN, sumithion, fenitrothion, dimethonate 등

(3) 유기염소제

① 살충제, 제초제로 주로 이용되는 유기염소제는 유기인제에 비해 독성↓, 잔류성이 큼
② 잔류성이 크고 지용성이기 때문에 인체 지방, 신경조직에 축적되어 만성중독을 일으킴

③ 중독증상

　㉠ 신경독성물질로 중추신경계에 작용하여 독작용

　㉡ 식욕부진, 복통, 설사, 구토, 두통, 이상감각, 운동마비, 경련 등 중추신경마비 증상

④ 종류

　㉠ 살충제 : DDT, BHC, aldrin, toxaphene, chlordane, heptachlor 등

　㉡ 제초제 : PCP(살균제로도 사용), 2,4-D 등

⑤ 토양 중 유기염소제 농약의 잔류시간(평균)

농약명	잔류량(%)		95%소실되는 소요 연수
	1년 후	3년 후	
DDT	80	50	10
BHC	60	25	6.5
Dieldrin	75	40	8
Chlordane	55	15	4
Heptachlor	45	10	3.5
Aldrin	26	5	3

(4) 유기수은제

① 체내축적, 만성중독

② 유기수은제의 주성분은 phenylmercuric acetate(PMA)-맹독성은 아니지만 무기수은과는 달리 유기상태이기 때문에 배설속도가 느려 만성중독을 일으킴

③ 살균제 : 종자소독, 벼의 도열병방제, 과수·채소의 각종 병해 방제용 살포제, 토양소독제 등으로 광범위하게 사용하였으나 축적성, 만성독성 때문에 종자소독용으로만 사용

④ methyl mercuric chloride(메틸염화수은) – 시야축소, 언어장애
　methyl mercuric iodine(메틸요오드화수은) – 보행곤란, 정신착란

⑤ 중독증상 : 피부염, 위장장애, 신경증상 등, alkyl 수은중독인 때는 경련, 시야축소, 언어장애 등의 중추신경 장애

(5) 유기비소제

① 목구멍 식도수축, 심한구토, 설사로 인한 수분손실

② 살충제, 살서제

(6) 카바메이트(Carbamate)제

① 유기염소제 대용으로 만들어진 살충제 및 제초제
　아미노기와 카르복실기가 결합한 카바믹산(카르밤산, carbamic acid)의 골격을 가진 화합물

② 작용기전

　㉠ 콜린에스터라아제 저해작용을 일으켜 중독을 일으킴

      ⓒ 유기인제와는 달리 가역적이어서 독성이 상대적으로 낮음

      ⓒ 유기인제보다 배설, 회복속도가 빠르고 잔류성이 낮은 편

      ⓔ 피부에서 잘 흡수되지 않아 급성중독이 일어날 가능성이 적음

    ③ 종류 : carbaryl, NAC, aldicarb, chlorpropham, propoxur, CMPC, BPMC 등

(7) 유기불소제

    ① 주로 급성살서제로 이용되는데, 살서제인 fratol, 진딧물 방제제인 fussol, nissol 등이며, 모두 맹독성

    ② 작용기전

      ㉠ TCA 회로의 아코니타아제 작용저해 → 체내에 구연산 축적시켜 독작용

      ⓒ 아코니타아제의 강력한 저해제인 monofluorocitric acid를 생성하여 구연산이 cis-aconitic acid로 되는 것을 억제

    ③ 중독증상 : 심장장해와 중추신경증상 – 30분~2시간 지나면 구토, 복통, 경련, 장·방광 점막 침해, 뼈의 성장 저지, 심하면 보행 및 언어장해 등 마비성 경련과 심장장해

4 유해성 식품첨가제

(1) 유해감미료 [기출]

    ① Dulcin

      ㉠ 냉수보다는 열탕에 잘 녹고, 백색의 요소유도체로 설탕의 250배의 감미

        사카린나트륨과 병용하면 감미도가 커지고 설탕과 비슷한 맛을 내므로 청량음료, 과자류, 절임류 등에 널리 쓰였으나 독성 때문에 사용금지

      ⓒ 백색결정으로 공기 중에 장기간 방치하거나 오랫동안 가열하면 분해되어 적자색으로 착색

      ⓒ 섭취 시 특유의 불쾌미를 내며 소화효소에 대한 억제작용

      ⓔ 분해 시 생성되는 p-aminophenol때문에 혈액독이 생기고, 간장장애, 신장장애, 소화작용을 억제하고 중추신경계에 자극

    ② Cyclamate

      ㉠ sodium cyclamate, calcium cyclamate가 대표적

      ⓒ 설탕의 40~50배 감미, 열, 햇빛에 안정하고 청량감을 주며 설탕과 비슷한 감미

      ⓒ 무색 내지 백색의 결절성 분말, 물에 잘 녹으나 유기용매에는 불용성

      ⓔ 발암성

    ③ P-nitro-o-toluidine

      ㉠ 설탕의 200배 감미, 염료의 중간산물로 황색의 주상결정으로 스칼렛 G base라고도 함

      ⓒ 독성이 강해 폭발당, 원폭당, 살인당이라 불림

      ⓒ 섭취 2~3일 후 위통, 식욕부진, 오심, 권태, 미열, 피부 및 점막의 황달, 혼수상태에 빠져

사망

ㄹ 분자내에 nitro기와 amino기를 가지므로 혈액독과 신경독을 나타냄

④ Perillartine

ㄱ 무색의 결정으로 자극성과 불쾌감이 있으나 설탕의 2000배(감미도 최대)

ㄴ perillaldehyde로부터 제조되는 자소유 중의 한 성분으로 일명 자소당이라고 함

ㄷ 열 또는 타액에 의해 알데히드로 분해되고 신장자극하여 신장염

⑤ ethylene glycol

ㄱ 무색, 무취의 점조성 액체로서 글리세린과 비슷한 성질을 가짐, 자동차 부동액

ㄴ 물에 타면 감미와 알코올처럼 취하는 감이 있기 때문에 감주, 팥앙금의 맛을 내는데 사용

ㄷ 중독증상 : 체내에서 산화되어 수산이 되고 신경, 신장 등의 장해를 일으킴, 구토, 호흡곤란 등, 중증일 때는 의식불명으로 사망

(2) 유해착색료

① auramine

ㄱ 염기성의 황색 타르색소로 값이 싸고 색이 아름다우며 사용하기 편리

ㄴ 햇빛과 열에 안정하고 착색성이 좋음

ㄷ 단무지, 카레, 과자, 팥앙금류, 종이 등의 착색

ㄹ 다량 섭취 시 20~30분 후에 피부에 흑자색 반점, 두통, 맥박 감소, 의식불명, 심계항진 등

② rhodamine B

ㄱ 핑크색의 염기성 타르색소로 형광을 가짐

ㄴ 과자, 어묵, 토마토케첩, 생강 등에 사용

ㄷ 전신착색과 색소뇨, 오심, 구토, 설사, 복통 등의 중독증상

③ p-Nitroanillin

ㄱ 황색의 지용성 합성착색료로 무미, 무취이고 물에 녹지 않음

ㄴ 중독증상은 섭취 10~30분 후 두통, 맥박감퇴, 청색증, 황색뇨의 배설 및 혼수상태 등이 나타나며 혈액 및 신경독

④ silk scarlet : 직물염색, 등적색의 수용성 tar 색소, 일본 대구알젓 사건

⑤ methyl violet : 자색, 팥앙금에 사용된 발암성 물질

⑥ butter yellow, spirit yellow : 버터, 마가린, 황색

⑦ sudanⅢ : 가짜고추장, 고춧가루, 적색

⑧ malachite green 기출

ㄱ 트리아릴메탄으로 수용성의 밝은 청록색 결정, 물, 알코올에 용해

ㄴ 아닐린그린, 벤즈알데히드그린, 빅토리아그린B, 차이나그린이라고도 함

ㄷ 과거 알사탕, 과자류, 양식어류, 해조류, 완두콩 등에 사용

ㄹ 민물고기의 곰팡이병이나 체외 기생충질병이나 세균의 감염방지제로 사용, 관상어류의 물곰

팡이 증식 억제에 사용

　　◎ 동물실험결과 발암성, 기형 유발성, 유전자 변형, 호흡기 장애 등이 의심

　　ⓗ 어류의 체내에 들어가면 leucomalachite green으로 전환되어 축적 → 간암 등 유발

　　ⓢ 규제상황 : 한국, 미국, 영국, EU, 일본, 홍콩 등에서 사용금지

　　◎ 2005년 중국산 장어제품에서 검출

(3) 유해보존료

① Boric acid(H_3BO_3 : ρ붕산), $Na_2B_4O_7$(붕사)

　　㉠ 방부, 윤, 입촉감 증진 위해 사용 – 햄, 베이컨, 과자, 어묵 등

　　㉡ 체내축적성이 있고 산혈증에 의한 대사장애, 소화불량(소화효소작용억제), 식욕감퇴, 구토,
　　　설사, 위통, 지방분해 촉진, 체중감소, 장기출혈 등

② Formaldehyde

　　㉠ 무색의 기체로 특이한 냄새를 가짐, 단백질 변성작용 갖고 있어 방부력, 살균력 큼

　　㉡ 간장, 주류, 육제품에 이용

　　㉢ 중독증상 : 소화장애, 구토, 두통, 위경련, 식도와 위의 괴사, 호흡곤란, 천식, 체내에 개미산
　　　으로 산화되어 배설되며 신장에 염증을 일으킴

③ Urotropin(hexamine)

　　㉠ formaldehyde와 암모니아 반응물로 물에 잘 녹고 포름알데히드가 유리되어 방부효과가
　　　있음, 요도살균제로 이용

　　㉡ 두통, 현기증, 호흡곤란, 소화관 손상

④ $Hgcl_2$(승홍) : 주류 식품 방부제로 사용

⑤ β–naphtol : 간장표면에 생기는 흰곰팡이 억제, 신장장애, 단백뇨 유발

⑥ 살리실산($C_7H_6O_3$) : 청주, 탁주, 과실주 등의 균 억제

⑦ 불소화합물

　　㉠ 육류, 우유 및 알코올 음료 등에 있어서 보조 및 이상발효억제 등의 목적으로 사용

　　㉡ 증상 : 급성중독의 경우 구토, 복통, 경련 호흡장애 등을 유발하고 만성중독시 반상치나 체중
　　　감소 및 빈혈 등을 유발

(4) 유해표백제

① Rongalite

　　㉠ 포름알데히드에 산성아황산나트륨을 축합시킨 후 이것을 환원하여 제조

　　㉡ sodium formaldehyde bisulfide와 sodium formaldehyde sulfoxylate의 혼합물

　　㉢ 강력한 환원 작용을 가지며 환원작용에 의해 표백은 잘되지만 식품 중에 아황산과 다량의
　　　포름알데히드가 유리되어 신장 자극

　　㉣ 물엿, 연근

② Nitrogen trichloride(NCl₃, 삼염화질소) : 밀가루 표백과 숙성

③ 형광표백제 : 국수, 어육연제품

(5) 증량제

① 멜라민의 단백질 증량 기출

　㉠ 화학식 : $C_3H_6N_6$의 화학식을 가진 유기화합물, 1,3,5-triazine-2,4,6-triamine

　㉡ 분자내 질소함량이 높은 염기성의 유기화학물질로 열에 강한 멜라민 수지의 생산에 사용되는 원료 물질

　　58년에 비단백질 질소원으로 소의 사료로 사용되었으나 78년에 다른 비단백질 질소원보다 분해능력이 저조하다는 이유로 사용금지 됨

　㉢ 축적성 : 몸에 들어간 멜라민은 대부분 신장을 통해 뇨로 배설됨

　㉣ 독성 및 발암성

　　ⓐ 유전독성 없음

　　ⓑ 생식장기 및 피부자극에도 영향이 없음

　　ⓒ 다량섭취 시 신장결석, 신부전 등 신장장애

　　ⓓ 국제암연구소에서는 '인체 발암성으로 분류할 수 없음'(그룹3)으로 분류

　㉤ 국내의 식품 및 식품용기 중 멜라민 잔류허용 기준

　　ⓐ 식품 중 멜라민 기준

대상식품	기 준
• 영아용 조제유, 성장기용 조제유, 영아용 조제식, 성장기용 조제식, 영·유아용 이유식, 특수의료용도식품	불검출
• 상기 이외의 모든 식품 및 식품첨가물	2.5mg/kg이하

　　ⓑ 국내의 멜라민 수지 사용 식품용기에 대한 멜라민 잔류허용기준은 용출규격 기준으로 2.5mg/L 이하

5 식품의 제조 · 가공 · 조리 · 저장 중에 생성되는 유독물질

(1) PAH(polycyclic aromatic hydrocarbons, 다환 방향족 탄화수소)

① 구조 : 2개 이상의 벤젠고리가 선형으로 각을 지어 있거나 밀집된 구조로 이루어져 있는 유기화합물

② 생성

　㉠ 산소가 부족한 상태에서 식품이나 유기물을 가열할 때 발생 : 굽기, 튀기기, 볶기 등의 조리·가공과정에 의한 탄수화물, 지방, 단백질의 탄화에 의해 생성

　㉡ 훈연제품, 숯불구이의 탄 부분, 커피 등과 같은 볶은 식품

　㉢ 식품을 건조시키기 위해 열처리하는 과정

ⓐ 기름성분을 착유하기 위해 열처리하는 과정

ⓑ 직화구이 등→식용유지류, 볶음 견과류, 훈제식품, 숯불구이 등

③ 종류 및 특성

㉠ benzo[α]pyrene, benzo[α]anthracene, benzo[e]pyrene, anthrathrene, chrgsene, chrysene 등

㉡ 가장 강력한 발암물질 : benzo[α] pyrene(3,4-benzopyrene)

IARC의 Group 1(carcinogenic to humans)

체내에서 흡수된 후 분해되어 디올 에폭사이드 생성, 이 에폭사이드 대사체가 DNA 등 거대분자들과 결합하여 발암성을 나타냄

㉢ 지용성, 증기압이 낮아서 대기중의 입자, 퇴적물에 잘 흡착

④ 독성

급성독성	만성독성	면역독성	신경독성	생식독성	발생독성	유전독성	발암성
○	○	–	–	○	○	○	○

출처 : 식품의약품안전처

⑤ 벤조피렌기준

㉠ 식용유지(식물성유지류, 어유, 기타동물성유지, 혼합식용유, 향미유, 가공유지, 쇼트닝, 마가린) : 2.0μg/kg 이하

㉡ 숙지황 및 건지황 : 5.0μg/kg 이하

훈제어육 : 5.0μg/kg 이하(다만, 건조제품은 제외)

훈제건조어육 : 10.0μg/kg 이하

어류 : 2.0μg/kg 이하

패류 : 10.0μg/kg 이하

연체류(패류는 제외) 및 갑각류 : 5.0μg/kg 이하

영아용 조제유, 성장기용 조제유, 영아용 조제식, 성장기용 조제식, 영·유아용 이유식, 영·유아용 특수조제식품 : 1.0μg/kg 이하

훈제식육제품 및 그 가공품 : 5.0μg/kg 이하

㉢ 흑삼(분말 포함) : 2.0μg/kg 이하

㉣ 흑삼농축액 : 4.0μg/kg 이하

(2) 헤테고리아민류(heterocyclic amines, HACs=이환방향족아민류)

① 생성

㉠ 식품자체 또는 아미노산, 단백질을 300℃이상에서 가열할 때 생성되는 열분해산물로 돌연변이 유발물질

㉡ 육류와 생선을 높은 온도로 조리할 때 근육부위에 있는 아미노산과 크레아틴이 반응하여 생성, 마이야르반응을 통해서도 생성

② HACs 생성에 영향을 미치는 인자

  ㉠ 조리시간, 조리온도, 전구물질(당, 크레아틴, 아미노산), 수분, 억제물질(항산화제, 황화합물, 올리고당, 식이섬유, 대두단백질, 체리) 등

  ㉡ 식품유형 : 우유, 계란, 두부 및 간 같은 조직보다는 근육질이 풍부한 고기에서 많이 생성

  ㉢ 조리방법 : 오븐 구이, 구이(baking) 보다는 튀김, 구이(broiling), barbecuing 시 많이 생성

  ㉣ 조리온도 : 200℃를 250℃로 상승시킨 결과 3배 더 생성

  ㉤ 조리시간 : 조리시간이 길수록 많이 생성되므로 well-done 보다는 medium으로 조리

  ㉥ 우선 전자레인지로 2분간 데워 생성된 육즙을 버리고 조리하면 전구물질의 제거로 HACs의 생성이 90% 정도 감소

  ㉦ 패스트푸드 고기제품을 평가한 결과 낮은 수준으로 검출

  ㉧ 가정이나 non-fast-food-restaurant의 조리식품에 의해 HACs에 대한 노출 가능성이 더 클 것으로 보임

③ WHO 산하 국제암연구소의 분류에 의하면

  ㉠ Group 2A(발암 가능성) : 2-amino-3-methyl-3H-imidazo[4,5-f]quinoline (IQ)

  ㉡ Group 2B(잠재적 발암 가능물질) : MeIQ, MeIQx, PhIP, Glu-P-1, Glu-P-2, A-α-C, MeA-α-C

④ 독성

급성독성	만성독성	면역독성	신경독성	생식독성	발생독성	유전독성	발암성
–	–	–	–	–	–	○	○

출처 : 식품의약품안전처

(3) 아크릴아마이드(acrylamide)

① 생성 [기출]

  ㉠ 탄수화물 함량이 높은 식품을 높은 온도에서 조리·가공할 때 자연 발생적으로 생성

  ㉡ 전분질의 분해물인 포도당과 아스파라긴을 가열하여 작용하면 생성
아미노산과 당이 열에 의해 결합하는 마이야르 반응을 통해 생성되는 물질
(포도당과 같은 환원성이 있는 당류와 아스파라긴과 같은 아미노산사이의 마이야르반응에 의해서 생성)

② 신경독소로 알려졌으나 최근 남성 생식능력저하 및 발암성 의심

③ 아크릴아마이드의 식품 중 노출경로

노출 경로	환경유래 오염	재배 중 생성	저장·유통 중 생성	용기·포장 이행	조리·가공 중 생성
	×	×	×	×	○

※ 주요 노출 원인 식품은 '프랜치프라이', '감자스낵', '인스턴트 커피' 등

④ 아크릴아마이드의 생성을 줄일 수 있는 방법 [기출]

  ㉠ 120℃ 보다 낮은 온도에서 삶거나 끓이는 음식에서는 아크릴아마이드가 검출안됨

  ㉡ 감자는 8℃ 이상의 음지에서 보관하고 장기간 냉장고에 보관하지 않는다

ⓒ 감자는 황금색 정도로 튀기거나 굽고, 갈색으로 변하지 않게 조리한다.

ⓔ 튀김온도는 175℃를 넘지 않게 하고, 오븐에서도 190℃를 넘지 않도록 한다.

ⓜ 가정에서 생감자를 튀길 경우 물식초 혼합물(물:식초=1:1)에 15분간 침지한다.

⑤ 독성 : 국제암연구소(IARC)는 아크릴아마이드를 발암성 등급 2A군(Group 2A))으로 분류

급성독성	만성독성	면역독성	신경독성	생식독성	발생독성	유전독성	발암성
○	○	–	○	○	○	○	○

○ 독성 있음, – 독성 자료 없음

(4) N-nitroso 화합물

① 생성

ⓐ 식육가공품의 발색제로 사용된 아질산염과 식품 중의 아민, amide류와 반응하여 생성되는 발암성 물질

ⓑ 전구물질

ⓐ 아질산염 : 식육가공품의 발색제, 보툴리누스균 생육억제제제

ⓑ 아민 : 디알킬아민, 디아릴아민 등 2급아민, 트리메틸아민, 트리메틸아민옥시드 등 3급아민, 4급암모늄화합물 등

② N-nitroso 화합물

ⓐ N–N=O기를 가지며 nitrosamine과 nitrosamide 2가지 그룹으로 분류

$$H_3C \diagdown$$
$$N-N=O$$
$$H_3C \diagup$$

nitrosamine은 식품에서 매우 안정적, nitrosamide는 pH2 이상에서 불안정하여 식품의 조리조건에서 파괴

ⓑ 주요 N-nitroso 화합물과 발암표적 장기

구분	화합물질명	표적장기
Nitrosamines	nitrosodimethylamine(NDMA)	간
	nitrosodiethylamine(NDEA)	간, 식도
	nitrosodibuthylamine(NDBA)	간, 식도, 방광
	nitrosopyrolidine(NPy)	간
	nitrosopyperidine(NPi)	간, 식도
Nitrosamides	methylnitrsourea(MNU)	전위, 신경
	ethylnitrsourea(ENU)	적아구성 백혈병

③ nitrosamine, nitrosamide의 대부분은 강한 발암성, 체내에서 알킬화하기 때문에 독작용을 나타냄

ⓐ NDMA는 중독증상으로 혈액, 신경독으로서 cyanosis, 구토, 발한, 오심 등

ⓑ 아질산염 그 자체의 독성 : 체내 헤모글로빈과 반응하여 메트헤모글로빈을 생성하여 메트헤모글로빈혈증(청색증)을 일으킴

④ 독성

치사율	전신독성	면역독성	신경독성	생식독성	발생독성	유전독성	발암성
○	○	○	○	○	○	○	○

출처 : 식품의약품안전처

⑤ 니트로소화 반응억제제

    ㉠ 아스코르빈산 및 그 염(비타민C), 알파토코페롤 : 산화방지제

    ㉡ 안식향산

    ㉢ 페놀 등 방향족 화합물, 폴리페놀류

(5) 지질과산화물 및 그 분해 생성물

① 지질 산화생성물

    ㉠ 지질 산화생성물 중 과산화물인 hydroperoxide와 그 2차 생성물인 4-hydroperoxide-2-enal의 독성이 가장 강함

    ㉡ 급성 중독 시 구토, 설사 등의 증상을 보이며, 만성 중독의 경우 동맥경화, 간장장애, 노화 등을 일으킬 수 있다.

② 말론알데히드

    ㉠ 생성 : 장시간 지나치게 가열된 유지에서 다량 검출되는 유지 산패의 지표물질

    ㉡ 아미노기와의 높은 반응성 때문에 DNA와 반응하여 발암성, 돌연변이 유발

③ 트랜스지방

    ㉠ 불포화지방산의 이중결합에 수소가 결합하여 트랜스 형태를 가지며 유지의 경화를 위해 가공하는 과정 또는 튀김식품 등에 존재

    ㉡ 심혈관계 질환과 밀접한 관련이 있음

    ㉢ 우리나라의 경우 하루 섭취량의 1% 이하로 제한

    ㉣ 트랜스 지방 : 트랜스 구조를 1개 이상 가지고 있는 비공액형의 모든 불포화지방산

    ㉤ 표시 : 0.5g 미만은 "0.5g 미만"으로 표시 할 수 있으며, 0.2g 미만은 "0"으로 표시할 수 있다. 다만, 식용유지류 제품은 100g당 2g미만일 경우 "0"으로 표시할 수 있다.

(6) 과실주 중의 Methanol(CH_3OH)

① 생성

    ㉠ 알코올 발효 시 pectin으로부터 생성

    ㉡ 과실주와 정제가 불충분한 증류주에 함유

② 중독증상

    ㉠ 독성원인 : 체외로 배출하는데 걸리는 시간이 길고 체내에서 산화되어 독성이 큰 포름산, 포름알데히드를 생성하기 때문

    ㉡ 급성일 때 두통, 구토, 복통, 설사, 현기증, 시신경 손상을 일으켜 실명, 중증일 때 호흡장애, 심장마비 등으로 사망

ⓒ 중독량은 개인차에 따라 다르나 중독량은 5~10ml정도, 치사량은 30~100ml

③ 알코올 음료의 메탄올 함량 기준 : 0.5mg/ml↓(일반주류), 1.0mg/ml↓(과실주)

(7) 트리할로메탄(THM)

① 메탄의 수소 3개가 할로겐으로 치환된 화합물로 일반식은 CHX_3(X는 할로겐원소)로 클로로포름 (트리클로로메탄), 브로모디클로로메탄, 트리브로모메탄(브로모포름), 디브로모클로로메탄 등 을 총칭함

구분	Chloroform (CF)	Bromodichloromethane (BDCM)	Dibromochloromethane (DBCM)	Bromoform (BF)
분자량(g/mol)	119.4	163.8	208.3	252.7
구조식	H C Cl Cl Cl	H C Cl Cl Br	Cl Br Br	H C Br Br Br

② 생성 : 물의 염소 소독 시 humin질에서 유래하는 부식산 등의 유기물과의 반응에 의해 생성되는 발암성 물질

③ 독성 : 최기형성, 약한 변이원성, 발암성, 강한 간독성 등

클로로포름 : 강력한 간독성 및 신장독성 물질로 간과 신장에 종양을 만들어 비유전성 발암작용

④ 유기물이 많을수록 생성이 증가

⑤ 먹는물 수질기준에서의 기준 : 총 THM 0.1mg/L 이하

(8) MCPD(모노클로로프로판디올)와 DCP 생성

① 생성
  ㉠ 콩의 단백질을 아미노산으로 강산인 염산 으로 가수분해할 때 얻어지는 부산물
  ㉡ 산분해 간장 제조 시 대두의 염산처리과정 중에 지방이 분해되어 생성된 글리세롤과 염산이 반응하여 생성

② 발암성 의심, 남성 성기능 장애 유발물질로 의심 3-MCPD>2-MCPD>1,3-DCP>2,3-DCP 순으로 독성이 감소

③ 3-MCPD(3-Monochloropropane-1,2-diol) 기준

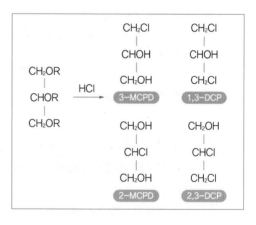

대상식품	기준
산분해 간장, 혼합 간장(산분해 간장 또는 산분해 간장 원액을 혼합하여 가공한 것에 한한다)	0.02 mg/kg 이하
식물성 단백가수분해물 (HVP : Hydrolyzed vegetable protein)	1.0 mg/kg 이하 (건조물 기준으로서)

※ 식물성 단백가수분해물(Hydrolyzed vegetable protein, HVP) : 콩, 옥수수 또는 밀 등으로부터 얻은 식물성 단백질원을 산가수분해와 같은 화학적공정(효소분해 제외)을 통해 아미노산등으로 분해하여 얻어진 것을 말함

(9) 에틸카바메이트(우레탄) 기출

① 생성
  ㉠ 발효과정에서 생성된 에탄올과 카바밀기가 식품 내에서 화학반응을 일으켜 생성되는 화합물
  ㉡ 발효과정 중 생성되는 N-carbamyl phosphate, 우레아(요소), 시트룰린 등이 에탄올과 반응하여 생성

② 검출
  ㉠ 서양에서는 주류에서 많은 양이 검출 → 주류를 발효시킬 때 효모의 식량으로 첨가한 요소에서 유래
  ㉡ 자두, 복숭아, 체리 등을 원료로한 과실주에서 높게 검출
  ㉢ 다양한 발효식품(요구르트, 치즈, 간장, 포도주, 김치 등)에서 생성

③ WHO 산하 국제암연구소 : 발암가능성이 있는 물질인 Group 2A로 분류

④ 저감화 방안
  ㉠ 발효 시, 저장 시 낮은 온도 유지
  ㉡ 자두, 복숭아 등을 원료로 한 과실주는 씨를 제거한 후 담그기
  ㉢ 발효에 사용되는 효모개량
  ㉣ 김치의 경우에는 숙성기간이 길수록, 염도가 낮을수록, 젓갈을 첨가할수록 비교적 높은 농도의 에틸카바메이트가 검출되므로 제조 방법을 개선
  ㉤ 와인의 경우에는 포도재배 시 과잉의 질소비료를 사용하지 말 것
  ㉥ 효모나 젖산균 등을 사용하기 전에 균주의 특성을 알아보고 높은 시트룰린 형성균은 피할 것

(10) 바이오제닉아민 기출

① 생성 : 식품의 저장, 발효과정 중에 존재하는 미생물에 의한 유리아미노산의 탈탄산반응을 통해 생성되는 생물학적 활성을 지니는 저분자 물질

② 단백질 함유식품 속에서 미생물이나 생화학적 활성에 의해 발생할 수 있으며, 체내에서 신경전달물질로서 직간접적으로 작용하고 혈압 조절 및 혈류 등의 심혈관계에도 영향을 미침

③ 바이오제닉아민의 종류 : 히스타민, 푸트레신, 카다베린, 티라민, 스페르민 등

④ 어류제품, 육류제품, 낙농제품, 포도주, 맥주, 채소, 과일, 견과류 및 초콜릿, 장류 등 다양한 식품에 함유

⑤ 저감화 방안

   ㉠ 젓갈류와 장류 제조 시 글리신과 스타터 병용, 마늘 추출물 첨가

   ㉡ 30℃ 이하에서 저온 발효시키고 4℃ 이하에서 보관 유통하도록 한다.

   ㉢ 원료와 제조공정을 청결하게 유지하여 부패미생물 오염을 차단한다.

   ㉣ 어류가공품 부산물의 pH를 4.5 이하로 조절하여 디카르복실라아제 활성 억제

   ㉤ pH, 온도 및 소금농도 조절로 미생물 성장을 억제

   ㉥ 감마선 조사로 초기 부패미생물을 효과적으로 억제

(11) 아크릴알데히드(아크롤레인)

① 생성

   ㉠ 담배나 가솔린이 연소하여 생성되는 매연에 많음

   ㉡ 발연점 이상의 식용유 증기에도 존재

   ㉢ 고온에서 가열한 식용유를 반복 사용하는 경우

   ㉣ 기름을 다량 흡수한 음식을 공기 중에 오랫동안 노출시키는 경우

② DNA 변이초래, 세포의 수복능력 감소, 종양억제유전자의 결함으로 발암성을 제공하는 '인체발암물질(그룹1)'로 분류 – 폐암발병의 강력한 인자 중의 하나

6 환경오염물질 및 기타

(1) PCB(polychloride biphenyl, 폴리염화비페닐)

① 구조 : 두 개의 페닐기에 결합되어 있는 수소 원자가 염소원자로 치환된 화합물로, 염소가 치환된 개수와 그 위치에 따라 일염화물에서 십염화물까지 209종의 이성체가 존재

② 일반적 특성

   ㉠ 구조가 안정적이고 잘 분해되지 않아 잔류성↑, 지용성→먹이연쇄에 의한 축적현상(육상생물<수상생물)

   ㉡ 화학적으로 매우 안정, 지용성, 불연성, 내약품성(내산, 내알칼리성)·내열성·내염성이 강하고, 전기절연성, 열전도성 우수

   ㉢ 열매체, 인쇄용 잉크, 윤활유, 전기절연유(변압기, 콘덴서)가소제, 도료 복사지 등으로 이용

   ㉣ 용해도 : 물에 대한 용해도는 매우 낮으며, 염소화가 낮을수록 온도가 높을수록 용해도는 증가, 대부분 유기용매 및 기름에 잘 용해되며, 글리세롤 및 글리콜에 소량 용해

   ㉤ 상온에서 적당한 점성을 가지는 액체로서 접착성이 우수, 화학적으로 비활성

③ 미강유의 탈취공정 중 열매체로 사용 시 우연히 혼입-미강유 중독사건(카네미유증)

④ 중독증상

    ⊙ 인체지방조직에 축적, 얼굴, 가슴 등에 부스럼과 피부발진, 눈의 지방증가, 입술, 손톱에
       착색, 여드름상 발진, 두통, 관절통 및 흑색화, 체중감소, 손발저림 등

    ⊙ 과다노출 시 간 기능 이상(표적기관 : 간), 갑상선 기능저하, 갑상선 비대, 피부발진, 피부착
       색, 염소좌창, 면역기능 장애, 기억력, 학습, 지능장애, 반사 신경 이상, 생리불순, 저체중아
       출산 등의 유해한 영향을 줄 수 있음

  ⑤ 폴리염화비페닐(PCBs) : 0.3 mg/kg 이하(어류에 한함)

(2) 방사능 물질 : ^{90}Sr, ^{137}Cs, ^{131}I

  ① 방사능과 방사선

    ⊙ 방사능은 방사능(방사성)물질의 원자핵이 단위시간당 붕괴되는 수를 의미하며, 방사능 강도
       를 측정하는 단위로는 Bq(베크렐)을 사용함

    ⊙ 방사선은 원자핵이 붕괴될 때 방출하는 알파선(α선), 베타선(β선), 감마선(γ선)과 같은
       일종의 공간을 이동하는 에너지로 사람이 방사선을 쬐였을 경우의 영향정도를 나타내는
       측정단위는 Sv(시벨트)임

  ② 방사성 물질의 식품오염경로

    ⊙ 음료수

      ⓐ 음료수 중 가장 문제가 되는 것은 빗물

        • 빗물은 방사성 강하물이 지표에 떨어질 때 가장 오염받기 쉬우므로 빗물을 음료수로
          사용하는 것은 위험

        • 빗물도 저장해 두면 방사능이 점차적으로 감소

      ⓑ 수돗물 : 정수장을 경유하는 동안 반감기가 짧은 핵종은 대부분 흡수·제거되고 ^{90}Sr 등도
        크게 감소

    ⊙ 농산물

      ⓐ ^{90}Sr : 토양 중 낙하 시 뿌리로부터 흡수되는 경우가 많으며 식물체 표면에서의 흡수는
        적음

      ⓑ ^{137}Cs : ^{90}Sr 보다 식물체 표면흡수량이 낮고 흡수된 것은 식물제 내에서 이동이 활발해서
        열매에 농축

    ⊙ 수산물

      ⓐ 수중에서 어패류나 해조류의 체표면에 직접 흡수되거나 아가미나 먹이를 통해 섭취

      ⓑ 수산물보다 농산물이, 해산어보다 민물어류가 오염도가 더 큼

  ③ 오염식품의 인체에 대한 작용

    ⊙ 동위원소가 위험을 결정하는 요소

      ⓐ 방사능이나 생물학적으로 반감기가 길수록 위험

      ⓑ 생체기관의 감수성이 클수록 위험

      ⓒ 혈액 흡수율이 높을수록 위험

      ⓓ 조직에 침착하는 정도가 클수록 위험

ⓔ 방사선의 종류와 에너지 세기에 따라 위험도의 차이가 있음

ⓕ 동위원소의 침착 장기의 기능 등에 따라 위험도의 차이가 있음

ⓒ 방사선의 인체에 대한 장해

　ⓐ 오염된 식품의 경우 만성적 장애가 대부분

　ⓑ 주요 장해 : 탈모, 눈의 자극, 궤양의 암변성, 세포분열 억제, 세포기능장해, 세포막투과성 변화, 생식불능, 백혈병, 염색체 파괴, 유전자 변화, 돌연변이 유발 등

④ 주요 방사성 핵종과 표적장기 [기출]

동위원소	전리방사선	표적장기	동위원소	전리방사선	표적장기
Co–60	β, γ	췌장	Sr–89	β	뼈
I–131	β, γ	갑상선	Sr–90	β	뼈(골수암)
Cs–137	β, γ	근육	Fe–55, 59	β	혈액
Ru–106	β	신장	S–35	β	피부
Ra–226	α	뼈	Pu–239	α	뼈
C–14	β	지방, 전신	H–3	β	전신

⑤ 식품에서 문제가 되는 방사능 핵종

　㉠ ^{137}Cs

　　ⓐ 물리적반감기 30년

　　ⓑ 화학적 성질이 칼륨과 비슷 → 전신 근육에 분포하여 체내에서 β, γ선 장시간 방사 → 체세포 특히 생식세포장애를 일으킴

　㉡ ^{90}Sr

　　ⓐ 물리적반감기 28년, 사람체내 반감기는 전신이 35년, 뼈는 50년

　　ⓑ 화학적 성질이 칼슘과 비슷 → 뼈에 축적, 체내흡수 시 골수가 장시간 β선 노출 → 조혈기 능장애(빈혈), 백혈병, 골수암 등

　㉢ ^{131}I

　　ⓐ 반감기 8일로 짧지만 생성물이 많음

　　ⓑ 갑상선에 축적 → β, γ선방사 → 갑상선에 장애

　　ⓒ 축산물에 의한 2차 오염

• 전리작용 : α선>β선>γ선 – 신체에 대한 장애는 방사선 에너지가 DNA나 효소에 흡수되어 전리가 일어나므로 장애 정도는 이 전리작용에 비례
• 침투력 : α선<β선<γ선

☀ 주요 방사성 핵종의 반감기

핵종	물리적반감기	생물학적반감기	유효반감기
^{90}Sr	28년	35년	6400일 (18년)
^{137}Cs	30년	109일	70일
^{131}I	8.04(8.1)일	8일	7.6일

용어정리 🖉

- **물리적 반감기** : 어떤 특정한 방사성 핵종의 원자수가 방사성 붕괴에 의해서 원래 수의 절반이 되기까지 걸리는 시간
- **생물학적 반감기** : 생체조직·장기 또는 개체 속에 존재하는 방사성 물질이 생물학적 과정에 따라서 그 1/2이 배출될 때까지 소요되는 시간.
- **유효반감기** : 방사성 물질이 생물체에 섭취되었을 경우 방사성 물질은 원래의 반감기에 따라서 감소할 뿐만 아니라, 생체의 신진대사나 배설작용에 의해서도 감소. 후자는 생물학적 반감기라고 부르는데 이 두가지의 영향을 함께 고려해서 체내 또는 문제가 되는 장기로부터 실제로 감소해가는 비율을 유효반감기라고 함
  ① 유효반감기가 길어지면 체내 잔존시간이 길어지고 내부 피폭선량이 커짐
  ② 생체 내에서의 방사성동위원소의 반감기를 말함

⑥ 방사능 기준

핵종	대상식품	기준(Bq/kg, L)
^{131}I	모든 식품	100 이하
$^{134}Cs + ^{137}Cs$	영아용 조제식, 성장기용 조제식, 영·유아용 이유식, 영·유아용특수조제식품, 영아용 조제유, 성장기용 조제유, 유 및 유가공품, 아이스크림류	50 이하
	기타 식품★	100 이하

★ 기타식품은 영아용 조제식, 성장기용 조제식, 영·유아용 이유식, 영·유아용특수조제식품, 유 및 유가공품을 제외한 모든 식품 및 농·축·수산물을 말한다.

(3) 내분비교란물질(= 환경호르몬) 기출

① 내분비교란(장애)물질의 개요
  ㉠ 내분비교란물질의 개념
    ⓐ 사람, 동물의 내분비 호르몬과 비슷한 작용을 하는 외인성 화학물질 로 극소량으로 생체호르몬 분비를 교란시켜 생식장애, 성장장애, 기형과 발암, 발육이상, 면역계이상 유발
    ⓑ 호르몬의 신호전달을 방해하여 생체호르몬 대신 수용체와 결합하거나 호르몬과 수용체의 결합을 방해하여 생체 내 내분비계를 교란시키고 비정상적인 생체반응을 유도하므로 이를 내분비계 장애물질이라고 함
    ⓒ 미국 EPA : 항상성 유지와 발육과정의 조절을 담당하는 체내의 자연호르몬의 생산, 방출, 이동, 대사, 결합, 작용 혹은 배설을 간섭하는 체외 이물질
  ㉡ 특징
    ⓐ 극미량으로 작용
    ⓑ 대다수 강한 지용성 多 → 생체의 지방조직에 축적
    ⓒ 자연환경이나 생체 내에서 반감기가 길어 쉽게 분해되지 않고 안정함

ⓒ 위해성 : 면역계, 생식계, 신경계 이상의 이상을 초래, 발암성, 동물생태계에 나타난 현상으로 수컷의 정자수 감소나 암컷화 경향(에스트로겐성 효과)

ⓔ 종류 : 다이옥신, PCB, 퓨란, DDT, 프탈레이트, 비스페놀 A, 스티렌 다이머, 스티렌 트리머, 벤조피렌, 수은, TBT, DES 등

☀ 내분비계 작용과정 및 내분비교란물질의 작용예

호르몬 작용단계	내분비교란물질의 작용예
1. 호르몬 합성 2. 내분비선에서 호르몬 방출 3. 표적장기로 혈액을 통해서 이동	뇌하수체에서의 호르몬 합성저해 – 스티렌 다이머와 트리머
4. 호르몬 수용체의 인식, 결합 및 활성화	유사작용 – PCBs, 비스페놀 A, 프탈산에스테르 봉쇄작용 – DDE
5. DNA에 작용하여 기능단백의 생산 또는 세포분열을 조절하는 신호발생	다이옥신류(촉발작용) 유기주석화합물(TBT, TPT)

② 다이옥신 : 비교적 안정하면서도 발암성이나 기형아 유발작용이 있는 독성이 극히 강하여 지상 최악의 물질 중 하나

　㉠ 다이옥신류의 개념과 구조

　　ⓐ 고리가 세 개인 방향족 화합물에 여러 개의 염소가 붙어 있는 화합물

　　ⓑ 일반적으로 가운데 고리에 산소원자가 두 개인 다이옥신계 화합물(폴리염화디벤조 다이옥신, PCDD)과 산소원자가 하나인 퓨란계 화합물(폴리염화디벤조퓨란, PCDF)을 합해 다이옥신류라 함

PCDDs　　　PCDFs

　　ⓒ 폴리염화디벤조 다이옥신(PCDD)

　　　• 2개의 벤젠고리가 2개의 산소원자에 결합되어 이루어진 3개의 고리구조

　　　• 염소원자 1~8개가 치환될 수 있어 75개의 이성체가 가능

　　　• 2,3,7,8-TCDD(2,3,7,8-tetrachloro dibenzo-p-dioxine)가 독성이 가장 강함

　㉡ 특징

　　ⓐ 상온에서 무색의 결정으로 물에는 녹지 않고 유기용매에 용해

　　ⓑ 생리적으로 안정하여 인체 내에서의 반감기가 약 7년

ⓒ 고온(700℃), 미생물, 산·알칼리에 매우 안정적

ⓓ 난분리성, 난분해성으로 잔류가 잘 됨

ⓔ 지용성으로 인해 생물 농축되어 어패류나 육류의 지방조직에 많이 함유

ⓒ 중독증상

 ⓐ 동물 중 대부분은 흉선임파구의 감소현상

 ⓑ 사람의 대표적인 증상은 염소성 여드름증, 말초신경병, 차세대 척추이분증, 간, 부신에 독성, 발암성, 최기형성, 기형아 유발, 유전독성은 없고 종양촉진제로 작용하여 생식, 면역능력 저하

 ⓒ 고농도 투여 시 발암정도는 아플라톡신 B_1의 3배정도로 강력

ⓔ 생성 및 함유물질

 ⓐ PCB와 같은 염화페놀류, 염화비페닐류, 폴리염화비닐, 유기염소계농약 등 유기염소계물질을 300~600(850 이하)℃로 소각할 때 생성

 ⓑ 화력발전소, 제지공장, 자동차 배기가스, 도시가스의 세정수, 담배연기, 산불, 화재, 화산 등에서 생성

 ⓒ 2,4,5-T 제초제의 부산물, 베트남전쟁 시 고엽작전의 제초제의 불순물

ⓜ 소각 시 생성량을 줄이는 방법

 ⓐ 완전산화(850℃이상으로)

 ⓑ 유기염소계물질을 소각하지 않음

 ⓒ 큰소각로 이용/젖은 쓰레기는 말린 후

 ⓓ 집진기의 온도는 200℃이하

ⓗ 기준

 ⓐ 소고기 : 4.0 pg TEQ/g fat 이하

 ⓑ 닭고기 : 3.0 pg TEQ/g fat 이하

 ⓒ 돼지고기 : 2.0 pg TEQ/g fat 이하

 ※ 스톡홀름협약에 의해 독성화학물질인 잔류성 유기오염물질 중 다이옥신과 퓨란계물질이 생산과 사용을 금지하거나 배출을 규제하도록 규정

③ 프탈레이트 ^{기출}

 ㉠ 프탈레이트는 내분비계 교란을 일으키는 환경호르몬으로 플라스틱, 특히 폴리염화비닐(PVC)을 부드럽게 하기 위해 사용하는 플라스틱제품의 가소제, 접착제, 인쇄잉크, 염료, 락카, 살충제 등의 제조에 널리 사용

 ㉡ 위험성이 높은 프탈레이트의 종류

종　　류	약호
디에틸헥실프탈레이트(di-(2-ethylhexyl)phthalate)	DEHP
디부틸프탈레이트(di-n-butyl-phthalate, DBP)	DBP
벤질부틸프탈레이트(benzyl-n-butyl-phthalate)	BBP
디이소노닐프탈레이트(diisononyl phthalate)	DINP
디이소데실프탈레이트(diisodecyl phthalate)	DIDP
디-n-옥틸프탈레이트(di-n-octyl phthalate)	DNOP

ⓒ 독성
　　ⓐ 동물
　　　• 수컷쥐의 정소 위축, 정자수 감소 및 정자 DNA파괴 등 생식기에 유해
　　　• 실험동물의 폐, 신장, 간에 나쁜 영향을 미침
　　ⓑ 사람
　　　• 장기 경구독성 : 인체에 최기형성, 생식기능, 번식에 영향을 줌
　　　• 생식능력 저하, 암 유발, 내분비계 장애
　　　• 국제암연구소(IARC)에서 DEHP를 인체발암가능물질(그룹 2B)로 분류
ⓔ 품목별 프탈레이트 기준

품 목	기준
기구 · 용기 · 포장	DEHP 사용금지(다만, DEHP가 용출되어 식품에 혼입될 우려가 없는 경우는 제외)
영 · 유아용 기구 및 용기 · 포장	DBP, BBP 사용금지 (그 외 비스페놀 A 사용금지)
폴리염화비닐(PVC)	용출규격(mg/L)으로 • 디부틸프탈레이트 : 0.3 이하 • 벤질부틸프탈레이트 : 30 이하 • 디에틸헥실프탈레이트 : 1.5 이하 • 디-n-옥틸프탈레이트 : 5 이하 • 디이소노닐프탈레이트 및 디이소데실프탈레이트 : 9 이하(합계로서) • 디에틸헥실아디페이트 : 18 이하

④ 비스페놀 A
　㉠ 아세톤 한 분자와 페놀 두 분자의 축합에 의해 만들어지는 유기화합물
　　ⓐ 자동차 부품, 유아용 젖병, 플라스틱 그릇, 안경렌즈, 충격 방지제 등의 재료로 쓰이는 폴리카보네이트 플라스틱과 식료품의 캔 내부코팅제, 병마개, 식품포장재, 치과용 수지 등에 주로 사용되는 에폭시 레진합성의 기본 원료로 사용
　㉡ 용출 및 노출
　　폴리카보네이트 플라스틱 ┐
　　에폭지 수지　　　　　　 ┘ 합성의 기본원료로 사용되어 용출
　　일반적인 인체노출은 비스페놀A를 포함하는 포장재와 접촉한 식품의 섭취를 통해서 일어나며, 유아의 경우에는 비스페놀A가 포함되어 있는 제품을 만진 후 손-입의 경로로 노출
　㉢ 독성
　　ⓐ 체내에서 흡수되었을 때 에스트로겐과 유사한 구조를 가져 활성화된 호르몬 수용체와 결합하여 내분비 교란을 일으키는 환경호르몬
　　ⓑ 노출시 눈과 피부에 염증, 발열
　　ⓒ 섭취시 수정률 감소, 태아의 발육이상, 피부알레르기, 조숙증, 사춘기 생식기능 교란 등, 당뇨병, 심장병 등과 연관되었거나 전립선암, 유방암 등의 가능성
　㉣ 규격기준

    ⓐ 용출기준 : 페놀 및 터셔리부틸페놀 성분 포함 2.5ppm 이하 단, 비스페놀A 단독으로 0.6ppm 이하

    ⓑ 국가별 단독 비스페놀A에 대한 용출규격

우리나라	EU	미국	일본
0.6 ppm 이하	0.6 ppm 이하	기준없음 ※ 주별로 유아용 제품에 사용금지(뉴욕주, 미네소타주) 및 금지법안 추진중	2.5ppm 이하 (BPA 등 3종 총합)

  ⓜ 피해감소 방안

    ⓐ 고온사용 금지 : 고온에서 용출될 우려가 있으므로 에폭시수지가 코팅된 통조림 캔 제품을 가스레인지 등에 직접 올려놓고 조리하지 않기

    ⓑ 전자레인지 사용 가능 여부 확인하기 : 폴리카보네이트 용기는 비스페놀 A가 원료로 사용되므로 전자레인지에 사용하지 말 것. 전자레인지에는 전자레인지 전용용기 사용

    ⓒ 뜨거운 음식은 내열성 식기에 담기 : 캔 포장 식품의 사용을 줄이고 특히 뜨거운 음식이나 액체는 일반 플라스틱 식기에 담지 않기, 통조림은 개봉 후 바로 유리 용기에 옮겨 담기

    ⓓ 사용상 주의사항 확인하기 : 폴리카보네이트(PC) 재질의 플라스틱 식기나 컵은 흠집이 생기면 비스페놀 A가 용출되거나 세균이 번식될 우려가 있으므로 사용하지 말고, 새 것으로 교체하기

⑤ 디에틸스틸베스테롤(DES)

  ㉠ 약물성 환경호르몬으로 여성호르몬인 에스트로겐과 유사한 작용을 하는 강력한 합성여성호르몬제제

  ㉡ 1948~1972년경 유산이나 조산방지 목적으로 임산부에게 처방 – 임신기간 중 DES에 노출 시 딸은 자궁경부암 증세, 아들의 경우 고환기형, 생식력 저하 등의 증상, 장기복용한 여성은 유방암 유발 가능성 증가

⑥ TBT(트리뷰틸주석)

  ㉠ 유기주석화합물(BTs)의 일종으로 선박의 부식을 막고 어패류가 달라붙지 못하도록 주로 선박 밑바닥이나 해양구조물 등에 칠하는 페인트의 주요 성분

  ㉡ BTs 중 가장 독성이 강한 TBT는 낮은 농도에서도 어패류를 치사시키고, 고둥·소라 등 복족류의 암컷에 수컷의 생식기가 생기게 함으로써 불임을 유발하는 '임포섹스' 현상을 일으킴

  ㉢ 허용기준 : 미국에서는 사용을 규제하고 있으며, 영국은 2ng/l, 일본은 10ng/l

⑦ 스티렌 ^{기출}

  ㉠ 스티롤, 비닐벤젠이라고도 하는 인화성이 매우 큰 무색의 액체로 지용성과 특유의 냄새를 가진 방향족 화합물

  ㉡ 용도 : 폴리스티렌(PS) 수지, 폴리에스테르 수지 등의 원료나 도료, 건성유의 원료로 사용

  ㉢ PS수지의 일종으로 가스충진한 발포성 PS 용기는 컵라면 용기, 도시락 용기로 사용되는데 끓는 물을 부어 단시간에 음식을 익히는 동안 폴리스티렌의 성분인 스티렌다이머, 스리렌트 리머가 식품으로 이행되어 문제 야기

(4) 항생물질에 의한 식품오염 기출

① 동물용 의약품

　㉠ 동물용 의약품의 정의 및 분류

　　ⓐ 정의 : 동물의 질병 치료 및 예방에 사용하는 약품

　　ⓑ 계열별 분류 : 항생제, 항콕시듐제, 항원충제, 신경계작용약, 합성항균제, 성장촉진호르몬제, 구충제 등

　㉡ 동물용 의약품의 잔류허용기준

　　ⓐ 동물용 의약품 사용 시 동물 체내(근육, 간, 신장, 지방 등)에 잔류하는 물질의 최대잔류농도(단위:mg/kg 또는 μg/kg) 허용량을 말함

　　ⓑ FAO/WHO 합동 식품첨가물전문가위원회(JECFA)가 동물용 의약품을 평가하여 잔류허용기준안을 제시하고 국가간 합의를 통해 최종 잔류허용기준으로 확립

　　ⓒ 잔류허용기준 대상 식품

대분류	분류대상	식품
축산물	식육류	쇠고기, 돼지고기, 양고기, 염소고기, 토끼고기, 말고기, 사슴고기 등에 대하여 부위별(근육, 지방, 부산물(신장, 간 등))
	가금류	닭고기, 꿩고기, 오리고기, 거위고기, 칠면조고기, 메추라기 고기 등에 대해 부위별(근육, 지방, 부산물(신장, 간 등))
	유	우유, 양유, 염소유 등
	알	달걀, 오리알, 메추리알 등
수산물	어류	가다랑어, 가물치, 가오리, 가자미, 고등어, 꽁치, 날치, 넙치, 노가리, 농어, 다랑어, 대구, 도루묵, 도미, 돔, 망둥어, 메기 등
	갑각류	새우, 게, 바닷가재, 가재, 방게 등
	패류	전복 등
기타	벌꿀	벌꿀, 로얄젤리, 프로폴리스 등

　　ⓓ 동물용 의약품 중 식품에서 검출되어서는 안 되는 물질

번호	식품[*1] 중 검출되어서는 아니 되는 물질	
	물질명	**잔류물의 정의**
1	니트로푸란계(Nitrofurans)	
	- 푸라졸리돈(Furazolidone)	3-Amino-2-oxazolidinone(AOZ)
	- 푸랄타돈(Furaltadone)	3-Amino-5-morpholinomethyl-2-oxazolidinone (AMOZ)
	- 니트로푸라존(Nitrofurazone)	- Semicarbazide(SEM) : 비가열 축산물 및 동물성 수산물(단순절단 포함, 갑각류 제외)의 가식부위에 한함 - Nitrofurazone : 갑각류에 한함
	- 니트로푸란토인(Nitrofurantoine)	1-Aminohydantoin(AHD)
	- 니트로빈(Nitrovin)	Nitrovin
2	카바독스(Carbadox)	Quinoxaline-2-carboxylic acid (QCA)
3	올라퀸독스(Olaquindox)	3-methyl quinoxaline-2-carboxylic acid (MQCA)
4	클로람페니콜(Chloramphenicol)	Chloramphenicol
5	클로르프로마진(Chlorpromazine)	Chlorpromazine

번호	식품[*1] 중 검출되어서는 아니 되는 물질	
	물질명	잔류물의 정의
6	클렌부테롤(Clenbuterol)	Clenbuterol
7	콜치신(Colchicine)	Colchicine
8	답손(Dapsone)	Dapsone, monoacetyl dapson의 합을 dapsone으로함
9	디에틸스틸베스트롤 (Diethylstilbestrol, DES)	Diethylstilbestrol
10	메드록시프로게스테론 아세테이트 (Medroxyprogesterone acetate, MPA)	Medroxyprogesterone acetate
11	티오우라실(Thiouracil)	2-thiouracil, 6-methyl-2-thiouracil, 6-propyl-2-thiouracil 및 6-phenyl- 2-thiouracil의 합을 thiouracil로함
12	겐티안 바이올렛 (GentianViolet, Crystal violet)	Gentian violet과 Leuco -gentian violet의 합을 Gentian violet으로 함
13	말라카이트 그린 (Malachite green)	Malachite green과 Leuco-malachite green의 합을 malachite green으로 함
14	메틸렌 블루(Methylene Blue)	Methylene blue와 Azure B의 합을 Methylene Blue로 함
15	디메트리다졸 (Dimetridazole)	Dimetridazole과 2-hydroxymethyl-1-methyl-5-nitroimidazole(HMMNI)의 합을 Dimetridazole로 함
16	이프로니다졸(Ipronidazole)	Ipronidazole과 1-methyl-2-(2'-hydroxyisopropyl)-5-nitroimidazole (Ipronidazole-OH)의 합을 Ipronidazole로 함
17	메트로니다졸(Metronidazole)	Metronidazole과 1-(2-hydroxyethyl)-2 -hydroxymethyl-5-nitroimidazole(Metronidazole-OH)의 합을 Metronidazole로 함
18	로니다졸(Ronidazole)	Ronidazole과 2-hydroxymethyl-1-methyl-5-nitroimidazole(HMMNI)의 합을 Ronidazole로 함
19	노르플록사신(Norfloxacin)	Norfloxacin
20	오플록사신(Ofloxacin)	Ofloxacin
21	페플록사신(Pefloxacin)	Pefloxacin
22	피리메타민(Pyrimethamine)	Pyrimethamine
23	반코마이신(Vancomycin)	Vancomycin
24	록사손(Roxarsone)	Roxarsone
25	아르사닐산(Arsanilic acid)	Arsanilic acid
26	살부타몰(Salbutamol)	Salbutamol

* 주1. 축산물 및 동물성 수산물과 그 가공식품에 한한다.

② 농용항생물질

　㉠ 농약으로 사용되는 항생물질로 그 작용에 따라 항곰팡이성, 항세균성 및 항바이러스성의 3가지로 분류

　㉡ 항생제는 수확직전이나 수확 후의 생식용 채소살균에는 사용을 금함

③ 잔류의 문제점 : 급성·만성 독성, 내성균 출현, 균교대증, 알레르기 발현 등

자연독 식중독

자연독이란 동물 또는 식물이 원래 보유하고 있는 유독성분 또는 먹이사슬을 통하여 동물의 체내에 축적된 유독성분을 말함

대체로 환자수는 식물성 자연독에 의한 경우가 많으며, 치사율은 동물성 자연독에 의한 경우가 높다.

1 식물성 자연독

(1) 식물성 자연독의 유독성분 기출

① 배당체(glycoside)
  ㉠ 당성분을 함유한 식물성분으로서 시안배당체와 함황배당체 등이 있음
  ㉡ 시안배당체
    ⓐ 식물체내 효소로 분해되어 시안화수소를 생성
    ⓑ amygdalin(청매 등), phaseolunatin(=linamarin, 미얀마콩, 카사바 등), dhurrin, zieren(수수) 등
  ㉢ 함황배당체(glucosinolate)
    ⓐ 겨자의 자극취 원인성분이며, 순무, 양배추, 브로콜리 등 채소의 특이취 관련물질
    ⓑ 자체는 인체에 해가 없으나 티오글리코시드 가수분해효소(thioglycosidase)의 작용으로 분해되어 생성되는 물질이 갑상선 기능 저해
    ⓒ 글루코시놀레이트는 체내에서 goitrin 생성을 촉진시켜 요오드 부족을 초래하고 갑상선 비대증, 갑상샘종 유발
② 알칼로이드
  ㉠ 함질소염기인 식물성분으로 동물체에 들어가 현저한 생리활성을 나타내며 쓴맛을 가짐
  ㉡ 식품에서 문제가 되는 것은 pyrrolizidine계 알칼로이드 – senecionine(개쑥갓), retrorsine (민들레, 컴프리)은 간장독
  ㉢ 피마자의 리시닌, 독버섯의 무스카린, 독보리의 테뮬린, 카페인, 모르핀 등
③ **영양저해물질** : 영양결핍을 일으키거나 영양소의 이용과 기능을 억제시키는 유해성분으로 일종의 potential toxicant임
④ **페놀성 화합물** : 강한 독성이나 약리작용을 갖는 페놀 유도체로는 gossypol, phlorizine, catecholamine, hypericine, safrol, kava 등이 있음

(2) **독버섯**

① **독성분** : muscarine, muscaridine, choline, neurine, phaline, amanitatoxin, agaricic acid, pilztoxin, amatoxin, amanitins, orellanine, monomethylhy-drazine(MMH), coprine, muscimol, psilocybin 등

② **증상에 따른 독버섯의 분류**(Husemann)

　　㉠ 위장장애형 : 구토, 설사, 복통 등 위장염 증상 – 삿갓외대, 화경, 굽은외대, 무당버섯

　　㉡ cholera증상형 : 심한 위장염증상, 경련, 용혈 등– 알광대, 독우산, 마귀곰보 버섯

　　㉢ 뇌 및 중추신경장애 : 미치광이, 파리, 광대버섯

③ **독버섯의 유독성분과 주요증상**

유독성분	버섯명	주요 증상 및 특징
muscarine	광대버섯, 땀버섯, 파리버섯	• 맹독성, 알칼로이드 • 각종 체액분비항진, 침흘림, 발한, 동공축소, 구토, 설사, 위장의 경련성수축, 자궁수축, 호흡곤란 등
muscaridine	광대버섯	뇌증상, 동공확대, 발작 등
phaline	알광대버섯, 독우산광대	• 맹독성, 배당체, 열에 약함 • 용혈작용, 콜레라증상, 구토, 설사 등
choline neurine	굽은외대버섯	• 무스카린과 유사한 증상을 보이나 독성은 약함 • neurine은 choline의 부패작용에 의해 생성
amanitatoxin	알광대버섯, 독우산광대	• 버섯류에 함유된 독성분 중 가장 맹독성, 내열성 • 구토, 설사, 복통, 청색증, 경련, 세포파괴 증상(간장·신장조직파괴), 콜레라 증상 등 `기출`
pilztoxin	광대버섯, 마귀버섯	• 일명 균독소, 열이나 건조에 약함 • 반사항진, 평형장애, 강직 경련성 등
agaricic acid	말굽잔나비버섯	위장카타르, 구토, 설사, 두통 등
bufotenine	광대버섯	환각, 발한, 구역질, 동공확대, 우울증 등
coprine	두엄먹물버섯	음주 시 알데히드 탈수소효소를 저해하여 악취를 유발
psilocybin	미치광이버섯, 목장말똥버섯	bufotenine의 입체이성체, 환각작용을 보이는 향정신성 유독성분 `기출`
ibotenic acid muscimol	파리, 광대버섯, 마귀광대버섯	• 구토, 현기증, 환각, 정신착란 등을 일으키는 향정신성 독성분 • 무스시몰은 이보텐산의 분해산물로 중추신경에 영향을 줌
illudin S (lampterol)	화경버섯	구토, 설사, 복통 등 위장장애
fasciculol	노란다발버섯	구토, 설사, 마비, 경련
gyromitrin	파리, 마귀곰보버섯	구토, 설사, 복통, 황달, 빈혈, 경련
achromelic acid	깔대기버섯	손발 끝이 붉어지고 화상을 입은 것 같은 통증
기타 orellanine(끈적이 버섯), clitidine(독깔대기 버섯), achromelic acid A, B(독깔대기 버섯) 등		

④ 독버섯의 모양과 대표적인 증상

종류	모양	증상
화경 버섯	처음에는 황갈색 자라면서 자갈색, 주름은 희고 방사성으로 뻗어 있으며 밤에는 청백색 발광	심한 위장장해(표고버섯이나 느타리버섯과 유사)
굽은 외대 버섯	갓이 원형으로 거의 편평하며, 표면은 담회갈색으로 다소 점성이 있고, 주름은 처음에는 흰색 나중에는 살색으로 변함	콜린, 뉴린 등과 같은 유독성분 함유, 중독되면 급성 위장장해
미치광이버섯	표면, 주름, 대, 살 모두 진한 황갈색을 띤 예쁜 버섯	환각을 동반하는 흥분작용
알광대 버섯	대형버섯으로 갓의 모양은 처음에는 난형이지만 자라면서 편평하게 변하고 표면은 황록색으로 약간의 점성	유독성분은 아마니타톡신으로 격렬한 콜레라성 증상
광대 버섯	갓의 모양은 호빵형이었다가 편평해지며 표면에 흰색의 사마귀 有	구토, 설사, 시력장애, 정신착란, 환각 등
파리 버섯	대형버섯으로 원구형에서 편평한 모양으로 변함, 표면은 암녹색을 띠고 점성이 있음	구토, 설사에 이어 흥분 후 혼수상태에 빠짐

(3) 감자

① 독성분 : solanine → 발아부위와 일광에 노출되어 생기는 녹색부위

   cf sepsin : 부패된 감자

② 솔라닌 → 솔라니딘이라는 steroid계 알칼로이드 + 포도당, 갈락토오스, 람노오스가 결합된 배당체

③ 증상

  ⓐ 생체 내에서 콜린에스터라아제의 작용을 억제하여 중추신경증상, 용혈, 운동중추 마비, 국소자극 등의 작용

  ⓑ 복통, 설사, 구토, 현기증, 졸음, 가벼운 의식장애 등

④ 물에 녹지 않고 열에 안정하며 보통 가열조리로 쉽게 파괴되지 않으므로 조리시 발아부위, 녹색부위를 제거

(4) 시안배당체 함유물질 기출

① 종류

  ㉠ amygdalin

    ⓐ 청매, 살구씨, 복숭아씨, 쓴 아몬드 등에 함유

    ⓑ 청매 자체의 효소(emulsin), 인체 β-glucosidase에 의해 청산을 생성시켜 두통, 소화기계 증상, 호흡곤란, 경련 등을 일으킴

  ㉡ phaseolunatin(=linamarin)

    ⓐ 버마콩(오색두, 미얀마콩), 카사바

    ⓑ linamarase에 의해 분해되어 청산 생성 → 구토, 복통, 설사 등의 소화기계 증상, 호흡곤란, 전신강직성 경련, 호흡중추마비

    ⓒ dhurrin, zieren : 수수

    ⓔ 죽순 : taxiphyllin

    ⓜ 벚나무속의 미숙과일 종자 : prunasin

② 시안배당체는 인체에 무해하지만 효소에 의해 가수분해되어 시안화수소(청산, HCN) 생성
   → HCN은 중추신경을 자극하는 동시에 어지러움, 혈액 중의 산화·환원작용 억제하여 사망,
   cytochrome 산화효소의 작용을 저해하여 질식성 경련이 일어나 사망

③ **중독증상** : 두통, 구토, 소화불량, 설사, 복통 등의 소화기계 증상, 심하면 호흡곤란, 전신의
   경직성 경련, 중증인 경우 호흡중추마비로 사망

④ 수용성이므로 물에 담가 용출, 식품을 가열하여 가수분해효소를 불활성화 → HCN 생성억제

(5) 목화씨, 정제 불충분한 면실류 : gossypol

① 고시폴(gossypol)은 폴리페놀화합물로 유독물질이면서 천연 항산화제

② 묽은 NaOH용액에 용해되어 쉽게 기름에서 분리, 제거 가능

③ **중독증상** : 출혈성 신염, 신장염, 심장비대, 간장해, 황달, 장기출혈 등

(6) 피마자

① **독성분** [기출]

    ⓐ 유독성 단백질인 ricin : 독성이 강하나 열에 쉽게 파괴, 적혈구를 응집시키는 식물성
       hemagglutinin 또는 phytagglutinin

    ⓑ 유독 알칼로이드인 ricinine : 리신보다 독성이 약한 알칼로이드이고 함량이 적음

    ⓒ allergen : 피마자박에 6~9% 함유, 비교적 열에 강해 불활성화되지 않음

    ⓓ 리시놀레산(ricinoleic acid) : 다량함유, 십이지장에서 리파아제의 작용에 의해 triri-
       cinoleic acid로 분해되면서 소장을 자극하여 설사를 일으킴 – 자극성 설사약

② **중독증상** : 복통, 구토, 심한 설사, 그 외에 알레르기 증상, 적혈구 응고 등

(7) 미치광이풀, 가시독말풀 [기출]

① **독성분** : 알칼로이드인 hyoscyamine, atropine, scopolamine

② 가시독말풀의 뿌리를 우엉으로 잘못 오인하거나, 종자를 참깨로 잘못 알고 사용
   미치광이풀의 뿌리는 산마, 어린 싹은 산나물과 유사

③ **중독증상** : 구토, 두통, 권태감과 뇌흥분, 두근거림, 광란상태

(8) 은행

① **독성분** : bilobol, 메틸피리독신(methylpyridoxine), ginnol, ginkgoic acid

② **빌로볼** : 알레르기성 피부염 즉, 독물성 피부염

③ **메틸피리독신(methylpyridoxine)** : 다량섭취 시 위장장애, 경련 등

(9) 소철

① 독성분 : cycasin

② 전분 이용 시 정제가 불충분한 경우 중독

③ 배당체, 신경독성 물질로 발암성 – 간장, 신장 등에 종양, 근위축성측색경화증

(10) 두류(대두, 완두콩, 강낭콩)

① trypsin inhibitor(가열 시 제거)

② saponin : 배당체(비당부분 sapogenin) – 적혈구 용혈

③ hemagglutinin : 적혈구 응집

④ phytate(피틴산) : 무기질 흡수 저해

(11) 기타

원인식품	독성분	증상 및 특징
독미나리	cicutoxin	• 식용미나리, 산미나리로 오인해 섭취 시, 맹독성 • 중독증상 : 신경중추작용으로 복부에 동통, 구토, 현기증과 대체로 경련성 중독증상, 중증일 때 호흡곤란, 정신착란과 호흡마비로 사망 • 독미나리에 의한 중독 water hemlok poisoning
붓순나무	shikimin, shikimitoxin, hananomin	• 열매가 향신료인 회향과 비슷하여 오인하여 섭취 • 중독증상 : 구토, 현기증, 경련 등, 심하면 허탈, cyanosis를 거쳐 사망
독공목	tutin, coriamyrtin	열매는 단물이 있어 어린아이들이 과일로 알고 섭취하여 중독
바꽃 (오두, 바곳, 부자)	aconitine	• 알칼로이드 • 중독증상 : 마비성 신경중독으로 초기에 입술, 혀가 아프고, 입과 얼굴이 저리며, 위통, 눈물흘림, 구토, 사지마비, 언어장애 등, 중증인 경우 3~4시간 후 호흡 마비
꽃무릇	lycorine	• 맹독성 알칼로이드 • 중독증상 : 구토, 중증인 경우 경련, 호흡마비, 접촉시 홍반, 가려움증 등
독보리	temuline	• 독보리가 밀에 혼입되어 섭취하면 중독 • 두통, 메스꺼움, 현기증, 귓소리, 구토, 위통, 설사 또는 변비, 중증 시 소변곤란, 허탈, 경련, 혼수 등
고사리	ptaquiloside	• 발암성 물질 • 예방 : 고사리를 충분히 물로 깨끗이 씻거나 삶아서 사용하는 것이 바람직
민들레, 컴프리	레트로르신(retrorsine)	• pyrrolizidine alkaloids계통의 간경변 유발물질이 미량 존재
개쑥갓	senecionine	• pyrrolizidine핵을 가진 알칼로이드, 간장독
꽃양배추, 고추냉이, 겨자 등	시니그린(sinigrin)	• 다량섭취 시 갑상선 기능 저하되어 갑상선종
옻나무	우루시올(urushiol) 기출	• 알레르기성 피부염

방풍나물, 셀러리, 파슬리 등	미리스티신(myristicin)	• 환각작용
시금치, 팥, 도라지	사포닌 다량함유	• 메스꺼움, 구토, 설사 등
양귀비	모르핀	• 대표적 알칼로이드
쥐방울풀	benzofuran toxol	• 쥐방울풀을 먹은 젖소에서 분비되는 우유
디기탈리스	digitoxin	• 배당체, 용혈작용, 오심, 구토
사사프라스 오일	safrol	• 발암성, 간암과 식도암 유발
시금치, 파슬리, 완두 등	oxalic acid	• 칼슘흡수 방해, 신장결석 생성
머위의 새순	petasitine	• 발암성 물질
박새, 여로	veratoxin	• 스테로이드계 (최토성물질)
코코아잎	cocaine	• 마취제로 마약성분의 일종
채종유	erucic acid	• 간과 심장에 독성
마취목의 꽃과 잎	grayanotoxin Ⅲ	• 벌꿀에 기준 有

• 원추리 : 콜히친(colchicine)
• 벌꿀 : andromedotoxin

2 동물성 자연독

☀ 동물성 식중독의 원인별 분류와 독성분 [기출]

종류와 중독명		원인 어패류(축적부위)	독소성분	주요 증상
어류	복어독	복어, 권패류(생식선, 간장)	테트로도톡신	신경마비
	ciguater 중독	독꼬치, Red snapper, Grouper, 불가사리(중장선)	ciguatoxin, maitotoxin palytoxin 등	위장장애, 신경증상
	돗돔중독	돗돔, 상어, 참치, 북극곰, 바다표범(간장)	과잉 비타민 A	피부박리 현상
패류	마비성 조개중독 (PSP)	섭조개, 홍합, 대합, 진주담치 등 (중장선)	saxitoxin, gonyautoxin protogonyautoxin	신경마비
	베네루핀 중독	모시조개, 바지락, 굴(중장선)	베네루핀	피하출혈, 간독성
	설사성 조개독 (DSP)	홍합, 모시조개, 가리비, 백합 등 (중장선)	okadaic acid dinophysistoxin pectenotoxin, yessotoxin	설사, 위장염
	기억상실성 패독 (ASP)	진주담치, 굴, 홍합 등	Domoic acid	설사, 두통, 단기기억상실 등
	신경성 패독(NSP)	진주담치, 굴, 홍합 등	Brevetoxin(BTX)	구토, 설사, 감각이상 등
	기타 패류중독	전복류(중장선)	pheophorbide a	광과민성 피부염증상
	테트라민 중독	명주매물고동, 보라골뱅이, 조각매물고동(타액선)	tetramine	현기증, 두통, 배멀미, 안저통 등
	수랑중독	수랑(중장선)	surugatoxin, neosurugatoxin	복통, 설사, 동공확대등

(1) 복어

① 복어독 : 맹독성의 tetrodotoxin

② 독소의 특징

  ㉠ 독성은 종류별, 지역별, 계절별, 부위별 등에 따라 다름

    ⓐ 난소, 간장>내장>피부>근육 순

    ⓑ 맹독/강독/약독/무독복어

    ⓒ 산란기 직전인 4~6월 독력이 강함

  ㉡ Vibrio속이나 Pseudomonas속균이 테트로도톡신의 1차 생산자

  ㉢ 약염기성 물질(헤미아세탈환을 가지고 있는 비단백성 독소)

    ⓐ hydroxyquinazoline 구조를 가진 분자량 319의 약염기성 물질

    ⓑ 무색의 침상결정, 무미, 무취

    ⓒ 물이나 유기용매에는 녹지 않고 산성용액에 용해

    ⓓ 일광, 열에 안정 (끓여도 무독화 되지 않는다)

    ⓔ 강산(무기산), 알칼리에 쉽게 분해 (4% NaOH 용액에 20분이면 무독화)

    ⓕ 소화효소인 트립신, ptyaline에 의해 파괴되지 않음

  ㉣ 복어독 기준 : 육질 10 MU/g 이하, 껍질 10 MU/g 이하

    * MU : 체중 20g 쥐를 30분에 사망시키는 독량

③ 중독증상

  ㉠ 잠복기가 짧을수록 증세가 심하며 8시간이내에 생사가 결정

    섭취 후 20분 내지 3시간 늦으면 6시간 사이

  ㉡ 신경극 접합부에 작용하여 나트륨이온의 세포내 유입을 선택적으로 억제하는 작용, 자율신경의 흥분전달 차단

  ㉢ 중독증상 : 신경계 마비, cyanosis(청색증)

    ⓐ 1단계 : 입술, 혀끝, 손발이 마비되기 시작하여 복통이나 구토증상이 나타남

    ⓑ 2단계 : 지각마비, 언어장애, 호흡곤란, 건반사 등을 일으키며 혈압강하

    ⓒ 3단계 : 완전 운동마비가 일어나며 연하곤란과 호흡곤란, 청색증이 나타나며 의식이 흐려짐

    ⓓ 4단계 : 의식불명, 호흡정지로 사망

④ 예방법

  ㉠ 독성분 섭취 시 하제 사용

  ㉡ 가급적 산란기에는 식용금지

  ㉢ 난소, 내장, 껍질 등이 함유된 것 식용 금지

(2) 돗돔중독

① 돗돔, 대형어류(상어, 참치 등) 등과 같은 특정 어류의 간을 섭취할 경우 일어나는 급성 비타민 A 과잉증과 유사한 식중독 증상

② 원인물질 : 과잉의 비타민 A

③ 증상

    ㉠ 식후 30분~12시간의 잠복기 후 심한 두통, 발열, 구토, 어지러움증 및 안면홍조 등

    ㉡ 피부박리현상 : 24시간이 지나면 안면 피부의 박리가 시작되어 전신으로 퍼져나감

(3) Ciguatera 중독

① 열대나 아열대의 산호초 주변에서 서식하는 독어를 섭취하여 일어나는 식중독의 총칭

② 독성분 : Ciguatoxin(지용성), scaritoxin, palytoxin(수용성), maitotoxin(수용성), ciguaterin(수용성) 등

③ Ciguatoxin의 작용기전 : 콜린에스터라아제의 활성 저해로 아세틸콜린이 축적되고, 나트륨의 세포 내 유입을 현저히 증가시켜 신경마비 증상 유발

④ 증상

    ㉠ 잠복기가 1~20시간 또는 2일 정도, 구토, 복통, 설사 등의 위장장애, 혀, 입술, 팔, 다리 및 온몸에 마비가 오는 신경마비증상, 드라이아이스 센세이션, 그 외에 권태감, 탈력감, 두통, 근육통, 관절통, 시력감퇴 등

    ㉡ 치사율은 낮으나 경우에 따라 저혈압 증상과 의식불명으로 사망

> 조개독의 특징
> ① 플랑크톤 생성독소를 조개가 섭취 체내에 축적
> ② 서식지 특이성

(4) 베네루핀(Venerupin) 중독

① 원인식품 : 모시조개, 바지락, 굴 등의 중장선

② 독소의 특징

    ㉠ 발생시기는 3~4월

    ㉡ 열에 안정적(100℃ 1시간 가열해도 파괴되지 않음), pH9이상 알칼리에서 오래 가열하면 파괴

    ㉢ 담갈색의 간독성 물질로 물에는 잘 녹고 에테르, 에탄올 등에는 녹지 않음

③ 중독증상

    ㉠ 12시간~2일 정도의 잠복기를 거쳐 입냄새, 불쾌감, 권태감, 구토, 두통, 변비, 미열, 점막출혈, 피하출혈 반점(흉부, 어깨, 대퇴부 등), 간비대, 황달 등

    ㉡ 치사율 44~45%

(5) 마비성 조개 중독(Paralytic Shellfish Poisoning, PSP)

① 원인식품 : 대합조개, 섭조개, 홍합, 진주담치 등의 중장선

② 독성분 : Saxitoxin, gonyautoxin, protogonyautoxin 등

③ 생성

　㉠ 조개가 알레산드리움 타마렌세, 알렉산드리움 카테넬라, 피로디나움 바하텐세 등 유독 플랑크톤을 먹음으로써 발생

　㉡ 조개독은 수온이 6~18℃가 되는 2~5월이 되면 주로 남해안 지역에서 발생하며, 수온이 18℃이상으로 상승되는 6월 중순경에는 소멸됨

④ 독성분의 특징

　㉠ 최초에는 mytilotoxin으로 명명

　㉡ 100℃ 30분 가열 시 분해되지 않음, 산성에서는 안정하나 중성에서는 파괴가 잘 됨

　㉢ 구조는 콜린, 트리메틸아민을 함유하고 있음

　㉣ 적조현상과 관련이 있음

⑤ 중독증상

　㉠ 30분~3시간 이내에 말초신경 마비

　㉡ 입술, 혀, 안면마비, 서서히 말단까지 퍼져 전신마비로 보행곤란, 언어장애, 두통, 갈증, 구토, 침 흘림 등, 사망은 12시간 이내에 일어남

　㉢ 치사율 10~15% 정도

⑥ 마비성 패독의 기준 및 규격

대상식품	기준(mg/kg)
패류	0.8 이하
피낭류(멍게, 미더덕, 오만둥이 등)	

국가	일반적 기준
미국, 캐나다, 영국, 호주, 뉴질랜드	$80\mu g/100g(0.8mg/kg)$ 이하

☀ 각종 독소의 독성비교

독소	LD $\mu g/kg$ mouse	Source
Botulinus toxin A	0.00003	Clostridium botulinum
Diphtheria toxin	0.3	Corynebacterium diphtheriae
Palytoxin	0.6	Ciguatera toxin
Gonyautoxin	12	이미패
Saxitoxin	10	이미패
Tetrodotoxin	8.7	복어, 도마뱀 종류, 권패류, 불가사리류
Sodium cyanide	10,000	NaCN

(6) **설사성 조개류 중독(Diarrhetic Shellfish Poisoning, DSP)** 기출

① 원인 패류 : 검은 조개, 모시조개, 홍합, 큰가리비, 백합, 민들조개 등의 중장선

② 독성분

　㉠ okadaic acid, dinophysistoxin, 펙테노톡신(pectenotoxin), yessotoxin 등

　㉡ 내열성의 지용성 화합물, 유독화 시기는 5~8월

③ 증상 : 소화기계 증상, 발열증상 없음, 발증한 3일 뒤면 거의 회복

④ 식품 등의 기준 및 규격 : okadaic acid 및 dinophysistoxin-1의 합계가 이매패류의 경우 0.16mg/kg 이하

(7) 기억상실성 패독(Amnestic shellfish poisoning, ASP)

① 원인패류 : 진주담치, 굴 등

② 독성분 : Domoic acid(신경흥분성 아미노산) 등

③ 중독증상

   ㉠ 24시간 이내에 설사, 두통, 구토 등이 나타남, 중독 시 위장염, 단기 기억상실, 방향감각상실 등, 심한 경우 만성적인 신경 이상증세

   ㉡ 뇌의 Glutamate receptor에 결합하여 독성을 유발

④ 기억상실성 패독(도모익산)의 기준

대상식품	기준(mg/kg)
패류	20 이하
갑각류	

(8) 신경성 패독(Neurotoxic shellfish poisoning, NSP)

① 원인패류 : 진주담치, 굴, 대합 등

② 독성분 : Brevetoxin(BTX)계열의 Polyethers

③ 적조연안 주민들에게 이비인후 계열의 질환을 일으킴, 마비성 패독과 비슷한 증세를 일으킨다고 알려짐

④ 중독증상 : 수 시간 구토, 설사증상, 입 안이 짜릿해지고 얼굴과 목 등의 감각이상, 운동실조, 동공확대 현상, 보통 하루 안에 회복

(9) 수랑, 고동 등 권패류 중독

① 테트라민 중독 **기출**

   ㉠ 원인 식품 : 소라고동, 조각매물고동, 보라골뱅이 등의 타액선에 축적

   ㉡ 독소 : 아민의 일종인 tetramine

   ㉢ 중독증상 : 섭취 후 30분이 지나면 눈에 피로감, 현기증, 두통, 멀미, 식욕감퇴 등

② 수랑중독

   ㉠ 육식성 소형 권패인 수랑의 중장선에 독성분 함유

   ㉡ 원인독소 : surugatoxin, neosurugatoxin, prosurugatoxin

   ㉢ 물, 함수알코올에 가용, 에테르 등 유기용매에 불용

   ㉣ 중장선의 독력은 7~10월 현저히 강해지고 조리에 의해서도 잔존

ⓜ 중독증상 : 섭취 후 1~24시간 내에 복통, 설사, 의식혼란, 시력감퇴, 동공확대, 혈압강하,
    언어장애 등, 1주일 후 회복
  ③ 테트로도톡신 중독
   ㉠ 수랑, 나팔고동, 수염고동, 털탑고동(개소라) 등의 중장선
   ㉡ 유독성분은 테트로도톡신으로 복어독 증상과 유사

⑽ 전복류 등 기타 패류중독

 ① 독성화 될 때는 중장선의 색이 농녹흑색으로 변화고 2~5월의 이른 봄
 ② **독성분** : 광과민성의 pheophorbide a, pyropheophorbide a – 피부염증상

곰팡이독에 의한 식중독

1 Mycotoxin(곰팡이독)의 개요

(1) 곰팡이독의 특징

① 곰팡이가 생산하는 2차 대사산물로서 사람이나 가축에게 질병이나 이상생리작용을 유발하는 물질
② 대부분 비단백성의 저분자화합물이고 항원성을 가지지 않음
③ 열에 안정하여 조리/가공 후에도 분해되지 않고 식품에 잔존할 가능성이 높으며, 미량으로도 사람이나 동물에게 위해를 줄 수 있는 물질임
④ Mycotoxicosis(곰팡이독 중독증) : mycotoxin에 의해 일어나는 질병균 총칭

(2) 곰팡이독 중독증의 특징

① 탄수화물이 풍부한 농산물을 섭취하여 일어나는 수가 많다.
② 급성 mycotoxicosis에는 계절적인 경향을 볼 수 있다.
  ㉠ Aspergillus속, Penicillium 독소에 의한 중독은 고온다습할 때 발생(봄–여름, 열대)
  ㉡ Fusarium 독소군에 의한 중독은 추울 때가 많음(한대지역)
③ 사람과 사람, 동물과 동물, 동물과 사람 사이에서는 직접 이행되지 않는다.
④ 항생물질 투여나 약제요법을 실시하여도 별 효과가 없다.
⑤ 원인식품에서 곰팡이가 분류된다.

2 Aspergillus속 곰팡이독

(1) Aflatoxin(간장독)

① 생산곰팡이 : Aspergillus flavus, Asp. parasiticus
② 생산최적조건
  ㉠ 수분 : 16% 이상
  ㉡ 습도 : 80~85% 이상
  ㉢ 온도 : 25~30℃
  ㉣ 기질 : 쌀, 옥수수 (탄수화물에 많음), 땅콩, 우유, 두류 등
③ 아플라톡신의 구조 및 종류
  ㉠ 아플라톡신은 dihydrofuran 고리를 가지는 일군의 화합물을 총칭함

ⓛ 화학구조상 7,8-dihydrofuran-(2, 3b)-furan(DHFF) 또는 2,3,7,8-tetra hydrofuran-(2, 3b)-furan(THFF)의 구조를 공통으로 가지며, 이 부분이 대사산물 특유의 생리작용을 일으킴

ⓒ 무색~담황색의 결정이나 TLC 플레이트상에 전개시킨 후 자외선 조사한 결과 → 청색형광 B_1, B_2 / 녹색형광 G_1, G_2 / 자색형광 M_1, M_2 등을 포함하여 현재 약 16종이 알려짐

> • 재래식 메주 : G_1, G_2, B_2
> • 개량식 메주 : B_1, B_2, G_1, G_2
> • 소의 젖 : M_1

ⓔ 독성 : $B_1 > M_1 > G_1 > B_2 > G_2$

④ 강한 간독성물질이고 가장 강력한 간암유발물질 - 인체 발암 확인물질(그룹 1)로 분류

ⓐ 발암기전 : B_1 자체가 발암성

ⓑ 생체내 간 미크로솜에서 대사되는 과정에서 epoxide체가 생성되어 염색체 DNA와 비가역적 공유결합을 형성하기 때문에

⑤ 성질

ⓐ 지용성으로 열에 안정해 일반 가열처리나 조리에 의해 파괴되지 않음 (270~280℃ 이상 가열해야 분해)

ⓑ 강산·강알칼리에는 쉽게 분해

ⓒ 물에 녹지 않으며, 자외선, 방사선에 불안정

ⓔ 암모니아가스, 산화제에 의해 분해

⑥ 아플라톡신 기준

ⓐ 총 아플라톡신(B_1, B_2, G_1 및 G_2의 합)

대상식품	기준($\mu g/kg$)
식물성 원료*(단, 조류는 제외)	15.0 이하(단, B_1은 10.0 이하이어야 한다)
가공식품 (영아용 조제식, 성장기용 조제식, 영·유아용 이유식 제외)	15.0 이하(단, B_1은 10.0 이하이어야 한다)
영아용 조제식, 성장기용 조제식, 영·유아용 이유식	0.10 이하(B_1에 한함)

* 제1. 총칙 4. 식품원료 분류 1) 식물성 원료에 해당하는 품목

ⓑ 아플라톡신 M_1

	기준($\mu g/kg$)
원유	0.50 이하
우유류, 산양유	
조제유류	0.025 이하*
영아용 조제식, 성장기용 조제식, 영유아용 이유식, 영유아용 특수조제식품	0.025 이하*(유성분 함유식품에 한함)

* 분말제품의 경우 희석하여 섭취하는 형태(제조사가 제시한 섭취방법)를 반영하여 기준 적용

(2) **오크라톡신 A** ^{기출}

① 생산곰팡이 : Aspergillus ochraceus

② 종류

　　㉠ 오크라톡신 A, B, C 중 A의 독성이 가장 강함(신장독, 간장독)

　　㉡ 국제암연구소(IARC)에서 인체 발암가능물(그룹 2B)로 분류

③ 쌀, 보리, 밀, 옥수수, 콩, 커피 등에서 검출

④ 주로 신장장해를 나타내는데 신장암 유발

　　간손상(간의 지방변성, 글리코겐합성효소 저해)

⑤ 오크라톡신 A의 기준

대상식품	기준(μg/kg)
곡류	5.0 이하
곡류를 단순 처리한 것(분쇄, 절단 등)	
커피원두, 볶은커피	
인스턴트커피	10.0 이하
메주	20 이하
고춧가루	7.0 이하
포도주스, 포도주스농축액(원료용 포함, 농축배수로 환산하여), 포도주	2.0 이하
건조과일류	10.0 이하
육두구, 심황(강황), 후추	15.0 이하
육두구, 심황(강황) 또는 후추를 함유한 조미식품	
영아용 조제식, 성장기용 조제식, 영·유아용 이유식	0.50 이하

(3) **Sterigmatocystin(간장독)**

① 원인곰팡이 : Aspergillus versicolor, Asp. nidulans 등

　　분포가 넓고 비교적 낮은 온도에서도 생육 가능

② 독소의 구조 및 발현과정이 아플라톡신과 유사

③ 발암성은 아플라톡신의 1/200~1/250배 정도

(4) **Maltoryzine(신경독)**

① 원인곰팡이 : Aspergillus oryzae var microsporum

② 일본에서 맥아근을 사료로 먹인 젖소들이 집단식중독 발생

③ **중독증상** : 중추신경계 장애를 유발하는 신경독으로 중독되면 식욕부진, 유즙분비 감소, 허리마
　비 등 증세를 보인 후 사망

3 Penicillium속 곰팡이독

(1) 황변미독

수분이 14~15%이상 함유된 쌀에 Penicillium속 곰팡이가 번식 → 황색으로 변질

① islandia 황변미

㉠ 독소 : islanditoxin(=cyclochlorotin), luteoskyrin(간장독)

islanditoxin (cyclochlorotin)	속효성의 수용성 함염소 환상펩티드	간소엽 문맥 주변부의 장해에 이어 간세포 전체에 걸친 괴사, 장기투여하면 간경변 발생, 간암 발생률은 루테오스키린보다 낮음
luteoskyrin	지효성의 지용성 polyhydroxy anthraquinone계 황색색소	간소엽 중심세포의 괴사, 지방변성, 장기투여하면 간암발생

㉡ 생산곰팡이 : Penicillium islandicum

㉢ 자연오염은 쌀 외에 보리, 소맥, 수수, 후추 등에서도 볼 수 있음

② toxicarium 황변미

㉠ 독소 : citreoviridin

㉡ 생산곰팡이 : Penicillium citreoviride(= P. toxicarium)

㉢ 중독증상 : 신경독 – 경련, 호흡장애, 상행성 마비, 혈액순환 이상

㉣ 쌀에 황색반점을 형성하고 자외선을 받으면 황색형광을 나타냄

③ thai 황변미

㉠ 독소 : citrinin

㉡ 생산곰팡이 : Penicillium citrinum

㉢ 시트리닌은 페놀화합물이고 자외선을 쬐면 강한 레몬색 형광을 나타냄

㉣ 중독증상 : 신장독 – 급성 또는 만성괴사, nephrosis

(2) 파툴린(Patulin)

1950년대 일본에서 맥아뿌리를 사료로 먹은 젖소가 집단 폐사사건으로 알려짐

① 생산곰팡이 : Penicillium patulum

그 외에 P. expansum, P. melinii, P. urticae, Asp. clavatus, A. giganteus 등

② 산에 안정하며 각종 과일주스, 쌀, 밀, 콩, 간장, 미역 등

③ 염색체 이상 유발, 신경독소로 작용, 출혈성 폐부종, 간, 비장, 신장의 모세혈관 손상, 뇌수종, 뇌와 중추신경 출혈반의 중독증

④ 특징

㉠ 항생제 성질을 가진 독성이 강한 lactone 구조 : 결핵균을 위시한 그람양성, 음성세균, 효모, 곰팡이 등에 대한 항균작용이 있음

㉡ 산에 안정적이고 비교적 열에 안정하여 100℃ 15분 동안 가열해도 파괴되지 않음

㉢ 알코올 발효에 의해 파괴 → 알코올 음료에서 검출되지 않음

⑤ 기준

대상식품	기준(μg/kg)
사과주스 사과주스농축액(원료용 포함, 농축배수로 환산하여)	50 이하
영아용 조제식, 성장기용 조제식, 영·유아용 이유식	10.0 이하

(3) 기타

① rubratoxin(간장독) : Pen. rubrum

  ㉠ 원인 식품 : 오염된 옥수수

  ㉡ 수용성, 열저항성

  ㉢ 장기출혈, 위장장애, 간장애, 신장, 폐 등

② cyclopiazonic acid, tremorgen(신경독) : Pen. cyclopium

③ penicillic acid(간장독, 신경독) : Pen. puberulum

4 Fusarium속 곰팡이독

(1) Trichothecene(트리코테신)계 독소에 의한 중독

① 생산곰팡이 : F. tricinctum, F. solani 등

② 독소 : T-2 toxin, deoxynivalenol 등

원인균	곰팡이독
F. tricinctum	T-2 toxin, diacetoxyscirpenol
F. nivale	nivalenol, fusarenon X
F. roseum	deoxynivalenol 기출
F. solani	neosolaniol

③ 밀, 옥수수, 보리 등에 기생

④ 증상

  ㉠ 강력한 급성독성, 피부독성, 골수 등의 조혈조직장해, 소장점막 상피세포의 장해, 진핵세포에서 단백질합성 저해작용

  ㉡ 장관 비대 출혈, 흉선의 위축, 장점막 상피·흉선·비장·림프조직 등의 세포핵 붕괴 및 괴사

⑤ 데옥시니발레놀

  ㉠ 온도가 낮은 온난지역과 한랭지역의 농산물에서 발견

  ㉡ 210℃이상 40분 가열로 분해 → 내열성이 큼

  ㉢ 돼지가 가장 민감, 어린 가축이 오염사료 섭취 시 구토증상을 보여 Vomitoxin이라고도 함

  ㉣ 사람 – 급성의 위장염

(2) 식중독성 무백혈구증(Alimentary toxic aleukia : ATA)

① 원인 곰팡이와 곰팡이 독소

원인곰팡이	곰팡이독
Fusarium tricinctum F. sporotrichoides	sporofusariogenin
Cladosporium epiphylum	epicladosporic acid
Cladosporium fagi	fagicladosporic acid

② 증상

  ㉠ 급성중독인 경우 소화기 이상과 경련, 호흡곤란, 심부전 등

  ㉡ 만성중독일 경우 조혈기능의 장애로 백혈구 감소, 임파구 증가, 혈액응고 시간지연 등

③ 시베리아 지방에서 처음 발생, 시베리아 지역의 풍토병, 춥고 강설량이 많은 지역에서 주로
  발생

(3) Zearalenone에 의한 중독 기출

① 생산곰팡이 : F. graminearum 등

② Zearalenone

  ㉠ 일명 F-2 toxin, fermentation estrogenic substance(FES) 등으로 불리며 20여종의 이성
    체가 있음

  ㉡ 대환상 락톤화합물로 에스트로겐과 비슷한 성질을 가지고 있는 독소

③ 중독증상 : 오염된 옥수수, 보리 등에서 검출되며, 자궁비대, 가축의 발정증후군, 불임 및 유산
  등의 생식장애

④ 기준

대상식품	기준(μg/kg)
곡류	100 이하
곡류를 단순 처리한 것(분쇄, 절단 등)	(전분 또는 전분당 제조용 옥수수는 200 이하)
과자	50 이하
영아용 조제식, 성장기용 조제식, 영·유아용 이유식	20 이하
시리얼류	50 이하

(4) Fumonisin에 의한 중독

① 생산곰팡이 : F. moniliforme

② 푸모니신은 B_1, B_2, B_3 등 여러 이성질체가 있으며, 그 중 B_1이 독성이 가장 강하고 오염빈도가
  높음

③ 푸모니신은 열처리나 발효과정에서도 안정하기 때문에 오염방지가 가장 바람직 함

④ B_1은 돼지의 폐수종 및 호흡장애, 말의 뇌백질연화증, 병아리의 간회저증 등 유발, 사람에게
  식도암을 유발

⑤ 국제암연구소(IARC)에서 인체 발암 가능 물로(그룹 2B)로 분류
⑥ 기준

대상식품	기준 (mg/kg, B_1 및 B_2의 합으로서)
옥수수 및 수수 수수를 단순 처리한 것(분쇄, 절단 등)	4 이하
옥수수를 단순 처리한 것(분쇄, 절단 등)	2 이하
옥수수 또는 수수를 단순 처리한 것이 50% 이상 함유된 곡류가공품	1 이하 (단, 옥수수를 단순 처리한 것이 100%인 곡류가공품은 2이하, 수수를 단순 처리한 것이 100%인 곡류가공품은 4이하)
시리얼류 팝콘용옥수수가공품	1 이하

5 맥각독

(1) 생산곰팡이 : Claviceps purpurea(보리 개화기에 기생해 흑자색의 균핵인 ergot 생산)

(2) 독소 : ergotoxin, ergotamine, ergometrine 등 3군의 유독 알칼로이드

군	명칭	중독증상
ergotamine	ergotamine, ergosine, ergotaminine, ergosinine	교감신경 차단, 마비로 인한 혈관확장작용
ergotoxin	ergotoxin, ergocornine, ergocryptine, ergocristine, ergotoxinine, ergocorninine, ergocryptinine, ergocristinine	
ergometrine	ergometrine, ergobasinine	자궁수축작용

(3) 증상

① 급성중독 : 구토, 설사, 복통 등의 소화기계 장애, 피부가 청백색이 되고 신체의 표면에 냉감을 가짐, 그 후 지각 및 운동장해, 증상이 심하면 맥박이 약해지고 혈압강하, 현기증, 환각, 경련 등이 일어나며 최종직으로는 의식을 잃고 사망, 임산부에게는 유산 또는 조산
② 만성중독
　㉠ 장기간 소량 섭취 시 → 경련형(사지근육 위축, 경련 발작 등)
　㉡ 다량 섭취의 경우 → 괴저형이 많음(말초혈관 순환장애, 사지 등에 통증, 괴저)
　㉢ 어느 경우나 초기 증상은 구토, 두통, 연하곤란, 감각이상, 난청, 경련형은 정신장해, 괴저형은 손발이 심하게 아프고 최후에는 말단부터 썩어들어 감

(4) 특징

환각제인 LSD의 근원물질, 곡류 중 7%이상이면 치명적

6 기타

(1) Psoralen

① 원인곰팡이 : Sclerotinia sclerotiorum

② 오염된 셀러리를 수확할 때 접촉한 사람이 햇빛을 받으면 피부염을 일으킴

③ 중독증상 : 광과민증 또는 일광피부염증, 간장장애, 황달 등

(2) Slaframine(일종의 알칼로이드)

① 원인곰팡이 : Rhizoctonia leguminicola

② 유연물질로 침흘림, 설사 등의 증상을 보임

☀ 침해부위에 따른 곰팡이독 분류

간장독	신장독	신경독	광과민성 피부염
Aflatoxin, Ochratoxin rubratixin, islanditoxin luteoskyrin, cyclochlorotin Sterigmatocystin 등	citrinin, Ochratoxin kojic acid 등	citreoviridin, patulin maltoryzine, cyclopiazoic acid, tremorgen 등	sporidesmin류 psoralen류등

01 [식품기사 2015년 1회]

식중독 역학조사의 단계로 옳은 것은?

① 검병조사 – 원인식품 추구 – 원인물질 검사
② 검병조사 – 원인식품 검사 – 원인물질 추구
③ 원인식품 추구 – 원인물질 검사 – 검병조사
④ 원인물질 검사 – 원인식품 추구 – 검병조사

🔖 **역학조사의 단계**
1. **검병조사** : 식중독이 발생했을 때 현장에 나가 환자의 증상, 발생상황, 경과 등이나 섭취장소, 환자가 먹은 음식 등을 기록, 조사하는 일
2. **원인식품 추구** : 원인식품별 일람표인 추계표를 작성하고, 통계학적 검토 후 확률적인 가능성을 결정함, 원인이 된 식품을 찾아냄
3. **원인물질 검사** : 식품 내 병인물질 검사를 시행함

02 [경기 유사기출]

식중독의 역학조사 단계 중 정리단계에 대한 설명으로 옳은 것은?

① 식품매개로 인한 중독으로 의심되거나 추정되는 경우 관련 식재료의 사용금지 또는 폐기 조치를 한다.
② 여러 발생원인 인자에 대한 분석을 통해 오염원 및 경로를 추정한다.
③ 원인조사반을 구성하고 업무를 분장하며 검체 채취기구를 준비한다.
④ 환자가검물, 보존식, 식수, 식품용수, 식재료 등에 대한 검체를 채취하여 검사를 의뢰한다.

🔖 역학조사의 세 번째 단계인 정리단계에서는 확보된 기본 자료, 현장 확인 및 점검결과, 검사현황 등을 바탕으로 여러 발생원인 인자에 대한 분석을 통해 오염원 및 경로를 추정한다.

03

식중독 발생 시 보고절차로 옳은 것은?

① 의사 → 시장, 군수, 구청장 → 식품의약품안전처장, 시·도지사
② 의사 → 시장, 군수, 구청장, 시·도지사 → 식품의약품안전처장
③ 의사 → 시장, 군수, 구청장, 시·도지사, 식품의약품안전처장, 보건복지부 장관
④ 의사 → 시장, 군수, 구청장 → 시·도지사 → 식품의약품안전처장, 보건복지부장관

🔖 **식품위생법 제 86조에 근거한 신고 및 보고절차**
집단급식소의 설치·운영자, 의사 또는 한의사 → 특별자치시장·시장·군수·구청장 → 식품의약품안전처장, 시·도지사

answer | **01** ① **02** ② **03** ①

04 식품기사 2015년 3회

식중독 원인조사에서 원인규명의 제한사항이 아닌 것은?

① 식품은 여러 가지 성분으로 복잡하게 구성되어 원인물질과 원인균 규명이 어렵다.
② 환자 2인 이상에서 동일한 혈청형 또는 유전자형의 미생물이 검출되더라도, 식품에서 원인물질을 검출하지 못하면 식중독으로 판정할 수 없다.
③ 식중독을 일으키는 균이나 독소 등은 식품에 극미량 존재하여 식품에서 원인균이 검출되지 않는 경우가 있다.
④ 환자의 가검물 채취보다 병원에서의 치료가 선행될 경우 원인물질 검출이 어렵다.

🔖 식중독 원인조사 결과, 역학적으로 관련이 있는 식품에서 원인물질이 검출되거나 환자 2인 이상에서 동일한 혈청형 또는 유전자형의 미생물이 검출되면 식중독으로 판정한다.

05 경기 유사기출

식중독 발생 시 시장, 군수, 구청장 등이 원인을 조사해야 할 항목을 모두 고르면?

| ㄱ. 섭취음식 위험도 조사 | ㄴ. 이화학적 시험조사 |
| ㄷ. 발병자의 섭취내용물 조사 | ㄹ. 오염경로를 찾기 위한 환경조사 |

① ㄱ, ㄴ, ㄷ
② ㄱ, ㄴ, ㄹ
③ ㄴ, ㄷ, ㄹ
④ ㄱ, ㄴ, ㄷ, ㄹ

🔖 **식품위생법 시행령 제59조제2항**
법 제86조제2항에 따라 특별자치시장·시장·군수·구청장이 하여야 할 조사는 다음 각 호와 같다.
1. 식중독의 원인이 된 식품등과 환자 간의 연관성을 확인하기 위해 실시하는 설문조사, 섭취음식 위험도 조사 및 역학적 조사
2. 식중독 환자나 식중독이 의심되는 자의 혈액·배설물 또는 식중독의 원인이라고 생각되는 식품등에 대한 미생물학적 또는 이화학적 시험에 의한 조사
3. 식중독의 원인이 된 식품등의 오염경로를 찾기 위하여 실시하는 환경조사

06 경기·경북·교육청 유사기출

식중독의 발생 동향이 아닌 것은?

① 계절 의존성이 뚜렷하다.
② 원인시설별로는 학교급식소가 환자수가 가장 많다.
③ 독성물질에 의한 식중독이 건수와 환자수는 많으나 사망률은 세균성 식중독이 훨씬 높다.
④ 겨울철에 주로 발생하는 바이러스 식중독 발생이 증가하였다.

🔖 세균성 식중독이 독성물질에 의한 식중독보다 건수와 환자수가 더 많다.

---

answer | **04** ② **05** ② **06** ③

07 경기 유사기출

2024년 6월에 발표한 식품의약품안전처 식품안전나라 2023년 식중독통계에서 식중독 발생 건수와 환자수가 1위인 원인세균은?

① 병원성대장균
② 살모넬라균
③ 클로스트리디움 퍼프린젠스
④ 노로바이러스

✎ 2024년 6월 잠정 기준 2023년 발생한 세균성 식중독 중 발생건수와 환자수가 1위인 것은 살모넬라이다. 2023년 살모넬라는 발생건수 45건, 환자수 2,419명으로 세균성 식중독 중 1위이다.

08 식품기사 2013년 3회

식중독의 분류와 관련된 내용의 연결이 틀린 것은?

① 화학적 식중독 – 조리 기구에 의한 중독 – 녹청, 납
② 원충성 식중독 – 독소형 – 시겔라
③ 자연독 식중독 – 곰팡이 독소에 의한 중독 – 황변미독
④ 바이러스 식중독 – 공기, 접촉, 물 등의 경로로 전염 – 로타바이러스

✎ • 세균성 식중독 중 독소형식중독에는 보툴리누스균, 황색포도상구균 등이 있다.
　• 시겔라는 세균성 이질균으로 경구감염병에 해당된다.

09 교육청 유사기출 식품기사 2016년 2회

식중독 발생 시 취해야 할 조치로 적절하지 않은 것은?

① 의심되는 모든 식품을 채취하여 역학조사를 실시한다.
② 환자와 상세하게 인터뷰를 하여 섭취한 음식과 증상에 대해 조사한다.
③ 조리종사자의 예방접종을 실시한다.
④ 관련식품의 유통을 금지하여 확산을 방지한다.

✎ 식중독은 예방접종이 없다. 일반적으로 예방접종은 감염병을 예방하기 위해 실시한다.

10 경기 유사기출

식중독 지수는 4단계로 구분하여 제공되는데, 그 중 식중독 지수가 71이상 86미만으로 식중독 발생가능성이 높으므로 식중독 예방에 경계가 요망되는 단계는?

① 위험
② 경고
③ 주의
④ 관심

✎ 식중독의 원인균이다. 식중독 지수가 71이상~86미만은 경고단계로 식중독 발생가능성이 높으므로 식중독 예방에 경계가 요망된다. 조리도구는 세척, 소독 등을 거쳐 세균오염을 방지하고 유통기한, 보관방법 등을 확인하여 음식물 조리, 보관에 각별히 주의하여야 한다.

answer | 07 ② 08 ② 09 ③ 10 ②

11 식품산업기사 2018년 2회

세균성 식중독의 발생 조건으로 틀린 것은?

① 원인세균이 식품에 부착하면 어떤 경우라도 발생한다.
② 특수원인세균으로서 특정 식품을 오염시키는 특수 관계가 성립하는 경우가 있다.
③ 적합한 습도와 온도일 때 식중독 세균이 발육한다.
④ 일반인에 비하여 면역기능이 저하된 위험군은 식중독 세균에 감염 시 발병할 가능성이 더 높다.

◀ 세균성 식중독의 발생조건
- 세균의 증식에 필요한 적합한 온도와 습도 일 때, 충분한 영양소와 수분이 함유되어 있을 때 세균이 발육하여 다량의 세균이나 독소가 생성된다.
- 원인세균에 따른 특정 식품이 있어야 한다.
- 면역기능이 저하된 위험군은 식중독 세균에 감염 시 발병할 가능성이 더 높다.

12 수탁지방직 2010년 기출

세균성 식중독과 경구 감염병과의 차이점을 바르게 설명한 것은?

① 경구 감염병은 소량의 원인균으로 발병하나 세균성 식중독은 다량의 균으로 발병한다.
② 세균성 식중독은 발병 후 면역이 생기나 경구 감염병은 생기지 않는다.
③ 세균성 식중독과 경구 감염병은 2차 감염이 빈번하게 일어난다.
④ 세균성 식중독은 경구 감염병에 비하여 잠복기가 길다.

◀ 경구감염병은 발병 후 면역이 생기지만 세균성 식중독은 그렇지 않다. 세균성 식중독은 2차감염이 거의 일어나지 않으며 경구감염병에 비해 잠복기가 비교적 짧다.

13 수탁지방직 2009년 기출

감염형 식중독 병원체가 아닌 것은?

① Salmonella enteritidis　　　　② Yersinia enterocolitica
③ Staphylococcus aureus　　　　④ Vibrio parahaemolyticus

◀ Staphylococcus aureus는 황색포도상구균으로 독소형 식중독의 원인균이다.

14 식품산업기사 2016년 2회

다음 중 나머지 셋과 식중독 발생기작이 다른 미생물은?

① Salmonella enteritidis　　　　② Staphylococcus aureus
③ Bacillus cereus　　　　　　　④ Clostridium botulinum

◀ ②, ③, ④는 독소형 식중독의 원인균이고, ①은 감염형 식중독균이다.

---

answer | 11 ① 　12 ① 　13 ③ 　14 ①

15 경기 유사기출

식중독은 발병메카니즘에 따라 감염형, 독소형, 중간형(감염독소형)으로 분류한다. 중간형(감염독소형)에 해당하는 식중독균은?

① Salmonella enteritidis
② Staphylococcus aureus
③ Bacillus cereus
④ Clostridium botulinum

🔖 세균성 식중독 중 중간형(감염독소형, 생체내독소형)으로 분류되는 것은 Clostridium perfringens, Bacillus cereus균(설사형)이다.

16

다음 살모넬라균 식중독에 대한 설명으로 옳지 않은 것은?

① 조리, 가공 단계에서 오염이 증폭되어 대규모 사건이 발생되기도 한다.
② 달걀, 어육, 연제품 등 광범위한 식품이 오염원이 된다.
③ 주요 증상은 복통, 수양성 설사, 시력저하, 동공확대, 심한발열(38~40℃) 등이다.
④ 내열성이 비교적 약해 60℃ 20분 가열로 예방이 가능하다.

🔖 살모넬라균 식중독은 균종에 따라 다양하여 6~72시간, 보통은 12~24시간의 잠복기를 거친 후 메스꺼움, 구토, 발열, 복통, 설사 등의 일반적인 위장염 증상을 보인다. 특히, 38~40℃의 급격한 발열증상을 보이는 것이 특징이다.

17 경기 유사기출

다음 중 Salmonella균에 대한 설명으로 옳지 않은 것은?

① 아포가 없는 Gram 음성의 통성혐기성 간균이다.
② 생육최적온도는 37℃, 최적 pH는 7~8이다.
③ 트립토판으로부터 인돌을 형성하지 못하고 황화수소를 생성한다.
④ 대장균과는 달리 유당을 분해하지 못하고, 4℃에서도 충분히 생육이 가능한 균이다.

🔖 살모넬라균은 10℃ 이하의 식품 중에서는 거의 증식할 수 없다.

18 식품산업기사 2014년 3회

어패류 생식이 주된 원인이며 세균성 이질과 비슷한 증상을 나타내는 식중독균은?

① 병원성 대장균
② 보툴리누스균
③ 장구균
④ 장염비브리오균

🔖 장염비브리오는 해수균으로 어패류가 주원인식품이며, 8~20시간의 잠복기를 거친 후 복통, 구토, 설사 등을 유발하는 급성위장염으로 오한, 발열, 권태감 등을 동반한다. 사람의 비브리오균이 침투하면 장관세포를 파괴하여 점혈변을 일으킨다.

---

answer | 15 ③ 16 ③ 17 ④ 18 ④

19 교육청 유사기출 수탁지방직 2011년 기출

장염 비브리오균에 대한 설명으로 옳지 않은 것은?

① 호염성 해수세균으로 그람 음성균이다.
② 어패류를 취급하는 조리기구에 의해 교차오염이 가능하다.
③ 우리나라에서는 겨울철에 굴에서 많이 발견된다.
④ 열에 약하므로 섭취 전 가열로 사멸이 가능하다.

◀ 우리나라 겨울철 굴에서 많이 발견되는 것은 노로바이러스이다.

20 식품산업기사 2016년 3회

Vibrio parahaemolyticus에 의한 식중독에 대한 설명으로 틀린 것은?

① 융모 선단에서 Na와 Cl의 흡수 저해로 수분을 다량 유출하여 설사를 야기한다.
② 대분 Kanankawa 반응 시험에서 양성을 나타낸다.
③ 그람음성균으로 민물에서는 살지 못한다.
④ 혈청형으로는 O1 균주와 non-O1 균주로 분류하는 것이 일반적이다.

◀ 장염비브리오 식중독의 원인균은 Vibrio parahaemolyticus로 그람음성의 무포자 통성혐기성 간균이며, 단모성 편모가 있다. 3% 전후의 염농도(3~5%, 10% 이상의 염농도에서는 성장이 정지)에서 잘 발육하는 호염균이며 내열성이 약해 60℃ 가열로도 사멸된다. 혈청형으로는 O1 균주와 non-O1 균주로 분류하는 것은 콜레라균이다.

21 식품산업기사 2018년 1회

비브리오 패혈증에 대한 설명으로 틀린 것은?

① 원인균은 V. parahaemolyticus이다.
② 간 질환자나 당뇨 환자들이 걸리기 쉽다.
③ 전형적인 증상은 무기력증, 오한, 발열 등이다.
④ 감염을 피하기 위해 수온이 높은 여름철에 조개류나 낙지류의 생식을 피하는 것이 좋다.

◀ 비브리오 패혈증의 원인균 : Vibrio vulnificus

22 경북 유사기출

병원성 대장균에 대한 설명으로 옳지 않은 것은?

① 그람음성 호기성·통성혐기성의 무아포 간균이다.
② 최저 발육온도는 8~10℃이며, 45.5℃ 이상에서는 생육이 어렵다.
③ 유당을 분해하여 산과 가스를 생성하며, 인돌시험과 메틸레드 시험은 음성반응을 보인다.
④ 발병양식에 따라 장관병원성, 장조직침입성, 장독소원성, 장출혈성, 장응집성 대장균으로 분류한다.

◀ 병원성 대장균 : 인돌시험 양성, 메틸레드 시험 양성, VP시험 음성, citrate 이용시험 음성

answer | 19 ③ 20 ④ 21 ① 22 ③

23 교육청 유사기출

병원성 대장균 식중독에 대한 설명으로 옳은 것은?

① 장관독소원성 대장균 : 하절기 영유아 설사증의 원인균이다.
② 장관출혈성 대장균 : 장관에서 정착하여 베로톡신(시가톡신)을 생산한다.
③ 장관병원성 대장균 : 세포침입성은 없으나 독소를 생성하여 급성위장염을 일으킨다.
④ 장관조직침입성 대장균 : 이질환자에게 분리되며 자연계에서도 분리된다.

- **장관병원성 대장균** : 세포 비침입성, 독소를 생성하지 않으며 하절기 영유아 설사증의 원인균이다.
- **장관독소원성 대장균** : 콜레라와 유사한 특징을 보이며, 여행자 설사증의 원인균이다.
- **장관조직침입성 대장균** : 인간이 고유숙주로 이질균과 같이 대장점막의 상피세포에 침입해서 감염을 일으켜 → 세포괴사 등에 의해 궤양 형성 → 발열, 복통이 주증상이고 환자의 10%정도는 합병증을 일으키고 혈액과 점액이 섞인 설사를 보인다. 자연계에서 분리되지 않는다.

24 수탁지방직 2009년 기출

병원성 대장균의 종류 중 햄버거의 덜 익힌 다진 고기에서 주로 발견되는 E.coli O157 : H7이 속하는 것은?

① 장관출혈성 대장균
② 장관독소원성 대장균
③ 장관침투성 대장균
④ 장관병원성 대장균

- 장관출혈성 대장균
  - 혈청형 중 O26, O103, O104, O111, O113, O146, O157 등이 속함
  - 대표적인 균 : E. Coli O157 : H7
    1982년 미국에서 햄버거에 의한 식중독 사건으로 처음 확인됨

25 경북 유사기출

다음에서 설명하는 병원성 대장균은?

- 인간이 고유숙주이다.
- 발열, 복통, 혈액과 점액이 섞인 설사 등을 주요 증상으로 한다.
- 세균성 이질과 유사한 증상을 일으킨다.

① 장관병원성 대장균
② 장관침입성 대장균
③ 장관독소원성 대장균
④ 장관출혈성 대장균

- 장관침입성 대장균은 발열, 복통, 혈액과 점액이 섞인 설사 등의 증상을 일으키고, 세균성 이질과 유사한 장염을 보인다.

26 교육청 유사기출

장출혈성 대장균(EHEC)에 대한 설명 중 옳지 않은 것은?

① 10^3 이상의 균량으로 발병 가능하며, 비교적 잠복기가 길다.
② 사람의 장내에서 베로톡신을 생산하며, 독소는 용혈성 요독증후군을 일으킬 수 있다.
③ 산에 대한 내성이 강해 pH 4.5 이하 식품에서도 생장 가능하다.
④ 부적절하게 살균소독제 기구 등으로 인하여 사람에게 전파되기 쉽다.

🔹 장관출혈성 대장균은 10^3 이하의 적은 균량으로도 발병이 가능하며, 사람으로부터 사람으로 감염 가능하다.

27 식품기사 2017년 3회

장출혈성 대장균의 특징 및 예방방법에 대한 설명으로 틀린 것은?

① 오염된 식품 이외에 동물 또는 감염된 사람과의 접촉 등을 통하여 전파될 수 있다.
② 75℃에서 1분 이상 가열하여도 사멸되지 않는 고열에 강한 변종이다.
③ 신선채소류는 염소계 소독제 100ppm으로 소독 후 3회 이상 세척하여 예방한다.
④ 치료 시 항생제를 사용할 경우, 장출혈성 대장균이 죽으면서 독소를 분비하여 요독증후군을 악화시킬 수 있다.

🔹 대장균은 비교적 열에 약해 60℃ 30분 가열로 사멸되므로 식품을 75℃에서 1분 이상 가열하면 예방이 가능하다.

28 경기 유사기출

최적 발육온도가 42℃인 그람음성 나선형 간균으로 닭 등의 가금육으로부터 오염될 수 있는 미호기성 식중독균은?

① Listeria monocytogenes
② Pathogenic Escherichia coli
③ Campylobacter jejuni
④ Salmonella Enteritidis

🔹 캠필로박터 식중독의 원인균은 Campylobacter jejuni 로 그람음성 미호기성 무아포 S자형(나선형) 간균이며, 발육 최적온도는 42℃이다. 인수공통병원균으로 감염균량은 10^3/g 이하로 미량이며, 잠복기는 2~5일 정도로 긴 편이다.

29 식품산업기사 2015년 3회

캠필로박터증(campylobacteriosis)에 의한 식중독 원인균의 설명으로 틀린 것은?

① 30℃ 이하에서는 생육하기 어렵다.
② 성장을 위해 미호기적 조건(micro-aerophilic condition)을 요구한다.
③ 다른 미생물들과의 경쟁력은 강하다.
④ 최적조건에서도 성장은 느린 편이다.

🔹 캠필로박터균은 일반적인 호기배양방법으로 전혀 발육하지 않는 미호기성균(5~10%)으로 상온의 공기 속에서 서서히 사멸, 산소가 전혀 없는 혐기조건에서도 성장할 수 없으며, 다른 미생물들과의 경쟁력도 약하다.

answer | 26 ① 27 ② 28 ③ 29 ③

30

Campylobacter jejuni 식중독에 대한 설명으로 옳지 않은 것은?

① 인수공통병원균으로 동물 특히 소, 염소에게 감염성 유산을 일으킨다.
② 감염형 식중독의 원인균이며, 아주 미량을 섭취하더라도 식중독에 걸릴 수 있다.
③ 잠복기가 2~5일 정도로 길며, 주증상은 뇌수막염, 패혈증, 유산 등이다.
④ 원인식품은 식육과 그 가공품, 가금류로 조리한 음식 등이다.

뇌수막염, 패혈증, 유산 등의 증상을 보이는 것은 리스테리아 식중독이다.

31　교육청 유사기출

다음에서 설명하는 식중독균은?

• 돼지장염균으로 특히 돼지가 보균하는 경우가 많다.
• 장내세균과의 그람음성 간균으로 저온에서 증식이 가능하다.
• 급성위장염, 맹장염과 유사한 복통 등을 유발할 수 있다.

① Listeria monocytogenes
② Campylobacter jejuni
③ Pathogenic Escherichia coli
④ Yersinia enterocolitica

여시니아 식중독의 원인균은 돼지장염균으로 알려진 Yersinia enterocolitica로 그람음성의 통성혐기성 간균이며, 주모성 편모는 30℃에서는 유지되나 37℃에서는 편모를 잃는 특징이 있다. 장내세균과이며 저온균으로 4℃에서도 잘 발육한다.

32　식품산업기사 2017년 3회

여시니아 엔테로콜리티카균에 대한 설명으로 틀린 것은?

① 그람음성의 단간균이다.
② 냉장보관을 통해 예방할 수 있다.
③ 진공포장 중에서도 증식할 수 있다.
④ 쥐가 균을 매개하기도 한다.

여시니아 엔테로콜리티카는 4℃에서도 잘 발육하는 저온균이다.

33 수탁지방직 2011년 기출

다음 글이 설명하는 특성을 가진 식중독 세균은?

- 이 균은 냉장온도에서도 생육이 가능하며 반고체배지에서 우산 모양의 운동성이 나타난다.
- 그람 양성균으로 임산부, 신생아, 노인 등 면역력이 저하된 사람에게서 패혈증, 수막염, 유산 등을 일으킨다.
- 우리나라에서는 훈제연어에서 이 균이 발견되어 사회적 문제가 되기도 하였다.

① Escherichia coli O157:H7   ② Listeria monocytogenes
③ Salmonella typhimurium   ④ Vibrio vulnificus

◀ Listeria monocytogenes 식중독의 증상
- 근육통, 발열, 오심이 주증상
- 건강한 성인에게는 대부분 무증상으로 경과, 인플루엔자와 비슷한 증상
  임산부는 유산, 조산
  감수성이 높은 임산부, 신생아, 노인 등 면역능력이 저하된 사람에게 패혈증, 수막염, 뇌수막염증

34 수탁지방직 2009년 기출

리스테리아균 식중독에 관한 설명으로 옳지 않은 것은?

① 그람양성의 통성혐기성균으로 냉장조건하에서도 성장하며 포자를 형성하여 생존력이 강하다.
② 임산부와 태아에게는 유산, 사산 또는 신생아 패혈증을 유발한다.
③ 인수공통감염병의 원인균이며 양에게 감염될 경우 유산이나 뇌수막염을 일으킬 수 있다.
④ 주요 전염원은 가금류, 육류, 치즈, 열처리하지 않은 우유 및 채소 등이다.

◀ 리스테리아 식중독의 원인균은 Listeria monocytogenes로 그람양성의 통성혐기성 무포자 간균이며, 발육최적온도는 약 30~35℃ 이지만 4℃에서도 생육이 가능하다.

35 경기 유사기출

감염형 식중독균들의 특징으로 옳지 않은 것은?

① 캠필로박터균 – 미호기성, 나선형 간균, 주요 원인식품은 가금류, 식육, 해산물 등
② 리스테리아균 – 통성혐기성, 그람음성 간균, 주요 감염원은 유제품, 수산물, 채소 및 식육
③ 살모넬라균 – 통성혐기성, 그람음성 간균, 주요 원인식품은 달걀, 가금류 및 2차 가공품
④ 여시니아균 – 통성혐기성, 냉장온도와 진공포장에서 증식 가능, 감염원은 돼지, 개, 고양이

◀ 리스테리아균은 그람양성균이다.

answer | 33 ②   34 ①   35 ②

36 교육청 유사기출

독소형 식중독에 대한 설명으로 옳지 않은 것은?

① 대표적인 원인균은 Staphylococcus aureus이다.
② 감염형 식중독에 비해 잠복기가 비교적 짧다.
③ 원인균이 생성한 독소를 섭취하여 발생한다.
④ 증상은 구토, 복통, 설사, 발열 등을 보인다.

◀ 독소형 식중독은 일반적으로 발열증상이 거의 없다.

37

식중독의 원인 세균 중 사람이나 동물의 피부, 점막 및 장관 등에 정착하고 있으며, 식품취급자가 화농성 질환이 있는 경우 감염되기 쉬운 식중독의 원인균은?

① Staphylococcus aureus
② Listeria monocytogenes
③ Bacillus cereus
④ Clostridium botulinum

◀ Staphylococcus aureus(황색포도상구균)
 • 사람이나 동물의 피부, 점막 및 장관 등에 정착하고 있으며, 사람의 피부, 점막 등의 상처에 침입해 염증을 일으키는 대표적인 화농균임
 • 자연계에 널리 분포하고 자연환경에 대한 저항성이 강함

38 식품기사 2018년 2회

황색포도상구균 식중독의 특징이 아닌 것은?   식품기사 2018년 2회

① 내열성이 강한 장내독소인 enterotoxin에 의한 독소형이다.
② 잠복기가 짧은 편으로 급격히 발병한다.
③ 사망률이 다른 식중독에 비해 비교적 낮다.
④ 열이 39℃ 이상으로 지속된다.

◀ 황색포도상구균 식중독의 증상은 급성위장염으로 구토, 메스꺼움, 복통, 설사 등을 일으키며, 설사는 보통 수양성 설사이며 일반적으로 발열은 거의 없다.

answer | 36 ④ 37 ① 38 ④

39

황색포도상구균에 대한 설명으로 옳은 것은?

> ㄱ. 건강인은 이 균을 보균하고 있지 않으므로 보통의 가공과정에 의해 식품에 혼입되는 경우는 드물다.
> ㄴ. 건조상태에서 저항성이 강하여 식품이나 가검물 등에서 장기간 생존한다.
> ㄷ. 수분활성도 0.87에서는 발육하지 못한다.
> ㄹ. 과당과 젖당 등을 발효하여 젖산을 생성하지만 가스 생성 능력은 없으며, 황색의 색소를 생성한다.

① ㄱ, ㄷ

② ㄴ, ㄹ

③ ㄱ, ㄴ, ㄷ

④ ㄴ, ㄷ, ㄹ

◀ 황색포도상구균은 건강한 사람의 피부, 점막 등에도 이 균을 보균하는 경우가 있으며, 수분활성도 0.87에서도 발육할 수 있다.

40 `경기 유사기출` `식품산업기사 2017년 1회`

식중독균인 황색포도상구균(Staphylococcus aureus)과 이 구균이 생산하는 독소인 enterotoxin에 대한 설명 중 옳은 것은?

① 이 구균은 coagulase 양성이고 mannitol을 분해한다.

② 포자를 형성하는 내열성균이다.

③ 독소 중 A형만 중독증상을 일으킨다.

④ 일반적인 조리방법으로 독소가 쉽게 파괴된다.

◀ 황색포도상구균은 포자를 형성하지 않으며, 균은 내열성이 약하다. 황색포도상구균이 생성하는 엔테로톡신은 항원성에 따라 A～E형으로 분류되며 모두 식중독과 관련이 있으며, 내열성이 커서 일반적인 조리방법에 의해서는 예방이 불가능하다.

41 `수탁지방직 2009년 기출`

그람양성의 절대혐기성 간균으로 신경장애 증상을 나타내는 식중독균은?

① Staphylococcus aureus

② Clostridium botulinum

③ Campylobacter jejuni

④ Listeria monocytogenes

◀ Clostridium botulinum은 그람양성의 편성혐기성 간균으로 식품 중에서 neurotoxin을 생성하며 신경증상을 보인다.

42

Clostridium botulinum의 특성으로 옳지 않은 것은?

① 그람양성 간균으로 내열성 아포를 형성한다.
② 통조림, 병조림 등의 밀봉식품의 부패에 주로 관여된 균이다.
③ A형 균은 채소, 과일 및 육류와 관계가 깊고, E형은 내열성이 가장 약하다.
④ 보툴리누스균은 100℃, 30초 정도 살균하면 모두 사멸된다.

🖐 보툴리누스균은 내열성 아포를 형성하므로 내열성이 강하다. A, B, F형균 포자는 100℃ 6시간, 120℃ 4분 이상 가열해야 파괴가 가능하다.

43 식품산업기사 2016년 2회

Clostridium botulinum에 의해 생성되는 독소의 특성과 가장 거리가 먼 것은?

① 단순단백질 ② 강한 열저항성
③ 수용성 ④ 신경독소

🖐 보툴리누스균이 생산한 neurotoxin은 내열성이 약해 80℃ 20분, 100℃ 2~3분 정도 가열하면 불활성화된다.

44 식품산업기사 2013년 2회

김밥 등의 편이식품 등에 존재할 수 있으며 아포를 생성하는 독소형 식중독균의 원인균은?

① Staphylococcus aureus ② Salmonella enteritidis
③ Bacillus cereus ④ Clostridium botulinum

🖐 김밥 등의 편이식품에서 검출되기 쉬운 것은 포도상구균과 세레우스균(구토형)이며 그 중 아포를 형성하는 균은 세레우스균이다.

45 교육청·경기 유사기출

Bacillus cereus에 의한 식중독에 대한 설명으로 옳지 않은 것은?

① 원인균은 그람양성 호기성·통성혐기성 간균으로 내열성 포자를 생성한다.
② 구토형 독소는 저분자 펩티드로 소화효소에 의해 분해되지 않는다.
③ 설사형 독소는 고분자 단백질로 열에 강하며, 증상은 웰치균 식중독과 유사하다.
④ 설사형은 식품 중에서 생성된 독소가 아니라 주로 장내에서 생성한 독소가 원인이다.

🖐 설사형 독소는 고분자 단백질로 열에 약해 60℃ 가열로 불활성화된다.

answer | 42 ④ 43 ② 44 ③ 45 ③

46

식품 내에서는 독소를 생성하지 않으나 장내에서 독소를 생성하여 식중독을 유발하는 혐기성의 간균은?

① Staphylococcus aureus
② Clostridium perfringens
③ Bacillus cereus
④ Clostridium botulinum

식품 내에서는 독소를 생성하지 않으나 장내에서 독소를 생성하여 식중독을 유발하는 중간형(생체내 독소형)에는 Clostridium perfringens와 Bacillus cereus(설사형)가 있으며, 그 중 혐기성균은 Clostridium perfringens이다.

47 경남 유사기출

집단급식소에서 동물성 단백질 식품을 대량으로 가열 조리한 후 급랭하지 않고 실온에서 장시간 방치하여 서서히 식힐 때 증식하기 쉬운 식중독의 원인균은?

① Listeria monocytogenes
② Yersinia enterocolitica
③ Clostridium botulinum
④ Clostridium perfringens

Clostridium perfringens 식중독의 주 원인식품은 동물성 단백질 식품이며, 이를 가열조리 후 급랭하지 않은 대량 가열조리 식품에서 주로 식중독이 발생한다.

48

Clostridium perfringens에 의한 식중독에 관한 설명 중 옳은 것은?

① 원인균은 그람양성 혐기성 간균으로 편모가 있어 운동성이 있다.
② 채소류보다는 육류와 같은 고단백질 식품과 자주 관련된다.
③ 병독성이 강해 적은 균수로도 식중독이 발생하며, 포자형성이 일어나는 경우에만 식중독이 발생한다.
④ 식중독 방지를 위하여 고기를 세절하는 것보다 가능한 한 큰 덩어리로 가열조리하는 것이 유리하다.

Clostridium perfringens에 의한 식중독
원인균은 편모가 없어 운동성이 없으며, 다량의 균을 섭취하여 장내에서 포자 형성 시 생성한 독소에 의해 식중독이 발생한다. 식중독을 방지하기 위해서는 큰 덩어리의 고기는 세절하여 가열조리하는 것이 유리하다.

49 교육청 유사기출

클로스트리디움 퍼프린젠스(Clostridium perfringens)균에 대한 설명으로 옳지 않은 것은?

① 웰치균이라고도 하며 포자를 형성하는 그람양성 간균이다.
② 편모가 있어 운동성이 있으며, 생육 최적온도는 43~47℃이다.
③ 장관내에서 포자를 형성하면서 장독소를 생성한다.
④ 독소에 따라 여러 균형으로 분류되고 대부분 A형에 의해 식중독이 발생한다.

Clostridium perfringens는 그람양성 혐기성 간균으로 포자를 형성하며 편모가 없다.

answer | 46 ② 47 ④ 48 ② 49 ②

50 수탁지방직 2009년 기출

어육 등에 번식하여 histidine을 탈탄산화하여 histamine을 생성함으로써 섭취 시 알레르기를 유발시키는 원인균은?

① Campylobacter jejuni
② Morganella(Proteus) morganii
③ Vibrio parahaemolyticus
④ Yersinia enterocolitica

🔹 Allergy성 식중독(histamine 중독)
원인균은 Morganella morganii로 어육 등에 번식해 히스티딘 탈탄산효소를 생성하여 histidine으로부터 알레르기성 식중독의 원인물질인 histamine 생성하여 식중독을 유발한다.

51 식품기사 2019년 3회

다음 중 알레르기성 식중독의 원인물질은?

① arginine
② histamine
③ alanine
④ trimethylamine

52 식품산업기사 2014년 1회

다음 식중독을 일으키는 세균 중 잠복기가 가장 짧은 균주는?

① Salmonella enteritidis
② Staphylococcus aureus
③ Escherichia coli O-157
④ Clostridium botulinum

🔹 황색포도상구균(Staphylococcus aureus) 식중독은 잠복기가 1~6시간, 평균 3시간으로 가장 짧다.

53 식품산업기사 2015년 2회

음식을 섭취한 임신부가 패혈증이 발생하고 자연유산을 하였다. 식중독 유발 균주를 확인한 결과 식염 6%에서 성장 가능하고 catalase 양성이었다. 이 식품에 오염된 균은?

① Yersinis enterocolitica
② Campylobacter jejuni
③ Listeria monocytogenes
④ Escherichia coli O157:H7

🔹 리스테리아 식중독의 증상
• 근육통, 발열, 오심이 주증상
• 건강한 성인에게는 대부분 무증상으로 경과, 인플루엔자와 비슷한 증상
임산부는 유산, 조산
감수성이 높은 임산부, 신생아, 노인 등 면역능력이 저하된 사람에게 패혈증, 수막염, 뇌수막염 증

answer | 50 ② 51 ② 52 ② 53 ③

54 수탁지방직 2011년 기출

식중독 독소에 대한 설명으로 옳지 않은 것은?

① Bacillus cereus의 구토형 독소는 식품 내 생성 독소이다.
② Clostridium botulinum의 독소는 장관 내 생성 독소이다.
③ Clostridium perfringens의 독소는 장관 내 생성 독소이다.
④ Staphylococcus aureus의 독소는 식품 내 생성 독소이다.

◀ Clostridium botulinum의 독소는 식품 내 생성 독소이다.

55

상온 방치한 매운탕 재료를 끓여 먹었는데 식중독이 발생하였다면 가장 가능성이 높은 식중독의 원인 물질은?

① 프토마인(ptomaine)
② 테트로도톡신(tetrodotoxin)
③ 에르고톡신(ergotoxin)
④ 엔테로톡신(enterotoxin)

◀ 상온 방치한 매운탕 재료를 끓여 먹었는데 식중독이 발생하였다면 가장 가능성이 높은 식중독은 황색포도상구균 식중독이며, 이 식중독의 원인물질은 장독소인 엔테로톡신(enterotoxin)이다.

56 수탁지방직 2011년 기출

세균성 식중독균에 대한 설명으로 옳은 것은?

① 살모넬라균은 달걀, 가금류, 식육에서 많이 발견되지만 장내세균과(enterobacteriaceae)는 아니다.
② 사카자키균은 건조한 식품에서 내성을 가지고 있으며 조제분유에서 발견되기도 한다.
③ 비브리오패혈증균은 내열성이 있으며 어패류에 오염되면 건강한 사람에게도 잘 발병된다.
④ 대장균 O157:H7균은 편성혐기성균으로 진공포장 육제품에서 베로톡신을 생산한다.

◀ 살모넬라균은 장내세균과이며, 비브리오패혈증균은 열에 약하고, 대장균 O157:H7균은 호기성 · 통성혐기성균이다.

57 경기 유사기출

다음 중 가장 소량의 균수로 발병이 가능한 식중독균은?

① Clostridium perfringens
② Bacillus cereus
③ Listeria monocytogenes
④ Yersinis enterocolitica

◀ Listeria monocytogenes는 수 개~1000개 정도의 균수로도 식중독의 발생이 가능하다.

answer | 54 ② 55 ④ 56 ② 57 ③

58 식품산업기사 2014년 1회

가장 낮은 수분활성도를 갖는 식품에서 생육 할 수 있는 세균은?

① Listeria monocytogenes
② Campylobacter jejuni
③ E. coli
④ Staphylococcus aureus

🔹 Staphylococcus aureus는 Aw0.86 에서도 생육이 가능하다.

59 경북 유사기출 식품기사 2014년 1회

다음 식중독 세균과 주요 원인식품의 연결이 가장 부적절한 것은?

① 병원성 대장균 - 생과일주스
② 살모넬라균 - 달걀
③ 클로스트리디움 보툴리눔 - 통조림
④ 바실러스 세레우스 - 생선회

🔹 생선회에서 발생하기 쉬운 식중독은 장염비브리오 식중독이다.

60 식품산업기사 2017년 3회

산소가 소량 함유된 환경에서 발육할 수 있는 미호기성 세균으로 식육을 통해 감염될 수 있는 식중독균은?

① 살모넬라
② 캠필로박터
③ 병원성 대장균
④ 리스테리아

🔹 캠필로박터균은 미호기성균이다.

61 교육청 · 경북 유사기출

신경독소(neurotoxin)를 생성하는 식중독의 원인균은?

① Staphylococcus aureus
② Clostridium botulinum
③ Clostridium perfringens
④ Bacillus cereus

🔹 식품 중에서 신경독소(neurotoxin)를 생성하는 세균은 Clostridium botulinum이다.

62 경기 · 경북 유사기출

다음 식중독균에 대한 설명 중 옳지 않은 것은?

① Clostridium perfringens는 아포형성 시 생산한 독소가 식중독의 원인이다.
② Vibrio parahaemolyticus는 그람음성의 3% 호염균으로 어패류 및 그 가공품이 주요 원인식품이다.
③ Yersinia enterocolitica는 $5℃$ 이하 냉장온도에서도 증식 가능하며, 고위험군에서는 수막염, 유산, 패혈증 등이 나타난다.
④ 단백질 분해 능력이 없는 E형의 Clostridium botulinum은 $4℃$의 저온에서도 생육이 가능하다.

🔹 고위험군에서는 수막염, 유산, 패혈증 등의 증상을 일으키는 것은 리스테리아균(Listeria monocytogenes)이다.

answer | 58 ④ 59 ④ 60 ② 61 ② 62 ③

63 교육청 유사기출

식중독을 일으키는 세균과 바이러스에 대한 설명으로 옳지 않은 것은?

> ㄱ. 바이러스 식중독은 증가추세이며, 겨울보다 여름철에 더 많이 발생한다.
> ㄴ. 세균은 온도, 습도, 영양성분 등이 적정하면 자체 증식이 가능하다.
> ㄷ. 바이러스에 의한 식중독은 미량(10~100)의 개체로도 발병이 가능하다.
> ㄹ. 바이러스에 의한 식중독은 일반적인 치료법이나 백신이 개발되어 있다.

① ㄱ, ㄴ, ㄷ   ② ㄴ, ㄷ
③ ㄱ, ㄹ   ④ ㄴ, ㄷ, ㄹ

◀ 바이러스 식중독은 여름철보다 겨울철에 더 많이 발생하며, 일반적인 치료법이나 백신이 개발되어 있지 않다.

64 수탁지방직 2011년 기출

노로바이러스 식중독에 대한 설명으로 옳은 것은?

① 노로바이러스의 외가닥 RNA는 캡시드 내에 존재하고 외피(envelope)로 둘러싸여 있다.
② 노로바이러스는 미량(10~100) 개체로는 발병이 불가능하다.
③ 노로바이러스는 형태학적으로 소형구형바이러스(SRSV)이며 급성설사성 질환을 일으킨다.
④ 노로바이러스 식중독은 음식물이 부패하기 쉬운 여름철에 주로 발생하며, 겨울철에는 거의 발생하지 않는다.

◀ 노로바이러스는 외피가 없는 바이러스이며 미량의 개체로도 발병이 가능하며, 겨울철에 주로 발생한다.

65 수탁지방직 2009년 기출

노로바이러스 식중독에 대한 설명으로 옳지 않은 것은?

① 노로바이러스는 소형구형바이러스, Norwalk virus, 또는 Norwalk-like virus로도 명명되었다.
② 노로바이러스는 DNA 구형 바이러스로 적당한 온도와 습도에서 자가 증식할 수 있다.
③ 노로바이러스 식중독은 일반적으로 24~48시간의 잠복기 이후에 구역질, 구토, 설사, 복통 증상을 나타낸다.
④ 노로바이러스는 소화기 계통의 병원체이므로 오염된 식품이나 물을 통하여 주로 감염되고, 사람간의 접촉에 의한 전염도 가능하다.

◀ 노로바이러스는 RNA 구형 바이러스이며 자가증식이 불가능하다.

---

answer | 63 ③   64 ③   65 ②

66 경기 · 경북 유사기출

바이러스성 식중독에 대한 설명으로 옳지 않은 것은?

① 바이러스 식중독은 성별, 연령에 관계없이 발생하며, 재감염은 일어나지 않는다.
② 노로바이러스 식중독은 어패류 등의 식품을 85℃ 1분 이상 가열해야 예방이 가능하다.
③ 로타바이러스는 비교적 환경에 안정하기 때문에 오염된 기구를 접촉함으로써 감염되기도 한다.
④ 장관아데노바이러스 식중독은 잠복기가 평균 7일정도로 다른 바이러스보다 긴 것이 특징이다.

바이러스 식중독은 면역이 되지 않아 재발(재감염)이 가능하다.

67 교육청 유사기출

다음에서 설명하는 바이러스는?

- 수레바퀴 모양이며, 이중가닥의 RNA로 구성되어 있다.
- 잠복기는 보통 1~3일 정도이며, 주로 유아와 어린이에게 중증설사증를 일으킨다.
- 생채소, 패류 등 다양한 식품과 오염된 식수가 원인이다.

① 로타바이러스
② A형간염바이러스
③ 아데노바이러스
④ 아스트로바이러스

로타바이러스는 수레바퀴 모양으로 이중가닥의 RNA로 구성되어 있으며, 주로 유아와 어린이에게 중증설사증을 일으킨다.

68 경북 유사기출

우리나라의 식품별 중금속 기준에 대한 설명으로 옳지 않은 것은?

① 갑각류는 납, 카드뮴에 한해 중금속 기준이 정해져 있다.
② 과일류는 납과 카드뮴에 한해 중금속 기준이 정해져 있다.
③ 소고기는 납과 카드뮴에 한해 중금속 기준이 정해져 있다.
④ 연체류는 납, 카드뮴, 메틸수은, 수은에 한해 중금속 기준이 정해져 있다.

연체류는 납, 카드뮴, 수은에 한해 중금속 기준이 정해져 있다.

69 식품산업기사 2018년 3회

도자기제 및 법랑 피복제품 등에 안료로 사용되어 그 소성온도가 충분하지 않으면 유약과 같이 용출되어 식품위생상 문제가 되는 중금속은?

① Fe
② Sn
③ Al
④ Pb

---

answer | 66 ① 67 ① 68 ④ 69 ④

◀ Pb(납)
- 용점이 낮고 연질, 가공하기 쉽고 부식성이 매우 적은 것이 장점
- 상수도용납관, 활자합금, 납땜, 용접, 도료, 안료, 납유리공장, 축전지의 전극, 살충제 농약, 유연휘발유, 도자기 법랑제품의 유약 및 무늬용 도금 등 널리 사용
- 용출 : 통조림 땜납, 도자기 유약성분, 법랑제품 유약성분에서 검출 – 산성식품 담을 때 용출↑

70 　교육청 · 경북 유사기출

일본에서 발생했던 "이타이이타이병"의 원인물질로 단백뇨를 주증상으로 하며 혈중 칼슘 농도를 낮추어 골연화증을 초래하는 금속은?

① 납　　　　　　　　　　　　② 망간
③ 아연　　　　　　　　　　　④ 카드뮴

◀ 이타이이타이병
- 1940년대 일본 도야마현의 진즈가와 유역에서 처음 발생
  축전지 공장, 아연, 제련 공장, 광산 등의 폐수에 함유 → 이타이이타이(itai-itai)병
- 등뼈, 손발, 관절이 아프고 뼈가 약해져 잘 부러지는 공해병
- 신장기능장애(단백뇨 증상)와 칼슘대사장애로 인한 골연화증
- 다산을 경험한 여성에게서 발병률이 높음

71 　식품기사 2017년 2회

공장폐수에 포함된 수은이 환경수를 오염시켜 식품오염으로 연결된다. 이와 관련된 설명으로 틀린 것은?

① 무기수은은 세균에 의하여 메틸수은이 된다.
② 생체 내에서는 무기수은이 유기수은으로 변하는 일은 없다.
③ 유기수은은 무기수은보다 생체 축적성이 크다.
④ 머리카락 중의 총 수은량으로 메틸수은 중독을 진단하는 기준으로 쓸 수 있다.

◀ • 무기수은보다 유기수은이 독성이 더 강하며, 유기수은 중 메틸수은이 독성이 가장 강함
- 무기수은으로부터 토양, 하천, 바다 밑에 존재하는 미생물에 의해 메틸수은이 생성될 수 있다.
- 메틸수은은 장내세균에 의해서도 생기는 것으로 알려져 있다.

72 　식품기사 2018년 3회

메틸수은으로 오염된 어패류를 섭취하여 수은에 의한 축적성 중독을 일으키는 공해병은?

① PCB 중독　　　　　　　　② 이타이이타이병
③ 미나마타병　　　　　　　　④ 열중증

◀ 1952년 일본 규수 지방의 구마모토현 미나마타시의 화학공장에서 수은이 함유된 공장폐수를 바다로 방출하여 주민들에게 발생한 미나마타병은 대표적인 수은중독의 사례이다.

---

answer | 70 ④　71 ②　72 ③

73 경기 · 경남 유사기출

순도가 낮은 첨가물의 불순물로 혼입될 가능성이 높은 물질로 산분해간장사건, 모리나카 조제분유사건의 원인 물질로 만성중독 시 피부가 청색으로 변하고, 피부에 각화현상을 일으키는 원인 중금속은?

① 구리
② 비소
③ 납
④ 수은

◀ 비소의 용출 및 유래
 • 순도가 낮은 식품첨가물 중 불순물로 혼입 : 간장중독사건, 조제분유사건
 • 도자기, 법랑제품의 안료로 식품에 오염
 • 비소제 농약을 밀가루로 오용하는 경우

74 식품산업기사 2013년 3회

저온에서 소성시킨 도자기의 표면으로부터 가장 많이 용출되는 중금속은?

① 납
② 비소
③ 주석
④ 카드뮴

◀ 납은 도자기의 유약성분에 함유되어 있으며 제조 시 저온소성 하였거나, 산성식품을 담았을 때 용출되기 쉽다.

75 식품산업기사 2014년 2회

pH가 낮은 과일, 주스 통조림에서 용출되어 중독을 일으킬 수 있는 물질은?

① 비소
② 수은
③ 주석
④ 카드뮴

◀ 주석의 용출
 • 식품제조기구, 통조림(과일, 주스통조림), 도기안료 : 산성식품에서 용출
 • 주석은 관내용물 중 질산이온이 있거나 산성식품에서 산소존재 하에 용출이 급격히 증가

76 수탁지방직 2009년 기출

환경오염물질인 유해 중금속에 대한 설명으로 옳지 않은 것은?

① 납은 대부분 만성중독을 일으킨다.
② 미나마타병은 수은중독에 의한 것이다.
③ 이타이이타이병은 카드뮴중독에 의한 것이다.
④ 무기수은은 유기수은보다 독성이 강하다.

◀ 무기수은보다 유기수은이 독성이 더 강하다.

answer | 73 ② 74 ① 75 ③ 76 ④

77 경기 유사기출

유해 중금속의 유해성에 대한 설명으로 옳지 않은 것은?

① 카드뮴 중독에 의해 가장 큰 장애를 받는 기관은 신장이다.
② 체내에 흡수된 납은 대부분 지방조직에 축적되며 반감기는 길다.
③ 수은 중독은 만성 신경계 질환으로 운동 및 언어장애, 난청 등을 유발한다.
④ 카드뮴은 염색체 및 DNA 손상을 야기시키는 유전독성물질이다.

◀ 체내에 흡수된 납은 대부분 뼈에 축적되며 반감기가 10년으로 길다.

78 경기 유사기출

요소(urea), 멜라민(melamin) 수지로 만든 식기에서 용출되어 위생상 문제가 될 수 있는 유해 성분은?

① 비소
② 프탈레이트
③ 포름알데히드
④ 단량체

◀ 요소, 멜라민, 페놀 수지와 같은 열경화성 수지에서 용출되는 유해물질은 포름알데히드이다.

79 식품기사 2017년 2회

식품에 사용되는 기구 및 용기·포장의 기준 및 규격으로 틀린 것은?

① 기구 및 용기·포장은 물리적 또는 화학적으로 내용물이 오염되기 쉬운 구조이어서는 아니
된다.
② 전류를 직접식품에 통하게 하는 장치를 가진 기구의 전극은 철, 알루미늄, 백금, 티타늄
및 스테인리스 이외의 금속을 사용해서는 아니 된다.
③ 기구 및 용기·포장의 식품과 접촉하는 부분에 사용하는 도금용 주석은 납을 1%이상 함유하
여서는 아니 된다.
④ 랩 제조 시에는 디에틸헥실아디페이트(DEHA)를 사용하여서는 아니 된다. 다만, 용출되어
식품에 혼입될 우려가 없는 경우는 제외한다.

◀ 기구 및 용기·포장의 식품과 접촉하는 부분에 사용하는 도금용 주석은 납을 0.1%이상 함유하여서는 아니 된다.

80 경기 유사기출

식품포장재에서 용출될 수 있는 내분비교란물질은?

① 스티렌
② 폴리염화비페닐
③ 벤조피렌
④ 포름알데히드

◀ 식품포장재에서 용출될 수 있는 내분비교란물질 : 스티렌, 프탈산에스테르류(프탈레이트), 비스페놀 A 등

answer | 77 ② 78 ③ 79 ③ 80 ①

81 식품기사 2021년 3회

식품용 기구, 용기 또는 포장과 위생상 문제가 되는 성분의 연결이 틀린 것은?

① 종이제품 – 형광염료
② 법랑피복제품 – 납
③ 페놀수지제품 – 페놀
④ PVC(염화비닐수지)제품 – 포르말린

🔸 PVC 제품에서는 가소제, 안정제 및 발암성 물질인 염화비닐단량체(VCM)가 용출될 수 있다.

82 경기 유사기출

최근 프라이팬 등의 수지가공에 이용되는 테프론과 같은 불소수지는 수지 자체는 독성이 없으나 300℃이상으로 가열하면 가열 분해되어 맹독성 가스가 발생되어 위험성이 따르게 된다. 이때 발생하는 유독성분은?

① 다이옥신
② 페놀
③ 헥사플루오로에탄
④ 벤조피렌

🔸 테프론코팅 조리기구에서 300℃ 이상 고온에서 가열하면 발암성이나 최기형성 유해물질인 헥사플루오로에탄이 생성된다.

83 경기 · 교육청 · 경북 유사기출

우리나라에서 2019. 1.1부터 시행된 농약허용기준강화(PLS : Positive List System) 제도는 식품의약품안전처에서 제시하는 식품공전의 식품기준 및 규격의 농약잔류허용기준에 따라 농산물의 안전사용량을 관리하며, 별도로 잔류허용기준을 정하지 않은 농약은 일률적으로 관리한다. 별도로 잔류허용기준이 정해지지 않은 농약의 일률적으로 적용하는 허용량은?

① 0.01ppm 이하
② 0.1ppm 이하
③ 1ppm 이하
④ 10ppm 이하

🔸 농산물의 농약 잔류허용기준(식품공전)
　(1) 농산물의 농약 잔류허용기준 적용
　　① 농산물의 농약 잔류허용기준은 [별표 4]와 같으며, 해당 기준 이하를 말한다. 단, 개별 기준과 그룹 기준이 있을 경우에는 개별 기준을 우선 적용한다.
　　② 농산물에 잔류한 농약에 대하여 [별표 4]에 별도로 잔류허용기준을 정하지 않는 경우 0.01 mg/kg이하를 적용한다.

잔류허용기준 여부	농약 PLS 시행 전	농약 PLS 시행 후
기준 설정 농약	설정된 잔류허용기준(MRL) 적용	설정된 잔류허용기준(MRL) 적용
기준 미설정 농약	① CODEX 기준 적용 ② 유사 농산물 최저기준 적용 ③ 해당 농약 최저기준 적용	일률기준(0.01ppm) 적용 * 기준이 없어도 ①·②·③ 순차 허용으로 　발생하는 농약 오남용 개선

84

일반적으로 독성이 강해 급성 독성을 일으키며 식물체의 표면에서 광선이나 자외선에 의해 분해되기 쉽고, 식물체 내에서도 효소적으로 분해되며 비교적 잔류기간이 짧은 농약과 중독기전의 연결이 옳은 것은?

① 유기염소제 – FAD oxidase 작용 저해
② 유기수은제 – Cytochrome oxidase 작용 저해
③ 유기인제 – Cholinesterase 작용 저해
④ 유기비소제 – Aconitase의 작용 저해

체내에 흡수된 유기인제는 체내효소인 cholinesterase와 결합해 작용을 저해하여 체내에 acetylcholine 축적되어 중독증상을 나타낸다.

85 경기 유사기출

대부분 안정한 화합물로서 잔류성이 강하며, 체내에서 거의 분해되지 않고 동물의 지방층이나 뇌신경 등에 축적되어 만성중독을 일으키는 농약은?

① 유기인제   ② 유기불소제
③ 유기비소제   ④ 유기염소제

유기염소제
• 잔류성이 크고 지용성이기 때문에 인체 지방조직에 축적되어 만성중독을 일으킴
• 중독증상
  – 신경독성물질로 중추신경계에 작용하여 독작용
  – 식욕부진, 복통, 설사, 구토, 두통, 이상감각, 운동마비, 경련 등 중추신경마비 증상

86

체내에서 TCA회로에 관여하는 효소인 아코니타아제(aconitase)에 대한 강력한 저해작용을 함으로써 독작용을 나타내는 농약은?

① 유기인제   ② 유기수은제
③ 유기비소제   ④ 유기불소제

유기불소제의 중독기전 : TCA 회로의 아코니타아제 작용저해 → 체내에 구연산 축적시켜 독작용

87

식품의 잔류농약에 대한 설명으로 옳지 않은 것은?

① 저장성을 높이기 위해 수확직전에 살포할 경우 식품에 다량 잔류할 수 있다.
② 농약에 오염된 사료로 사육된 동물의 조직 등에도 잔류할 가능성이 있다.
③ 유기염소제 농약인 BHC는 DDT보다 급성독성이 크지만 배설은 빠른 편이다.
④ carbaryl, aldicarb 등의 유기불소제 농약은 아코니타아제의 작용을 저해함으로써 중독증상을 일으킨다.

• carbaryl, aldicarb 등은 대표적인 카바메이트계 농약으로서 cholinesterase의 작용을 저해함으로써 독작용을 나타낸다.
• 유기불소제 농약에는 fratol, fussol, nissol 등이 있다.

answer | 84 ③ 85 ④ 86 ④ 87 ④

88 수탁지방직 2010년 기출

농약의 종류에 따른 중독현상에 대한 설명으로 옳지 않은 것은?

① 유기인계 농약은 cholinesterase를 억제함으로써 중독증상을 일으킨다.

② Carbamate계 농약은 cholinesterase를 억제하나 유기인계 농약에 비하여 독성이 상대적으로 적다.

③ 유기인계 농약은 급성중독이 많고 만성중독을 일으키는 일은 거의 없다.

④ 유기염소계 살충제는 급성독성이 강하고, 환경 내에 잔류기간이 짧다.

◀ 유기염소계 살충제는 환경 내 잔류기간이 길며, 지용성이기 때문에 인체 지방조직에 축적되어 만성중독을 일으킨다.

89 교육청 · 경북 유사기출

농약과 관련된 내용의 연결이 옳은 것은?

> ㄱ. 유기염소제 – 인체 지방조직에 축적 – DDT
> ㄴ. 유기수은제 – 급성중독 – diazinon
> ㄷ. 유기불소제 – 아코니타아제의 작용저해 – cabaryl
> ㄹ. 유기인제 – 콜린에스터라아제의 작용저해 – parathion

① ㄱ, ㄹ   ② ㄴ, ㄷ
③ ㄱ, ㄷ   ④ ㄴ, ㄹ

◀ 유기수은제 농약은 주로 만성중독을 보이며 diazinon은 유기인제 농약이다. cabaryl은 카바메이트제 농약이다.

90 식품산업기사 2017년 2회

다음 중 유해성이 높아 허가되지 않은 보존료는?

① 안식향산   ② 붕산
③ 소르빈산   ④ 데히드로초산나트륨

◀ 유해보존료에는 붕산, 포름알데히드, 유로트로핀, 승홍, 살리실산 등이 있다.

91

과거에 햄, 베이컨, 어묵, 과자 등에 사용된 적이 있으며, 소화불량, 식욕감퇴, 구토, 설사, 위통 등의 증상을 보이는 방부제는?

① 불소화합물   ② 프로피온산
③ 붕산   ④ 롱갈리트

◀ Boric acid(H_3BO_3 : ρ붕산)
- 방부, 윤, 입촉감 증진 위해 햄, 베이컨, 과자, 어묵 등에 사용
- 체내축적성이 있고 산혈증에 의한 대사장애, 소화불량(소화효소작용억제), 식욕감퇴, 구토, 설사, 위통, 지방분해 촉진, 체중감소, 장기출혈 등

answer | 88 ④ 89 ① 90 ② 91 ③

92 식품산업기사 2015년 1회

식품첨가물로서 사용이 금지된 감미료는?

① D-sorbitol
② disodium glycyrrhizinate
③ cyclamate
④ aspartame

◀ 유해 감미료 : cyclamate, dulcin, P-nitro-o-toluidine, Perillatine, ethylene glycol

93 경기 유사기출

유해감미료에 대한 설명으로 옳지 않은 것은?

① dulcin은 설탕의 250배의 감미를 보이며 혈액독, 중추신경 장애를 일으킨다.
② cyclamate는 청량감을 주며 설탕과 비슷한 맛을 보이며 발암성이 있다.
③ P-nitro-o-toluidine은 일명 스칼렛 G base라고도 하며, 설탕의 200배의 감미를 보인다.
④ ethylene glycol은 자동차 부동액으로 설탕의 2000배의 감미를 보이며 신장장애를 일으킨다.

◀ • Perillatine은 설탕의 2000배의 감미를 보이며, 신장을 자극한다.
  • ethylene glycol은 자동차 부동액으로 감주, 팥앙금에 사용한 사례가 있으며, 신경, 신장 등에 장애를 일으킨다.

94 식품기사 2013년 3회

유해성 합성착색료와 거리가 먼 것은?

① auramine
② rhodamine B
③ crystal violet
④ carotenoids

◀ • carotenoids는 식품에 사용이 가능한 착색료이다.
  • 유해 착색료 : auramine, rhodamine B, P-Nitroanillin, crystal violet, silk scarlet, butter yellow, spirit yellow, sudan 등

95 식품기사 2018년 1회

저렴하고 착색성이 좋아 단무지와 카레가루 등에 사용되었던 염기성 황색 색소로 발암성 등 화화적 식중독 유발가능성이 높아 사용이 금지되고 있는 것은?

① auramine
② rhodamine
③ burrer yellow
④ slik scarlet

◀ auramine
  • 염기성의 황색 타르색소로 값이 싸고 색이 아름다우며 사용하기 편리
  • 햇빛과 열에 안정하고 착색성이 좋음
  • 단무지, 카레, 과자, 팥앙금류, 종이 등의 착색
  • 다량 섭취시 20~30분 후에 피부에 흑자색 반점, 두통, 맥박감소, 의식불명, 심계항진 등

---

answer | 92 ③ 93 ④ 94 ④ 95 ①

96

포름알데히드가 식품 중에 오랫동안 잔류할 가능성이 있으므로 유해하며, 한 때 물엿, 연근 등의 표백에 사용하여 물의를 일으킨 물질은?

① 과산화수소　　　　　　　　　② 삼염화질소

③ 포름알데히드　　　　　　　　④ 롱갈리트

◀ **롱갈리트(Rongalite)**
- 강력한 환원 작용을 가지며 환원작용에 의해 표백은 잘되지만 식품 중에 아황산과 다량의 포름알데히드가 유리되어 신장 자극
- 물엿, 연근 등에 사용한 사례가 있음

97 　경기 유사기출

최근 중국산 분유 등에 함유되어 문제를 일으켰던 멜라민에 대한 설명으로 옳지 않은 것은?

① 분자내 질소함량이 높은 염기성의 유기화학물질이다.

② 체내에 들어온 멜라민은 대부분 신장을 통해 뇨로 배설된다.

③ 유전독성은 없으나 발암성이 있다.

④ 멜라민은 약독성이나 신장기능이 약한 영유아들에게는 치명적일 수 있다.

◀ 멜라민은 국제암연구소에서는 '인체 발암성으로 분류할 수 없음'(그룹3)으로 분류된다. – 발암성 없음

98 　식품산업기사 2018년 3회

유해성 포름알데히드(formaldehyde)와 관계없는 물질은?

① 요소수지　　　　　　　　　　② urotropin

③ rongalite　　　　　　　　　　④ nitrogen trichloride

◀ • 요소수지와 같은 열경화성 수지에서는 유해물질인 포름알데히드가 용출될 수 있다.
- urotropin : formaldehyde와 암모니아 반응물로 유해보존료로 사용이 금지되어 있다.
- rongalite : 강력한 환원 작용을 가지며 환원작용에 의해 표백은 잘되지만 식품 중에 아황산과 다량의 포름알데히드가 유리되어 신장 자극한다.

99 　식품기사 2016년 3회

멜라민의 기준에 대한 아래의 표에서 (　　)안에 알맞은 것은?

일상식품	기준
영아용 조제유, 성장기용 조제유, 영아용 조제식, 성장기용 조제식, 영·유아용 이유식, 특수의료용도식품	불검출
상기 이외의 모든 식품 및 식품첨가물	(　　)mg/kg 이하

① 0.5　　　　　　　　　　　　② 1.0

③ 1.5　　　　　　　　　　　　④ 2.5

---

answer | 96 ④　97 ③　98 ④　99 ④

100 경기·교육청 유사기출

식품의 원재료에는 존재하지 않으나 가공처리 공정 중 생성되는 위해인자와 거리가 먼 것은?

① 트리코테신(trichothecene)
② 다핵방향족 탄화수소(polynuclear aromatic hydrocarbons, PAHs)
③ 아크릴아마이드(acrylamide)
④ 모노클로로프로판디올(monochloropropandiol, MCPD)

🔖 트리코테신 : Fusarium속 곰팡이가 생성하는 독소

101 식품기사 2022년 1회

공장지대의 매연 및 훈연한 육제품 등에서 검출 분리되는 강력한 발암성 물질로 식품오염에 특히 주의하여야 하는 다환 방향족 탄화수소는?

① methionine
② polychlorobiphenyl
③ nitroanillin
④ benzopyrene

🔖 벤조피렌
  • 산소가 부족한 상태에서 식품이나 유기물을 가열할 때 발생 : 굽기, 튀기기, 볶기 등의 조리·가공과정에 의한 탄수화물, 지방, 단백질의 탄화에 의해 생성
  • 훈연제품, 숯불구이의 탄 부분, 커피 등과 같은 볶은 식품 등에서 생성

102

다음 benzopyrene에 대한 설명 중 옳지 않은 것은?

① 다핵 방향족 탄화수소(PAH)로 발암성 물질이다.
② PAH 중 1,2-benzopyrene 가장 강력한 발암성을 보인다.
③ 햄 등의 훈제품이나 직화구이 같은 조리법을 이용 할 때 많이 생성된다.
④ 대기오염 물질 중의 하나이다.

🔖 가장 강력한 발암물질 benzo[α]pyrene(3,4-benzopyren)이다.

103 식품기사 2017년 3회

가열조리된 근육식품에서 관찰되는 유해물질로서 아미노산, 크레아틴 등이 결합해서 생성되는 물질은?

① Polycyclic aromatic hydrocarbon
② Ethylcarbamate
③ Heterocyclic amine
④ Nitrosoamine

🔖 Heterocyclic amine(헤테고리아민류, 이환방향족아민류)
  • 식품자체 또는 아미노산, 단백질을 300℃이상에서 가열할 때 생성되는 열분해산물로 돌연변이 유발물질
  • 육류와 생선을 높은 온도로 조리할 때 근육부위에 있는 아미노산과 크레아틴이 반응하여 생성

answer | 100 ① 101 ④ 102 ② 103 ③

104 경기 유사기출

감자 등과 같은 탄수화물 함량이 높은 식품을 고온으로 조리할 때 생성되는 물질로 사람에게 신경독소로 작용하는 것은?

① 이환방향족아민류(Heterocyclic amine)
② 아크릴아마이드(acrylamide)
③ 모노클로로프로판디올(monochloropropandiol)
④ 벤조피렌(benzopyrene)

◀ 아크릴아마이드
- 탄수화물 함량이 높은 식품을 높은 온도에서 조리·가공할 때 자연 발생적으로 생성
- 전분질의 분해물인 포도당과 아스파라긴을 가열하여 작용하면 생성 : 아미노산과 당이 열에 의해 결합하는 마이야르 반응을 통해 생성되는 물질(포도당과 같은 환원성이 있는 당류와 아스파라긴과 같은 아미노산사이의 마이야르반응에 의해서 생성)
- 신경독소로 알려졌으나 최근 남성 생식능력저하 및 발암성 의심

105 경기 유사기출 식품기사 2021년 3회

식품에서 생성되는 acrylamide에 의한 위험을 낮추기 위한 방법으로 잘못된 것은?

① 감자는 8℃ 이상의 음지에서 보관하고 냉장고에 보관하지 않는다.
② 튀김의 온도는 160℃ 이상으로 하고, 오븐의 경우는 200℃ 이상으로 조절한다.
③ 빵이나 시리얼 등의 곡류제품은 갈색으로 변하지 않도록 조리하고, 조리 후 갈색으로 변한 부분은 제거한다.
④ 가정에서 생감자를 튀길 경우 물과 식초의 혼합물(1:1 비율)에 15분간 침지한다.

◀ 아크릴아마이드의 생성을 줄이기 위해서는 고온조리를 피해야 한다. 튀김온도는 175℃를 넘지 않게 하고, 오븐에서도 190℃를 넘지 않도록 한다.

106 경기 유사기출

다음 중 식육가공품의 발색제인 아질산염과 식품 중의 2급아민이 산성하에서 반응하여 형성되는 발암성 물질은?

① N-nitrosamine
② Ethylcarbamate
③ Trimethylamine
④ Trihalomethane

107 수탁지방직 2010년 기출

물의 염소 소독 시 물속의 유기물질과 염소가 반응하여 생성되는 발암물질은?

① 염화나트륨
② 아플라톡신
③ 트리할로메탄
④ 크레졸

◀ 트리할로메탄은 물의 염소 소독 시 humin질에서 유래하는 부식산 등의 유기물과의 반응에 의해 생성되는 발암성 물질이다.

answer | 104 ② 105 ② 106 ① 107 ③

108 식품기사 2016년 2회

트리할로메탄(trihalomethane)에 대한 설명으로 틀린 것은?

① 수도용 원수의 염소 처리 시에 생성되며 발암성 물질로 알려져 있다.
② 생성량은 물속에 있는 총 유기성 탄소량에는 반비례하나 화학적 산소요구량과는 무관하다.
③ 메탄은 4개 수소 중 3개가 할로겐 원자로 치환된 것이다.
④ 전구물질을 제서하거나 생성된 것을 활성탄 등으로 처리하여 제거할 수 있다.

◀ 트리할로메탄은 전구물질인 유기물이 많을수록 생성이 증가한다.

109 교육청·경기·경북 유사기출 식품산업기사 2016년 1회

우레탄이라고도 하며 주로 포도주 같은 주류 발효과정에서 생성되는 부산물로 아르기닌 등이 효모의
작용에 의해 형성된 요소가 에탄올과의 반응으로 생성되며 발암성 물질이기도 한 이것은?

① 아크릴아마이드
② 벤조피렌
③ 에틸카바메이트
④ 바이오제닉아민

◀ 에틸카바메이트
  • 발효과정에서 생성된 에탄올과 카바밀기가 식품 내에서 화학반응을 일으켜 생성되는 화합물
  • 발효과정 중 생성되는 N-carbamyl phosphate, 우레아, 시트룰린 등이 에탄올과 반응하여 생성

110 식품기사 2015년 2회

식품의 생산, 가공, 저장 중 생성되는 에틸카바메이트에 대한 설명으로 틀린 것은?

① 발효과정에서 생성된 에탄올과 카바밀기가 화학반응을 일으켜 생성되는 물질이다.
② 주로 브랜디, 위스키, 포도주 등의 주류에서 많은 양이 검출된다.
③ 발효식품인 간장, 치즈 등에서도 검출된다.
④ 아미노산과 당이 열에 의해 생성되는 물질이다.

◀ 아미노산과 당이 열에 의해 반응하는 마이야르반응을 통해 생성되는 대표적인 물질은 아크릴아마이드이다.

111

정제가 불충분한 증류주에 함유되기도 하고, 알코올 발효 시 pectin으로부터 생성되는 독성물질로 시
신경에 염증을 일으킬 수 있는 물질은?

① 과산화물
② 메탄올
③ 페오포바이드
④ 에틸카바메이트

◀ 메탄올
  • 생성 : 알코올 발효 시 pectin으로부터 생성, 과실주와 정제가 불충분한 증류주에 함유
  • 중독증상 : 급성일 때 두통, 구토, 복통, 설사, 현기증, 시신경 손상을 일으켜 실명, 중증일 때 호흡장애, 심장마비 등으로 사망

answer | 108 ② 109 ③ 110 ④ 111 ②

112 교육청 유사기출 식품기사 2016년 3회

미생물, 식물과 동물에서 합성되어 이들 세포에서 흔히 발견되며 단백질을 함유한 식품을 저장하거나 발효와 숙성과정에서 미생물의 작용으로 생성되는 유해물질은?

① 바이오제닉아민
② 퓨란
③ 헤테로사이클린아민
④ 아크릴아마이드

113 경기·경북 유사기출 식품기사 2018년 1회

식품의 제조·가공 중에 생성되는 유해물질에 대한 설명으로 틀린 것은?

① 벤조피렌(benzopyrene)은 다환방향족 탄화수소로서 가열처리나 훈제공정에 의해 생성되는 발암물질이다.
② MCPD(3-monochloro-1,2-propandiol)는 대두를 산처리하여 단백질을 아미노산으로 분해하는 과정에서 글리세롤이 염산과 반응하여 생성되는 화합물로서 발효간장인 재래간장에서 흔히 검출한다.
③ 아크릴아마이드(acrylamide)는 아미노산과 당이 열에 의해 결합하는 마이야르 반응을 통하여 생성되는 물질로 아미노산 중 아스파라긴산이 주 원인물질이다.
④ 니트로사민(nitrosamine)은 햄이나 소시지에 발색제로 사용하는 아질산염의 첨가에 의해 발생된나.

◀ MCPD는 산분해간장에서 흔히 검출된다.

114 경기 유사기출

일본에서 미강유의 탈취 공정에서 열매체로 사용된 물질이 혼입되어 발생한 미강유 오염사고의 원인 물질과 이 물질의 주요 표적장기의 연결이 옳은 것은?

① 다이옥신 – 뼈
② 페놀 – 전신
③ PCB – 간
④ 프탈레이트 – 생식기관

◀ PCB(polychloridebiphenyl, 폴리염화비페닐)는 미강유 사건의 원인물질이며, 주요 표적장기는 간이다.

115 식품기사 2016년 1회

PCB(polychlorinated biphenyls)가 동물체내에서 가장 많이 축적되는 부위는?

① 근육
② 뼈
③ 혈액
④ 지방층

◀ PCB는 지용성으로 동물체내에서 주로 지방조직에 축적된다.

answer | 112 ① 113 ② 114 ③ 115 ④

116 식품산업기사 2017년 2회

PCB에 대한 설명 중 틀린 것은?

① 미강유에 원래 들어 있는 성분이다.
② polychlorinated biphenyl의 약어이다.
③ 1968년 일본에서 처음 중독증상이 보고되었다.
④ 인체의 지방조직에 축적되며, 배설속도가 늦다.

🔸 일본에서 있었던 미강유 오염사고는 미강유 공장에서 열매체로 사용되었던 PCB가 우연히 혼입되었던 사건이다.

117 식품기사 2018년 1회

방사성 물질로 오염된 식품이 인체 내에 들어갈 경우 그의 위험성을 판단하는 데 직접적인 영향이 없는 인자는?

① 방사선의 종류와 에너지의 크기
② 식품 중의 지방질 함량
③ 방사능의 물리학적 및 생물학적 반감기
④ 혈액 내에 흡수되는 속도

🔸 방사성동위원소가 위험을 결정하는 요소
  • 방사능이나 생물학적으로 반감기가 길수록 위험
  • 생체기관의 감수성이 클수록 위험
  • 혈액 흡수율이 높을수록 위험
  • 조직에 침착하는 정도가 클수록 위험
  • 방사선의 종류와 에너지 세기에 따라 위험도의 차이가 있음
  • 동위원소의 침착 장기의 기능 등에 따라 위험도의 차이가 있음

118 식품산업기사 2017년 2회

식품의 방사능 오염에서 생성률이 크고 반감기도 길어 가장 문제가 되는 핵종만을 묶어 놓은 것은?

① ^{89}Sr, ^{95}Zn
② ^{140}Ba, ^{141}Ce
③ ^{90}Sr, ^{137}Cs
④ ^{59}Fe, ^{131}I

🔸 식품오염에 문제가 되는 방사능 핵종에는 ^{90}Sr, ^{137}Cs, ^{131}I이 있으며, 그중 반감기가 길어 가장 문제가 되는 것은 ^{90}Sr, ^{137}Cs 이다.

119 식품기사 2019년 2회

식품을 경유하여 인체에 들어왔을 때 반감기가 길고 칼슘과 유사하여 뼈에 축적되며, 백혈병을 유발할 수 있는 방사성 핵종은?

① 스트론튬 90(Sr-90)
② 바륨 140(Ba-140)
③ 요오드 131(I-131)
④ 코발트 60(CO-60)

🔸 스트론튬 90은 반감기가 길고 화학적 성질이 칼슘과 유사하여 뼈에 축적되어, 조혈기능장애, 백혈병, 골수암 등을 유발한다.

answer | 116 ① 117 ② 118 ③ 119 ①

120 식품기사 2017년 3회

핵분해 생성물 중에서 보통 식품위생상 문제가 되는 것은 그 생성률이 비교적 크고 반감기가 긴 것인데 이와는 달리 반감기가 짧으면서도 생성량이 비교적 많아서 문제가 되며, 젖소가 방사능 강하물에 오염된 사료를 섭취할 경우 쉽게 흡수되어 우유에서 바로 검출되므로 우유를 마실 때 문제가 될 수 있는 방사성 물질은?

① ^{89}Sr ② ^{90}Sr

③ ^{137}Cs ④ ^{131}I

🔺 ^{131}I
- 반감기 8일로 짧지만 생성물이 많음
- 갑상선에 축적 → β, γ선 방사 → 갑상선에 장애
- 축산물에 의한 2차 오염

121 교육청 · 경북 유사기출

안정성에 문제 방사선이 있는 식품 중 국내기준이 설정되어 있는 방사선 핵종이 아닌 것은?

① ^{90}Sr ② ^{131}I

③ ^{134}Cs ④ ^{137}Cs

🔺 방사능 기준

핵종	대상 식품	기준(Bq/kg, L)
^{131}I	모든 식품	100 이하
^{134}Cs + ^{137}Cs	영아용 조제식, 성장기용 조제식, 영 · 유아용 이유식, 영 · 유아용특수조제식품, 영아용 조제유, 성장기용 조제유, 유 및 유가공품, 아이스크림류(2020.1.1. 시행)	50 이하
	기타 식품	100 이하

122 수탁지방직 2011년 기출

식품오염과 관련된 방사성 물질에 대한 설명으로 옳지 않은 것은?

① 우리나라는 방사성 물질에 의한 식품오염을 대비하여 식품 중 방사능 허용기준을 설정하였다.

② 식품과 함께 생체에 유입된 방사성 핵종은 체내 붕괴, 생체대사 및 배설될 때까지 인체에 영향을 미친다.

③ 방사성 핵종은 종류에 따라 인체에 미치는 영향이 다르며, 특히 상대적으로 반감기가 짧은 Sr-90과 Cs-137이 반감기가 긴 I-131보다 인체에 덜 위험하다.

④ 방사성 물질은 체내에 침착하는 성질이 있어 친화성이나 침착하는 부위에 따라 조혈조직 장애, 생식세포 장애, 갑상선 장애 등을 유발한다.

🔺 상대적으로 반감기가 짧은 I-131이 반감기가 긴 Sr-90과 Cs-137보다 인체에 덜 위험하다.

answer | 120 ④   121 ①   122 ③

123 _{교육청 유사기출}

방사성 물질이 인체에 침착하여 장해를 주는 부위를 연결한 것 중 가장 거리가 먼 것은?

① Cs – 근육
② I – 갑상선
③ Ru – 간장
④ Sr – 뼈

Ru의 침해부위는 신장이다.

124 _{식품산업기사 2015년 2회}

생물체에서 정상적으로 생성·분비되는 물질이 아니라 인간의 산업활동을 통해서 생성·방출된 화학물질로, 생물체에 흡수되면 내분비계의 정상적인 기능을 방해하거나 혼란케 하는 내분비 교란물질은?

① 잔류유기 오염 물질
② 방사선 오염 물질
③ 환경독소
④ 환경호르몬

125 _{수탁지방직 2010년 기출}

식품 및 환경에 존재하는 내분비 장애물질(Endocrine disruption chemicals)의 특징이 아닌 것은?

① 환경호르몬으로 알려진 다이옥신(Dioxin)은 쓰레기를 850℃이하에서 소각할 때 발생할 수 있다.
② 대부분 천연물 유래의 물질들이며 지용성이 높은 물질들로 생체 내에서 축적된다.
③ 성호르몬의 기능에 많은 영향을 주기 때문에 수컷의 암컷화, 생식력 감소, 생식기관 및 신체 기형 유발 등을 통해 생물군의 개체수를 감소시킬 수 있다.
④ 대부분의 내분비 장애물질은 생체내에서 반감기가 길어 쉽게 분해되지 않는다.

내분비 장애물질은 내분비계의 정상적인 기능을 방해하는 화학물질로서 환경 중 배출된 화학물질(다이옥신류, DDT, 비스페놀 A, 스티렌 다이머, 스티렌 트리머, 프탈레이트, 수은, 납 등)이 체내에 유입되어 마치 호르몬처럼 작용한다.

126

염화비페닐류, 폴리염화비닐, 유기염소계농약 등 유기염소계물질을 300~600℃(850℃ 이하)로 소각할 때 생성되는 물질로 강한 독성과 발암성이 있는 물질은?

① 페놀
② 퓨린
③ 다이옥신
④ PCB

유기염소계 물질을 850℃ 이하로 태울 때 생성되는 유해물질은 다이옥신이다.

answer | 123 ③ 124 ④ 125 ② 126 ③

127 식품기사 2018년 2회

Dioxin이 인체 내에 잘 축적되는 이유는?

① 물에 잘 녹기 때문
② 지방에 잘 녹기 때문
③ 주로 호흡기를 통해 흡수되기 때문
④ 상온에서 극성을 가지고 있기 때문

▷ 다이옥신은 지용성으로 인해 인체에 들어오면 잘 배설되지 않고 지방조직에 축적된다.

128 수탁지방직 2011년 기출

다이옥신에 대한 설명으로 옳지 않은 것은?

① 본래 자연에서는 존재하지 않는 물질이다.
② 유기염소화합물을 소각하는 과정에서 발생한다.
③ 단일 화합물 형태로 존재한다.
④ 최기형성과 발암성을 나타낸다.

▷ • 다이옥신은 비슷한 특성과 독성을 가진 모든 다이옥신류와 다이옥신 유사화합물을 총칭한다.
　 • 다이옥신류는 폴리염화디벤조 다이옥신을 말하며, 염소원자의 치환개수와 위치에 따라 다양한 이성체가 존재한다.

129 식품산업기사 2015년 1회

bisphenol A가 주로 용출되는 재질은?

① PS(polystyrene) 수지
② PVC 필름
③ phenol 수지
④ PC(polycarbonate) 수지

▷ 비스페놀 A는 폴리카보네이트 플라스틱과 에폭지 수지 합성의 기본원료로 사용되기 때문에 폴리카보네이트 수지나 에폭지 수지로 코팅한 캔 제품 등에서 용출될 수 있다.

130 경기 유사기출

밝은 청록색이 나는 결정으로 물, 알코올에 용해되며, 연어, 뱀장어 같은 민물고기의 곰팡이병이나 체외 기생충질병이나 세균의 감염방지제로 사용되어 왔으나, 독성으로 인해 사용이 금지된 물질은?

① 옥시테트라사이클린
② 설폰아마이드
③ 폴리클로로비페닐
④ 말라카이트 그린

answer | 127 ② 128 ③ 129 ④ 130 ④

131 식품산업기사 2017년 1회

우리나라 남해안의 항구와 어항 주변의 소라, 고둥 등에서 암컷에 수컷의 생식기가 생겨 불임이 되는 임포섹스(imposex) 현상이 나타나게 된 원인 물질은?

① 트리뷰틸주석   ② 폴리클로로비페닐
③ 트리할로메탄   ④ 디메틸프탈레이트

🔹 트리뷰틸주석
- 유기주석화합물(BTs)의 일종으로 선박의 부식을 막고 어패류가 달라붙지 못하도록 주로 선박 밑바닥이나 해양구조물 등에 칠하는 페인트의 주요 성분
- BTs 중 가장 독성이 강한 TBT는 낮은 농도에서도 어패류를 치사시키고, 고둥·소라 등 복족류의 암컷에 수컷의 생식기가 생기게 함으로써 불임을 유발하는 '임포섹스' 현상을 일으킴
- 허용기준 : 미국에서는 사용을 규제하고 있으며, 영국은 2ng/L, 일본은 10ng/L

132 수탁지방직 2011년 기출

식물의 자연독 성분에 해당하지 않는 것은?

① 솔라닌(solanine)   ② 삭시톡신(saxitoxin)
③ 아미그달린(amygdalin)   ④ 무스카린(muscarine)

🔹 솔라닌 : 감자   아미그달린 : 청매, 살구씨   무스카린 : 독버섯
삭시톡신은 마비성 패류독으로 대합, 홍합, 섭조개 등에 함유된 독소이다.

133 교육청 유사기출

다음 중 독버섯의 유독성분이 아닌 것은?

① 콜린(choline)   ② 아마니타톡신(amanitatoxin)
③ 무스카린(muscarine)   ④ 시큐톡신(cicutoxin)

🔹 독버섯의 독성분 : muscarine, muscaridine, choline, neurine, phaline, amanitatoxin, agaricic acid, pilztoxin, amatoxin, amanitins, orellanine, monomethylhydrazine(MMH), coprine, muscimol, psilocybin 등
- 시큐톡신(cicutoxin)은 독미나리의 독성분이다.

134 식품기사 2015년 3회

부패한 감자에서 생성되어 중독을 일으키는 성분은?

① 솔라닌(solanine)   ② 테뮬린(temuline)
③ 빌로볼(bilobol)   ④ 셉신(sepsine)

🔹 부패된 감자의 독성분은 셉신(sepsine)이고, 감자의 발아부위의 독성분은 솔라닌(solanine)이다.

answer | 131 ①   132 ②   133 ④   134 ④

135

다음에서 설명하고 있는 독성분은?

> • 알광대버섯, 독우산광대버섯 등에 함유된 독소이다.
> • 맹독성 배당체로 열에 약한 독소이다.
> • 강한 용혈작용이 있으며, 콜레라 증상과 구토, 설사 등을 일으킨다.

① 팔린(phaline)
② 무스카린(muscarine)
③ 아마니타톡신(amanitatoxin)
④ 부포테닌(bufotenine)

136 교육청 유사기출

감자의 독성분인 솔라닌에 대한 설명으로 옳지 않은 것은?

① 알칼로이드 배당체이다.
② 감자의 발아부위에 많다.
③ 콜린에스터라아제의 작용을 저해한다.
④ 가열조리에 의해 쉽게 파괴된다.

솔라닌은 가열조리에 안정적으로 쉽게 파괴되지 않는다.

137 경기 유사기출

식물성 자연독 중 시안 배당체에 해당하는 것은?

① 수수의 dhurrin
② 독미나리의 cicutoxin
③ 목화씨의 gossypol
④ 미치광이풀의 atropine

Cyan배당체 함유물질
• amygdalin : 청매, 살구씨, 복숭아씨 등
• phaseolunatin(=linamarin) : 버마콩(오색두), 카사바
• dhurrin : 수수
• 죽순 : taxiphyllin

138 교육청 · 경기 유사기출

식물성 식중독을 일으키는 원인물질과 식품의 연결이 옳은 것은?

① ricin – 면실유
② ergotoxin – 꽃무릇
③ retrorsine – 민들레
④ urushiol – 고사리

ricin – 피마자　　gossypol – 면실유　　ergotoxin – 맥각독
lycorine – 꽃무릇　　urushiol – 옻나무　　ptaquiloside – 고사리

139

피마자의 독성분으로 독성이 강하나 열에 쉽게 파괴되는 단백질로 적혈구를 응집시키는 일종의 식물성 hemagglutinin은?

① ricinine
② allergen
③ ricin
④ shikimin

🔖 피마자의 독성분은 ricin, ricinine, allergen 등이며 그 중 단백질로 적혈구를 응집시키는 물질은 ricin이다.

140 경기 유사기출

미치광이풀, 가시독말풀의 독성분에 대한 설명으로 옳은 것은?

① 독성분은 알칼로이드 배당체이다.
② 미치광이풀에 의한 중독은 water hemlok poisoning이다.
③ 독성분은 aconitine, scopolamine 등이다.
④ 가시독말풀의 종자를 참깨로 오인하여 섭취하면 중독이 일어난다.

🔖 미치광이풀, 가시독말풀
• **독성분** : hyoscyamine, atropine, scopolamine – 알칼로이드
• 가시독말풀의 뿌리를 우엉으로 잘못 오인하거나, 종자를 참깨로 잘못 알고 사용
• **중독증상** : 구토, 두통, 권태감과 뇌흥분, 두근거림, 광란상태 등

141 수탁지방직 2010년 기출

식중독을 일으키는 자연독소로서 어류, 패류 등과 같은 해산물로부터 검출되지 않는 자연독소는?

① Saxitoxin
② Ciguatoxin
③ Cicutoxin
④ Venerupin

🔖 Cicutoxin은 독미나리의 독소이다.

142 경기 유사기출

다음 (   )안에 알맞은 내용이 바르게 연결된 것은?

복어중독의 독성분은 (   )로 (   )에 가장 많이 함유되어 있다.

① tetramine – 내장
② tetrodotoxin – 난소
③ saxitoxin – 간장
④ domoic acid – 껍질

🔖 복어중독의 독성분은 tetrodotoxin이며 난소에 가장 많이 함유되어 있다.

---

answer | 139 ③ 140 ④ 141 ③ 142 ②

143 식품산업기사 2015년 3회

식중독 시 강력한 신경독(neurotoxin)으로 인해 신경계통의 마비증상 청색증(cyanosis) 현상이 나타나며 해독제가 없어 치사율이 높은 것은?

① 굴 ② 조개
③ 독꼬치고기 ④ 복어

◀ 복어에 함유된 테트로도톡신은 신경독으로 신경마비증상과 청색증 등의 증상을 보인다.

144

독꼬치 등 열대나 아열대 산어초 주변에 서식하는 독어에 함유된 독성분으로 드라이아이스 센세이션이라고 하는 냉온감각 이상을 일으키는 독성분은?

① maitotoxin ② domoic acid
③ gonyautoxin ④ tetramine

◀ 드라이아이스 센세이션 증상을 보이는 Ciguatera 중독의 원인독소 : Ciguatoxin, scaritoxin, palytoxin, maitotoxin, ciguaterin 등

145 경기 유사기출

복어의 독성분인 테트로도톡신 대한 설명으로 옳은 것은?

① 이 독소는 맹독성으로 주성분은 단백질이다.
② 물, 유기용매, 식초 같은 산성용액에 잘 녹지 않는다.
③ 비브리오속이나 슈도모나스속이 1차생산자이다.
④ 4% NaOH용액에 1분간 침지 시 가수분해되어 무독화된다.

◀ 테트로도톡신
• Vibrio속이나 Pseudomonas속균이 테트로도톡신의 1차 생산자
• 약염기성 물질(헤미아세탈환을 가지고 있는 비단백성 독소)
• 무색, 무미, 무취이며, 물이나 유기용매에는 녹지 않고 산성용액에 용해됨
• 일광, 열에 안정(끓여도 무독화 되지 않는다)
• 강산(무기산), 알칼리에 쉽게 분해(4% NaOH 용액에 20분 정노면 부독화)

146 경기 · 경북 유사기출

패류독과 원인식품 및 증상의 연결이 옳지 않은 것은?

① tetramine – 조각매물고동 – 두통, 현기증
② dinophysistoxin – 가리비 – 설사
③ venerupin – 모시조개 – 피하출혈
④ okadaic acid – 전복 – 광과민성 피부염

◀ • okadaic acid는 설사성 조개독이다.
• 전복에 함유된 광과민성 피부염 물질은 pheophorbide–a이다.

147 경기 유사기출

마비성 조개독과 신경성 조개독의 원인독소는?

① dinophysistoxin – palytoxin
② gonyautoxin – Brevetoxin
③ saxitoxin – domoic acid
④ tetramine – okadaic acid

조개독
- 마비성 조개독 : saxitoxin, gonyautoxin, protogonyautoxin 등
- 신경성 조개독 : Brevetoxin
- 설사성 조개독 : okadaic acid, dinophysistoxin, pectenotoxin 등
- 기억상실성 조개독 : domoic acid
- 소라고동의 테트라민중독 : tetramine

148 식품산업기사 2015년 2회

마이코톡신(mycotoxin)에 대한 설명으로 틀린 것은?

① 비단백성의 저분자 화합물로서 항원성을 가진다.
② 열에 강하여 조리나 가공 중에 분해·파괴되지 않는다.
③ 독성이 강하고 발암성 등이 있어 인체에 치명적이다.
④ 곰팡이 대사산물이다.

mycotoxin은 저분자 비단백성 물질로 항원성을 가지지 않는다.

149 식품기사 2021년 2회

곰팡이독증(mycotoxicosis)의 특징에 대한 설명으로 옳은 것은?

① 단백질이 풍부한 축산물을 섭취하면 일어날 수 있다.
② 원인식품에서 곰팡이의 오염증거 또는 흔적이 인정된다.
③ 항생물질이나 약제요법을 실시하면 치료의 효과가 있다.
④ 감염형이기 때문에 사람과 사람 사이에서 직접 감염된다.

곰팡이 중독증의 주원인식품은 탄수화물이 풍부한 곡류이며, 항생물질이나 약제요법은 치료의 효과가 없고, 비감염형으로 사람과 사람사이에 직접 감염되지 않는다.

150 식품산업기사 2016년 2회

작물의 재배 수확 후 27℃, 습도 82%, 기질의 수분 함량 15% 정도로 보관하였더니 곰팡이가 발생되었다. 의심되는 곰팡이 속과 발생 가능한 독소를 바르게 나열한 것은?

① Fusarium속, patulin
② Penicillium속, T-2 toxin
③ Aspergillus속, zearalenone
④ Aspergillus속, aflatoxin

Aflatoxin(간장독)
- 생산곰팡이 : Aspergillus flavus, Asp. parasiticus
- 생산최적조건 : 수분은 16% 이상, 습도는 80~85% 이상, 온도는 25~30℃
- 기질 : 쌀, 옥수수 등 탄수화물이 풍부한 곡류, 땅콩, 우유, 견과 등

answer | 147 ② 148 ① 149 ② 150 ④

151 경기 유사기출

아플라톡신에 대한 설명으로 옳은 것은?

① 생산균은 Penicillium속으로서 열대 지방에 많고 온대지방에서는 발생건수가 적다.
② 식품의 기준 및 규격에서 곰팡이 독소의 총 아플라톡신에 B₁, G₁, M₁이 해당된다.
③ TLC 플레이트상에서 자외선 조사 시 보라색을 띠는 것은 M₁이다.
④ 주요 원인식품은 쌀, 보리, 땅콩, 우유, 커피콩 등이다.

아플라톡신
- 원인곰팡이 : Aspergillus flavus, Asp. parasiticus
- 기질 : 쌀, 옥수수 등 탄수화물이 풍부한 곡류, 땅콩, 우유, 견과 등
- TLC 플레이트상에 전개시킨 후 자외선 조사한 결과 → 청색형광 B_1, B_2 / 녹색형광 G_1, G_2 / 보라색색형광 M_1, M_2
- 독성 : $B_1 > M_1 > G_1 > B_2 > G_2$
- 식품의 기준 및 규격에서 총 아플라톡신 : B_1, B_2, G_1 및 G_2의 합

152 교육청 유사기출 식품산업기사 2017년 1회

Aspergillus속 곰팡이 독소가 아닌 것은?

① 아플라톡신(aflatoxin)
② 스테리그마토시스틴류(sterigmatocytin)
③ 제랄레논(zearalenone)
④ 오크라톡신(ochratoxin)

- aflatoxin : Aspergillus flavus, Asp. parasiticus
- Sterigmatocystin : Aspergillus versicolor
- ochratoxin : Aspergillus ochraceus

153 교육청 유사기출

다음 황변미 식중독의 원인 독소 중 신장독에 해당하는 것은?

① patulin
② citrinin
③ islanditoxin
④ luteoskyrin

황변미 식중독의 원인 곰팡이와 원인 독소
- Penicillium islandicum – 간장독 – islanditoxin, luteoskyrin
- Penicillium citreoviride – 신경독 – citreoviridin
- Penicillium citrinum – 신장독 – citrinin

154 수탁지방직 2009년 기출

Penicillium속이 생산하는 독소로서 사과주스에 잔류기준이 설정되어 있는 것은?

① 아플라톡신
② 푸모니신
③ 제아랄레논
④ 파툴린

answer | 151 ③ 152 ③ 153 ② 154 ④

◀ 파튤린
- 원인곰팡이 : Penicillium patulum 그 외에 P. expansum, P. melinii, P. urticae 등
- 산에 안정하며 각종 과일주스, 쌀, 밀, 콩, 간장, 미역 등
- 염색체 이상 유발, 신경독소로 작용, 출혈성 폐부종, 간, 비장, 신장의 모세혈관 손상, 뇌수종, 뇌와 중추신경 출혈반의 중독증

155 경기 유사기출

Fusarium속 곰팡이가 생성하는 독소로 F-2 toxin이라고도 하며, 가축에게 발정증후군을 보이는 독소는?

① Ergotoxin
② Fumonisin
③ Zearalenone
④ Tricothecene

◀ Zearalenone
- 원인곰팡이는 F. graminearum 등으로 일명 F-2 toxin, fermentation estrogenic substance(FES) 등으로 불림
- 오염된 옥수수, 보리 등에서 검출되며, 에스트로겐과 비슷한 성질을 가지고 있는 독소로 자궁비대, 가축의 발정증후군, 불임 및 유산 등의 생식장애

156

맥각독에 대한 설명으로 옳은 것은?

① 원인곰팡이는 Mucor mucedo이다.
② 주원인 식품은 쌀, 보리, 옥수수 등이다.
③ 원인독소는 알칼로이드로 발암성이 있는 간장독성분이다.
④ 만성중독의 경우 괴저, 경련증상을 보인다.

◀ 맥각독
ⓐ 생산곰팡이 : Claviceps purpurea(보리 개화기에 기생해 흑자색의 균핵인 ergot 생산)
ⓑ 독소 : ergotoxine, ergotamine, ergometrine 등 3군의 유독 알칼로이드
ⓒ 증상
- 급성중독 : 구토, 설사, 복통 등의 소화기계 장애, 피부가 청백색이 되고 신체의 표면에 냉감을 가짐, 그 후 지각 및 운동장해, 증상이 심하면 맥박이 약해지고 혈압강하, 현기증, 환각, 경련 등이 일어나며 최종적으로는 의식을 잃고 사망, 임산부에게는 유산 또는 조산
- 만성중독
 - 장기간 소량 섭취 시→ 경련형(사지근육 위축, 경련 발작 등)
 - 다량 섭취의 경우 → 괴저형이 많음(말초혈관 순환장애, 사지 등에 통증, 괴저)

157 수탁지방직 2011년 기출

곰팡이 독소, 이를 생산하는 곰팡이의 이름, 오염되기 쉬운 식품의 연결로 옳지 않은 것은?

① Aflatoxin – Aspergillus flavus – 땅콩
② Ergotoxin – Claviceps purpurea – 호밀
③ Luteoskyrin – Penicillium islandicum – 쌀
④ Ochratoxin – Fusarium moniliforme – 옥수수

◀ Ochratoxin – Aspergillus ochraceus – 쌀, 보리, 밀, 옥수수, 콩, 커피 등에서 검출

answer | 155 ③ 156 ④ 157 ④

158 경기 유사기출

다음 곰팡이독 중 신경독에 해당하는 것은?

① patulin
② citrinin
③ ergotamine
④ ochratoxin

◀ 침해부위에 따른 곰팡이독 분류

간장독	신장독	신경독	광과민성 피부염
Aflatoxin, Ochratoxin rubratixin, islanditoxin luteoskyrin, cyclochlorotin Sterigmatocystin 등	citrinin, Ochratoxin kojic acid 등	citreoviridin, patulin maltoryzine cyclopiazoic acid 등	sporidesmin류 등

159 경기·경북·교육청 유사기출

곰팡이가 생성하는 독소와 균주의 연결이 옳지 않은 것은?

① 에르고메트린 – Claviceps속
② 트리코테신 – Penicillium속
③ 말토리진 – Aspergillus속
④ 오크라톡신 – Aspergillus속

◀ 트리코테신 – Fusarium속

160 경기 유사기출

식품별로 규제하고 있는 곰팡이독소의 연결이 옳은 것은?

ㄱ. 아플라톡신 M_1 – 우유	ㄴ. 파튤린 – 포도주스
ㄷ. 푸모니신 – 곡류	ㄹ. 오크라톡신 A – 커피콩

① ㄱ, ㄹ
② ㄴ, ㄷ
③ ㄱ, ㄴ, ㄷ
④ ㄴ, ㄷ, ㄹ

◀ • 파튤린 : 사과주스 등
 • 푸모니신 : 옥수수 및 수수, 시리얼류 등

161 식품기사 2019년 1회

우유 중에서 많이 발견될 수 있는 aflatoxin은?

① B_1
② B_2
③ G_1
④ M_1

◀ Aspergillus flavus 등에 의해 생성되는 2차대사산물인 Aflatoxin의 유형 중 우유에서 검출되는 우유독소는 M_1이다.

answer | 158 ① 159 ② 160 ① 161 ④

162 식품산업기사 2019년 3회

부패한 사과가 혼입된 원료를 사용하여 착즙한 사과주스에서 검출될 수 있는 독소 성분은?

① ergotoxin
② citrinin
③ patulin
④ aflatoxin

🔎 Patulin은 Penicillium patulum외에 P. expansum, P. melinii 등에 의해 생성될 수 있다. 사과의 부패곰팡이인 Penicillium expansum 에서도 대량으로 생산되므로 부패된 사과나 사과주스의 오염사례가 많은 독소이다.

163 경기 · 교육청 · 경북 유사기출

곰팡이독과 장애를 일으키는 부위의 연결이 옳지 않은 것은?

① 아플라톡신(aflatoxin) - 간장독
② 시트리닌(citrinin) - 신경독
③ 파튤린(patulin) - 신경독
④ 스포리데스민(sporidesmin) - 피부염

🔎 시트리닌(citrinin)은 신장독이다.

164 경기 유사기출

Aspergillus속 곰팡이가 생성하는 독소로 구조에 따라 A, B, C로 분류하며, 커피콩과 관련이 깊고 신장에 장애를 일으키는 독소는?

① aflatoxin
② ochratoxin
③ citrinin
④ maltoryzine

🔎 ochratoxin은 Aspergillus ochraceus가 생성하는 곰팡이독으로 구조에 따라 A, B, C로 분류되며 그 중 A가 독성이 가장 강하며, 주로 신장장애를 나타내고, 쌀, 보리, 밀, 옥수수, 커피콩 등에서 검출된다.

165 경북 유사기출

자연독 식중독 중 어패류의 독성분으로 조합된 것은?

① gonyautoxin-temuline
② tetrodotoxin-cicutoxin
③ tetramine-myristicin
④ ciguatoxin-dinophysistoxin

🔎 • ciguatoxin : 열대나 아열대의 산어초 주변에 서식하는 독어를 섭취하여 일어나는 ciguatera 중독의 원인물질
• dinophysistoxin : 가리비, 백합 등의 중장선에 함유되어 있는 설사성 조개독

answer | 162 ③ 163 ② 164 ② 165 ④

식품과 감염병

감염병의 개요 | 경구감염병 | 인수공통감염병

감염병의 개요

1 감염병발생 3대 요소 – 감염원, 감염경로, 감수성

감염병이란 병원체의 감염으로 인해 질병이 발생되었을 경우를 감염성 질환이라 하며, 이 감염성 질환이 감염성을 가지고 새로운 숙주에게 질병을 전파시키는 것

(1) 감염원(병인)

① **병원체** : 질병을 일으키는 미생물
② **병원소** : 병원체가 생활, 증식하고 생존하여 질병이 전파될 수 있는 상태로 저장되는 장소
   ㉠ 환자(현성, 불현성) : 병원체에 감염되어 임상증상이 있는 사람
   ㉡ 보균자 : 임상증세가 없이 병원체를 보유한 자
      ⓐ 병후 보균자(회복기 보균자) : 임상증상이 완전히 소실되었는데도 병원체를 배출하는 보균자
      ⓑ 잠복기 보균자 : 감염성 질환이 발생하기 전인 잠복기 중에 병원체를 배출하는 감염자
      ⓒ 건강 보균자 : 정상인으로서 보균중인 사람
   ㉢ 병원체 보유동물
   ㉣ 토양

(2) 감염경로(환경)

① **직접전파** : 환자, 보균자로부터 탈출한 병원체가 중간매개체 없이 감수성자에게 직접 전파되어 감염되는 경우
   ㉠ 접촉전파 : 성병, AIDS
   ㉡ 비말전파(공기전파) : 결핵, 디프테리아, 사스, 유행성이하선염, 홍역
      ※ 비말감염 : 기침이나 재채기를 할 때 튀어나온 바이러스나 세균이 다른 사람의 호흡기를 통해 전달
② **간접전파** : 환자나 보균자로부터 나온 병원체가 여러 가지의 매개체에 의해 전파됨으로써 감염되는 경우
   ㉠ 활성전파체 : 모기, 이, 벼룩, 파리 등

   > • 기계적인 전파 : 매개곤충의 다리나 체표에 부착되어 있는 병원체를 아무런 변화 없이 전파하는 것
   > • 생물학적 전파 : 매개곤충 내에서 일정 기간 발육 또는 증식하는 등 생물학적 변화를 거쳐 전파하는 것

   ㉡ 비활성 전파체 : 수인성, 우유, 음식물, 개달물(의복, 서적, 침구, 용구) 등

(3) 감수성(숙주)과 면역성

숙주에 병원체가 침입했을 때, 숙주에게 그 질병이 발병하는 경우 → '감수성이 있다'라고 함

① 감수성 지수(접촉감염지수)
　　㉠ 접촉에 의해 전파되는 급성호흡기계 감염병에 있어서 감수성 숙주가 병원체에 감염되어 발병하는 비율
　　㉡ 홍역, 두창(95%) > 백일해(60~80%) > 성홍열(40%) > 디프테리아(10%) > 소아마비(0.1%)

② 면역
　　㉠ 선천적 : 인종, 종속, 개인 특이성
　　㉡ 후천적
　　　　ⓐ 능동면역 : 병원체에 노출된 숙주가 스스로 면역체를 형성하여 면역을 지니게 되는 경우
　　　　　　• 자연능동면역 : 감염병환자가 회복 후 형성되는 면역
　　　　　　• 인공능동면역 : 예방접종(생균백신, 사균백신, 순화독소)
　　　　ⓑ 수동면역 : 이미 면역을 보유하고 있는 개체가 가지고 있는 항체를 다른 개체가 받아서 면역력을 가지는 경우
　　　　　　• 자연수동면역 : 모유, 모체로부터 받은 면역
　　　　　　• 인공수동면역 : 항독소 접종, γ-globulin(항체), 회복기혈청, 면역혈청 등

☀ **인공능동면역 방법과 질병** `기출`

방법	예방해야 할 질병
생균백신 (living vaccine)	• 면역을 만들기 위한 항원성은 보유하고 있지만 인체에 해가 없을 정도로 약독화되어 있는 약독생균 백신 • 두창, 탄저, 광견병, 결핵, 폴리오(sabin), 홍역, 황열
사균백신 (killed vaccine)	• 화학약품이나 가열 등의 처리에 의해 면역원성을 보존하면서 사멸시켜 만든 백신 • 장티푸스, 파라티푸스, 콜레라, 백일해, 일본뇌염, 폴리오(salk)
순화독소(toxoid)	• 항원성이 파괴되지 않도록 병원체 독소를 조작하여 무독화시킨 것 • 디프테리아, 파상풍

▨ 2 감염병 발생 6단계

병원체 → 병원소 → 병원소로부터 병원체 탈출 → 전파 → 새숙주로 병원체 침입 → 감수성과 면역

── 감염원 ── ── 감염경로 ── ── 숙주 ──

☼ 감염병 발생의 조건

발생조건	발생의 요소	요건
감염원	병원체, 병원소	양과 질적으로 질병을 일으킬 수 있을 만큼 충분해야 함
감염경로	병원소로부터 병원체 탈출, 전파, 새로운 숙주로의 침입	병원체가 감염될 수 있는 환경조건이 구비되어야 함
감수성	숙주의 감수성	병원체에 대한 면역성이 없어야 하며 감수성이 있어야 함

☼ 감염병의 원인과 종류

감염병의 원인	감염병의 종류(예)
식수 및 식품	장티푸스, 이질, 콜레라, 간염 등
공기전염, 사람 간 접촉	홍역, 감기, 디프테리아, 결핵 등
곤충매개	일본뇌염, 말라리아, 황열, 쯔쯔가무시병 등
성적접촉	임질, 매독, 후천성 면역결핍증 등
동물에서 사람	탄저, 광견병, 브루셀라증, 렙토스피라증 등

🔒 CHECK Point ▶ 감염과 면역 용어정리 [기출]

- **오염** : 단순히 미생물이 생물이나 무생물에 부착된 상태
- **중독** : 식품에서 자연적으로 생성되거나 병원성 미생물에 의해 생산된 독소를 섭취함으로써 발생하는 질병
- **감염**
  - 병원균이 숙주가 되는 생체 내에서 증식하는 것
  - 살아 있는 병원성 미생물에 의해서 숙주세포가 침범되어 있는 상태
- **감염증** : 병원균의 감염으로 인해 숙주에 병적인 증상이 나타나는 질환
- **불현성 감염** : 감염되어도 증상이 나타나지 않은 상태
- 세균의 독력이 생체의 방어능력을 이기면 감염 증세가 나타나고, 그 반대일 경우 감염은 성립되지 않으며, 불현성 감염은 그 중간 경우
- **면역**
  - 생체의 내부 환경이 외부인자에 대해 방어하는 현상
  - 똑같은 감염증에 재차 걸리지 않는다고 하는 경험적 사실을 나타내는 개념
- **감염경로** : 숙주에게 병원체가 운반되는 과정
- **감수성** : 유기체가 내외계의 자극을 수용하는 능력으로 일반적으로 자극에 대해 반응을 일으킬 때 감수성이 있다고 함
- **면역의 종류**
  1. 자연적 면역(선천적 면역)
     ┌ 유전적 소인, 표피의 생체상태, 액상방어인자
     └ 식균세포가 주로 관계하는 자연면역
  2. 획득면역(후천적 면역)
     - 자연획득면역
       ┌ 능동면역 : 감염 후 얻게 되는 면역
       └ 수동면역 : 모태로부터 항체 이행, 모유에 포함된 항체의 신생아에의 흡수 등
     - 인공획득면역
       ┌ 능동면역 : 예방접종
       └ 수동면역 : γ-globulin 및 혈청요법 등

3 감염병 예방대책

(1) 감염원 대책

① 환자, 보균자의 조기발견 및 격리
② 병원체 보유동물의 조기발견 및 박멸
③ 토양소독
④ 병원체를 발견하고 그것을 격리 또는 제거

(2) 감염경로 대책

① 환경위생(환경소독, 조리기구, 식기살균, 방충방서시설, 상하수도 위생)
② 음료의 위생적 관리와 소독
③ 신체위생관리(손)
④ 위생해충, 쥐의 구제

(3) 감수성 대책

① 예방접종실시
② 위생적인 식생활
③ 건강관리

4 감염병의 분류

(1) 감염원인에 따른 분류

① 경구감염병 : 병원체가 음식물, 손, 기구, 위생동물을 거쳐 경구적으로 체내에 침입해 일으키는 질병으로 일반적으로 음식물에 의해 매개되는 질병
② 인수공통감염병
  ㉠ 사람과 동물이 같은 병원체에 의해 감염증을 일으키는 감염병
  ㉡ 「감염병의 예방 및 관리에 관한 법률」의 정의 : "인수공통감염병"이란 동물과 사람 간에 서로 전파되는 병원체에 의하여 발생되는 감염병

(2) 병원체에 따른 분류 [기출]

① 세균성 감염병 : 세균성 이질, 파라티푸스, 장티푸스, 콜레라, 성홍열, 디프테리아, 폐렴, 결핵, 파상열, 돈단독, 야토병, 탄저, 렙토스피라증, 백일해, 임질 등
② Virus성 감염병 : 급성회백수염(폴리오, 소아마비), 이즈미열, 유행성간염, 유행성이하선염, 전염성 설사증, 일본뇌염, 홍역, 두창, 광견병, 인플루엔자 등
③ 리케차성 감염병 : 발진티푸스, 발진열, Q열, 쯔쯔가무시 등
④ 원충성 감염병 : 아메바성 이질 등

(3) 감염병 예방법 규정에 따른 분류

☀ 「감염병의 예방 및 관리에 관한 법률」의 법정감염병의 분류

구분	특성	질환
기출 제1급	• 생물테러감염병 또는 치명률이 높거나 집단 발생의 우려가 커서 발생 또는 유행 즉시 신고하여야 하고, 음압격리와 같은 높은 수준의 격리가 필요한 감염병 • 갑작스러운 국내 유입 또는 유행이 예견되어 긴급한 예방·관리가 필요하여 질병관리청장이 보건복지부장관과 협의하여 지정하는 감염병을 포함	가. 에볼라바이러스병 나. 마버그열 다. 라싸열 라. 크리미안콩고출혈열 마. 남아메리카출혈열 바. 리프트밸리열 사. 두창 아. 페스트 자. 탄저 차. 보툴리눔독소증 카. 야토병 타. 신종감염병증후군 파. 중증급성호흡기증후군(SARS) 하. 중동호흡기증후군(MERS) 거. 동물인플루엔자 인체감염증 너. 신종인플루엔자 더. 디프테리아
기출 제2급	• 전파가능성을 고려하여 발생 또는 유행 시 24시간 이내에 신고하여야 하고, 격리가 필요한 감염병 • 갑작스러운 국내 유입 또는 유행이 예견되어 긴급한 예방·관리가 필요하여 질병관리청장이 보건복지부장관과 협의하여 지정하는 감염병을 포함	가. 결핵(結核) 나. 수두(水痘) 다. 홍역(紅疫) 라. 콜레라 마. 장티푸스 바. 파라티푸스 사. 세균성이질 아. 장출혈성대장균감염증 자. A형간염 차. 백일해(百日咳) 카. 유행성이하선염 타. 풍진(風疹) 파. 폴리오 하. 수막구균 감염증 거. b형헤모필루스인플루엔자 너. 폐렴구균 감염증 더. 한센병 러. 성홍열 머. 반코마이신내성황색포도알균(VRSA)감염증 버. 카바페넴내성장내세균속균종(CRE) 감염증 서. E형간염
기출 제3급	• 그 발생을 계속 감시할 필요가 있어 발생 또는 유행 시 24시간 이내에 신고하여야 하는 감염병 • 갑작스러운 국내 유입 또는 유행이 예견되어 긴급한 예방·관리가 필요하여 질병관리청장이 보건복지부장관과 협의하여 지정하는 감염병을 포함	가. 파상풍 나. B형간염 다. 일본뇌염 라. C형간염 마. 말라리아 바. 레지오넬라증 사. 비브리오패혈증 아. 발진티푸스 자. 발진열 차. 쯔쯔가무시증 카. 렙토스피라증 타. 브루셀라증 파. 공수병 하. 신증후군출혈열 거. 후천성면역결핍증(AIDS) 너. 크로이츠펠트–야콥병(CJD) 및 변종크로이츠펠트 　　–야콥병(vCJD) 더. 황열 러. 뎅기열 머. 큐열(Q熱) 버. 웨스트나일열 서. 라임병 어. 진드기매개뇌염 저. 유비저 처. 치쿤구니야열 커. 중증열성혈소판감소증후군(SFTS) 터. 지카바이러스 감염증 퍼. 매독
제4급	• 제1급감염병부터 제3급감염병까지의 감염병 외에 유행 여부를 조사하기 위하여 표본감시 활동이 필요한 감염병 • 질병관리청장이 지정하는 감염병을 포함	가. 인플루엔자 나. 삭제 다. 회충증 라. 편충증 마. 요충증 바. 간흡충증 사. 폐흡충증 아. 장흡충증 자. 수족구병 차. 임질 카. 클라미디아감염증 타. 연성하감 파. 성기단순포진 하. 첨규콘딜롬 거. 반코마이신내성장알균(VRE) 감염증 너. 메티실린내성황색포도알균(MRSA) 감염증 더. 다제내성녹농균(MRPA) 감염증 러. 다제내성아시네토박터바우마니균(MRAB) 감염증

	머. 장관감염증　　버. 급성호흡기감염증 서. 해외유입기생충감염증　　어. 엔테로바이러스감염증 저. 사람유두종바이러스 감염증

- **감염병** : 제1급감염병, 제2급감염병, 제3급감염병, 제4급감염병, 기생충감염병, 세계보건기구 감시대상 감염병, 생물테러감염병, 성매개감염병, 인수(人獸)공통감염병 및 의료관련감염병 **기출**
- **기생충감염병** : 기생충에 감염되어 발생하는 감염병 중 보건복지부장관이 고시하는 감염병
- **세계보건기구 감시대상 감염병** : 세계보건기구가 국제공중보건의 비상사태에 대비하기 위하여 감시대상으로 정한 질환으로서 보건복지부장관이 고시하는 감염병
- **생물테러감염병** : 고의 또는 테러 등을 목적으로 이용된 병원체에 의하여 발생된 감염병 중 보건복지부장관이 고시하는 감염병
- **성매개감염병** : 성 접촉을 통하여 전파되는 감염병 중 보건복지부장관이 고시하는 감염병
- **인수공통감염병** : 동물과 사람 간에 서로 전파되는 병원체에 의하여 발생되는 감염병 중 보건복지부장관이 고시하는 감염병
- **의료관련감염병** : 환자나 임산부 등이 의료행위를 적용받는 과정에서 발생한 감염병으로서 감시활동이 필요하여 보건복지부장관이 고시하는 감염병

※ **표본감시** : 감염병 중 감염병환자의 발생빈도가 높아 전수조사가 어렵고 중증도가 비교적 낮은 감염병의 발생에 대하여 감시기관을 지정하여 정기적이고 지속적인 의과학적 감시를 실시하는 것

※ **신종감염병증후군**
　우리나라에서 처음으로 발견된 감염병 또는 병명을 정확히 알 수 없으나 새로 발생한 감염성증후군으로서 제1급감염병 내지 제4급감염병 또는 지정감염병에 속하지 않으며 입원치료가 필요할 정도로 병상이 중대하거나 급속한 전파, 또는 확산이 우려되어 환자격리 및 역학조사와 방역대책 등의 조치가 필요한 질환

1 경구감염병의 개요

(1) 경구감염병 발생상황의 특징

① 집단적인 발병이 쉽게 일어나며 폭발적인 유행을 한다.

② 환자의 발생은 계절적인 특성이 있는데, 특히 여름철에 많이 발생한다. 그 이유는 고온다습하여 매개체(파리, 바퀴 등)가 발생하고, 식품 중의 병원체가 증식하기 알맞으며, 소화기계의 기능이 약해져서 병원체에 대한 저항력이 약화되기 때문이다.

③ 환경이 좋고 나쁨에 좌우되므로 지역적인 특성에 영향을 받는다.

④ 음식물에 대한 기호성과 경제적인 상태에 따라 발생되기도 한다.

⑤ 물로 인한 경우에는 가족집적성이 인정되지 않으나 장티푸스나 이질은 가족집적성이 인정된다.

(2) 경구감염병의 예방대책

① 환자 특히 경증환자와 보균자를 조사, 발견하여 식품의 제조, 취급, 조리 등에 종사시키지 말 것

② 식품원료는 허용된 살균료 등을 사용하여 위생적으로 처리한 신선한 것을 사용할 것

③ 식품의 보존에 주의하며 생식을 가능한 금할 것

④ 식품을 취급하는 사람은 개인위생을 철저히 하고 특히 손을 잘 씻고 소독할 것

⑤ 식품에 사용하는 물과 식수는 위생적인 것을 사용할 것

⑥ 식품의 제조, 취급, 조리 등에 사용되는 기구, 식기는 깨끗이 씻고, 소독할 것

⑦ 쥐, 파리, 바퀴 등 위생해충의 침입을 방지하고 이들을 구제할 것

⑧ 작업장을 청결하게 할 것

⑨ 예방접종을 실시할 것

☼ 경구감염병과 세균성 식중독의 차이 기출

항목	경구감염병	세균성 식중독
감염원	물 또는 식품	주로 식품
식품의 역할	운반매체	증식매체
감염균량	미량	다량
감염관계	사람과 병원체 사이에 감염환이 성립	종말감염
병원균의 독력	강함	약함
2차감염	○	×

잠복기	비교적 길다.	비교적 짧다.
증상	장기간	일과성
면역성	있는 경우가 많다.	×
예방조치	거의 불가능	균의 증식을 억제하면 가능함
격리	효과 ○	효과 ×
관련법	감염병의 예방 및 관리에 관한 법률	식품위생법

2 주요 경구감염병

(1) 장티푸스(typhoid fever)

① 병원체 : Salmonella typhi
  ㉠ 그람음성, 통성혐기성 무포자 간균, 주모성 편모, 장내세균과
  ㉡ 외계에서 저항성이 큼 : 일광이 없고 수분이 충분한 환경에서 장시간 생존, 분뇨는 수주 이상
  ㉢ 인간이 고유숙주
② 감염원 및 경로 : 환자나 보균자의 분변, 오줌으로 전파, 균에 오염된 식수와 식품이 주요 매개물
③ 잠복기 : 1~3주(7~14일)
④ 증상
  ㉠ 두통, 식욕부진, 오한, 근육통, 발열(40℃↑), 서맥, 비종대, 장미진, 건성 기침 등
  ㉡ 백혈구(호산구) 감소, 사망률 10%(조기 항생제 치료 시 1%이하로 감소)
  ㉢ 발열은 서서히 상승하여 지속적인 발열이 되었다가 이장열이 되어 해열됨
⑤ 예방 : 환자나 보균자의 색출, 환자관리, 분뇨, 식기구, 물, 음식물의 위생처리, 소독, 파리구제, vaccine에 의한 예방접종
⑥ 특징
  ㉠ 급성 전신성 발열성 질환, 회복 후 영구면역, 2~5%는 영구보균자
  ㉡ 영구보균자에 있어서 균의 생장 장소는 담낭, 장, 신장 등

(2) 파라티푸스(paratyphoid fever)

① 병원체 : Salmonella paratyphi A, B, C
② 감염원 및 경로 : 환자나 보균자의 분변
③ 잠복기 : 1~3주
④ 증상 : 급성 전신성 발열성 질환, 장티푸스와 유사하나 다소 가벼운 증세를 보임
⑤ 특징
  ㉠ B형이 가장 흔함(A: 20-30세 청장년, B: 10-20세 청소년)
  ㉡ 남성에게서 많이 발생
  ㉢ 여름에 발생률↑

(3) 콜레라(cholera)

① 병원체 : Vibrio cholerae(Vibrio cholerae O1, Vibrio cholerae O139)

    ㉠ 그람음성, 바나나 또는 콤마형, 무포자균, 편모, 협막없음

    ㉡ 콜레라균은 지질다당질의 O 항원에 따라 200가지 이상의 혈청군으로 구분

        ⓐ 콜레라 독소를 발현하는 균체 항원형은 네 혈청형으로 O1, O27, O37, O139

        ⓑ 집단 유행을 일으키는 것은 O1과 O139 혈청군이며, O1이 주로 집단 유행을 일으킴

    ㉢ 생물학적 유형

        ⓐ classical형(1~6차 까지 대유행) : 진성콜레라

        ⓑ El Tor형*(7차 유행) : 변이주가 V. cholerae O139형임

    ㉣ 외계에 대한 저항성이 약함 (분변 1~2일 사멸)

    ㉤ 열(56℃ 15분), 산(pH6.0이하), 소독제에 약함

    ㉥ 냉장이나 냉동에서는 증식되지는 않으나 균이 사멸하지는 않음

② 감염원 및 경로

    ㉠ 환자, 보균자 분변 및 토물에 의해 오염된 물과 음식물(특히 어패류)에 의해 감염

    ㉡ 발병에 많은 수(1억~100억)의 균이 필요하므로 직접 접촉에 의한 감염은 적음

③ 잠복기 : 수시간 – 5일로 짧다 (평균 2~3일, 보통 24시간 이내)

④ 증상

    ㉠ 소장에 정착, 증식하여 콜레라 독소(CT) 생산 → 점막상피세포 작용 → 수양성 심한 설사(콜레라 독소가 분비성 설사 유발), 급성장관 질환

    ㉡ 심한 설사(쌀뜨물 같은 수양성), 구토, 탈수, 허탈, 쇼크, 피부건조, cyanosis 등

⑤ 예방

    ㉠ 외래 감염병이기 때문에 검역을 철저히 할 것

    ㉡ 백신예방접종 : 콜레라 유행 또는 발생지역을 방문하는 경우 백신접종을 권고함

(4) 세균성 이질(bacillary dysentery)

① 병원체

> • A군 – Shigella dysenteriae : 가장 심한 설사 등 증상이 제일 중함
> • B군 – S. flexneri : 증상이 심함
> • C군 – S. boydii : 증상이 경함
> • D군 – S. sonnei : 증상이 경함

    ㉠ 그람음성, 호기성 무포자 간균, 협막과 편모가 없음, 장내세균과

    ㉡ 물속 2~6일, 해수 2~5개월 생존

    ㉢ 60℃ 10분, 5% 석탄산, 70% 알코올로 사멸

    ㉣ Shigella는 neurotoxin, enterotoxin, cytotoxin과 같은 몇 가지의 체외독소 생성

    ㉤ 항균제에 대한 내성이 잘 생김

② 감염원 및 경로
    ㉠ 환자와 보균자의 분변에 오염된 식수와 식품 매개로 주로 전파
    ㉡ 소량(10~100개)으로도 감염될 수 있어 환자나 병원체 보유자와 직접·간접적인 접촉에 의한 감염도 가능
    ㉢ 파리가 중요 매개체
③ 잠복기 : 1일~7일(보통 1~3일)
④ 증상
    ㉠ 이질균은 체내 대장 표면을 덮고 있는 세포를 파괴하고 침범하여 장관증상을 일으킴, 급성염증성 장염을 일으키는 질환
    ㉡ 구역질, 구토, 오한, 발열, 경련성 복통, 설사(처음에는 수양변 차차 혈액 + 점액), 후중기를 동반한 설사
⑤ 예방
    ㉠ 백신에 개발되어 있지 않아 예방접종 할 수 없음
    ㉡ 이질균은 비교적 저항성이 약해 60℃ 가열로 사멸되므로 식품을 충분히 가열
    ㉢ 식품에 곤충침입 방지

(5) 아메바성 이질(amoebic dysentery)

① 병원체 : Entamoeba histolytica
    ㉠ 이질아메바의 형태
        ⓐ 영양형 : 인체에 기생할 때의 형태, 운동성이 있음
        ⓑ 포낭 : 운동성은 없음, 저항성과 항원성이 강함
    ㉡ 원충은 저항력이 약해 배출 후 12시간 이내에 사멸, 포낭형은 수중에서는 9~30일간, 대변 내에서는 12일간 생존
    ㉢ 인체에서 통상적인 기생부위는 맹장 / 상행결장, 직장 등에도 기생
② 감염원 및 경로 : 환자나 낭포 보유자 분변에서 원충이나 포낭 배출 → 채소나 음료수 → 경구감염
③ 잠복기 : 3~4주
④ 증상 : 설사(변중 점액이 혈액보다 많음), 복통, 오한, 권태감 등
⑤ 특징 : 열대, 아열대 발생률 ↑, 온대지방에서는 불현성 감염이 많음

(6) 급성회백수염(poliomyelitis, 소아마비, 폴리오)

폴리오바이러스에 의해 급성 이완성 마비를 일으키는 질환
① 병원체 : Poliomyelitis virus Ⅰ, Ⅱ, Ⅲ(저온에 안정, 신경친화성 virus)
    ㉠ Poliomyelitis virus Ⅰ(마비경향이 높음), Ⅱ(마비 드물다), Ⅲ(중간)
    ㉡ 저온에 안정, 신경친화성 virus, 장바이러스로 RNA바이러스
    ㉢ 혈청형 간의 교차 면역은 없음

㉣ 열, 광선, 포름알데하이드, 염소 등에 의해 빠르게 불활성화

  ② 감염원 및 경로

    ㉠ 환자나 불현성 감염자의 호흡기계(인두, 후두) 분비물, 분변으로 배출되어 경구감염

    ㉡ 인간에서 인간으로 직접감염(특히 분변-경구 감염)

    ㉢ 드물게 대변에 오염된 음식물을 통해서도 전파 가능

  ③ 잠복기 : 7~12일(마비성 폴리오) / 불현성 감염 3~6일

  ④ 증상

    ㉠ 대부분 불현성 감염이나 비특이적 열성질환, 드물게 뇌수막염, 마비성폴리오가 나타남

    ㉡ 마비성 폴리오 : 초기에는 발열, 인후통, 구역, 구토 등의 비특이적 증상을 보이다가 수일간 의 무증상을 거친 후 비대칭성의 이완성 마비가 나타남

  ⑤ 예방 : 백신에 의한 예방접종

  ⑥ 특징

    ㉠ 어린이 환자 多, 불현성 감염이 대부분

    ㉡ 임파절을 거쳐 혈류로 유입해 신경세포 같은 감수성 조직에 침투

(7) 바이러스성 간염(유행성 간염, epidemic hepatidis)

  ① A형 간염

    ㉠ 병원체 : A형 간염 바이러스(hepatitis A virus : HAV)

      ⓐ 구형, 단일사슬의 RNA 바이러스

      ⓑ 에테르, 산에 안정적

      ⓒ 바이러스가 장관을 통과해 혈액으로 진입한 후 간세포 안에서 증식하여 염증을 일으킴

    ㉡ 감염원 및 경로

      ⓐ 인간이 고유숙주

      ⓑ 분변-경구 경로로 직접 전파

      ⓒ 환자의 분변 → 식품, 음료수, 손 등 → 경구감염

      ⓓ 굴, 모시조개의 생식(조개젓)과 불충분한 가열, 그 외 우유, 채소, 샐러드 등의 식품

    ㉢ 잠복기 : 15~50일

    ㉣ 증상

      ⓐ 발열, 식욕감퇴, 구역 및 구토, 권태감, 두통, 근육통 등의 전신증상 → 그 후 요농염, 황달, 간장애 등

      ⓑ 만성간염으로 진행하지 않음

      ⓒ 5세 이하의 어린이 경우 50~90%가 무증상이며 어른의 경우 70~95%가 유증상을 나타 냄(소아기의 감염은 성인에 비해 경증이거나 증상 없이 면역을 획득)

    ㉤ 예방

      ⓐ 비소화기계 감염병이나 경구감염되므로 장티푸스 예방법에 준한다.

      ⓑ 청소년들의 집단생활에서 잘 나타나므로 소독 철저

ⓒ 개인위생 및 식품 위생을 철저히 하며, 식수원의 오염을 방지

ⓓ 집단시설이나 인구밀도가 높은 장소에서 생활하게 되는 경우, 대변, 소변을 본 후, 기저귀를 갈아준 경우 반드시 손씻기

ⓔ 음식을 85℃로 1분간(조개류 90℃ 4분) 끓이거나 1 : 100으로 희석시킨 가정용 표백제에 의해 불활성화 됨

ⓕ 예방접종을 실시

ⓖ A형간염에 걸린 조리사가 황달 시작 후 적어도 1~2주 정도 또는 증상이 완전히 없어질 때까지 음식을 조리하지 않도록 함

② E형 간염

㉠ 병원체 : 간염 virus E(hepatitis E virus : HEV)

염류의 고농도에 노출 시 불안정, 단백질로 둘러싸인 단일의 RNA물질

㉡ 감염

ⓐ 주로 분변 오염된 물에서 경구적으로 전파, 선진국은 오염된 육류, 가공식품을 통해 감염

ⓑ 감염자의 배설물을 통해 전파, 특히 여행자에 의해 들어올 가능성 있음

㉢ 잠복기 : 22~60일(유행은 40일 정도)

㉣ 증상 : 메스꺼움, 거무스름한 소변, 복통, 구토, 어지러움, 발열, 관절통 등을 거쳐 대부분 모든 환자에게 간종양이 보이고, 환자 중 간장염, 신장파괴 후 출혈 등으로 사망

※ 치사율이 낮으나 임산부의 사망률 20%, 일반적인 사망률 1~2%

㉤ 예방

ⓐ 사람과 동물의 분변물로부터 오염되지 않도록 물을 철저히 관리

ⓑ 유행 시 사람과 사람의 접촉에 유의

• 참고

바이러스성 간염의 비교

1. 바이러스성 간염
   ① 경구감염에 의한 유행성 간염 : A, E형 – 제2급감염병
   ② 혈액감염에 의한 혈청간염 : B, C형 – 제3급감염병

2. 발생상황
   ① A형간염 : 주로 어린 연령층에서 급성간염을 일으키나 대부분 회복되며, 최근 20~30대에서 많이 발생
   ② B형간염 : 잠복기가 길고 증세가 심하고 치료가 잘 안되고 만성으로 이환되며 치사율이 높음
   ③ C형간염 : 만성화 경향이 B형보다 높아 만성간염, 간경변, 간암으로 이행됨

3. 감염경로
   ① A형간염
      • 병원체가 주로 대변에서 나타나며 그 외 침, 소변, 인후비말에서도 나타남
      • 이들에 의해 오염됨 물, 음식물 등으로 경구감염, 혈액을 통해 전파되기도 함
   ② B형간염
      • 환자, 보균자의 혈액, 침, 소변 등 체액에서 균이 발견
      • 피부나 점막의 상처, 키스, 성 접촉, 감염된 주사기, 수혈, 면도, 침구, 칫솔 등을 통해 감염, 모자 간 수직감염도 가능
   ③ C형간염 : 주사기 공동사용, 수혈, 혈액투석, 성접촉, 모자간 수직감염 등

4. 증상
　① A형간염
　　• 잠복기 : 15~50일
　　• 발열, 식욕감퇴, 근육통, 피로감, 설사, 황달 등
　　• 일반적으로 1~2개월 후 간기능이 정상화
　　• 소아는 불현성 감염을 보이나 연령이 높을수록 증상이 심해짐
　② B형간염
　　• 잠복기 45~180일
　　• 황달, 흑뇨, 식욕부진, 오심, 근육통, 심한 피로, 우상복부압통 등
　　• 무증상 감염도 있음
　③ C형간염
　　• 잠복기 15~150일
　　• 급성의 경우 대부분 증상이 경미함
　　• 수혈에 의한 감염의 경우 70~80%가 무증상 감염
　　• C형 간염환자 중 80~90%가 만성 간염으로 진행

(8) 천열(izumi fever)

① 병원체 : 이즈미열 바이러스(바이러스성 급성발진성 질환)

② 감염원 및 경로 : 환자나 보균자 또는 쥐의 배설물 → 식품, 음료수 오염 → 경구감염, 직접감염

③ 잠복기 : 2~10일(식품에 의한 감염일 때 7일, 물에 의한 전염일 때는 평균 9일)

④ 증상 : 두통, 39℃ 이상의 발열, 발병과 동시에 또는 2~3일 늦게 발진

⑤ 예방 : 우물 등 공동식수시설의 소독과 하수처리를 철저, 쥐 구제 등을 실시

(9) 성홍열(scarlet fever)

① 병원체 : Group A β-hemolytic Streptococci(=Streptococcus pyogenes)
　㉠ A군 β-용혈성 연쇄구균(적혈구를 완전히 용혈시키는 것으로 병원성이 가장 강함)
　㉡ 그람양성, 구균, 발적독소라고 부르는 균체외 독소인 Dick 독소를 생성

② 감염원 및 경로 : 환자, 보균자의 호흡기 분비물과 직접 접촉, 환자와 보균자의 호흡기 분비물이 손이나 물건을 통한 간접 접촉, 감염원으로 오염된 우유로 감염

③ 잠복기 : 1~7일(평균 3일)

④ 증상 : 급성 열성질환, 발열(40℃ 전후), 편도선 부음, 붉은 발진, 딸기혀 등

⑤ 특징 : 어린이에게서 발생 多, 이른 봄이나 겨울에 많이 발생

(10) 디프테리아(diphtheria)

① 병원체 : Corynebacterium diphtheriae
　㉠ 그람양성 무포자 간균, 열과 일광 등에 저항력이 비교적 약함
　㉡ 디프테리아균은 거의 모든 조직에 침입
　㉢ 디프테리아 독소는 세포단백질 생성을 억제하여 조직괴사 유발, 막 형성

② **감염원 및 경로** : 접촉감염(피부상처), 비말감염(콧물, 인후분비물, 기침), 환자나 보균자의 분비물에 의해 오염된 식품을 통해 경구감염

③ **잠복기** : 2~5일

④ **증상** : 초기엔 감기증상(두통, 발열, 인후통) 급격한 고열(38℃), 인두, 편도, 후두 등 상기도 침범부위에 국소적 염증과 위막을 형성하고, 호흡기 폐색을 유발, 독소에 의해 다양한 합병증이 발생하며 심근염이 가장 흔함

⑤ **예방** : 생우유, 아이스크림 등에 의해 집단 발생하므로 주의, 톡소이드에 의한 예방 접종

⑥ **특징** : 어린이 발생률 ↑, 겨울과 봄에 많이 발생

인수공통감염병

1 인수공통감염병의 개요

(1) 인수공통감염병의 감염경로

① 감염된 동물의 고기 또는 우유 등을 섭취함으로써 감염되는 것
② 감염동물의 조직이나 분비물 등에 직접 접촉하여 감염되는 것
③ 음식물이 이들 병원체에 의해 2차적으로 오염되어 이런 음식을 섭취함으로써 감염되는 것

(2) 병원체에 따른 분류

병원체	종류
세균	탄저, 결핵, 브루셀라증, 돈단독, 야토병, 탄저, 렙토스피라증, 리스테리아증, 페스트 (Yersinia pestis), 유비저(Burkholderia pseudomallei) 등
바이러스	신증후군출혈열, 일본뇌염, 광견병, 인플루엔자, 중증급성호흡기증후군, 중증열성혈소판감소증후군 등
리케차	Q열, 발질열, 발진티푸스, 쯔쯔가무시 등 기출
변형프리온	vCJD

(3) 인수공통감염병의 예방법

① 가축의 건강관리와 예방접종을 철저히 하여 가축끼리의 감염병 유행을 예방하고, 병에 걸린 동물을 조기 발견하여 격리 또는 도살하고 소독을 철저히 해야 한다.
② 도축장이나 우유처리장의 검사를 엄격히 하여 병에 걸린 동물이 식용으로 제공되거나 판매되지 않도록 한다.
③ 수입되는 가축이나 육류, 유제품 등에 대한 검역과 감시를 철저히 한다.
④ 식품의 생산, 가공, 저장, 유통단계 등에서 위생적으로 처리한다.

2 주요 인수공통감염병

(1) 탄저(anthrax)

① 병원체 : Bacillus anthracis(탄저균)
    ㉠ 그람양성, 호기성 대형간균, 내열성 아포형성, 운동성 없음, 협막 있음
    ㉡ 아포형태로 자연계에 존재하면서 건조, 열, 자외선, 기타 많은 소독제에 저항력이 있음

② 감염경로 및 증상

　㉠ 초식동물 가축의 급성감염병이며 사람에게도 감수성이 있는 급성열성감염병

　㉡ 사람 간 전파는 거의 일어나지 않음

　㉢ 아포가 체내에 들어오면 균이 활성화되고 증식하면서 독소 생성 : 이 독소가 신체의 모든 장기를 망가뜨림

　㉣ 사람의 감염 및 증상 : 가축과 축산물의 접촉에 의함

　　ⓐ 경구감염(병든고기 섭취) → 장탄저(발열, 구토, 식욕부진 등이 발생한 후 토혈, 복통, 혈변 등의 증상이 나타나고 패혈증으로 진행)

　　ⓑ 경피감염(피부상처) → 피부탄저(발적, 종창, 수포, 궤양, 림프샘염 등 심할 경우 패혈증 등으로 사망)

　　ⓒ 경기도감염(동물, 털, 모피취급자가 포자 흡입) → 폐탄저(초기 미열, 마른기침, 피로감 등, 심할 경우 호흡곤란, 고열, 빈맥, 토혈 등이 동반되고 패혈성 쇼크로 사망)

③ 잠복기 : 1~60일, 보통 5~7일

④ 예방

　㉠ 초식동물의 예방접종

　㉡ 감염동물의 도살 처분해 소각처리 하거나 고압증기멸균(내열성 아포형성하므로)

---

(2) 브루셀라증(brucellosis, 파상열)

① 병원체 : Brucella속균

종류	일차적 발생 병원소	특징
Brucella melitensis	양, 염소, 낙타 : Malta 열균	가장 병원성이 높은 균으로 고위험병원체로 지정
Brucella suis	돼지 : 돼지 유산균	병원성이 높으며 고위험병원체로 지정
Brucella abortus	소 : 소 유산균	국내에서 감염을 일으키는 주된 균
Brucella canis	개	반려견으로부터 감염 가능

　㉠ 그람음성 호기성의 무아포 간균, 운동성이 없음

　㉡ 열에 대한 저항력은 약하나 건조에 대한 저항력은 강함

② 감염원 및 경로 : 유즙, 유제품, 고기에 의한 경구감염, 상처통한 경피감염(동물과 접촉할 기회가 많은 사람에게 높다), 경기도 감염(흡입전파), 사람간 전파는 드물다.

③ 잠복기 : 보통 2~4주, 때때로 수개월

④ 증상 [기출]

　㉠ 동물 : 유산, 태막염

　㉡ 사람 : 열병(열이 오르고 내리는 파상열, 오후에는 38~40℃의 고열이 나다가 오전에는 발한과 함께 평열, 이 열성질환이 수 주일~수개월의 간격을 두고 반복), 불현성감염이 많으며, 그 외 경련, 피로, 식욕부진, 두통, 요통 등

⑤ 예방 : 우유의 완전살균, 병든 가축의 식육금지

(3) 야토병(tularemia)

① 병원체 : Francisella tularensis

ⓐ 그람음성, 호기성 무아포 간균, 편모 없음, 협막 있음

ⓑ 외계에서 저항성이 강한 편이나 열에는 약함(56~58℃, 10분 가열로 사멸)

② 감염원 및 경로

ⓐ 동물 : 병든 산토끼나 동물에 기생하는 진드기, 이, 벼룩 등이 전파

ⓑ 사람 : 병에 걸린 토끼고기에 의한 경구감염, 경피감염, 병원균을 보유한 곤충, 진드기를 매개로 감염, 사람 간 전파는 보고된 바 없음

③ 잠복기 : 1~14일(보통 3~5일)

④ 증상

ⓐ 피부 : 농포, 궤양, 국소의 림프선 붓는다.

ⓑ 눈 : 악성결막염

ⓒ 갑작스런 발열, 오한, 두통, 설사, 근육통, 관절통, 마른기침 등

⑤ 예방 : 병든 산토끼의 식육 금지, 손에 상처 있는 사람의 조리 금지, 유행지역에서는 진드기 등에 물리지 않도록 주의

(4) 결핵(tuberculosis)

① 병원체

> - **사람** : 인형결핵균(Mycobaterium tuberculosis)
> - **소** : 우형결핵균(Mycobacterium bovis)
> - **새** : 조형결핵균(Mycobacterium avium)

ⓐ 항산성 염색 시 붉은색, 편성 호기성 무포자 간균, 편모 없음

ⓑ 건조한 상태에서도 오랫동안 생존, 강산, 강알칼리에서도 잘 견딤

ⓒ 열과 햇빛에 약함

ⓓ 다른 병원균들에 비해 증식속도가 매우 느려(세대시간 18~24시간) 염증 반응이 약하게 서서히 진행

② 감염원 및 경로

ⓐ 인형

ⓐ 주로 사람에서 사람으로 공기를 통하여 전파

대화, 기침 또는 재채기를 할 때 결핵균이 포함된 미세한 가래 방울이 일시적으로 공기 중에 떠 있다 주위 사람들이 숨을 들이쉴 때 그 공기와 함께 폐 속으로 들어가 감염

ⓑ 우형 결핵

ⓐ 결핵에 걸린 소의 유방에서 유즙 중 배출(1차오염)

ⓑ 우유 오염(2차오염)

> **용어정리** 🖉
> • **1차오염** : 감염병의 병원체는 환자, 보균자, 감염동물의 분뇨나 분비액에 존재하는데 병원체가 이를 통해 배출
> • **2차오염** : 병원체가 식기, 손가락, 곤충, 쥐 등에 오염되고 이것을 거쳐 식품이 간접적으로 병원체에 오염

③ 증상

    ㉠ 공통증상 : 발열, 전신피로감, 식은땀, 체중감소 등

    ㉡ 폐결핵

        ⓐ 초기에 뚜렷한 증상이 없다 서서히 진행되면서

        ⓑ 기침(2주 이상 지속되면 의심)

        ⓒ 객혈, 무력감, 식욕부진, 체중감소, 미열, 흉통, 호흡곤란 등

④ 특징

    ㉠ 대부분 폐에서 발생하지만 신장, 신경, 뼈 등 우리 몸 속 대부분의 조직이나 장기에서 병을 일으킬 수 있음

    ㉡ 감염자 중 90%는 단순히 잠복결핵감염 상태를 유지

        증상도 없고, 다른 사람에게 결핵균을 전파하지 않는 상태

    ㉢ 감염 후 발병한 결핵환자의 50%는 감염 후 1~2년 안에 발병

        나머지 50%는 그 후 평생에 아무 때나 즉, 면역력이 감소하는 때에 발병

    ㉣ 전체 국민의 1/3이 결핵균에 감염되어 있는 것으로 추정

    ㉤ 결핵 발생률과 사망률은 OECD 가입국 중 가장 높은 수준

    ㉥ 우리나라는 20~30대 젊은 층에 결핵환자가 많음

⑤ 예방 : 정기적인 tuberculin 검사 실시, BCG 예방접종, 우유의 완전살균 등

(5) 돈단독증(swine erysipeloid)

① **병원체** : Erysipelothrix rhusiopathiae

    그람양성, 통성혐기성 무포자 간균, 운동성 없음

② **감염원 및 경로** : 병든 돼지 취급 시 경피감염 및 경구감염

③ **증상** : 피부발열, 발적, 자홍색의 홍반(유단독), 패혈증 등

④ **예방** : 감염 동물의 조기발견, 격리, 치료(항생물질 이용), 소독, 예방접종

(6) Q열(Q fever)

① **병원체** : 리케차 Coxiella burnetii

    ㉠ 건조, 소독제에 대한 저항력이 강하나 열에는 약함(71℃, 15분 가열로 사멸)

    ㉡ 특히 동물의 태반, 부산물에 고농도로 존재

② **감염원 및 경로** : 공기전파(흡입), 병든 동물(소, 염소, 양)의 생유 섭식, 병든 동물의 조직이나 배설물 접촉, 진드기에 의한 감염

PART 04 식중독과 감염병

③ 잠복기 : 2~4주

④ 증상 : 불현성 감염이 많고, 고열, 오한, 두통, 근통, 중증 시에는 간장애, 황달

⑤ 예방 : 진드기 등 흡혈곤충 박멸, 우유살균, 감염동물의 조기발견, 조치, 감염동물의 출산적출물 적절한 처리 필요

(7) Leptospirosis(Weil's disease)

① 병원체 : Leptospira interrogans

　　㉠ 그람음성, 무포자 나선형균

　　㉡ 건조에 대한 저항력이 약하며, 50℃ 10분 가열로 사멸 가능

② 감염원 및 경로 : 소, 돼지, 개, 쥐 등을 통해 감염(사람은 이환된 쥐의 분뇨에 오염된 물, 식품을 통해 경구감염)

③ 증상 : 고열, 전율, 오한, 두통, 요통, 근육통, 황달 등

④ 예방 : 쥐의 구제, 오염된 손, 발의 세척

· 참고

가을철 발열성 질환의 비교

1. 쯔쯔가무시증
   ① 정의 : Orientia tsutsugamushi감염에 의한 급성 발열성질환
   ② 매개체 및 감염원 : 털진드기과 진드기 유충
   ③ 잠복기 : 8일~11일
   ④ 임상증상 : 가피형성, 고열, 오한, 심한두통, 발진, 구토, 복통 등
   ⑤ 전파경로 : 감염된 진드기 유충에 물려서 감염

2. 렙토스피라증
   ① 정의 : 병원성 Leptospira 감염에 의한 급성 발열성질환
   ② 매개체 및 감염원 : 감염된 동물의 소변으로 오염된 물, 흙
   ③ 잠복기 : 5일~7일
   ④ 임상증상 : 가벼운 감기증상부터 치명적인 웨일씨병(Weil's disease)까지 다양
   　　90%는 경증의 비황달형, 5~10% 웨일씨병
   ⑤ 전파경로 : 감염된 동물의 소변에 오염된 물, 토양, 음식물에 노출 시 상처 난 피부를 통해 감염
   ⑥ 렙토스피라증 예방법
   　　• 논이나 고인 물에 들어갈 때는 고무장갑과 장화를 꼭 착용할 것
   　　• 태풍, 홍수 뒤 벼 세우기 작업 시에는 고무장갑과 장화를 착용할 것

3. 신증후군출혈열
   ① 정의 : 한탄바이러스와 서울바이러스 등에 의한 급성발열성질환
   　　　　늦가을, 늦봄
   ② 매개체 및 감염원 : 설치류(등줄쥐, 집쥐)
   ③ 잠복기 : 7일~21일(2~3주)
   ④ 임상증상 : 발열기, 저혈압기, 핍뇨기, 이뇨기, 회복기의 5단계
   　　　　발열, 출혈, 요통, 신부전
   ⑤ 전파경로 : 설치류의 타액, 소변, 분변이 공기 중 건조되어 사람의 호흡기를 통해 감염

(8) **광우병(BSE : 소해면상 뇌증)**

① 원인물질 : 변형 프리온 단백질

㉠ β−sheet 구조가 많으며 열, 자외선, 화학물질 및 단백질 분해효소에 저항성을 가짐

㉡ 프리온 = protein + 바이러스 입자(virion) → 바이러스처럼 전염력을 가진 단백질 입자

② 감염과 증상

㉠ 스크래피에 걸린 양의 부산물이 함유된 소의 사료에 기인함

㉡ 소의 뇌조직에 구멍이(전염물질에 의해 발생되는 해면체 뇌병) 생김 : 공격적, 신경질적 반응, 뒷다리의 운동실조와 떨림, 미끄러지듯 주저 앉음

㉢ 96년 소의 광우병이 사람에게 감염된 것으로 추정, 발표 : 오염된 고기를 섭취하거나 이 병에 걸린 사람의 혈액을 수혈받을 때 → 인간 광우병

사람의 vCJD(인간 광우병)와 개연성이 있는 것으로 보고 됨

③ 광우병과 비슷한 질병 : 양의 스크래피, 사람의 CJD병, 고양이의 광묘병, 사슴종의 CWD병 등

④ 동물 특정위험물질(SRM) 지정

㉠ 일본 : 두부, 척수, 회장말단

㉡ EU : 12개월령 이상 소의 두개골, 척추의 일부, 모든 연령의 소의 편도, 장관 및 장관막

㉢ 미국, 캐나다 : 30개월령 이상의 소의 두개골, 뇌, 척수, 척추 등 및 모든 연령 소의 소장

⑤ 우리나라의 특정위험물질

「가축전염병 예방법」 제2조 6항

"특정위험물질"이란 소해면상뇌증 발생 국가산 소의 조직 중 다음 각 목의 것을 말한다.

가. 모든 월령(月齡)의 소에서 나온 편도(扁桃)와 회장원위부

나. 30개월 령 이상의 소에서 나온 뇌, 눈, 척수, 머리뼈, 척추

다. 농림축산식품부장관이 소해면상뇌증 발생 국가별 상황과 국민의 식생활 습관 등을 고려하여 따로 지정·고시하는 물질

01

감염병 발생의 3요소가 아닌 것은?

① 감수성   ② 증상발현
③ 감염경로   ④ 감염원

◀ 감염병 발생의 3요소는 감염원, 감염경로, 숙주의 감수성이다.

02 〔경기 유사기출〕

다음 중 감염병의 병원소가 아닌 것은?

① 회복기 보균자   ② 오염된 음식물
③ 토양   ④ 동물

◀ 병원소는 병원체가 생활, 증식하고 생존하여 질병이 전파될 수 있는 상태로 저장되는 장소로 환자(현성, 불현성), 보균자(병후, 잠복기, 건강보균자), 병원체 보유동물, 토양 등이다. 오염된 음식물은 감염경로에 해당된다.

03

다음 감염병 예방법 중 감염경로에 대한 대책은?

① 예방접종 실시   ② 손 씻기
③ 토양의 소독   ④ 환자의 조기발견

◀ ① : 숙주에 대한 대책, ③과 ④ : 감염원에 대한 대책

04 〔경기 유사기출〕

감염과 면역에 대한 설명으로 옳은 것은?

① 오염은 병원균이 숙주가 되는 생체 내에서 증식하는 것이다.
② 감염은 단순히 미생물이 생물이나 무생물에 부착된 상태이다.
③ 건강보균자는 불현성 감염을 일으키고 병원균을 배출하는 사람이다.
④ 능동면역은 획득면역 중 모태로부터 항체 이행, 예방접종에 의해 면역이 생기는 것이다.

---

answer | 01 ②   02 ②   03 ②   04 ③

05 경기 유사기출

감염병에 대한 설명으로 옳은 것은?

① 감염병 발생의 3요소는 감염원, 병원소, 숙주의 감수성으로 집단발생이 쉽다.
② 야토병, 돈단독, 렙토스피라증은 사람과 동물이 같은 병원체에 의해 감염증을 일으킨다.
③ 제1급감염병은 디프테리아, 성홍열 등 17종으로 발생 또는 유행 즉시 신고해야 한다.
④ 경구감염병에서 식품은 증식매체가 되며, 미량의 균으로 발생이 가능하다.

감염병 발생의 3요소는 감염원, 감염경로(환경), 숙주의 감수성이며, 성홍열은 제2급감염병이고, 경구감염병에서 식품은 운반매체이다.

06 경남 유사기출

다음 중 인공능동면역 중 생균백신에 의해 예방할 수 있는 감염병은?

① 콜레라 ② 탄저
③ 디프테리아 ④ 장티푸스

인공능동면역 중 생균백신에 의해 예방할 수 있는 감염병에는 두창, 탄저, 광견병, 결핵, 폴리오 등이 있다. 콜레라와 장티푸스는 인공능동면역 중 사균백신에 의해, 디프테리아는 순화독소에 의해 예방할 수 있다.

07

다음 중 병원체가 다른 하나는?

① 일본뇌염 ② 홍역
③ 결핵 ④ 이즈미열

- 일본뇌염, 홍역, 이즈미열 : 바이러스
- 결핵 : 세균

08 경기 · 경북 유사기출

다음 중 리케차가 원인인 감염병이 아닌 것은?

① 광견병 ② 큐열
③ 쯔쯔가무시 ④ 발진열

광견병의 병원체는 바이러스이다.

answer | 05 ② 06 ② 07 ③ 08 ①

09

다음 중 원생동물에 의해 발생할 수 있는 감염병은?

① 발진티푸스   ② 돈단독
③ 급성회백수염   ④ 이질

◀ 발진티푸스는 리케차, 돈단독은 세균, 급성회백수염은 바이러스에 의해 발생한다.
이질 중 아메바성 이질은 아메바(원생동물)에 의해 발생한다.

10 `경기 유사기출`

다음과 같은 질병의 공통적인 병원체는?

> 광견병, 일본뇌염, 유행성 출혈열, 중증급성호흡기증후군, 폴리오

① 세균   ② 바이러스
③ 리케차   ④ 아메바

◀ 광견병, 일본뇌염, 유행성 출혈열, 중증급성호흡기증후군, 폴리오의 병원체는 바이러스이다.

11 `교육청 유사기출`

다음 중 바이러스에 의해 발생하는 경구감염병은?

① 홍역   ② 폴리오
③ B형 간염   ④ 장티푸스

◀ 바이러스성 경구감염병 : A형 간염, 이즈미열(천열), 급성회백수염(소아마비, 폴리오), 전염성 설사증

12 `수탁지방직 2010년 기출`

다음 감염병 중 세균성 병원체에 의한 것은?

① A형 간염   ② 장티푸스
③ 이즈미열   ④ 급성회백수염

◀ A형 간염, 이즈미열, 급성회백수염의 병원체는 바이러스이다.

---

answer | 09 ④   10 ②   11 ②   12 ②

13 경기 유사기출

「감염병의 예방 및 관리에 관한 법률」상 아래에서 설명하는 감염병이 속하는 감염병의 구분과 예시의 연결이 옳은 것은?

전파가능성을 고려하여 발생 또는 유행 시 24시간 이내에 신고하여야 하고, 격리가 필요한 감염병으로 갑작스러운 국내 유입 또는 유행이 예견되어 긴급한 예방·관리가 필요하여 보건복지부장관이 지정하는 감염병을 포함한다.

① 제2급감염병 – 보툴리눔독소증   ② 제2급감염병 – 성홍열
③ 제3급감염병 – 비브리오패혈증   ④ 제3급감염병 – 장흡충증

🔊 위 설명은 제2급감염병에 대한 설명이며, 제2급감염병에는 결핵, 수두, 홍역, 콜레라, 장티푸스, 파라티푸스, 세균성이질, 장출혈성 대장균감염증, A형간염, 백일해, 유행성이하선염, 풍진, 폴리오, 성홍열, 한센병 등이 있다.

14 경북·교육청 유사기출

우리나라의 법정감염병 중 제1급감염병이 아닌 것은?

① 탄저   ② 야토병
③ 결핵   ④ 디프테리아

🔊 결핵은 제2급감염병이나.

15 경북 유사기출

법정감염병 중 제2급감염병에 대한 설명으로 옳지 않은 것은?

① A형간염과 E형간염이 속한다.
② 원숭이두창과 홍역, 결핵이 속한다.
③ 세균성이질, 장출혈성대장균감염증이 속한다.
④ 발생 또는 유행 시 24시간 이내에 신고하여야 하고, 격리가 필요한 감염병이다.

🔊 원숭이두창(엠폭스)은 현재 제3급감염병으로 갑작스러운 국내 유입 또는 유행이 예견되어 긴급한 예방·관리가 필요하여 질병관리 청장이 보건복지부장관과 협의하여 지정하는 감염병에 해당된다.

16

법정감염병에 대한 설명으로 옳지 않은 것은?

① 탄저, 페스트, 보툴리눔독소증은 제1급감염병이며, 생물테러감염병에 해당된다.
② 렙토스피라증, 큐열, 비브리오패혈증은 발생 시 24시간 이내에 신고하여야 한다.
③ 코로나바이러스감염증–19는 질병관리청장이 보건복지부장관과 협의하여 지정하는 제2급 감염병이다.
④ 장티푸스와 콜레라는 유행 시 24시간 이내에 신고해야 하고 격리가 필요한 경구감염병이다.

🔊 코로나바이러스감염증–19는 현재 질병관리청장이 지정하는 제4급감염병이다.

answer | 13 ②   14 ③   15 ②   16 ③

17

경구 감염병에 대한 설명으로 옳지 않은 것은?

① 병원체와 고유숙주 사이에 감염환이 성립된다.
② 지역적인 특성이 인정된다.
③ 균증식을 억제하면 예방이 가능하다.
④ 환자발생과 계절과의 관계가 인정된다.

◀ 균증식을 억제하면 예방이 가능한 것은 세균성 식중독이며, 경구감염병은 소량으로도 발생이 가능하기 때문에 균증식 억제로는 예방이 거의 불가능하다.

18 [식품기사 2019년 2회]

수인성 감염병에 속하지 않는 것은?

① 장티푸스
② 이질
③ 콜레라
④ 파상풍

◀ 수인성 감염병 : 오염된 물을 통해 감염되는 질환으로 장티푸스, 콜레라, 세균성 이질 등이 있다.

19 [경기 · 경남 · 전남 · 교육청 유사기출]

경구 감염병에 대한 설명으로 옳은 것은?

① 발병은 섭취한 사람으로 끝나는 종말감염이다.
② 병원균의 독력이 강하여 소량의 균에 의하여 발병이 가능하다.
③ 2차감염이 빈번히 일어나며 면역성이 없다.
④ 잠복기가 짧아 일반적으로 시간 단위로 표시한다.

◀ 경구감염병은 사람과 병원체 사이에 감염환이 성립되지만 세균성 식중독은 종말감염이다. 경구감염병은 면역성이 있는 경우가 많으며, 잠복기가 비교적 길다.

20

경구감염병의 특징과 거리가 먼 것은?

① 면역성이 있는 경우가 많다.
② 대부분 예방접종이 가능하다.
③ 집단적으로 발생한다.
④ 증상은 일시적이며, 환자격리는 효과가 없다.

◀ 경구감염병의 경우 증상은 장기간이며, 환자격리는 효과가 있다.

answer | 17 ③ 18 ④ 19 ② 20 ④

21 식품기사 2016년 2회

경구감염병의 특성에 대한 설명으로 틀린 것은?

① 경구 감염병은 병인성 미생물이 음식물, 손, 기구 등에 의해 입을 통하여 체내 침입·증식하여 주로 소화기 계통에 질병을 일으켜 소화기계 감염병이라고 한다.

② 경구 감염병은 감염원, 감염경로, 감수성숙주가 있어야 하나, 일반 식중독은 종말 감염이다.

③ 세균성 이질은 여름철에 어린이들이 많이 걸리는 경구 감염병으로 병원체는 Salmonella typhi, Salmonella paratyphi이다.

④ 대표적인 수인성 감염병으로는 콜레라가 있으며 병원체는 Vibrio cholerae이다.

◀ 세균성 이질의 병원체는 Shigella속균이다.

22 교육청 유사기출

경구감염병의 발생과정에 대한 설명으로 옳지 않은 것은?

① 감염성 있는 병원체가 생존, 증식하여 저장된 장소가 병원소이다.

② 병원체에 대한 감수성이 없어야 하고 면역성이 있어야 발생한다.

③ 병원체가 중간매개체 없이 숙주에게 전파되는 것을 직접감염이라고 한다.

④ 병원체가 매개체에 의해 전파되는 간접감염에는 모기, 이, 파리 등 활성전파체에 의한 것이 있다.

◀ 경구감염병은 병원체에 대한 감수성이 있고 면역성이 없어야 발생할 수 있다.

23 경기 유사기출

다음 중 경구감염병의 원인균은?

① Salmonella typhimurium
② Salmonella pullorum
③ Salmonella paratyphi
④ Salmonella thompson

◀ Salmonella paratyphi는 파라티푸스의 원인균이다. ①, ②, ④은 살모넬라 식중독의 원인균이다.

24 수탁지방직 2009년 기출

경구감염병 및 그 병원체가 바르게 연결된 것은?

① 세균성 이질 – Shigella sonnei
② 장티푸스 – Salmonella typhimurium
③ 콜레라 – Vibrio vulnificus
④ 성홍열 – Coxiella burnetii

◀ • 장티푸스 : Salmonella typhi
　• 콜레라 : Vibrio cholerae
　• 성홍열 : 용혈성 연쇄구균(=Streptococcus pyogenes)

---

answer | 21 ③　22 ②　23 ③　24 ①

25 식품기사 2019년 2회

환자의 소변에 균이 배출되어 소독에 유의해야 되는 감염병은?

① 장티푸스   ② 콜레라

③ 이질   ④ 디프테리아

🔸 환자의 분변뿐만 아니라 소변으로 균이 배출되는 것은 장티푸스의 특징이다.

26 식품기사 2018년 1회

장티푸스에 대한 설명으로 옳은 것은?

① 병원균은 Salmonella paratyphi이다.
② 잠복기는 2~3일 전후이다.
③ 쌀뜨물과 같은 심한 설사를 한다.
④ 완치된 후에도 보균하여 균을 배출하는 경우도 있다.

🔸 장티푸스의 병원체는 Salmonella typhi로 그람음성, 통성혐기성 무포자 간균이다. 잠복기는 1~3주(7~14일)이며, 두통, 식욕부진, 오한, 발열(40℃↑), 서맥, 비종대, 장미진, 건성 기침, 백혈구(호산구) 감소 등의 증상을 보인다.

27 전남 · 경기 유사기출

장티푸스에 대한 설명으로 옳지 않은 것은?

① 원인균은 그람음성 간균으로 운동성이 없다.
② 주요 증상은 발열, 장미모양의 발진이다.
③ 파라티푸스 경우보다 병독증세가 강하다.
④ 병후 얻어지는 면역은 평생면역으로 강력한 면역체를 형성한다.

🔸 장티푸스균은 편모가 있어 활발한 운동을 한다.

28 식품기사 2018년 1회

콜레라에 대한 설명으로 틀린 것은?

① 주증상은 심한 수양성 설사이다.
② 내열성은 약하지만 일반 소독제에 대해서는 저항력이 강한 편이다.
③ 외래 감염병으로 검역 대상 감염병이다.
④ 비브리오속에 속하는 세균이다.

🔸 콜레라의 원인균은 소독제에 대한 저항력도 약하다.

answer | 25 ①   26 ④   27 ①   28 ②

29 식품기사 2014년 3회

콜레라에 대한 설명으로 틀린 것은?

① 우리나라에서 콜레라는 식품위생법이 아닌 감염병 예방 및 관리에 대한 법률에 의해 관리되고 있다.

② 콜레라의 예방은 예방접종이 가장 효과적이며 1회 예방접종으로 3년간 안심할 수 있다.

③ 콜레라가 유행할 시기에 어패류의 생식은 특별히 주의할 필요가 있다.

④ 콜레라는 소독약제에 약한 편이다.

🔷 콜레라는 사균백신에 의한 예방접종이 이용되나 제한된 시간 동안 일시적인 감염방지로 면역효과가 낮다.

30

세균성 이질에 대한 설명 중 옳지 않은 것은?

① 원인균은 Shigella boydii이다.

② 잠복기는 1~3주이다.

③ 원인균은 60℃에서 10분 가열로 사멸된다.

④ 일반 증상은 식욕 부진, 복통, 발열, 설사 등이다.

🔷 세균성 이질의 잠복기는 보통 1~3일이다.

31 식품기사 2017년 2회

아래에서 설명하는 경구 감염병은?

> 감염원은 환자와 보균자의 분변이며, 잠복기는 일반적으로 1~3일이다. 주된 임상증상은 잦은 설사로 처음에는 수양변이지만 차차 점액과 혈액이 섞이며, 발열은 대개 38~39℃이다.

① 콜레라   ② 장티푸스
③ 유행성 간염   ④ 세균성 이질

32 경기 유사기출

세균성 이질의 원인균은?

① Corynebacterium diphtheriae   ② Salmonella Typhi
③ Vibrio cholerae   ④ Shigella dysenteriae

🔷 세균성 이질의 원인균은 Shigella dysenteriae, Shigella sonnei, Shigella flexneri, Shigella boydii이다.

answer | 29 ② 30 ② 31 ④ 32 ④

33

환자의 분변 중에 있는 신경친화성 바이러스에 의해 감염되며, 어린이 환자가 많고 심할 경우 마비증상을 일으키는 경구감염병은?

① 급성회백수염　　　　　　　　　② A형간염
③ 천열　　　　　　　　　　　　　④ 디프테리아

🔊 급성회백수염 = 폴리오 = 소아마비
- 병원체는 신경친화성 바이러스인 polio(poliomyelitis) virus임
- 대부분 불현성 감염이나 비특이적 열성질환, 드물게 뇌수막염, 마비성폴리오가 나타남
- 어린이 환자가 많음

34

식품을 매개로 감염될 수 있는 바이러스성 감염병으로 최근 젊은층에서 환자가 증가하고 있으며, 소아는 증상이 거의 없는 반면, 연령이 높을수록 증상이 심해지는 특징을 보이는 감염병은?

① 이즈미열　　　　　　　　　　　② 노로바이러스
③ A형간염　　　　　　　　　　　　④ 폴리오

🔊 A형간염
- **병원체** : A형 간염 바이러스(hepatitis A virus : HAV)
- **잠복기** : 15~50일
- **증상**
  - 발열, 식욕감퇴, 구역, 구토, 권태감, 두통, 근육통 등의 전신증상, 그 후 요농염, 황달, 간장애 등
  - 만성간염으로 진행하지 않음
  - 5세 이하의 어린이의 경우 50~90%가 무증상이며 어른의 경우 70~95%가 유증상을 나타냄

35 　식품기사 2015년 1회

A군 β-용혈성 연쇄상구균에 의해서 발병하는 경구 감염병은?

① 디프테리아　　　　　　　　　　② 성홍열
③ 전염성 설사증　　　　　　　　　④ 천열

🔊 성홍열의 병원체는 A군 β-용혈성 연쇄구균인 Hemolytic Streptococci(=Streptococcus pyogenes)로 그람양성 구균이다. 성홍열은 제2급감염병으로 잠복기는 1~7일(평균 3일)이며, 급성 열성질환, 발열(40℃ 전후), 편도선 부음, 붉은 발진, 딸기혀 등의 증상을 일으킨다.

36

다음 중 체외독소를 분비하는 호흡기계 감염병으로 예방에 코와 입의 분비물에 대한 위생적 처리가 특히 필요한 제1급감염병은?

① 장티푸스　　　　　　　　　　　② 유행성 간염
③ 이질　　　　　　　　　　　　　④ 디프테리아

---

answer | 33 ① 34 ③ 35 ② 36 ④

◈ 디프테리아
① 병원체 : Corynebacterium diphtheriae
• 그람양성 무포자 간균, 열과 일광 등에 저항력이 비교적 약함
② 감염원 : 접촉감염(피부상처), 비말감염(콧물, 인후분비물, 기침), 환자나 보균자의 분비물에 의해 오염된 식품을 통해 경구감염

37 교육청 유사기출

다음 경구감염병에 대한 설명으로 옳은 것은?

> ㄱ. 콜레라는 짧은 잠복기를 거쳐 고열과 함께 심한 쌀뜨물 같은 수양성 설사, 탈수, 청색증
>   (cyanosis) 등의 증상을 보인다.
> ㄴ. 파라티푸스는 여름철에 많이 발생하며, 감염경로는 장티푸스와 같고 치명률이 매우 높다.
> ㄷ. 급성회백수염의 병원체는 Poliomyelitis virus로 분변이나 인후두 분비물로 감염된다.
> ㄹ. 유행성 간염에서 식품 또는 물과 관련이 있는 것은 A형과 E형이 있다.

① ㄱ, ㄴ
② ㄷ, ㄹ
③ ㄱ, ㄴ, ㄷ
④ ㄴ, ㄷ, ㄹ

◈ 콜레라는 고열증상을 보이지 않으며, 파라티푸스는 장티푸스와 증상이 유사하고 다소 경미하여 치명률은 낮다.

38

경구감염병에 대한 설명으로 옳지 않은 것은?

① 이즈미열은 병원체는 바이러스이며 봄철에 많이 발생하는 급성 발진열성 질환으로 예방접종이 없다.
② 사람의 감염이 포낭에 의해 이루어지는 아메바성 이질은 잠복기가 3~4주로 세균성 이질과 달리 길다.
③ 성홍열은 Hemolytic Streptococci가 병원균이며, 고열과 함께 두통, 인후통, 발진 등의 증상을 보인다.
④ 경구감염병을 예방하기 위해서는 숙주가 병원체에 대한 감수성과 면역성을 지녀야 한다.

◈ 경구감염병을 예방하기 위해서는 숙주가 병원체에 대한 감수성이 없거나 낮아야 하며, 면역성을 지녀야 한다.

39 경기 유사기출

비브리오 패혈증의 원인균은?

① Vibrio cholerae
② Vibrio vulnificus
③ Vibrio parahaemolyticus
④ Mycobacterium tuberculosis

◈ 비브리오 패혈증의 원인균은 Vibrio vulnificus이다. ①은 콜레라, ③은 장염비브리오 식중독, ④는 결핵의 원인균이다.

40

38~39℃ 고열과 구역질, 경련성 복통, 설사가 증상의 특징이며, 혈변, 점액성 분변 증상을 보이는 감염병은?

① 세균성 이질　　　　　　　　　　② 콜레라

③ 장티푸스　　　　　　　　　　　　④ 전염성 설사증

◀ 세균성 이질은 고열과 구역질, 때때로 구토, 경련성 복통, 후증기를 동반한 설사가 주요 증상이며 대개 변에 혈액과 고름이 섞여 나온다.

41

경구감염병에 대한 예방대책 중 가장 중요한 것은?

① 식품을 냉장한다.　　　　　　　　② 보균자의 식품취급을 막는다.

③ 가축사이의 질병을 예방한다.　　　④ 파리, 바퀴, 쥐 등 위생해충을 구제한다.

42　　수탁지방직 2010년 기출

인수공통감염병으로 묶이지 않은 것은?

① 렙토스피라증, 결핵　　　　　　　② 탄저, 성홍열

③ 야토병, Q열　　　　　　　　　　④ 리스테리아증, 돈단독

◀ 성홍열은 경구감염병이다.

43　　수탁지방직 2009년 기출

인수공통감염병과 관련이 없는 것은?

① 결핵(Tuberculosis)　　　　　　　② 브루셀라(Brucella)

③ 베네루핀(Venerupin)　　　　　　④ 프리온(Prion)

◀ 베네루핀은 모시조개, 바지락, 굴 등에 함유된 독성분으로 자연독 식중독의 원인물질이다.

44　　수탁지방직 2011년 기출

인수공통감염병에 해당되는 것을 모두 고른 것은?

ㄱ. 탄저병(Anthrax)	ㄴ. 구제역(Foot and Mouth Disease)
ㄷ. 결핵(Tuberculosis)	ㄹ. 브루셀라증(Brucellosis)
ㅁ. 리스테리아증(Listeriosis)	

answer | 40 ① 41 ② 42 ② 43 ③ 44 ④

① ㄱ, ㄴ, ㄷ

② ㄴ, ㄷ, ㅁ

③ ㄴ, ㄷ, ㄹ, ㅁ

④ ㄱ, ㄷ, ㄹ, ㅁ

🔊 구제역은 가축전염병이다.

45 경기 유사기출

인수공통감염병 중 바이러스에 의해 발생하는 감염병은?

① 광견병

② 렙토스피라증

③ Q열

④ 돈단독

🔊 • 렙토스피라증, 돈단독 : 세균
  • Q열 : 리케차

46 기사 2018년 2회

피부, 장, 폐가 감염부위가 될 수 있으며, 사람이 감염되는 것은 대부분 피부다. 또한 포자를 흡입하여 감염되면 급성기관지 폐렴증세를 나타내고, 패혈증으로 사망할 수도 있는 인수 공통감염병은?

① 딘지

② 결핵

③ 브루셀라

④ 리스테리아증

🔊 탄저의 병원체는 Bacillus anthracis로 그람양성, 호기성 대형간균이며 내열성 아포를 형성한다. 탄저는 제1급감염병으로 경구(병든 고기 섭취), 경피감염(피부상처), 동물, 털, 모피취급자가 포자 흡입으로 인한 호흡기를 통한 감염이 가능하며 이로 인해 각각 장탄저(발열, 구토, 식욕부진 등이 발생한 후 토혈, 복통, 혈변 등의 증상이 나타나고 패혈증으로 진행), 피부탄저(발적, 종창, 수포, 궤양, 림프샘염 등 심할 경우 패혈증 등으로 사망), 폐탄저(초기 미열, 마른기침, 피로감 등, 심할 경우 호흡곤란, 고열, 빈맥, 토혈 등이 동반되고 패혈성 쇼크로 사망)가 나타날 수 있다.

47 경북 유사기출

병든 동물의 고기, 우유를 충분히 가열하지 않고 섭취하거나 병든 동물의 조직이나 분비물에 접촉했을 때 발생하는 감염병은?

① 야토병

② A형간염

③ 브루셀라증

④ 디프테리아

🔊 브루셀라증은 병든 동물의 고기, 우유에 의한 경구감염과 병든 동물의 조직이나 분비물에 접촉에 의한 경피감염이 가능하다.

answer | **45** ① **46** ① **47** ③

48 경북 유사기출

인수공통감염병에 대한 설명으로 옳지 않은 것은?

① 사람과 동물이 같은 병원체에 의하여 발생하는 질병이다.
② 탄저, 브루셀라증, 디프테리아, 돈단독 등이 속한다.
③ 병원체에는 세균, 리케차, 바이러스 등이 있다.
④ 병에 걸린 동물을 식품으로 이용 시 이행될 수 있다.

◀ 디프테리아는 경구감염병이다.

49 식품기사 2017년 2회

인수공통감염병에 대한 설명 중 틀린 것은?

① 질병의 원인은 모두 세균이다.
② 원인세균 중에는 포자(spore)를 형성하는 세균도 있다.
③ 약독생균을 예방수단으로 쓰기도 한다.
④ 접촉 감염, 경구 감염 등이 있다.

◀ 인수공통감염병의 병원체에는 세균, 바이러스, 리케차 등이 있다.

50 교육청 유사기출

인수공통감염병으로서 동물에게는 유산, 태막염을 일으키며, 사람에게는 특이적인 발열이 주기적으로 반복되는 열성질환을 일으키는 제3급감염병에 해당하는 것은?

① 브루셀라증   ② 야토병
③ 큐열   ④ 탄저

◀ 브루셀라증은 파상열이라고도 하며 제3급감염병이다. 브루셀라의 원인균은 Brucella속균(Brucella melitensis, Brucella abortus, Brucella suis)으로 그람음성 호기성의 무아포 간균이며, 열에 대한 저항력은 약하나 건조에 대한 저항력은 강하다. 동물에게는 유산, 태막염을 일으키고 사람에게는 특이적인 발열이 주기적으로 반복되는 열성질환(열이 오르고 내리는 파상적인 열병, 오후에는 38~40℃의 고열이 나다가 오전에는 발한과 함께 평열, 이 열성질환이 수 주일~수개월의 간격을 두고 반복)을 일으킨다.

51

파상열에 대한 설명으로 옳지 않은 것은?

① Brucella속이 원인균으로 그람음성 간균으로 운동성이 없다.
② 원인균은 열에 대한 저항성이 강하며, 건조 시 저항력이 강하다.
③ 소, 돼지, 양, 염소 등으로부터 감염된다.
④ 특이한 발열이 주기적으로 반복된다.

◀ Brucella속균은 열에 대한 저항성이 약하다.

---

answer | 48 ② 49 ① 50 ① 51 ②

52 식품기사 2018년 2회

감염병으로 죽은 돼지를 삶아서 먹었음에도 불구하고 사망자가 발생하였다면 다음 중 어느 균에 의한 발병일 가능성이 높은가?

① 결핵균
② 탄저균
③ Pasteurella tularensis
④ Brucella속

◀ 탄저균은 아포를 형성하므로 내열성이 강해 일반적인 조리가열에 의해 예방되기 어렵다.

53

제2급 법정감염병으로 병원체가 인형, 우형, 조형 3종류가 있는 인수공통감염병은?

① 돈단독
② 파상열
③ 결핵
④ 야토병

◀ 결핵(tuberculosis)의 병원체

┌ 사람 – 인형결핵균(Mycobaterium tuberculosis)
├ 소 – 우형결핵균(Mycobacterium bovis) : 우유, 병든 고기 등을 매개로 감염
└ 새 – 조형결핵균(Mycobacterium avium)
㉠ 편성 호기성 무포자 간균, 편모 없음
㉡ 강산, 강알칼리에서도 잘 견딤, 건조한 상태에서도 오랫동안 생존, 열과 햇빛에 약함

54 경기 유사기출 식품기사 2018년 3회

인수공통감염병을 일으키는 병명과 병원균의 연결이 틀린 것은?

① 결핵 : Mycobacterium tuberculosis
② 파상열 : Brucella melitensis
③ 야토병 : Francisella tularemia
④ 광우병 : Listeria monocytogenes

◀ • 광우병 : 변형 프리온 단백질
• 리스테리아증 : Listeria monocytogenes

55

Q열(Q fever)이 발생한 지역에서 생산되는 우유를 살균 처리할 때는 다음 어느 병원균이 파괴될 때까지 가열해야 하는가?

① Coxiella burunetii
② Francisella tularensis
③ Bacillus anthracis
④ Erysipelothrix rhusiopathiae

◀ ② 야토병 ③ 탄저 ④ 돈단독

answer | 52 ② 53 ③ 54 ④ 55 ①

56 식품기사 2018년 3회

다음 중 아래의 설명과 관계 깊은 인수공통감염병은?

> 쥐가 중요한 병원소이며, 감염 시에 나타나는 임상증상으로도 급성열성진환, 폐출혈, 뇌막염 등이 있다. 농부의 경우는 흙이나 물과의 직접적인 접촉을 피하기 위하여 장화를 사용하는 것도 예방법이 될 수 있다.

① 리스테리아증　　　　　　　② 렙토스피라증
③ 돈단독　　　　　　　　　　④ 결핵

57 식품산업기사 2014년 2회

광우병에 대한 설명으로 틀린 것은?

① 발병 원인체는 변형 프리온 단백질이다.
② 광우병 검사는 소를 죽인 후 소의 뇌조직을 이용하여 검사한다.
③ 특정위험물질은 척수, 회장말단, 안구, 뇌 등이다.
④ 국제수역사무국에서는 소해면상뇌증을 A등급 질병으로 분류하고 국내에서는 제1종 가축감염병으로 지정되었다.

◀ 국제수역사무국에서는 소해면상뇌증을 B등급 질병으로 분류하고 국내에서는 제2종 가축감염병으로 지정되어있다.

58 식품산업기사 2013년 2회

광우병에 대한 설명으로 틀린 것은?

① 병원체인 인지질의 화학구조가 변질되어 발생한다.
② 감염 시 뇌조직에 구멍이 생겨 스펀지 모양이 된다.
③ 4~5세의 소에서 주로 발생하는 전염성 뇌질환이다.
④ 일반적인 소독법으로는 병원체가 파괴되지 않는다.

◀ 광우병의 병원체는 변형 프리온 단백질이다.

59

인수공통감염병에 대한 설명으로 옳지 않은 것은?

① 큐열은 진드기 등 흡혈곤충의 박멸, 우유의 살균 등으로 예방이 가능하다.
② 잠복결핵은 증상도 없지만 다른 사람에게 결핵균을 전파할 수 있다.
③ 파상열은 브루셀라증이라고도 하며, 소, 돼지, 양 등에 유산, 사람에게 열성질환을 유발한다.
④ 쥐의 오줌으로 감염되기 쉬운 급성열성질환은 렙토스피라증이다.

◀ 잠복결핵은 증상도 없고, 다른 사람에게 결핵균을 전파하지 않는 상태이다.

---

answer | 56 ② 　57 ④ 　58 ① 　59 ②

60

다음 감염병에 대한 설명으로 옳지 않은 것은?

> ㄱ. 결핵은 사람, 소, 조류 등에서 발생하며, 이환동물의 우유, 달걀 등에 의해 사람에게 감염된다.
> ㄴ. 이질은 예방접종이 없으나, 원인균이 그람음성, 운동성이 있는 무포자균으로 열에 약해 60℃ 이상으로 가열하면 예방이 가능하다.
> ㄷ. Q열은 Coxiella burunetii가 병원체이며, 사람에서 사람에게로의 감염으로 발생이 가능하다.
> ㄹ. 천연두. 디프테리아 등은 한 번의 예방접종으로 평생면역을 획득하나 일본뇌염, 인플루엔자 등은 임시면역 획득이므로 유행 시 고려해야 한다.

① ㄱ, ㄴ
② ㄴ, ㄷ
③ ㄷ, ㄹ
④ ㄱ, ㄹ

◀ 이질은 편모가 없어 운동성이 없으며, Q열은 사람사이의 감염은 아직 증명되지 않고 있다.

61 식품기사 2019년 3회

인수공통감염병에 대한 설명으로 틀린 것은?

① 사람과 동물사이에 동일한 병원체에 의해 발생한다.
② 결핵, 파상열이 해당한다.
③ 탄저병은 브루셀라균에 의해 발생한다.
④ 병원체가 들어있는 육류 또는 유제품 섭취 시 감염될 수 있다.

◀ 탄저병의 원인균은 Bacillus anthracis이다.

62 식품산업기사 2019년 2회

한탄바이러스에 의해 유발되어 들쥐나 집쥐의 배설물에 있는 바이러스로 인해 감염되는 질병은?

① 유행성 출혈열
② 야토병
③ 브루셀라증
④ 광우병

◀ 유행성 출혈열
• 한탄바이러스와 서울바이러스 등에 의한 급성발열성질환
• 전파경로 : 설치류의 타액, 소변, 분변이 공기 중 건조되어 사람의 호흡기를 통해 감염

63 식품산업기사 2020년 3회

병원체에 따른 인수공통감염병의 분류가 잘못된 것은?

① 리케차 - Q열
② 리케차 - 일본뇌염
③ 세균 - 장출혈성대장균감염증
④ 세균 - 결핵

◀ 일본뇌염의 병원체는 바이러스이다.

answer | 60 ② 61 ③ 62 ① 63 ②

64

우유 매개성 인수공통감염병은?

① 성홍열
② 결핵
③ 야토병
④ 렙토스피라증

살균하지 않은 우유로부터 결핵, 브루셀라증(파상열), Q열 등의 인수공통감염병이 감염될 수 있다.

65 경기 유사기출

감염병과 병원체의 연결이 옳은 것은?

① 세균성이질 – Listeria monocytogenes
② 결핵 – Francisella tularensis
③ 장티푸스 - Salmonella paratyphi
④ 돈단독 – Erysipelothrix rhusiopathiae

Listeria monocytogenes-리스테리아증, Francisella tularensis-야토병, Salmonella paratyphi-파라티푸스

---

answer | 64 ② 65 ④

식품과 기생충/위생동물

식품과 기생충 | 식품과 위생동물

식품과 기생충

1 기생충의 일반적인 특성

(1) 기생충의 특성

① 기생충(Parasite) : 하나의 생명체로서 생애의 전부 또는 일부를 다른 생명체에 서식하면서 영양분을 탈취하는 생물체

② 숙주(Host)

　㉠ 기생충에게 방어 장소와 영양분을 제공하는 생물체

　㉡ 숙주-기생충 특이성 : 어떤 숙주는 한 기생충에만, 어떤 기생충은 특정 숙주에만 발생

　　　예 돼지 회충은 돼지에게만, 사람 회충은 사람에게서만 성충으로 자랄 수 있다.

　㉢ 인수공통성 질환 : 사람과 동물이 같은 기생충에 감염될 수 있는 경우로 동물에서 사람으로 감염 가능한 기생충 질환

　㉣ 보유 숙주(Reservoir host) : 사람이 가지고 있는 기생충과 같은 종류의 기생충을 보유하고 있는 동물

(2) 기생충과 숙주와의 관계

기생충 감염의 전파는 감염원, 전파방법, 적합한 숙주 등 3가지의 요소가 복합적으로 작용하며, 일정 시기 또는 일정 장소에서의 기생충 질환의 유행정도에 의해 결정.

① 숙주 특이성(host-specificity)

　㉠ 일반적으로 기생충의 대부분은 일정한 종류의 숙주에만 기생생활을 함

　㉡ 숙주 특이성은 영구불변의 절대적인 것은 아니며 관련되는 여러 가지 인자나 진화와 같은 요인의 변화로 특이성도 변화되어 감. 숙주의 특이성은 숙주의 감수성, 숙주의 환경, 기생충의 생활조건, 면역학적인 인자, 진화 등의 요인들에 의하여 결정

② 병원성(pathogenicity) : 기생충이 숙주의 체내에서 기생 생활을 하게 되면 직간접적으로 숙주에게 영향을 주게 되고 이 영향에 의하여 숙주는 기생충 질환을 일으키게 되는 것. 기생충 질환의 정도는 여러 가지 요인의 정도에 따라서 차이가 있는데 기생충의 독성, 숙주의 저항성, 감염된 기생충의 수, 기생충의 침입 부위와 기생부위, 숙주 내에서의 발육 속도, 기생충 감염 횟수 등에 의하여 결정

> 기생충에 의한 건강 장애
> - 영양물질의 손실
> - 기계적 장애[압박, 폐쇄, 전색, 교상 등]
> - 조직의 파괴
> - 자극이나 염증(간흡충에 의한 담도 주위 조직의 이상증식)

- 미생물 침입의 조장
- 독소에 의한 병해(독소자극에 의한 신경증상)
- 숙주의 알러지성 반응 등을 들 수 있다.

(3) 기생충의 분류

① 흡충류 : 간흡충, 폐흡충, 요코가와흡충, 이형흡충, 일본주혈흡충 등
② 조충류 : 무구조충, 유구조충, 광절열두조충, 만손열두조충, 왜소조충 등
③ 선충류 기출 : 회충, 요충, 십이지장충, 동양모양선충, 편충, 분선충, 선모충, 아니사키스 등
④ 원충류 : 이질아메바, 말라리아원충, 톡소플라즈마, 람블편모충 등

(4) 기생충 감염예방법

① 완전한 분뇨처리와 분뇨를 비료로 사용하지 말 것
② 채소류의 세정 : 흐르는 물에 3~5회 이상 씻기(충란의 90%이상 제거)
③ 개인위생관리를 철저히 할 것
④ 수육, 어패류는 충분히 가열해서 섭취
⑤ 조리 후 도마, 칼, 조리기구 깨끗이 할 것
⑥ 기생충에 감염된 수육의 철저한 검사
⑦ 마시는 물은 반드시 끓여서 먹기
⑧ 쥐, 파리, 바퀴, 모기 등의 위생해충을 구제하기

(5) 기생충 실태조사

년도	피검자수	충란양성률	회충	구충	편충	간흡충	폐흡충	장흡충	유무구조충
제1차(71년)	24,887	84.3	54.9	10.7	65.4	4.6	0.09	0	1.9
제2차(76년)	27,178	63.2	41.0	2.2	42.0	1.8	0.07	0	0.7
제3차(81년)	35,018	41.1	13.0	0.5	23.4	2.6	0	1.2	1.1
제4차(86년)	43,590	12.9	2.1	0.1	4.8	2.7	0.002	1.0	0.3
제5차(92년)	46,912	3.8	0.3	0.01	0.2	2.2	0.0	0.3	0.06
제6차(97년)	45,832	2.4	0.06	0.007	0.04	1.4	0.0	0.3	0.02
제7차(04년)	20,370	3.7	0.05	0.0	0.3	2.0	0.002	0.5	0.0
제8차(12년)	23,956	2.6	0.03	0.0	0.41	1.86	0.0	0.26	0.04

2 채소류로부터 감염되는 기생충

(1) 회충(Ascaris lumbricoides Linnaeus)

① 형태 : 원통형으로 성충의 길이는 수컷이 15~25cm, 암컷이 25~35cm, 지름은 3~6mm
② 기생 : 소장
③ 감염 : 분변탈출 → 채소 통해 충란(배출된 수정란은 1~2주 만에 감염능력을 갖춘 성숙란이

됨) 형태로 경구섭취 → 장에서 부화 → 유충은 장벽을 뚫고 나가서 폐로 침입 → 기관, 인후, 식도, 위를 거쳐(체내순환) 소장에서 성충이 됨

④ 증상

　　㉠ 위장장애(구토, 복통, 식욕이상, 소화장애)

　　㉡ 두통, 발열, 폐렴, 권태, 피로, 오심, 이미증, 장폐쇄, 위충성 폐렴 등

⑤ 예방 : 청정채소 이용, 야채의 가열조리, 일광소독

⑥ 특징

　　㉠ 전국적으로 분포하며 인분을 비료로 사용하던 농촌지역 감염률이 높다.

　　㉡ 열에 약해 65℃에서 10분(70℃ 수초) 이상 가열시 사멸, 일광에 약함

　　㉢ 사람에게 기생하는 선충류 중 가장 큼

　　㉣ 회충란의 생존 특성

　　　　ⓐ 저온(-10~-15℃에서 생존)·건조에 대한 저항력 大

　　　　ⓑ 염장시 2주이상 생존(무잎 소금절임 → 15일 이상 생존)

　　　　ⓒ 20% 표백분 용액에서 12일간 생존

　　　　ⓓ 대변 중 300일 이상 생존

　　　　ⓔ 열, 일광에 약함

(2) 십이지장충(구충, Ancylostoma duodenale, Hookworm)

① 형태 : 수컷이 4~11mm, 암컷이 10~15mm이며, 입에 갈고리형의 이빨이 존재

② 기생 : 소장(공장상부에 주로 기생)

③ 감염

　　㉠ 경구(식품, 음료수)감염, 경피(손, 발, 통해 체내 침입)감염

　　㉡ 분변탈출 → 경구침입(충란형태), 경피침입(사상유충 형태) → 체내순환 → 소장에 기생 → 성충

④ 증상

　　㉠ 심한 빈혈, 현기증, 식욕부진, 전신권태, 피부건조, 이미증, 채독증, 피부염 등

　　㉡ 어린이의 경우 신체와 지능발달 저하

⑤ 예방

　　㉠ 야채 가열조리, 깨끗한 세정

　　㉡ 분뇨 처리한 오염된 흙과 접촉하지 말고 맨발로 다니지 말 것

⑥ 특징

　　㉠ 열에는 70℃에서 1초 가열로 사멸, 직사일광에 쪼이면 짧은 시간 내에 사멸

　　㉡ 회충란에 비해 저항력이 약하나 건강장애가 심함

(3) 동양모양선충(Trichostrongylus orientalis)

① 형태 : 수컷이 3.8~4.8×0.07~0.08mm, 암컷이 4.9~6.7×0.075~0.087mm로 털 모양의 아주

가늘고 작은 선충

② 기생 : 소장

③ 감염 : 주로 경구감염, 피부를 통해 경피감염도 있으나 드물다.

④ 증상 : 체내 이행성은 없고 대부분 자각하지 못함. 다수 감염시 장점막에 염증, 소화기계 증상, 빈혈 등

⑤ 예방 : 십이지장충과 동일

(4) 편충(Trichuris Trichiura)

① 형태 : 수컷이 30~35mm, 암컷이 35~50mm이고, 채찍과 같이 전방(3/5)은 가늘고 후방(2/5)은 굵은 선충

② 기생 : 맹장과 대장 상부에 기생

③ 감염 : 충란 경구감염 → 소장상부에서 부화 → 유충은 맹장 근처에서 성충이 됨

④ 증상 : 자각증세가 없는 경우가 많으며, 다수의 충체가 기생하면 복통, 오심, 구토, 식욕부진, 설사, 빈혈, 탈항 등

⑤ 예방 : 야채류의 세정, 가열조리(예방법은 회충과 동일)

⑥ 특징 : 감염경로가 회충과 유사, 충란의 저항성은 회충에 비해 약함

(5) 요충(Enterobius vermicularis, pinworm, seatworm)

① 형태 : 수컷은 2~5mm이며 꼬리가 말려 있고, 암컷은 8~13mm이며 꼬리가 뾰족함

② 기생 : 맹장

③ 감염

　　㉠ 특수 습성 : 장내에서 산란하지 않고 항문주위피부, 점막에 산란

　　㉡ 항문근처를 긁어 오염된 손 또는 충란으로 오염된 음식물, 식기를 통한 경구감염 : 소장에서 부화, 맹장에 기생 → 항문주위에서 산란

④ 증상 : 항문주위에 심한 가려움증, 습진, 피부염, 심한 불면증, 신경불안, 항문 소양증

⑤ 예방 : 가족 내 감염 방지위해 구충약 복용, 손, 내의, 침구의 청결유지, 집단구충

⑥ 특징

　　㉠ 어린이와 가족 내 감염률이 높음

　　㉡ 농촌보다는 도시지역에서 감염률 높음

　　㉢ 집단감염, 자가감염이 가능

(6) 분선충(Stongyloides stercoralis)

① 아열대, 열대지역의 저습한 지대에 분포(우리나라 70예 기록)

② 경구, 경피감염가능, 항문주위에 발육된 유충은 요충과 같이 감염

③ 중독증상

㉠ 급성증상 : 감염 6일 후부터 3일간 기침이 나고 2주가 지나면 변비, 복통과 기침도 재발

㉡ 4주 후 분변에 분선충의 유충이 섞여 나오기 시작하며 급성증상이 만성이 됨

3 수육으로부터 감염되는 기생충 [기출]

(1) 무구조충(민촌충, Taenia saginata, Beef tapeworm)

① 중간숙주 : 소

② 생태 및 생활사

㉠ 4~10(3~8)m, 1500~2000개 편절(마디), 머리 부분은 구형으로 4개의 흡반을 가지고 있으며 두정부에 갈고리가 없는 것이 특징

㉡ 감염경로 : 목초에 충란 묻은 것을 소가 섭취 → 장내에서 부화(유충) → 장벽 뚫고 혈류를 따라 근육 속에 침입(무구낭충) → 사람에게 경구감염 → 소장에서 기생해 성충이 됨

③ 증상

㉠ 감염증상은 없는 것이 보통

㉡ 복통, 소화불량, 오심, 구토 등의 소화기계 장애, 빈혈 등

㉣ 예방 : 쇠고기를 71℃ 5분 이상 충분히 가열하여 섭취하기, 소가 먹는 사료의 분뇨 오염 방지

(2) 유구조충(갈고리촌충, Taenia solium, Pork tapeworm)

① 중간숙주 : 돼지

② 생태 및 감염경로

㉠ 2~4m, 1000개 이하의 편절, 머리에 4개의 흡반과 22~32개의 갈고리 존재

㉡ 감염경로 : 분변과 함께 배출된 충란을 돼지가 섭취 → 소장에서 부화(유충) → 장벽 뚫고 혈류 따라 근육으로 이행(유구낭충) → 사람에게 경구감염 → 소장에서 기생해 성충 됨

③ 증상

㉠ 무증상인 경우도 많으나 다소의 복부불쾌감, 소화장애, 메스꺼움, 구토, 빈혈 등 일으킴

㉡ 인체 낭미충증 : 인체의 근육, 피하조직, 뇌, 심근, 신장 등에 낭충이 기생해 특유의 증상을 나타냄

④ 예방 : 돼지고기 생식이나 불완전 조리된 것의 섭취 피하기, 충란 보유자 분변에 의한 식품 오염방지

(3) 선모충(Trichinella spiralis) [기출]

① 형태 : 수컷이 1.5mm, 암컷이 3~4mm로 수컷은 암컷에 비해 약 1/2정도로 더 작음

② 감염경로

㉠ 사람을 비롯해 돼지, 개, 고양이, 쥐 등 여러 포유동물에 감염됨

㉡ 사람의 감염은 주로 피낭유충을 갖는 돼지고기 등의 생식에 의함

③ 증상 : 복통, 설사, 구토 등 위장증상 → 고열(40℃), 근육통, 얼굴부종, 호흡장애, 눈의 증상, 발성장애, 사지에 경직성 마비, 횡경막이나 심근침해 → 사망

④ 특징

㉠ 감염률은 낮으나 전 세계적으로 분포하며 유럽, 미국 등의 대표적인 기생충의 하나

㉡ 인체 내에 기생하는 선충류 중 가장 작음

㉢ 한 숙주에서 성충과 유충을 발견할 수 있는 것이 특징

⑤ 예방

㉠ 피낭유충은 냉동, 염장, 건조, 훈제 등에서 저항력이 강하므로 돼지고기를 충분히 가열해 섭취

㉡ 쥐는 병원체를 보유하므로 가정과 축사 주변의 쥐를 박멸

(4) 톡소플라즈마(Toxoplasma gondii)

① 형태 : 원충류의 하나로 증식형 충체는 $3\sim6\mu m$의 초생달형이며, 중앙부에 큰 핵이 존재함

② 감염경로

㉠ 개, 고양이, 토끼, 양, 쥐 및 조류 등의 가축에 널리 감염되는 인수공통감염증

㉡ 사람은 낭포(포낭)을 내포하고 있는 주로 돼지고기(그 외 소, 양)의 섭취에 의한 경구감염

㉢ 원충에 감염된 닭이 낳은 달걀에도 충체가 있으므로 생달걀에 의해서 감염가능

③ 증상 ┌ 돼지 – 증상이 없다.
└ 임산부 – 불현성 감염이 많으나 임산부에게는 유산, 사산, 기형아 춘산
　　신생아는 뇌수종, 맥락망막염, 각막염, 어린이는 뇌염증상, 어른은 폐렴 같은 증상

④ 예방 : 설익은 돼지고기 섭취금지, 고양이 배설물에 의한 식품이나 물 오염 방지

4 어패류로부터 감염되는 기생충

(1) 간흡충(간디스토마, Clonorchis sinensis)

① 형태 : 자웅동체이며 길이가 10~25mm로 버드나무 잎처럼 길쭉하고 납작한 모양

② 감염경로

물속 충란	제1중간숙주	제2중간숙주	종말숙주
	왜우렁이	담수어(피라미, 붕어, 잉어)	사람, 개, 고양이의 간 내 담도에 기생
	→ 유모유충 → 포자낭유충 → 레디아 → 유미유충	→ 피낭유충 →	

③ 증상 : 소화기장애, 담도폐쇄, 간비대, 기생성 간경변, 황달 등

④ 예방 : 담수어 생식을 금하고 충분히 가열(55℃ 15분, 100℃ 1분)하여 섭취, 조리 후 칼, 도마 등 조리기구를 깨끗이 세척, 소독

(2) 폐흡충(폐디스토마, Paragonimus westermani)

① 형태 : 7~14mm의 크기로 배쪽은 편평하고 등쪽이 불룩 올라온 형상을 함

② 감염경로 : 객담, 분변과 함께 충란 배출 → 물속에서 부화하여 유모유충 → 다슬기(제1중간숙주) → 갑각류(민물게, 가재)(제2중간숙주) → 사람(종말숙주)의 폐에 기생

③ 증상 : 혈담, 기침, 객혈, 흉통 등

④ 예방 : 게, 가재 생식금지, 유행지역의 생수음용금지, 환자의 객담, 분변관리 철저

> **CHECK Point** ◀ 간디스토마와 폐디스토마의 인체 감염형은 피낭유충(metacercaria)이다.
>
> 충란 → miracidium(유모유충) → sporocyst(포자낭유충) → redia(redi유충) → cercaria(유미유충) → metacercaria(피낭유충)형태로 인체에 침입

(3) 요코가와흡충(횡촌충, Metagonimus yokogawai)

① 생태 및 감염경로

ㄱ 한국, 일본, 중국, 시베리아, 발칸반도 등에 분포

ㄴ 사람 이외에 개, 고양이 등의 동물과 펠리칸 같은 어식조류에 기생

ㄷ 소장점막에 기생하여 장흡충이라고도 하며, 성충의 크기는 1~3mm로 흡충류 중 가장 작으며 자웅동체임

ㄹ 충란 → 다슬기(제1중간숙주) → 담수어(은어, 잉어, 붕어 등의 민물고기) (제2중간숙주) → 사람(종말숙주)의 공장상부에 기생

② 증상 : 보통 무증상, 다수 기생 시 만성장염, 설사, 복통 등

③ 예방 : 은어를 포함한 담수어의 생식금지, 조리 시 손 청결

(4) 광절열두조충(긴촌충, Diphyllobothrium latum) 기출

① 생태 및 감염경로

ㄱ 성충의 길이는 8~12m, 3,000~4,000개의 편절(체절)로 구성, 체절은 길이보다 폭이 넓기 때문에 광절이라고 함

ㄴ 충란 → 물벼룩(제1중간숙주) → 담수어, 반담수어(농어, 연어, 송어)(제2중간숙주) → 사람(종말감염)의 소장에 기생

ㄷ 유백색 의충미충(플레로세르코이드)이 함유된 담수어, 반담수어를 섭취하여 인체 감염

② 증상 : 복통, 설사 등의 소화기 장애, 빈혈(비타민 B_{12} 과잉 흡수), 영양장애 등

③ 예방 : 담수어나 반담수어의 생식을 금하고 가열하여 섭취

(5) 유극악구충(Gnathostoma spinigerum)

① 감염경로

ㄱ 개, 고양이 등의 분변에서 배출된 충란 → 물벼룩(제1중간숙주) → 가물치, 메기, 뱀장어 등(제2중간숙주) → 개, 고양이(종말숙주)

ㄴ 사람은 제3기 유충이 기생한 가물치 등 담수어의 생식으로 감염

ⓒ 사람이 종말숙주가 아니라 사람에게는 성충이 존재하지 않고 유충형태로 기생

② 증상

㉠ 유충이 근육 또는 피하조직에 기생해 특유의 이동성 피부종양(파행증), 홍반, 발적, 소양감 등을 일으킴

㉡ 복통, 메스꺼움, 구토, 발열 등

③ 예방 : 가물치나 메기 등 담수어 생식 금지

(6) 아니사키스(Anisakis simplex, 고래회충)

① 형태 : 고래회충이라고도 하며, 성충은 암컷이 12cm, 수컷이 8cm 정도이고, 유충은 20~25mm 정도로 앞 끝에 가시 모양의 돌기가 있는 것이 특징

② 감염경로

㉠ 고래, 돌고래부터 배출된 충란 → 플랑크톤, 크릴새우(갑각류)(제1중간숙주) → 오징어, 고등어, 대구, 청어 등 해산어(제2중간숙주) → 고래(바다포유류)(종말숙주)

㉡ 사람은 제3기 유충이 기생한 해산어류의 생식으로 감염

③ 증상 : 위장벽에 육아종 형성, 심한 복통, 메스꺼움, 구토 등

④ 예방

㉠ 해산어의 생식금지

㉡ 생선조리 시 내장제거

㉢ 열처리(70℃)

㉣ 냉동 (-20℃)

(7) 이형흡충(Heterophyes heterophyes)

① 아프리카, 터키, 일본, 필리핀, 한국의 전남지역 주민 10예 정도

② 충란 → 비틀고동(제1중간숙주) → 숭어(제2중간숙주) → 사람, 개, 고양이의 소장

③ 증상 : 장전막에 염증성 병변, 괴사, 임상적 선통(분비기관인 눈물샘, 땀샘의 통증), 점액성 설사 등

5 기타 만손열두조충 (스파르가눔증, Diphyllobothrium erinacei)

① 감염경로

㉠ 충란 → 물벼룩(제1중간숙주) → 뱀, 개구리, 담수어, 닭(제2중간숙주) → 개, 고양이(종말숙주)

㉡ 사람은 개구리 생식에 의해 또는 감염된 물벼룩을 물과 함께 마시거나 이 유충을 가진 뱀, 개구리를 먹은 닭의 근육 생식 시 감염

② 증상 : 피하조직에 종류형성, 부종, 홍반, 오한, 발열 등

③ 예방 : 닭고기는 충분히 가열하기, 뱀, 개구리 생식금지

PART

05

식품과 기생충·위생동물

1 위생해충의 특징

(1) 식성범위가 넓다.

(2) 수분이 적은 식품에서 생육가능

(3) 체형이 적고 발육기간이 짧다.

(4) 생활 가능한 온도가 넓으며 음의 주광성

(5) 성충수명이 비교적 길고 증식률이 높다.

(6) 폐쇄적 서식환경, 분포지역 넓다.

2 위생해충의 피해

(1) 직접피해

① 기계적 외상 : 모기, 파리, 벼룩 등에 물렸을 때 피부조직이 파괴되는 경우

② 2차 감염 : 곤충에 물리거나 쏘였을 때 파괴된 피부조직에 세균이 감염되는 경우

③ 체내기생

④ 이물질에 대한 감수성 : 곤충에 물리거나 쏘일 때 주입되는 물질에 대하여 인체가 면역학적으로 파괴반응을 하는 경우

⑤ 독성물질의 주입 : 벌, 거미, 지네 등에 물리거나 쏘일 때 또는 독나방의 독모가 피부 속으로 들어갈 때 독성 물질이 주입되는 것

⑥ 알러지 현상

(2) 간접피해

위생해충에 의해 병원체를 인체에 전파

① 기계적 전파 : 단순히 병원체를 한 장소에서 다른 장소로 운반하는 역할만 하는 것

　　예 파리, 바퀴 등

② 생물학적 전파

　　㉠ 사람을 흡혈할 때 감염성 질병의 병원체를 획득하여, 체내에서 증식시키거나 발육시켜 일정한 기간이 지난 다음 다른 사람을 공격할 때 질병을 전파하는 것

　　㉡ 곤충 체내에서 발육이나 증식 등 생물학적 변화로 인체에 감염

　　　　예 벼룩, 모기, 이, 진드기 등

(3) **기생충의 중간숙주 역할**

3 방지대책

(1) **환경적 방법** : 온도·습도조절, 발생원 제거

(2) **물리적 방법** : 방충망, 주광성 이용한 포충기

(3) **화학적 방법** : 살충제, 기피제

(4) **생물학적 방법** : 병원미생물, 천적

4 위생해충의 생활사

① 완전변태 예 파리, 모기, 벼룩 등 기출

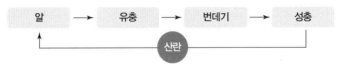

② 불완전 변태 예 바퀴, 이, 빈대, 진드기 등

5 위생동물의 종류

(1) **쥐** 기출

① 생태

　　㉠ 야간활동성, 잡식성, 갉는 습성, 번식률 ↑

　　㉡ 색맹이지만 청각과 후각, 촉각은 예민

② 종류 : 국내에는 20여 종이 있으나 식품위생상 문제가 되는 것을 주로 집쥐(시궁쥐), 곰쥐(지붕쥐), 생쥐 임

종류	집쥐	곰쥐	생쥐
1회 출산수	약 8~9마리	약 5~6마리	약 8마리
체중	300~500g	약 100~250g	약 20~50g
형태	꼬리는 몸통보다 약간 길고 귀는 작음	꼬리는 몸통보다 길고 귀는 작음	소형이나 꼬리는 대단히 길다.
행동	부엌에 잘 출몰하고 마루 밑, 돌담사이, 시궁창, 식품창고 등에서 서식	천장이나 헛간에 서식하며 동작이 민첩하고 높은 곳을 수직으로 오르내림	아파트 문이나 통풍구로 침투함, 천 조각이나 솜뭉치로 둥지를 만들어 아무 곳에나 서식

③ 매개질병

분류	매개질병
세균성	Salmonella증(쥐의 분뇨), 서교열(쥐에 물려서), 페스트(쥐의 벼룩), 웨일씨병(leptospirosis : 쥐의 뇨), 장티푸스, 이질 등
바이러스성	유행성 출혈열(신증후군출혈열:쥐의 분변), 천열 등
리케차성	발진열(쥐의 벼룩), 쯔쯔가무시병(양충병:털진드기) 등
기생충	선모충증, 왜소조충, 일본주혈흡충 등

④ 구제법

㉠ 환경적 방법 : 서식처 제거, 방서장치

㉡ 물리적 방법 : 쥐덫, 포서기 이용법

㉢ 생물학적 방법 : 천적인 고양이 이용

㉣ 화학적 방법

ⓐ 살서제

- coumarin계의 만성 출혈 독약인 warfarin : 인축에 대해 안전성이 크고 살서율도 좋아 잘 사용됨
- 황인제, 인화아연제, 비소제, fratol(불화초산나트륨) 등 → 인축에 대해 맹독

ⓑ 훈증법 : 창고나 선박등을 밀폐하여 청산가스, 인화수소, 클로로피크린(chloropicrin), 브로민화 메틸(methyl bromide) 등으로 훈증

(2) 파리

① 생태

㉠ 주간 활동성

㉡ 완전 변태 : 알−유충−번데기−성충 순으로 약 20~60일 동안 발육, 수명 평균 30일

㉢ 불결한 곳에 5~10월 산란

② 종류 : 집파리(음식물), 쉬파리·금파리(생선), 쇠파리(가축에게서 흡혈), 초파리 등

③ 매개질병

㉠ 소화기계 감염병 : 장티푸스, 파라티푸스, 이질, 콜레라 등

㉡ 호흡기계 감염병 : 결핵, 디프테리아 등

㉢ 기생충 질환 : 회충, 요충, 편충, 촌충 등

㉣ 기타 : 소아마비, 화농성 질환, 파리유충증(승저증)

④ 구제법

㉠ 환경적 방법 : 서식지 제거(쓰레기, 변소의 위생적 관리 등) → 가장 기본적인 처리

㉡ 유충구제법 : 발생초기에 살충제 및 생석회 사용

㉢ 성충구제법 : 속효성 살충제 분무(pyrethrin, diazinon), DDVP제 연무 또는 훈연

㉣ 기계적(물리적) 방법 : 파리통, 파리채, 끈끈이 등

㉤ 화학적 방법 : 접촉제, 독살제(formalin), 훈향제 등

(3) 바퀴

① 생태

㉠ 질주성, 잡식성, 군거생활성(불결하고 따뜻하며 당분 많은 곳), 야간 활동성, 가주성(온도, 습도 유지되는 곳에 서식)

㉡ 불완전 변태 : 알-유충-성충

② 종류 : 독일바퀴, 미국바퀴, 일본바퀴, 먹바퀴

종류	특징
독일바퀴 `기출`	• 우리나라에서 가장 흔함 • 몸길이가 1~1.5cm내외이며, 처음에는 흰색이지만 점차 황갈색이되고 3개월이 지나면 6~7회 탈피하여 성충됨 • 주로 전분, 소맥분, 우유를 함유한 식품, 기름진 식품을 좋아함
검정바퀴	먹바퀴라고도 하며 몸길이가 3~4cm 이고 검정색이고 광택이 남
일본바퀴	검정바퀴와 비슷하고 몸집이 조금 작은 편
이질바퀴	• 가주성 4종 중 몸길이가 3.5~4cm으로 가장 큰 대형종으로 광택이 있는 적갈색 • 우리나라 남부지방에 국한되어 분포함

③ 매개질병

㉠ 소화기계 감염병 : 이질, 콜레라, 장티푸스, 살모넬라증, 간염, 소아마비 등

㉡ 호흡기계질병 : 디프테리아, 결핵 등

㉢ 기생충질병 : 회충, 구충, 아메바성 이질 등

㉣ 직접적 피해 : 자극성 물질을 분비하여 피부병 유발, 특이체질인 사람에게는 알레르기 반응에 의한 호흡기질환을 일으키기도 함

④ 구제법

㉠ 서식처 제거 : 청결한 관리

㉡ 유인제에 의한 접착제 사용

㉢ 독제에 의한 독이법 : 붕산, 독제 + 음식물의 혼합 처리(불화소다 + 찐감자, 설탕)

㉣ 살충제 분무법

㉤ 훈증법 – DDVP, Pyrethrine 등

(4) 진드기

① 생태

㉠ 마디발동물로 전세계에 만여 종, 식품과 관련된 것만 100여종

㉡ 불완전변태 : 알 – 유충 – 약충 –성충

② 번식조건

㉠ 건조상태에서는 증식이 불가능(고온 다습한 장마철에 많이 발생)

㉡ 번식의 3요소 : 영양, 온도, 수분

㉢ 온도 : 20℃↑, 습도 : 75%↑, 수분함량 : 13%↑

③ 종류

종류		특징
가루진드기류	긴털가루진드기	우리나라 모든 저장식품에서 흔히 볼 수 있으며, 0.3~0.5mm의 유백색 혹은 황백색으로 25℃, 습도 75%조건에서 곡류, 곡분, 빵, 과자, 건조과일, 치즈, 건어물, 분유 등에 잘 기생
	수중가루진드기	• 유백색으로 곡류, 저장식품, 종자, 건조과일 및 치즈 등에 기생 • 다량 발생하면 곰팡이 냄새가 남
	설탕 진드기	난형의 유백색으로 설탕이나 된장의 표면이나 건조과일 등에 번식
	보리가루진드기	타원형의 유백색으로 주로 곡류, 건어물에 번식
	집고기 진드기	타원형으로 체표면에 점박이가 있고, 설탕이나 치즈에 잘 번식
	작은가루 진드기	유백색의 소형진드기로 소맥분, 흑설탕, 건조란 등에 잘 번식
먼지진드기류		• 몸길이 0.1mm 정도로 소형 • 사람의 분뇨, 가래 등에서도 발견 • 보리먼지 진드기 : 식품 뿐만 아니라 사람의 분뇨에서도 발견되는 것으로 뇨진드기증을 일으킴

④ 매개질병

　㉠ 소화기계 진드기증 : 복통, 설사 등

　㉡ 비뇨기계 진드기증 : 혈뇨, 단백뇨, 신장염 등

　㉢ 호흡기계 진드기증 : 급성폐렴, 기관지 천식

　㉣ 기타 진드기증 : 피부염

　㉤ 진드기 매개질병 : 큐열, 진드기 매개 뇌염, 쯔쯔가무시병, 진드기 매개 재귀열, 중증열성혈
　　소판감소증후군(SFTS), 라임병 등

⑤ 구제법 [기출]

　㉠ 포장(밀봉) : 위생처리한 알루미늄박이나 밀폐용기로 밀봉

　㉡ 건조(수분함량 10%↓)해 방습용기에 넣어 보존

　㉢ 가열 : 60℃ 5~7분 열처리 시 사멸

　㉣ 0~10℃의 저온보존 시 증식억제, 냉동 시 사멸

　㉤ 식품창고의 훈증(chloropicrin, methyl bromide, 인화수소)

　㉥ 유기인제 살충제 살포(malathion, sumithion, diazinon, DDVP)

(5) 모기

① 생태 : 완전변태

② 매개질병 : 말라리아, 일본뇌염, 사상충증, 황열, 뎅귀열 등

③ 구제법 : 환경적 방법, 유충구제법, 성충구제법(pyrethrine, DDVP, dieldrin, DDT)

(6) 기타

① 벼룩의 매개질병 : 페스트, 발진열 등

② 이의 매개질병 : 발진티푸스, 재귀열 등

③ 나방류 : 곡류와 과자류에 잘 번식하는 종류 -- 쌀겨얼룩나방

④ 갑충류 : 바구미

　※ 나방과 바구미의 구제법 : ethylene oxide 훈증

기출예상문제

01 경남 유사기출

다음 중 선충류가 아닌 것은?

① 십이지장충 ② 회충
③ 광절열두조충 ④ 선모충

◀ 광절열두조충은 조충류에 속한다.

02 수탁지방직 2011년 기출

주로 채소류에 의해서 감염되는 기생충은?

① 간흡충, 선모충 ② 동양모양선충, 편충
③ 무구조충, 구충 ④ 회충, 유구조충

◀ 채소류에 의해 감염되는 기생충 : 동양모양선충, 편충, 구충, 회충, 요충, 분선충 등

03 경기 유사기출

중간숙주 없이 채소류에 의해 감염되는 기생충은?

① 광절열두조충 ② 분선충
③ 이형흡충 ④ 무구조충

◀ 중간숙주 없이 채소류로부터 감염되는 기생충 : 회충, 구충, 동양모양선충, 분선충, 요충, 편충 등

04

다음 중 회충의 특성이 아닌 것은?

① 충란은 산란과 동시에 감염이 가능하다.
② 체내에서 순환 이행한다.
③ 충란은 건조에는 강하나 일광에는 약하다.
④ 70℃에서 수초, 65℃ 10분 이상 가열하면 죽는다.

◀ 적당한 조건(보통 22~28℃)에서 약 1~2주 정도 후 감염력이 있는 충란의 형태가 된다.

---

answer | 01 ③ 02 ② 03 ② 04 ①

05

경피감염이 가능하며 빈혈, 식욕부진, 이미증, 피부염 등을 일으키고, 채독증의 원인이 되는 기생충은?

① 동양모양선충
② 회충
③ 십이지장충
④ 민촌충

06 식품기사 2020년 1·2회

인체의 감염경로는 경구감염과 경피감염이며, 대변과 함께 배출된 충란은 30℃ 전후의 온도에서 부화하여 인체에 감염성이 강한 사상유충이 되고, 노출된 인체의 피부와 접촉으로 감염되어 소장상부에서 기생하는 기생충은?

① 구충
② 회충
③ 요충
④ 편충

◀ **구충**(십이지장충)
- 경구감염, 경피감염 가능
- 증상
  - 호흡기계 증상과 비슷, 심한 빈혈, 피부건조, 식욕감퇴, 이미증, 저항력 저하, 채독증 등
  - 어린이의 경우 신체와 지능발달 저하

07 교육청 유사기출

다음에서 설명하는 기생충은?

- 집단발생의 위험이 높다.
- 자웅이체의 소형기생충으로 채소를 통해 감염된다.
- 맹장에 기생하며 항문으로 이동하여 산란하여 가려움증을 유발한다.

① 요충
② 십이지장충
③ 회충
④ 동양모양선충

◀ 요충은 소형기생충으로 자웅이체이며, 집단감염, 자가감염이 가능하고 어린이 감염률이 높다. 암컷은 야간에 기어 나와 항문주위에 산란하여 가려움증을 유발한다.

08 교육청 유사기출

채소를 통해 감염되는 기생충에 대한 설명으로 옳지 않은 것은?

① 회충은 자웅동체이며, 인체에 기생하는 선충류 중 가장 크다.
② 요충은 특히 접촉감염성이 있으며 어린이 감염률이 높다.
③ 편충은 선충류이며 채찍모양으로 대장점막에 기생한다.
④ 구충은 십이지장충이라고도 하며 경구뿐만 아니라 경피감염도 가능하다.

◀ 회충은 암컷과 수컷이 각각 따로 존재하며, 요코가와흡충의 경우 자웅동체(암수동체)이다.

answer | 05 ③ 06 ① 07 ① 08 ①

09 경기 유사기출

가축이나 동물의 고기를 통해 감염되며, 수육이 조리, 가공 과정에서 열처리가 불충분하거나 생식에 의해 감염되는 기생충은?

① Trichostrongylus orientalis
② Trichinella spiralis
③ Trichuris Trichiura
④ Anisakis simplex

 Trichinella spiralis는 선모충으로 수육을 통해 감염되는 기생충이다.
①은 동양모양선충, ③은 편충으로 채소를 통해 감염된다.
④은 아니사키스로 어패류를 통해 감염된다.

10

가열이 불충분한 돼지고기를 섭취함으로써 감염될 수 있는 기생충이 아닌 것은?

① 톡소플라즈마
② 선모충
③ 유구조충
④ 이형흡충

 이형흡충은 어패류를 통해 감염되는 기생충이다.

11 식품산업기사 2018년 1회

무구조충에 대한 설명으로 틀린 것은?

① 세계적으로 쇠고기 생식 지역에 분포한다.
② 소를 숙주로 해서 인체에 감염된다.
③ 감염되면 소화장애, 복통, 설사 등의 증세를 보인다.
④ 갈고리촌충이라고도 하며, 사람의 소장에 기생한다.

 무구조충은 민촌충이라고도 하며, 유구조충을 갈고리촌충이라고도 한다.

12 식품기사 2021년 1회

돼지를 중간숙주로 하며 인체 유구낭충증을 유발하는 기생충은?

① 간디스토마
② 긴촌충
③ 민촌충
④ 갈고리촌충

 갈고리촌충 = 유구조충
인체의 근육, 피하조직, 뇌, 심근, 신장 등에 낭충이 기생해 인체낭충증을 일으킨다.

PART 05 식품과 기생충/위생동물

13 식품산업기사 2019년 3회

선모충(Trichinella spiralis)의 감염을 방지하기 위한 가장 좋은 방법은?

① 숭어 생식금지 ② 쇠고기 생식금지
③ 어패류 생식금지 ④ 돼지고기 생식금지

🔖 선모충의 인체감염은 덜 익힌 돼지고기 등을 섭취함으로써 일어나므로, 돼지고기의 생식을 금하고, 쥐는 병원체를 보유하므로 쥐를 박멸하는 것이 중요하다.

14

인수공통으로 고양이가 종말숙주이고 인체 감염은 주로 불충분한 가열 조리한 돼지고기를 섭취하여 발생하며, 임산부에게 감염되면 유산이나 조산을 일으키기도 하는 기생충은?

① 갈고리촌충 ② 민촌충
③ 선모충 ④ 톡소플라즈마

🔖 톡소플라즈마
 • 감염경로
  – 개, 고양이, 토끼, 양, 쥐 및 조류 등의 가축에 널리 감염되는 인수공통감염증
  – 사람은 낭충을 내포하고 있는 돼지고기의 섭취, 고양이의 분변에 오염된 식품 등에 의한 경구감염
 • 증상
  – 불현성 감염이 많으며, 임산부에게는 유산, 사산, 기형아 출산
  – 신생아는 뇌수종, 맥락망막염, 각막염, 어린이는 뇌염증상, 어른은 폐렴 같은 증상을 보임

15 경기 유사기출

불충분하게 가열조리된 돼지고기를 통해 감염될 수 있는 돼지고기 촌충은?

① 무구조충 ② 선모충
③ 유구조충 ④ 광절열두조충

🔖 유구조충은 돼지고기에 의해 매개될 수 있는 기생충으로 돼지고기 촌충, 갈고리촌충이라고도 한다.

16 경기 · 교육청 유사기출

다음 중 어패류를 통해 감염되는 기생충은?

ㄱ. 분선충	ㄴ. 유극악구충
ㄷ. 긴촌충	ㄹ. 이형흡충

① ㄱ, ㄷ ② ㄴ, ㄹ
③ ㄱ, ㄷ, ㄹ ④ ㄴ, ㄷ, ㄹ

🔖 • 분선충 : 채소
 • 유극악구충, 긴촌충(광절열두조충), 이형흡충 : 어패류

answer | 13 ④ 14 ④ 15 ③ 16 ④

17 경기 유사기출

제1 중간숙주가 왜우렁이고 제2 중간숙주가 붕어, 잉어 등의 담수어인 기생충은?

① 간흡충
② 요코가와흡충
③ 유극악구충
④ 폐흡충

18 경북 유사기출

다음 중 민물고기의 생식에 의하여 감염되는 기생충증은?

① 아니사키스
② 선모충증
③ 동양모양선충
④ 간흡충증

　◀ • 아니사키스 : 해산어류　　• 선모충증 : 돼지고기　　• 동양모양선충 : 채소

19 식품산업기사 2018년 1회

간흡충의 일종인 피낭유충(metacercaria)을 사멸시키지 못하는 조건은?

① 열탕
② 냉동결빙
③ 간장
④ 식초

　◀ 간흡충의 피낭유충은 저온에 강하며 식초나 간장에서는 단시간 내에 죽지 않으나, 열에는 약해 55℃ 15분, 100℃ 1분 이상 가열하면 죽는다.

20 식품산업기사 2015년 2회

간흡충(간디스토마)는 제2 중간숙주인 민물고기 내에서 어떤 형태로 존재하다가 인체에 감염을 일으키는가?

① 유모유충(miracidium)
② 레디아(redia)
③ 유미유충(cercaria)
④ 피낭유충(metacercaria)

　◀ 간흡충, 폐흡충, 요코가와흡충의 인체 감염형은 피낭유충(metacercaria)이다.

21 경기 유사기출

다음에 해당하는 기생충은?

> 이 기생충은 유미유충이 제2중간숙주인 게, 가재에 먹혀서 간, 근육 등에서 피낭유충이 된다.

① 이형흡충
② 광절열두조충
③ 폐흡충
④ 간흡충

---

answer | 17 ①　18 ④　19 ②　20 ④　21 ③

폐흡충
객담, 분변과 함께 충란 배출 → 물속에서 유모유충으로 부화 → 다슬기(제1중간숙주)섭취 → 포자낭유충 → 레디유충 → 유미유충
→ 갑각류(민물게, 가재)(제2중간숙주)

22 식품기사 2019년 1회

민물고기를 생식한 일이 없는데도 간흡충에 감염될 수 있는 경우는?

① 덜 익힌 돼지고기 섭취　　② 민물고기를 취급한 도마를 통한 감염
③ 매운탕 섭취　　④ 공기전파

◀ 간흡충 제2 중간숙주인 민물고기를 생식하였거나 민물고기를 취급한 도마, 칼 등의 조리기구를 통해 감염될 수 있다.

23 교육청 유사기출　식품산업기사 2018년 1회

민물의 게 또는 가재가 제2 중간숙주인 기생충은?

① 폐흡충　　② 무구조충
③ 요충　　④ 요코가와흡충

◀ 폐흡충의 제1 중간숙주는 다슬기, 제2 중간숙주는 민물 게, 가재이다.

24 경기 유사기출

다음은 어떤 기생충의 생활사인가?

> 충란 → 다슬기(제1중간숙주) → 레디아 → 유미유충 → 담수어(제2중간숙주) → 사람

① 아니사키스　　② 간흡충
③ 광절열두조충　　④ 요코가와흡충

◀ 요코가와흡충의 제1중간숙주는 다슬기, 제2중간숙주는 은어, 붕어, 잉어 등의 담수어이다.

25

다음에 해당하는 기생충은?

> 유백색의 의충미충(플레로세르코이드)이 함유된 연어, 송어와 같은 어류를 생식함으로써 인체
> 감염이 일어나며, 자각증세 없이 지나는 경우도 있으나, 가장 많은 증상은 소화기 장애로 식욕감
> 퇴, 설사 등에 이어 빈혈, 영양장애 등을 일으킨다.

① 아니사키스　　② 광절열두조충
③ 유극악구충　　④ 요코가와흡충

◀ 광절열두조충은 제2 중간숙주인 연어, 송어를 생식함으로써 감염된다.

answer | 22 ②　23 ①　24 ④　25 ②

26

다음 중 사람이 종말숙주가 아닌 기생충은?

① 아니사키스
② 간흡충
③ 무구조충
④ 회충

🔊 아니사키스, 유극악구충 등은 사람이 종말숙주가 아니다.

27 식품산업기사 2018년 2회

인체에 감염되어도 충란이 분변으로 배출되지 않는 기생충은?

① 아니사키스
② 유구조충
③ 폐흡충
④ 회충

🔊 아니사키스, 유극악구충 등은 사람이 종말숙주가 아니므로 사람의 체내에서는 성충이 될 수 없기 때문에 사람의 분변에서는 충란을 발견할 수 없다.

28 식품기사 2013년 2회

아래의 설명에 해당하는 기생충은?

고래, 돌고래와 같은 해산 포유동물을 종숙주로 하여 위장 내에서 기생하며, 성충이 충란을 산란하여 바닷물에 배출하면 해수에서 부화한다. 제1 중간숙주는 크릴새우, 제2 중간숙주는 고등어, 오징어 등이다.

① 유구조충
② 아니사키스
③ 유극악구충
④ 요코가와흡충

🔊 제1 중간숙주가 크릴새우, 제2 중간숙주가 바다생선인 기생충은 아니사키스이다.

29 식품산업기사 2016년 2회

아니사키스(anisakis) 기생충의 대한 설명으로 틀린 것은?

① 새우, 대구, 고래 등이 숙주이다.
② 유충은 내열성이 약하여 열처리로 예방할 수 있다.
③ 냉동 처리 및 보관으로는 예방이 불가능하다.
④ 주로 소화관에 궤양, 종양, 봉와직염을 일으킨다.

🔊 아니사키스의 유충은 -10℃에서 6시간 정도만 생존이 가능하므로 냉동처리 및 보관으로 예방이 가능하다.

answer | 26 ① 27 ① 28 ② 29 ③

30 경남 유사기출

제1 중간숙주가 물벼룩, 제2 중간숙주가 민물어류이며, 종말숙주가 개나 고양이인 기생충은?

① 아니사키스   ② 광절열두조충
③ 간흡충   ④ 유극악구충

 사람이 종말숙주가 아닌 기생충 중 제1 중간숙주가 물벼룩, 제2 중간숙주가 가물치 등의 민물어류인 것은 유극악구충이다.

31 경북 유사기출

간흡충의 중간숙주가 바르게 연결된 것은?

① 왜우렁이 – 붕어, 잉어   ② 다슬기 – 붕어, 잉어
③ 물벼룩 – 연어, 송어   ④ 물벼룩 – 가물치, 메기

 간흡충의 제1중간숙주는 왜우렁이, 제2중간숙주는 붕어, 잉어 등의 담수어이다.

32 교육청 유사기출

광절열두조충에 대한 설명으로 옳지 않은 것은?

① 자웅동체로 긴촌충이라고도 한다.
② 제1중간숙주는 물벼룩, 제2중간숙주는 연어, 농어 등이다.
③ 흡혈에 의한 빈혈, 전신권태, 식욕부진, 오심 등을 일으킨다.
④ 사람의 장내에서 급속히 발육하고 약 1개월 후에는 산란을 개시한다.

 광절열두조충에 감염되면 복통, 설사 등의 소화기장애와 과잉의 비타민 B_{12} 흡수로 인한 빈혈을 일으킨다.

33

완전히 익히지 않은 닭고기나 개구리, 뱀을 날 것으로 섭취하여 감염될 수 있는 기생충은?

① 만손열두조충   ② 선모충
③ 횡천흡충   ④ 유극악구충

 만손열두조충(고충증, 스파르가눔증)의 경우 사람은 개구리 생식에 의해 또는 감염된 물벼룩을 물과 함께 마시거나 이 유충을 가진 뱀, 개구리를 먹은 닭의 근육 생식 시 감염된다.

34 식품산업기사 2014년 1회

다음 기생충과 그 감염 원인이 되는 식품의 연결이 잘못된 것은?

① 쇠고기 – 무구조충   ② 오징어, 가다랭이 – 광절열두조충
③ 가재, 게 – 폐흡충   ④ 돼지고기 – 유구조충

 오징어, 가다랭이 – 아니사키스

answer | 30 ④ 31 ① 32 ③ 33 ① 34 ②

35

기생충의 중간숙주, 증상의 연결이 옳지 않은 것은?

① 유구조충 - 돼지 : 뇌, 심장 등에 낭충증
② 요코가와흡충 - 다슬기 → 담수어 : 보통은 무증상
③ 회충 - 채소 : 빈혈, 이미증, 피부건조
④ 아니사키스 - 해산갑각류 → 해산어 : 소화성 궤양

◀ 채소를 통해 감염되며 빈혈, 이미증, 피부건조의 증상을 보이는 것은 십이지장충이다.

36 　수탁지방직 2010년 기출

충분히 가열하여 섭취하지 않을 경우 인체에 감염될 수 있는 기생충들에 대한 설명으로 옳지 않은 것은?

① 돼지고기를 충분히 가열하지 않고 섭취할 경우 유구조충이나 선모충에 감염될 수 있다.
② 분변에 오염된 채소를 생식함으로써 회충에 감염될 수 있다.
③ 소고기를 충분히 가열하지 않고 섭취할 경우 유극악구충에 감염될 수 있다.
④ 어패류를 생식할 경우 간디스토마, 아니사키스, 요코가와흡충 등에 감염될 수 있다.

◀ 충분히 가열하지 않은 소고기를 통해 감염되는 기생충은 무구조충이다.

37 　식품기사 2015년 3회

기생충과 일반적인 숙주의 연결이 잘못된 것은?

① 폐흡충 - 게　　　　　　　　② 요코가와흡충 - 은어
③ 간흡충 - 잉어　　　　　　　④ 아니사키스 - 가물치

◀ • 아니사키스 : 오징어, 갈치, 대구, 고등어 등의 해산어
　• 가물치는 주로 유극악구충

38 　경기 유사기출

다음 기생충 중 매개 식품이 나머지와 다른 것은?

① 요코가와흡충　　　　　　　② 유극악구충
③ 선모충　　　　　　　　　　④ 간흡충

◀ 요코가와흡충, 유극악구충, 간흡충은 담수어에 의해 매개되지만 선모충은 돼지고기를 섭취함으로써 감염된다.

39 교육청 유사기출

다음 기생충에 대한 설명으로 옳은 것은?

> ㄱ. 십이지장충, 아니사키스, 편충, 선모충은 선충류에 속한다.
> ㄴ. 톡소플라즈마, 이형흡충, 갈고리촌충은 수육을 통해 감염된다.
> ㄷ. 모든 기생충은 하나 혹은 두 개의 중간숙주를 필요로 한다.
> ㄹ. 요충은 인체에 기생하는 선충류 중 크기가 가장 작다.
> ㅁ. 구충, 동양모양선충은 피부를 통해 감염이 일어난다.
> ㅂ. 요코가와흡충은 토양매개성으로 분변에 오염된 물을 섭취하여 감염된다.

① ㄱ, ㅁ   ② ㄷ, ㄹ
③ ㄴ, ㅁ, ㅂ   ④ ㄱ, ㄹ, ㅁ

◀ 이형흡충은 어패류를 통해 감염되는 기생충이며, 채소를 통해 감염되는 기생충은 중간숙주 없이도 생활가능한 기생충이다. 요충보다 선모충이 크기가 작다. 토양매개성은 보통 채소를 통해 감염되는 기생충이다.

40

식품과 함께 존재하는 위생해충의 특성과 거리가 먼 것은?

① 식성의 범위가 넓다.
② 수분이 적은 식품에서 생육한다.
③ 성충의 수명이 비교적 짧고 증식률이 높다.
④ 발육기간이 짧고 생활가능한 온도범위가 넓다.

◀ 성충의 수명이 비교적 길어 증식률이 높다.

41

구충, 구서의 가장 근원적인 대책이라고 볼 수 있는 것은?

① 충분한 약제 살포   ② 효과가 뛰어난 치료제개발
③ 천적이용   ④ 발생원 및 서식지제거

42 경남 유사기출

다음 중 완전변태를 하는 곤충은?

① 파리   ② 진드기
③ 바퀴   ④ 빈대

◀ 완전변태 : 파리, 모기, 벼룩 등

---

answer | 39 ①   40 ③   41 ④   42 ①

43

식품위생의 피해를 경감시키기 위한 방충대책 중 물리적 방법에 해당하는 것은?

① 온습도 조절   ② 발생원 제거

③ 포충기 이용   ④ 살충제 사용

◀ ①, ②는 환경적인 방법이고, ④는 화학적인 방법이다.

44   식품기사 2014년 2회

쥐로 인하여 매개되는 질병이 아닌 것은?

① 렙토스피라증(leptospirosis)   ② 레지오넬라증(legionellosis)

③ 페스트(pest)   ④ 발진열(typhus fever)

◀ 쥐가 매개하는 질병

분류	매개질병
세균성	Salmonella증(쥐의 분뇨), 서교열(쥐에 물려서), 페스트(쥐의 벼룩), 웨일씨병(leptospirosis : 쥐의 뇨), 장티푸스, 이질 등
바이러스성	유행성 출혈열(신증후군출혈열:쥐의 분변), 천열 등
리케차성	발진열(쥐의 벼룩), 쯔쯔가무시병(양충병:털진드기) 등
기생충	선모충증, 왜소조충, 일본주혈흡충 등

45

다음 중 쥐를 매개로 하여 발생하는 식중독은?

① 병원성대장균   ② 살모넬라

③ 캠필로박터   ④ 황색포도상구균

46   식품산업기사 2017년 3회

쥐에 의해 생길 수 있는 병과 그 원인의 연결이 틀린 것은?

① Weil씨병 : 쥐의 오줌으로부터 감염

② 서교증 : 쥐에게 물려서 감염

③ 유행성출혈열 : 쥐의 분변에 의한 감염

④ Kwashiorkor : 쥐벼룩에 의한 감염

◀ • 쥐벼룩에 의해 매개되는 질병에는 발진열, 페스트 등이 있다.
   • Kwashiorkor는 단백질이 결핍되어 발생하는 영양 실조증이다.

answer | **43** ③   **44** ②   **45** ②   **46** ④

47

파리에 관한 설명 중 옳지 않은 것은?

① 파리는 난태생이어서 어류 등의 생선식품에 구더기가 생기게 한다.
② 불결한 곳에 5~10월 사이에 산란하며, 완전변태를 한다.
③ 파리의 구제방법으로 이상적인 것은 파리의 발생원을 제거하는 것이다.
④ 파리가 전파하는 감염병에는 이질, 장티푸스, 파라티푸스, 발진티푸스 등이 있다.

◀ 발진티푸스는 이가 매개하는 질병이다.

48 식품산업기사 2017년 3회

다음 중 바퀴벌레의 생태가 아닌 것은?

① 야간활동성
② 독립생활성
③ 잡식성
④ 가주성

◀ 바퀴벌레는 집단생활을 한다.

49 경기 유사기출

몸길이가 1~1.5cm내외이며, 처음에는 흰색이지만 점차 황갈색되고 3개월이 지나면 6~7회 탈피하여 성충이 되며 바퀴 중 가장 흔한 것은?

① 일본바퀴
② 이질바퀴
③ 독일바퀴
④ 미국바퀴

50

곡류, 곡분, 빵, 과자류, 건조과실, 치즈, 건어물, 초콜릿 등에서 볼 수 있고 몸길이가 0.3~0.5mm의 유백색~황백색으로 타원형이며 25℃, 75% 온습도조건에서 가장 잘 번식하는 진드기는?

① 작은가루진드기
② 보리가루진드기
③ 설탕진드기
④ 긴털가루진드기

51 경기 유사기출 식품산업기사 2019년 1회

진드기류의 번식 억제 방법이 아닌 것은?

① 밀봉 포장에 의한 방법
② 습도를 줄이는 방법
③ 냉장하는 방법
④ 30℃ 정도로 가열하는 방법

◀ 진드기를 구제하기 위해 60℃ 5~7분 정도 가열한다.

answer | 47 ④ 48 ② 49 ③ 50 ④ 51 ④

52 식품산업기사 2015년 1회

바퀴벌레에 대한 설명으로 옳은 것은?

① 야행성으로 군거생활을 하며 완전변태를 한다.
② 알에서 성충이 될 때까지 1주일 정도가 소요된다.
③ 성충의 수명은 보통 5년 이상이다.
④ 붕산가루를 넣은 먹이, DDVP나 pyrethrine 훈증 등으로 살충 효과가 있다.

◀ 바퀴벌레는 불완전 변태를 하며, 유충기간은 3~5개월이고 성충의 수명은 3개월~1년 정도이다.

53

쥐의 분뇨 등이 식품에 오염되기 때문에 사람에게 식중독을 흔히 일으킬 수 있는 균은?

① Vibrio anguillarum
② Staphylococcus aureus
③ Escherichia coli
④ Salmonella typhimurium

◀ 쥐에 의해 매개되는 식중독은 살모넬라이다.

54

다음과 같은 특징을 가지는 위생해충은?

• 마디발 동물로 식품 중에 볼 수 있는 것만도 100여종에 달한다.
• 식품과 함께 인체 내에 섭취되면 기생부위에 따라 설사, 복통, 급성기관지 천식 등의 여러 가지 증상을 보인다.
• 70℃이상으로 가열하면 사멸된다.

① 벼룩
② 진드기
③ 파리
④ 모기

55 교육청 유사기출

위생동물의 피해와 방지대책으로 옳은 것은?

ㄱ. 쥐를 구제하기 위해 warfarin, 비소제, 황인제 등의 살서제가 이용된다.
ㄴ. 파리가 매개하는 질병에는 장티푸스, 이질, 콜레라, 렙토스피라증 등이 있다.
ㄷ. 바퀴를 구제하기 위해 DDVP, Pyrethrine 등의 훈증제를 이용한다.
ㄹ. 진드기 구제를 위해 식품창고는 인화수소, 클로로피크린을 이용해 훈증한다.

① ㄱ, ㄷ
② ㄴ, ㄹ
③ ㄱ, ㄷ, ㄹ
④ ㄱ, ㄴ, ㄷ, ㄹ

◀ 렙토스피라증은 쥐가 매개하는 질병이다.

answer | 52 ④ 53 ④ 54 ② 55 ③

김지연식품위생

식품첨가물

식품첨가물의 개요 | 식품첨가물의 종류

식품첨가물의 개요

① 식품첨가물의 개념

(1) 정의

① 식품위생법 제1장 제2조 제2호 : 식품을 제조·가공·조리 또는 보존하는 과정에서 감미(甘味), 착색(着色), 표백(漂白) 또는 산화방지 등을 목적으로 식품에 사용되는 물질을 말한다. 이 경우 기구(器具)·용기·포장을 살균·소독하는 데에 사용되어 간접적으로 식품으로 옮아갈 수 있는 물질을 포함한다.

② FAO/WHO 합동식품첨가물 전문위원회 : 식품의 외관, 향미, 조직, 저장성을 향상시키기 위한 목적으로 식품에 의도적으로 미량 첨가되는 비영양물질

> **· 참고**
>
> **식품위생법 제1장 제2조 용어 정의**
> - 식품 : 의약으로 섭취하는 것을 제외한 모든 음식물
> - 화학적 합성품 : 화학적 수단에 의해 원소 또는 화합물에 분해반응 외의 화학반응을 일으켜 얻은 물질

(2) **식품첨가물의 규격과 기준** : 식품의약품안전처장 고시

(3) **식품 첨가물의 구비조건**

① 인체에 무해
② 체내에 축적되지 말 것
③ 사용목적에 따른 효과를 소량으로도 충분히 나타낼 것
④ 이화학적 변화에 대해 안정할 것
⑤ 식품의 화학분석 등에 의해 그 첨가물을 확인할 수 있을 것
⑥ 식품에 나쁜 영향을 주지 않을 것
⑦ 식품의 영양가를 유지할 것
⑧ 식품의 상품가치를 향상시킬 것
⑨ 식품을 소비자에게 이롭게 할 것

② 식품첨가물의 분류

(1) 2018. 1. 1부터 식품첨가물분류체계 개편

① 화학적 합성품, 천연첨가물의 「제조방법 중심」에서 보존료, 이형제 등의 「용도중심」으로 개편
② 감미료, 고결방지제, 거품제거제 등 32종

(2) 식품첨가물 용도별 분류 및 용어 정의(식품첨가물공전)

종류	용도
감미료	식품에 단맛을 부여하는 식품첨가물
고결방지제	식품의 입자 등이 서로 부착되어 고형화 되는 것을 감소시키는 식품첨가물
거품제거제	식품의 거품 생성을 방지하거나 감소시키는 식품첨가물
껌기초제	적당한 점성과 탄력성을 갖는 비영양성의 씹는 물질로서 껌 제조의 기초 원료가 되는 식품첨가물
밀가루 개량제	밀가루나 반죽에 첨가되어 제빵 품질이나 색을 증진시키는 식품첨가물
발색제	식품의 색을 안정화시키거나, 유지 또는 강화시키는 식품첨가물
보존료	미생물에 의한 품질 저하를 방지하여 식품의 보존기간을 연장시키는 식품첨가물
분사제	용기에서 식품을 방출시키는 가스 식품첨가물
산도조절제	식품의 산도 또는 알칼리도를 조절하는 식품첨가물
산화방지제	산화에 의한 식품의 품질 저하를 방지하는 식품첨가물
살균제	식품 표면의 미생물을 단시간 내에 사멸시키는 작용을 하는 식품첨가물
습윤제	식품이 건조되는 것을 방지하는 식품첨가물
안정제	두 가지 또는 그 이상의 성분을 일정한 분산 형태로 유지시키는 식품첨가물
여과보조제	불순물 또는 미세한 입자를 흡착하여 제거하기 위해 사용되는 식품첨가물
영양강화제	식품의 영양학적 품질을 유지하기 위해 제조공정 중 손실된 영양소를 복원하거나, 영양소를 강화시키는 식품첨가물
유화제	물과 기름 등 섞이지 않는 두 가지 또는 그 이상의 상(phases)을 균질하게 섞어주거나 유지시키는 식품첨가물
이형제	식품의 형태를 유지하기 위해 원료가 용기에 붙는 것을 방지하여 분리하기 쉽도록 하는 식품첨가물
응고제	식품 성분을 결착 또는 응고시키거나, 과일 및 채소류의 조직을 단단하거나 바삭하게 유지시키는 식품첨가물
제조용제	식품의 제조·가공 시 촉매, 침전, 분해, 청징 등의 역할을 하는 보조제 식품첨가물
젤형성제	젤을 형성하여 식품에 물성을 부여하는 식품첨가물
증점제	식품의 점도를 증가시키는 식품첨가물
착색료	식품에 색을 부여하거나 복원시키는 식품첨가물
청관제	식품에 직접 접촉하는 스팀을 생산하는 보일러 내부의 결석, 물 때 형성, 부식 등을 방지하기 위하여 투입하는 식품첨가물
추출용제	유용한 성분 등을 추출하거나 용해시키는 식품첨가물
충전제	산화나 부패로부터 식품을 보호하기 위해 식품의 제조 시 포장 용기에 의도적으로 주입시키는 가스 식품첨가물
팽창제	가스를 방출하여 반죽의 부피를 증가시키는 식품첨가물
표백제	식품의 색을 제거하기 위해 사용되는 식품첨가물
표면처리제	식품의 표면을 매끄럽게 하거나 정돈하기 위해 사용되는 식품첨가물
피막제	식품의 표면에 광택을 내거나 보호막을 형성하는 식품첨가물
향미증진제	식품의 맛 또는 향미를 증진시키는 식품첨가물
향료	식품에 특유한 향을 부여하거나 제조공정 중 손실된 식품 본래의 향을 보강시키는 식품첨가물
효소제	특정한 생화학 반응의 촉매 작용을 하는 식품첨가물

※ 가공보조제 : 식품의 제조 과정에서 기술적 목적을 달성하기 위하여 의도적으로 사용되고 최종 제품 완성 전 분해, 제거되어 잔류하지 않거나 비의도적으로 미량 잔류할 수 있는 식품첨가물을 말한다. 식품첨가물의 용도 중 '살균제', '여과보조제', '이형제', '제조용제', '청관제', '추출용제', '효소제'가 가공보조제에 해당한다.

※ 기구등의 살균·소독제 : 기구 및 용기·포장(이하 "기구등"이라 한다)을 살균·소독하는 데에 사용되어 간접적으로 식품으로 옮아갈 수 있는 물질을 말한다.

3 식품첨가물의 지정기준 기출

제 1. 목적

이 내용은 식품의약품안전처장이 식품위생법 제7조 제1항에 따라 기준과 규격이 고시되지 아니한 식품첨가물의 기준 및 규격 설정과 사용기준의 개정 신청에 관한 기본원칙, 신청절차, 신청서에 첨부하는 자료의 범위에 관한 사항을 정하여 정확한 정보를 제공하고자 한다.

제 2. 기본원칙

식품첨가물은 소비자에게 이익을 주는 것으로 건강을 해할 우려가 없어야 한다. 식품첨가물의 기준 및 규격 설정과 사용기준 개정(이하 설정 등이라 한다) 신청은 다음 각 항에 따라 이루어져야 한다. 이를 위해 FAO/WHO합동식품첨가물전문가위원회(JECFA), 국제식품규격위원회(Codex Alimentarius Commission, CAC) 등 국제기구에서의 안전성 평가 결과 및 사용기준, 우리나라의 식품섭취 현황 등을 고려하여 과학적인 평가를 한다.

1. 안전성

신청된 식품첨가물의 안전성을 입증 또는 확인한다.

2. 사용의 기술적 필요성 및 정당성

식품첨가물의 사용목적은 다음 각호 중 어느 하나에 부합하여야 한다.

가. 식품의 품질 유지, 안정성 향상 또는 관능적 특성 개선

(다만, 식품의 특성, 본질 또는 품질을 변화시켜 소비자를 기만할 우려가 있는 경우에는 제외)

나. 식품의 영양가 유지

(다만, 일상적으로 섭취되는 식품이 아닌 경우에는 식품중의 영양가를 의도적으로 저하시키는 경우에도 정당성이 인정될 수 있음)

다. 특정 식사를 필요로 하는 소비자를 위하여 제조하는 식품에 필요한 원료 또는 성분을 공급

(다만, 질병치료 및 기타 의료효과를 목적으로 하는 경우는 제외)

라. 식품의 제조, 가공, 저장, 처리의 보조적 역할

(다만, 식품의 제조, 가공 과정 중 결함 있는 원재료나 비위생적인 제조방법을 은폐할 목적으로 사용되는 경우는 제외)

4 식품첨가물의 일반 사용기준 기출

① 식품 중에 첨가되는 식품첨가물의 양은 물리적, 영양학적 또는 기타 기술적 효과를 달성하는데 필요한 최소량으로 사용하여야 한다.

② 식품첨가물은 식품제조·가공과정 중 결함 있는 원재료나 비위생적인 제조방법을 은폐하기 위하여 사용되어서는 아니 된다.

③ 식품 중에 첨가되는 영양강화제는 식품의 영양학적 품질을 유지하거나 개선시키는데 사용되어

야 하며, 영양소의 과잉 섭취 또는 불균형한 섭취를 유발해서는 아니 된다.

④ 식품첨가물은 식품을 제조·가공·조리 또는 보존하는 과정에서 사용하여야 하며, 그 자체로 직접 섭취하거나 흡입하는 목적으로 사용하여서는 아니 된다.

⑤ 식용을 목적으로 하는 미생물 등의 배양에 사용하는 식품첨가물은 이 고시에 정하고 있는 품목 또는 국제식품규격위원회(Codex Alimentarius Commission)에서 미생물 영양원으로 등재된 것으로 최종식품에 잔류하여서는 아니된다. 다만, 불가피하게 잔류할 경우에는 품목별 사용기준에 적합하여야 한다.

⑥ 식용색소녹색 제3호 및 그 알루미늄레이크, 식용색소적색 제2호 및 그 알루미늄레이크, 식용색소적색 제3호, 식용색소적색 제40호 및 그 알루미늄레이크, 식용색소적색 제102호, 식용색소청색 제1호 및 그 알루미늄레이크, 식용색소청색 제2호 및 그 알루미늄레이크, 식용색소황색 제4호 및 그 알루미늄레이크, 식용색소황색 제5호 및 그 알루미늄레이크를 2종 이상 병용할 경우, 각각의 식용색소에서 정한 사용량 범위 내에서 사용하여야 하고 병용한 식용색소의 합계는 아래 표의 식품유형별 사용량 이하이여야 한다.

식품유형	사용량
빙과	0.15 g/kg
두류가공품, 서류가공품	0.2 g/kg
과자, 츄잉껌, 빵류, 떡류, 아이스크림류, 아이스크림믹스류, 과·채음료, 탄산음료, 탄산수, 혼합음료, 음료베이스, 청주(주정을 첨가한 제품에 한함), 맥주, 과실주, 위스키, 브랜디, 일반증류주, 리큐르, 기타주류, 소시지류, 즉석섭취식품	0.3 g/kg
캔디류, 기타잼	0.4 g/kg
기타 코코아가공품	0.45 g/kg
기타설탕, 당시럽류, 기타엿, 당류가공품, 식물성크림, 기타식용유지가공품, 소스, 향신료조제품(고추냉이가공품 및 겨자가공품에 한함), 절임식품(밀봉 및 가열살균 또는 멸균처리한 제품에 한함. 다만, 단무지는 제외), 당절임(밀봉 및 가열살균 또는 멸균처리한 제품에 한함), 전분가공품, 곡류가공품, 유함유가공품, 어육소시지, 젓갈류(명란젓에 한함), 기타수산물가공품, 만두, 기타가공품	0.5 g/kg
초콜릿류, 건강기능식품(정제의 제피 또는 캡슐에 한함), 캡슐류	0.6 g/kg

⑦ 이 고시에서 품목별로 정하여진 주용도 이외에 국제적으로 다른 용도로서 기술적 효과가 입증되어 사용의 정당성이 인정되는 경우, 해당 용도로 사용할 수 있다.

⑧ 「대외무역관리규정」(산업통상자원부 고시)에 따른 외화획득용 원료 및 제품(주식회사 한국관광용품센터에서 수입하는 식품 제외), 「관세법」 제143조에 따라 세관장의 허가를 받아 외국으로 왕래하는 선박 또는 항공기 안에서 소비되는 식품 및 선천성대사이상질환자용 식품을 제조가공·수입함에 있어 사용되는 식품첨가물은 「식품위생법」 제6조 및 이 기준·규격의 적용을 받지 아니할 수 있다.

⑨ 살균제의 용도로 사용되는 식품첨가물은 품목별 사용기준에 별도로 정하고 있지 않는 한 침지하는 방법으로 사용하여야 하며, 세척제나 다른 살균제 등과 혼합하여 사용하여서는 아니 된다.

5 식품첨가물 표시기준

(1) 식품첨가물 표시사항

가. 제품명(「식품첨가물의 기준 및 규격」에 고시된 명칭을 사용하거나, 제품명에 그 첨가물의 명칭을 포함하여 표시하여야 한다.)

　　(예시) 안식향산나트륨, ○○○ 안식향산나트륨 또는 ○○○ (안식향산나트륨)

나. 영업소(장)의 명칭(상호) 및 소재지

다. 제조연월일 또는 소비기한

라. 내용량

마. 원재료명 및 성분명

바. 용기·포장 재질

사. 품목보고번호

아. 보관방법 및 사용기준(다만, 동 사항을 표시하기가 곤란할 경우 QR코드 또는 속지를 사용할 수 있다)

자. 주의사항

　　(1) 알레르기 유발물질(해당 경우에 한함)

　　(2) 기타(해당 경우에 한함)

차. 유전자변형 식품첨가물(해당 경우에 한함)

카. 기타표시사항

　　(1) 타르색소를 혼합 또는 희석한 제제에 있어서는 "혼합" 또는 "희석"이라는 표시와 실제의 색깔명칭을 표시하여야 한다.

　　(2) 천연색소류 제제 및 비타민 제제는 각각 색가 및 역가를 표시하여야 한다.

(2) 명칭과 용도를 함께 표시하여야 하는 식품첨가물

식품첨가물의 명칭	용도
사카린나트륨, 아스파탐, 글리실리진산이나트륨, 수크랄로스, 아세설팜칼륨, L감초추출물, 네오탐, D-리보오스, 스테비올배당체, D-자일로오스, 토마틴, 효소처리스테비아, 락티톨, 만니톨, D-말티톨, 말티톨시럽, D-소비톨, D-소비톨액, 에리스리톨, 이소말트, 자일리톨, 폴리글리시톨시럽	감미료
식용색소녹색 제3호, 식용색소녹색 제3호 알루미늄레이크 식용색소적색 제2호, 식용색소적색 제2호 알루미늄레이크 식용색소적색 제3호, 식용색소적색 제40호, 식용색소적색 제40호 알루미늄레이크 식용색소적색 제102호, 식용색소청색 제1호, 식용색소청색 제1호 알루미늄 레이크 식용색소청색 제2호, 식용색소청색 제2호 알루미늄레이크 식용색소황색 제4호, 식용색소황색 제4호 알루미늄레이크 식용색소황색 제5호, 식용색소황색 제5호 알루미늄레이크 동클로로필, 동클로로필린나트륨, 철클로로필린나트륨, 삼이산화철, 이산화티타늄 수용성안나토, 카민, β-카로틴, 동클로로필린칼륨, β-아포-8'-카로티날	착색료

데히드로초산나트륨, 소브산, 소브산칼륨, 소브산칼슘, 안식향산, 안식향산나트륨 안식향산칼륨, 안식향산칼슘, 파라옥시안식향산메틸, 파라옥시안식향산에틸, 프로피온산, 프로피온산나트륨, 프로피온산칼슘	보존료
디부틸히드록시톨루엔, 부틸히드록시아니졸, 몰식자산프로필 에리토브산, 에리토브산나트륨, 아스코르빌스테아레이트, 아스코르빌파르미테이트 이·디·티·에이이나트륨, 이·디·티·에이칼슘이나트륨, 터셔리부틸히드로퀴논	산화방지제
산성아황산나트륨, 아황산나트륨, 차아황산나트륨, 무수아황산 메타중아황산칼륨, 메타중아황산나트륨	표백용은 "표백제"로, 보존용은 "보존료"로, 산화방지제는 "산화방지제"로 함
차아염소산칼슘, 차아염소산나트륨	살균용은 "살균제"로, 표백용은 "표백제"로 함
아질산나트륨, 질산나트륨, 질산칼륨	발색용은 "발색제"로 보존용은 "보존료"로 함
카페인, L-글루타민산나트륨	향미증진제

식품첨가물의 종류

1 식품의 부패 · 변질방지

(1) 보존료(방부제)

① 정의
  ㉠ 미생물 증식에 의해 일어나는 식품의 부패, 변질을 방지하는 방부제로 식품의 신선도 유지, 영양가 보존 성질을 가짐
  ㉡ 미생물에 의한 품질 저하를 방지하여 식품의 보존기간을 연장시키는 식품첨가물
② 식품에 대한 보존 기구 : 살균작용보다 부패 미생물에 대한 정균작용, 효소의 발효 억제 작용
③ 보존료가 갖추어야 할 조건
  ㉠ 미생물의 발육저지력이 강하고 지속적이어야 함
  ㉡ 식품에 대해 악영향을 주지 않아야 함
  ㉢ 사용법이 간편하고 가격이 저렴할 것
  ㉣ 인체에 무해하거나 독성이 낮아야 함
  ㉤ 장기간 사용해도 해가 없어야 함
  ㉥ 변패를 일으키는 각종 미생물의 증식을 저지해야 함
  ㉦ 식품의 성분에 따라 효능의 변화를 받지 않을 것
④ 보존료의 효과에 영향을 주는 인자
  ㉠ pH : 산형보존료는 pH가 낮을수록 효과가 큼
  ㉡ 미생물의 오염도 : 식품 중에 이미 존재하거나 혹은 2차적으로 오염된 미생물의 수가 많을수록 효과가 저하되며, 부패 또는 변패 직전에 있는 식품에는 효과가 거의 없음
  ㉢ 가열 : 가열할 때 보존료를 첨가하면 사멸에 소요되는 시간이 더욱 단축 됨
  ㉣ 용해도 : 미생물은 그 발육에 필요한 영양분을 반드시 물에 녹아 있는 것으로 섭취하므로, 보존료가 그 효과를 제대로 발휘하려면 식품 중의 수분에 균일하게 미생물의 발육정지농도 이상으로 용해되어 있어야 함
  ㉤ 병용 : 보존료는 2종 이상 혼용 사용 시 효과가 큼
⑤ 특징
  ㉠ 한정된 미생물에 대해 효과 有
  ㉡ 산형 보존료(파라옥시안식향산 에스테르류 제외) : 산성영역에서 그 효과를 발휘 → 항균작용은 비해리 분자의 농도에 비례하는데, 산형 보존료는 중성용액에서는 완전히 해리하나 산성용액에서는 보존효과를 발휘하는 비해리 분자가 증가하므로 효과↑
  ㉢ 안식향산, 안식향산나트륨 : pH에 의한 정균작용에 영향 많이 받음
    ※ 미생물 증식 억제 최적 pH : pH3

⑥ 종류

　㉠ 데히드로초산나트륨

　　ⓐ 수용성, 물에 용해, 유기용내에 질 녹지 않음

　　ⓑ 광선이나 열에 비교적 안정적

　　ⓒ 곰팡이나 효모에 강한 항균력을 보임

　　ⓓ 비교적 독성이 강한 것으로 인정되며 만성중독 보고도 있음

　㉡ 소르빈산(소브산)

　　ⓐ 무색의 침상결정 또는 백색의 결정성 분말로 냄새가 없거나 약간의 자극적인 냄새가 있음

　　ⓑ 물에 잘 녹지 않고, 알코올, 아세톤, 에테르, 빙초산에 쉽게 용해

　　ⓒ 작용범위는 주로 효모와 곰팡이며 세균은 선택적으로 효과

　　ⓓ 식품의 pH가 낮을수록 소르빈산의 항균효과는 증가

　㉢ 안식향산 및 그 염의 특징 [기출]

　　ⓐ 안식향산은 물에 녹기 어렵지만 알코올, 에테르 등의 유기용매에 잘 녹는다.

　　ⓑ 안식향산나트륨은 물과 온수에는 용해되기 쉬우나 에탄올, 에테르 등에는 녹기 어려움

　　ⓒ 안식향산은 미생물에 대해 살균작용과 발육저지작용을 가짐

　　　• pH4 이하에서는 저농도로서도 각종 부패 미생물의 증식 억제

　　　• pH5.5 이상에서는 그 효과가 격감

　　ⓓ 안식향산은 독성이 비교적 낮으며, 인체 내에서 축적되지 않는다.

　㉣ 파라옥시안식향산 에스테르류 [기출]

　　ⓐ 메틸, 에틸, 프로필, 이소프로필, 이소부틸, 부틸 6종이 허용되었으나 현재는 에틸, 메틸만 허용

　　ⓑ 물에 잘 녹지 않으며 유기용매에 잘 녹음

　　ⓒ 주로 곰팡이나 효모의 발육 저지에 이용

　　ⓓ pH에 영향을 받지 않음

　　ⓔ 항균작용은 에스테르를 구성하는 알코올의 탄소수가 많을수록 효과적

　　ⓕ 독성은 반대로 알코올의 탄소수가 적을수록 강해짐

　　ⓖ 안식향산에 비해 독성이 적고, 신장에서 배설되며 자극성은 거의 없음

　㉤ 프로피온산

　　ⓐ 무색의 투명한 액체이며 불쾌하고 자극적인 냄새를 갖고 있고, 다소 부식성이 있음

　　ⓑ 물에 잘 녹으며, 알코올, 에테르, 클로로포름 등 유기용매에도 잘 용해됨

　　ⓒ 곰팡이 및 호기성 아포균의 발육을 저지하는데, 이 작용은 산형보존료의 특징으로, pH가 낮은 것이 유효

　　ⓓ 빵효모에는 거의 영향을 주지 않음

보존료명	사용기준 기출
데히드로초산나트륨 (dehydroacetate, DHAS)	데히드로초산으로서 ① 치즈류, 버터류, 마가린 0.5g/kg 이하
소르빈산(소브산) (sorbic acid) 소르빈산칼륨 (potassium sorbate) 소르빈산칼슘	소브산으로서 1. 치즈류 : 3.0g/kg 이하 2. 식육가공품(양념육류, 식육추출가공품 제외), 기타동물성가공식품(기타식육이 함유된 제품에 한함), 어육가공품류, 성게젓, 땅콩버터, 모조치즈 : 2.0g/kg 이하 3. 콜라겐케이싱 : 0.1g/kg 이하 4. 젓갈류, 한식된장, 된장, 고추장, 혼합장, 춘장, 청국장, 혼합장, 어패건제품, 조림류, 플라워페이스트, 소스 : 1.0g/kg 이하 5. 알로에겔 건강기능식품 : 1.0g/kg 이하 6. 농축과일즙, 과·채주스 : 1.0g/kg 이하 7. 탄산음료 : 0.5g/kg 이하 8. 건조과일류, 토마토케첩, 당절임(건조당절임 제외) : 0.5g/kg 이하 9. 잼류, 절임식품, 마요네즈 : 1.0g/kg 이하 10. 발효음료류(살균한 것은 제외) : 0.05g/kg 이하. 11. 과실주, 탁주, 약주 : 0.2g/kg 이하 12. 마가린 : 2.0g/kg이하 13. 당류가공품, 식물성크림, 유함유가공품 : 1.0g/kg 이하 14. 향신료조제품(건조제품 제외) : 1.0g/kg 이하 15. 건강기능식품(액상제품에 한하며, 알로에전잎(겔포함) 제품은 제외) : 2.0g/kg 이하
안식향산 (benzoic acid) 안식향산나트륨 (sodium benzoate) 안식향산칼륨 안식향산칼슘	안식향산으로서 1. 과일·채소류음료(비가열제품 제외) : 0.6g/kg 이하 2. 탄산음료 : 0.6g/kg 이하 3. 기타음료(분말제품 제외), 인삼홍삼음료 : 0.6g/kg 4. 한식간장, 양조간장, 산분해간장, 효소분해간장, 혼합간장 : 0.6g/kg 이하 5. 알로에겔 건강기능식품(단, 두 가지 이상의 건강기능식품원료를 사용하는 경우에는 사용된 알로에 전잎(겔 포함) 건강기능식품 성분의 배합비율을 적용) : 0.5g/kg 이하 6. 마요네즈, 잼류, 마가린, 절임식품 : 1.0g/kg 이하 7. 망고처트니 : 0.25g/kg 이하
파라옥시안식향산에틸 (ethyl p-hydroxybenzoate) 파라옥시안식향산메틸 (methyl p-hydroxybenzoate)	파라옥시안식향산으로서 1. 캡슐류, 잼류 : 1.0g/kg 이하 2. 망고처트니, 한식간장, 양조간장, 산분해간장, 효소분해간장, 혼합간장 : 0.25g/kg 이하 3. 식초 : 0.1g/L 이하 4. 소스 : 0.2g/kg 이하 5. 기타음료(분말음료 제외), 인삼·홍삼음료:0.1g/kg 이하 6. 과일류, 채소류 (표피부분에 한한다) : 0.012g/kg 이하
프로피온산 프로피온산나트륨 (sodium propionate) 프리피온산칼슘 (calcium propoinate)	프로피온산으로서 1. 빵류 2.5g/kg이하 2. 치즈류 3.0g/kg이하(소르빈산 및 소르빈산칼륨, 데히드로초산 및 데히드로 초산나트륨과 병용할 때는 그 합계가 3.0g/l 이하) 3. 잼류 : 1.0g/kg 4. 착향의 목적(프로피온산만 해당됨)

(2) 살균제

① 정의
- ㉠ 식품 표면의 미생물을 단시간 내에 사멸시키는 삭용을 하는 식품첨가물
- ㉡ 차아염소산나트륨의 살균력 주체는 유효염소
  - ⓐ 비해리형 차아염소산(HCIO) 농도에 좌우
  - ⓑ pH가 낮을수록 비해리형의 차아염소산의 양은 커져 살균력도 높아짐
- ㉢ 음료수, 식기류 등

② 종류

살균제명	사용기준
차아염소산나트륨 (sodium hypochlorite)	차아염소산나트륨은 과일류, 채소류 등 식품의 살균 목적에 한하여 사용하여야 하며, 최종식품의 완성 전에 제거하여야 한다. 다만, 차아염소산나트륨은 참깨에 사용하여서는 아니 된다.
차아염소산칼슘(고도표백분) (Calcium Hypochlorite)	과일류, 채소류 등의 살균목적에 한하여 사용하여야 하며, 최종 식품의 완성 전에 제거하여야 한다.
이산화염소(수)	
오존수	
과산화수소	최종식품의 완성 전에 분해하거나 또는 제거하여야 한다.
과산화초산	아래의 식품에 한하여 살균의 목적에 한하여 사용하여야 하며, 최종식품의 완성 전에 식품 표면으로부터 침지액 또는 분무액을 털어내거나 흘려내리도록 하여야 한다. 과산화초산의 사용량(농도)은 과산화초산 및 1-하이드록시에틸리덴-1,1-디포스포닌산(HEDP)으로서 아래의 기준 이하로 사용하여야 한다. | 성분 | 과일·채소류 | 식육 | | 과산화초산 | 0.080g/kg | 포유류 1.8g/kg, 가금류 2.0g/kg | | HEDF | 0.0048g/kg | 포유류 0.024g/kg, 가금류 0.136g/kg |

(3) 산화방지제

① 정의 : 항산화제라고도 하며 유지의 산패로 인한 이취, 이미 등을 방지하고, 색소의 산화로 인한 식품의 변색 및 퇴색 등을 방지하기 위해 사용하는 첨가물

② 특징
- ㉠ 지용성(BHT, BHA, TBHQ, propyl gallate, DL-α-tocopherol) : 유지식품 산화방지
  - ⓐ 지용성 산화방지제의 효과 : 유리기나 과산화물에 작용하여 이들에 의한 산화의 연쇄반응을 중단시킴
  - ⓑ 산화가 급격히 진행되는 대수기에는 효과가 없으며 유도기 이전에 사용해야 산화를 지연시킬 수 있음
  - ⓒ 단독보다 두 종류를 병용 사용하는 것이 효과를 증대시킴
- ㉡ 수용성(erythorbic acid, sodium erythorbate, L-ascorbic acid) : 색소 산화방지
- ㉢ 금속제거 : EDTA 2나트륨. EDTA Ca 2나트륨 – 금속이온과 강한 킬레이트(chelate) 화합물을 형성하여 산화방지

ⓡ 상승제(효력증강제, synergist)
  ⓐ 자신은 항산화 효과가 없으나 산화방지제와 함께 사용하면 산화방지제의 효과를 증대시키는 물질
  ⓑ 종류 : 구연산 같은 유기산, 인산염 등

③ 종류

산화방지제명	사용기준
디부틸히드록시톨루엔 (dibutyl hydroxy toluene, BHT) 부틸히드록시아니솔 (butyl hydroxy anisole, BHA)	디부틸히드록시톨루엔의 사용량은 1. 식용유지류(모조치즈, 식물성크림 제외), 버터류, 어패건제품, 어패염장품 : 0.2g/kg 이하 2. 어패냉동품(생식용 냉동선어패류, 생식용굴은 제외)의 침지액 : 1g/kg 이하 3. 추잉껌 : 0.4g/kg 이하 4. 체중조절용 조제식품, 시리얼류 : 0.05g/kg 이하 5. 마요네즈 : 0.06g/kg 이하
터셔리부틸히드로퀴논 (tert-butylhydroquinone, TBHQ)	1. 식용유지류(모조치즈, 식물성크림 제외), 버터류, 어패건제품, 어패염장품 2. 어패냉동품(생식용 냉동선어패류, 생식용굴은 제외)의 침지액 3. 추잉껌
몰식자산프로필(propyl gallate)	1. 식용유지류(모조치즈, 식물성크림 제외), 버터류 : 0.1g/kg 이하
D-α-토코페롤(비타민 E) D-토코페롤	사용기준 없음
에리소르빈산(erythorbic acid) 에리소르빈산나트륨(sodium erythorbic)	산화방지제 목적에 한하여 사용하여야 한다.
L-아스코르브산나트륨 (Sodium L-Ascorbate) L-아스코르브산칼슘	사용기준 없음
L-아스코르빌팔미테이트(ascorbyl palmitate) L-아스코르빌스테아레이트	사용기준 있음
이디티에이칼슘 2 나트륨(calcium disodium ethylenediamine tetraacetate) 이디티에이 2 나트륨(disodium ethylenediamine tetra acetate)	이.디.티.에이.이나트륨의 사용량은 무수이.디.티.에이.이나트륨으로서 1. 소스, 마요네즈 : 0.075g/kg 이하 2. 통조림식품, 병조림식품 : 0.25g/kg 이하 3. 음료(캔 또는 병제품에 한하며, 다류, 커피 제외) : 0.035g/kg 이하 4. 마가린 : 0.1g/kg 이하 5. 오이초절임, 양배추초절임 : 0.22g/kg 이하 6. 건조과일류(바나나에 한한다) : 0.265g/kg 이하 7. 서류가공품(냉동감자에 한함):0.365g/kg 이하 8. 땅콩버터 : 0.1g/kg 이하

※ 천연항산화제 : 토코페롤, 고시폴, 레시틴, 세파린, 아스코르빈산, 구연산, 기타식물추출액, 세사몰

(4) 피막제

① 정의 : 과일, 채소류의 외관을 좋게하고 신선도를 유지하기 위해 표면에 피막을 만들어 호흡작용 제한, 수분증발방지

② 종류

피막제	사용기준
몰포린 지방산염 (morpholine fatty acid salt)	과일류 또는 채소류의 표피에 피막제 목적에 한하여 사용하여야 한다.
초산비닐수지(polyvinyl acetate)	추잉껌기초제 및 과일류 또는 채소류 표피의 피막제 목적에 한하여 사용하여야 한다.
유동파라핀	과일류·채소류(표피의 피막제로서)

2 관능을 만족 시키는 것

(1) 착색료

① 정의 : 식품의 제조, 가공, 보존 중 식품의 색이 산화, 변색된 것을 복원시키거나 색을 부여하기 위해 사용하는 첨가물

② 종류

㉠ 식용 tar색소

ⓐ 구조에 따른 분류

azo계	적색 제2호(amaranth), 적색 제40호(allura red) 적색 제102호(New coccine), 황색 제4호(tartrazine), 황색 제5호(sunset yellow)
triphenylmethane계	청색 제1호(brilliant blue), 녹색 제3호(fast green)
xanthene계	적색 제3호(erythrosine)
indigoid계	청색 제2호(indigocarmine)

ⓑ 타르색소 빛 알루미늄레이크(16종)

타르색소 기출	타르색소 알루미늄레이크
식용색소 청색 제1호(brilliant blue FCF) 식용색소 청색 제2호(indigocarmine)	식용색소 청색 제1호 알루미늄레이크 제2호 알루미늄레이크
식용색소 녹색 제3호(fast green FCF)	식용색소 녹색 제3호 알루미늄레이크
식용색소 적색 제2호(amaranth) 식용색소 적색 제3호(erythrosine) 식용색소 적색 제40호(allura red) 식용색소 적색 제102호	식용색소 적색 제2호 알루미늄레이크 제40호 알루미늄레이크
식용색소 황색 제4호(tartrazine) 식용색소 황색 제5호(sunset yellow FCF)	식용색소 황색 제4호 알루미늄레이크 제5호 알루미늄레이크

ⓒ 사용기준

> • 식용색소녹색제3호는 아래의 식품에 한하여 사용하여야 한다.
> 1. 과자　　　　2. 캔디류　　　　3. 빵류, 떡류　　　　4. 초콜릿류
> 5. 기타잼　　　6. 소시지류, 어육소시지　　　7. 과·채음료, 탄산음료, 기타음료
> 8. 향신료가공품[고추냉이(와사비)가공품 및 겨자가공품에 한함]
> 9. 절임류(밀봉 및 가열살균 또는 멸균처리한 제품에 한함, 다만, 단무지는 제외)
> 10. 주류(탁주, 약주, 소주, 주정을 첨가하지 않은 청주 제외)
> 11. 곡류가공품, 당류가공품, 수산물가공품, 유함유가공품
> 12. 건강기능식품(정제의 제피 또는 캡슐에 한함), 캡슐류
> 13. 아이스크림류, 아이스크림믹스류
>
> • 식용색소적색제2호는 아래의 식품에 한하여 사용하여야 한다.
> 1. 과자(한과에 한함), 추잉껌　　　2. 떡류　　3. 소시지류　　4. 음료베이스
> 5. 향신료가공품[고추냉이(와사비)가공품 및 겨자가공품에 한함]
> 6. 젓갈류(명란젓에 한함)
> 7. 절임류(밀봉 및 가열살균 또는 멸균처리한 제품에 한함, 다만, 단무지는 제외)
> 8. 주류(탁주, 약주, 소주, 주정을 첨가하지 않은 청주 제외)
> 9. 식물성크림　　　　　　　　　　　10. 즉석섭취식품
> 11. 곡류가공품, 전분가공품, 당류가공품　　12. 기타수산물가공품, 기타가공품, 유함유가공품
> 13. 건강기능식품(정제의 제피 또는 캡슐에 한함), 캡슐류
>
> • 식용색소적색제3호는 아래의 식품에 한하여 사용하여야 한다.
> 1. 과자, 캔디류　　　　2. 추잉껌　　　　　　　　3. 빙과
> 4. 빵류, 떡류, 만두　　5. 기타 코코아가공품, 초콜릿류
> 6. 기타잼, 기타설탕, 기타엿　　　　　　　　　7. 소시지류
> 8. 어육소시지　　9. 과·채음료, 탄산음료, 기타음료
> 10. 향신료가공품[고추냉이(와사비)가공품 및 겨자가공품에 한함]
> 11. 소스　　　　　12. 젓갈류(명란젓에 한함)
> 13. 절임류(밀봉 및 가열살균 또는 멸균처리한 제품에 한함, 다만, 단무지는 제외)
> 14. 주류(탁주, 약주, 소주, 주정을 첨가하지 않은 청주 제외)
> 15. 즉석섭취식품　　　16. 곡류가공품, 전분가공품　　17. 서류가공품
> 18. 기타식용유지가공품, 기타수산물가공품, 기타가공품, 유함유가공품
> 19. 당류가공품
> 20. 건강기능식품(정제의 제피 또는 캡슐에 한함), 캡슐류
> 21. 아이스크림류, 아이스크림믹스류
> 22. 커피(표면장식에 한함) : 0.1g/kg 이하(식용색소적색40호, 식용색소청색제1호, 식용색소황색4
> 호와 병용할 때는 사용량의 합계가 0.1g/kg 이하)

ⓛ 식용 타르색소 알루미늄레이크(Al-lake)

　ⓐ 염기성 알루미늄을 작용시켜 그 위에 염료를 흡착시킨 것으로, 색소함량이 10~30%정도

　ⓑ 내열성, 내광성이 우수함

　ⓒ 산, 알칼리에 불안정

　ⓓ 물, 유기용매, 유지에는 거의 녹지 않는다. → 사용 시 미세한 색소입자를 분산시켜 착색

　ⓔ 분말식품, 유지제품, 껌 등에 이용

　ⓕ 5 마이크론 정도의 미세분말, 가비중 0.1~0.14

ⓒ 비 tar 계 착색료

ⓐ β-카로틴(β-carotine)

- 카로티노이드계 색소로서 지용성 황색색소 → 착색 효과

  비타민 A의 전구물질로 영양강화 효과

- β-카로틴, 철클로로필린나트륨의 사용기준

> 아래의 식품에 사용하여서는 아니 된다.
> 1. 천연식품[식육류, 어패류, 과일류, 채소류, 해조류, 콩류 등 및 그 단순가공품(탈피, 절단 등)]
> 2. 다류   3. 커피   4. 고춧가루, 실고추   5. 김치류
> 6. 고추장, 조미고추장   7. 식초

ⓑ β-아포-8'-카로티날(β-apo-8'-carotenal)

ⓒ 수용성 안나토(annato water soluble), 카르민

ⓓ 철클로로필린나트륨(sodium iron chlorophyllin)

ⓔ 동클로로필, 동클로로필린나트륨(sodium copper chlorophyllin), 동클로로필린칼륨

> 동클로로필, 동클로로필린나트륨, 동클로로필린칼륨의 사용량은 동으로서
> 1. 다시마 : 무수물 1kg에 대하여 0.15g 이하
> 2. 과일류의 저장품, 채소류의 저장품, 건강기능식품(정제의 제피, 캡슐에 한함) : 0.1g/kg 이하
> 3. 추잉껌, 캔디류 : 0.05g/kg 이하
> 4. 완두콩통조림 중의 한천 : 0.0004g/kg 이하
> 5. 캡슐류 : 0.35g/kg 이하

ⓕ 삼이산화철(iron sesquioxide, Fe_2O_3)

ⓖ 이산화티타늄(titanium dioxide, TiO_2), 카르민 등

ㄹ 천연색소 : paprika extract, monascorubin, monascin, monascamine, 천연 carotene, chlorophyll, 카라멜

- 카라멜색소의 사용기준

> 아래의 식품에 사용하여서는 아니 된다.
> 1. 천연식품 [식육류, 어패류, 과일류, 채소류, 해조류, 콩류 등 및 그 단순기공품(탈피, 절단 등)]
> 2. 다류(고형차 및 희석하여 음용하는 액상차는 제외)
> 3. 인삼성분 및 홍삼성분이 함유된 다류
> 4. 커피   5. 고춧가루, 실고추   6. 김치류
> 7. 고추장, 조미고추장   8. 인삼 또는 홍삼을 원료로 사용한 건강기능식품

(2) 발색제

① 정의

ㄱ 그 자체는 착색력이 없으나 식품 중에 함유되어있는 색소단백질과 결합해 그 색을 보다 선명하게 하거나 안정화시키는데 사용되는 첨가물

ㄴ 식품의 색을 안정화시키거나, 유지 또는 강화시키는 식품첨가물

ⓒ 육류 등의 myoglobin 또는 hemoglobin과 결합 → 안정된 착색

② 종류

㉠ 아질산나트륨
(sodium nitrite, $NaNo_2$) ─── 식육가공품 등에 사용

㉡ 질산나트륨, 질산칼륨
(sodium nitrate, $NaNO_3$, Potassium nitrate, KNO_3)

㉢ 황산 제1철
(ferrous sulfate, $FeSO_4$) ─── 과일 · 채소 등에 사용

㉣ 소명반
(황산알루미늄칼륨, burnt alum)

③ 사용기준

㉠ 아질산나트륨 [기출]
아래의 식품 이외에 사용하여서는 아니 된다. 아질산나트륨의 사용량은 아질산이온으로서 아래의 기준이상 남지 아니하도록 사용하여야 한다.
1. 식육가공품(식육추출가공품 제외), 기타 동물성가공식품(기타식육이 함유된 제품에 한함) : 0.07g/kg
2. 어육소시지 : 0.05g/kg
3. 명란젓, 연어알젓 : 0.005g/kg

㉡ 질산나트륨
아래의 식품 이외에 사용하여서는 아니 된다. 질산나트륨의 사용량은 아질산이온으로서 아래의 기준이상 남지 아니하도록 사용하여야 한다.
1. 식육가공품(식육추출가공품 제외), 기타 동물성가공식품(기타식육이 함유된 제품에 한함) : 0.07g/kg
2. 치즈류 : 0.05g/kg

㉢ 질산칼륨
아래의 식품 이외에 사용하여서는 아니 된다. 질산칼륨의 사용량은 아질산이온으로 아래의 기준 이상 남지 아니하도록 사용하여야 한다.
1. 식육가공품(식육추출가공품 제외), 기타 동물성가공식품(기타식육이 함유된 제품에 한함) : 0.07g/kg
2. 치즈류 : 0.05g/kg
3. 대구알염장품 : 0.2g/kg

(3) 표백제

① 정의 : 식품의 가공이나 제조 시 퇴색 · 변색된 식품과 발색성 물질을 탈색해 무색의 화합물로 변화시키고 식품의 보존 중 일어나는 갈변, 착색 등의 변화를 억제하기 위해 사용

② 종류

　　㉠ 산화표백제

　　　ⓐ 산화작용에 의해 색소를 파괴하여 무색 또는 백색으로 탈색시키는 것

　　　ⓑ 종류 : 과산화수소(hydrogen peroxide, H_2O_2, 가장 대표적), 과산화벤조일과 과황산암모늄(밀가루개량제로만 사용), 차아염소산나트륨(주로 살균제) 등

　　　ⓒ 과산화수소의 사용기준 : 최종식품의 완성 전에 분해하거나 또는 제거하여야 함

　　　ⓓ 장점 : 표백제가 잔존하고 있지 않아도 색이 다시 복원되지 않는다.

　　　ⓔ 단점 : 식품의 조직 손상 우려

　　㉡ 환원표백제

　　　ⓐ 환원작용에 의해 색소를 파괴하거나 색소 중 산소를 빼앗아 표백

　　　ⓑ 단점 : 식품 중 표백제가 없어지면 공기 중의 산소에 의해 색이 다시 복원됨

　　　ⓒ 종류 : 메타중아황산칼륨(potassium metabisulfite), 무수아황산(sulfur dioxide), 아황산나트륨(sodium sulfite), 산성아황산나트륨(sodium bisulfite), 차아황산나트륨(sodium hyposulfite), 메타중아황산나트륨

　　　ⓓ 사용기준 : 사용 후 식품 중에 잔존하는 아황산(이산화황)의 양으로 규정

　　　ⓔ 아황산염은 천식환자에게 독성이 문제가 됨

(4) 감미료

① 정의 : 당질을 제외한 감미를 지닌 화학적 제품의 총칭, 식품에 단맛을 부여하는 식품첨가물

② 종류

　　㉠ 사카린나트륨(Saccharin sodium)

　　　ⓐ 특징

　　　　• 무색 또는 백색의 결절성 분말로 설탕의 200~700배(보통 400~500배)

　　　　• 산성용액에서는 가수분해되어 감미를 잃고 쓴맛을 보임
　　　　　보통 산성이 강한 식품으로 가열되는 것에 대한 사용은 부적당

　　　　• 다른 감미료와 병용하면 상승적으로 감미를 늘림

　　　ⓑ 사용기준

> 아래의 식품 이외에 사용하여서는 아니 된다. 사카린나트륨의 사용량은
> 1. 젓갈류, 절임식품, 조림식품 : 1.0g/kg 이하(단, 팥 등 앙금류의 경우에는 0.2g/kg 이하)
> 2. 김치류 : 0.2g/kg 이하
> 3. 음료류(발효음료류, 인삼·홍삼음료 제외) : 0.2g/kg 이하
> 4. 어육가공품 : 0.1g/kg 이하　　　　　5. 시리얼류 : 0.1g/kg 이하
> 6. 뻥튀기 : 0.5g/kg 이하　　　　　　　7. 특수의료용도등식품 : 0.2g/kg 이하
> 8. 체중조절용조제식품 : 0.3g/kg 이하　9. 건강기능식품 : 1.2g/kg 이하
> 10. 추잉껌 : 1.2g/kg 이하　　　　　　　11. 잼류 : 0.2g/kg 이하
> 12. 장류 : 0.2g/kg 이하　　　　　　　　13. 소스류 : 0.16g/kg 이하
> 14. 토마토케첩 : 0.16g/kg 이하　　　　　15. 탁주 : 0.08g/kg 이하

16. 소주 : 0.08g/kg 이하　　　17. 과실주 : 0.08g/kg 이하
18. 기타 코코아가공품, 초콜릿류 : 0.5g/kg 이하
19. 빵류 : 0.17g/kg 이하　　　20. 과자 : 0.1g/kg 이하
21. 캔디류 : 0.5g/kg 이하　　　22. 빙과 : 0.1g/kg 이하
23. 아이스크림류 : 0.1g/kg 이하　　24. 조미건어포 : 0.1g/kg 이하
25. 떡류 : 0.2g/kg 이하　　　26. 복합조미식품 : 1.5g/kg 이하
27. 마요네즈 : 0.16g/kg 이하　　28. 과·채가공품 : 0.2g/kg 이하
29. 옥수수(삶거나 찐 것에 한함) : 0.2g/kg 이하
30. 당류가공품 : 0.3g/kg 이하

 ⓛ 글리실리진산 2나트륨(disodium glycyrrhizinate)
  ⓐ 글리실리진산은 감초 또는 동속식물의 뿌리 및 줄기를 원료로 만드는 비당질 고감미의 저칼로리 감미료이다.
  ⓑ 백~엷은 황색의 분말로 물과 알코올에 잘 녹으며 감미는 설탕의 약 200배
  ⓑ 사용기준 : 글리실리진산2나트륨은 아래의 식품에 한하여 사용하여야 한다.
   1. 한식된장, 된장
   2. 한식간장, 양조간장, 산분해간장, 효소분해간장, 혼합간장

 ⓒ 수크랄로스
  ⓐ 감미는 설탕의 600배, 물과 알코올에 용해
  ⓑ 설탕의 염소유도체임
  ⓒ 충치를 유발하지 않으며, 고온과 산성에도 안정성이 높음

 ⓔ D-소비톨(D-sorbitol), 자일리톨, 만니톨, 말티톨 **기출**, 락티톨, D-리보오스, 말티톨시럽, D-소비톨액, 에리스톨, 이소말트, D-자일로오스 등 - 사용기준 없음

> II. 2. 1)의 규정에 따라 사용하여야 한다.
> 식품 중에 첨가되는 식품첨가물의 양은 물리적, 영양학적 또는 기타 기술적 효과를 달성하는데 필요한 최소량으로 사용하여야 한다.

 ⓜ 아스파탐(aspartame) **기출**
  ⓐ 페닐알라닌과 아스파르트산으로부터 만들어진 아미노산계 감미료
  ⓑ 감미는 설탕의 180~200배, 가열에 불안정, 저칼로리 자양성 감미제
  ⓒ 사용기준

> 아스파탐의 사용량은 아래와 같으며, 기타식품의 경우 제한받지 아니한다.
> 1. 빵류, 과자, 빵류 제조용 믹스, 과자 제조용 믹스 : 5.0g/kg 이하
> 2. 시리얼류 : 1.0g/kg 이하
> 3. 특수의료용도등식품 : 1.0g/kg 이하
> 4. 체중조절용 조제식품 : 0.8g/kg 이하
> 5. 건강기능식품 : 5.5g/kg 이하

 ⓗ 스테비올배당체
  ⓐ 감미는 설탕의 200배, 비발효성, 저칼로리로 비착색성
  ⓑ 수용성으로 물 또는 열수에 추출되지만 정제된 것은 물에 잘 녹지 않는다.

ⓒ 염 혹은 산의 존재하에서 감미도가 저하되지 않으며, 내열성이 크다.

ⓓ 스테비올배당체, 효소처리스테비아 사용기준

아래의 식품에 사용하여서는 아니 된다.

    1. 설탕   2. 포도당   3. 물엿   4. 벌꿀류

ⓐ 감초추출물

    ⓐ 감초추출물 감초정제물은 백색~황색의 결정, 또는 분말로 감초 조제물은 황~갈색의 분말, 얇은 조각, 알갱이, 덩어리, 페이스트 또는 액상이다.

    ⓑ 감미도는 설탕의 저농도 감미와 비교해서 약 200배이며 감미는 지속성이 있고 내열성이다.

ⓞ 아세설팜칼륨, 네오탐

(5) 조미료

① 정의

    ㉠ 식품 본래의 맛을 한층 돋우거나 각 개인의 기호에 맞게 조절해 미각을 좋게 하는 첨가물

    ㉡ 좁은 의미로 사용되어 감미료, 산미료를 제외한 식품에 감칠맛을 부여하기 위해 사용되는 정미료를 뜻함

② 종류

    ㉠ 핵산계

        ⓐ 5'-이노신산이나트륨 : 가쯔오부시의 감칠맛 성분

        ⓑ 5'-구아닐산이나트륨 : 표고버섯의 감칠맛 성분

        ⓒ 5'-리보뉴클레오티드이나트륨 및 5'-리보뉴클레오티드칼슘 : 효모의 핵산에서 얻으며 4종의 혼합물, 단독보다 글루탐산나트륨과 병용하면 효력 상승

    ㉡ 아미노산계

        ⓐ L-글루탐산, L-글루탐산나트륨, L-글루탐산암모늄, L-글루탐산칼륨 : 다시마의 정미 성분, 탈지대두·소맥분 분해, 당질의 발효 등에 의하거나 화학적으로 합성하여 얻음

        ⓑ DL-알라닌, 글리신, 아스파르트산, 타우린, 베타인, 글루타민, 아스파라긴

    ㉢ 유기산계 : D-주석니트륨, DL-주석산나트륨, DL 사과산나트륨, 구연산나트륨, 호박산2 나트륨, 호박산(조개류의 정미성분), 젖산나트륨 등

(6) 산미료

① 정의

    ㉠ 식품 가공, 조리 시 식품에 적합한 산미를 부여하고 미각에 청량감과 상쾌한 자극을 주기위해 사용하는 첨가물

    ㉡ 소화액 분비 촉진으로 식욕을 증진시키는 효과, 세균의 증식을 억제하는 항균효과 등

② 종류 : 구연산(citric acid), 빙초산, L-주석산(tartaric acid), DL-주석산, 글루코노델타락톤, 젖산, 푸마르산(furmalic acid), 푸마르산나트륨, DL-사과산(malic acid), 이산화탄소, 아디프 산, 인산 등

■ 향미증진제 : 식품의 맛 또는 향미를 증진시키는 식품첨가물

품목명	사용기준
5'-구아닐산이나트륨, L-글루탐산, L-글루탐산나트륨, L-글루탐산암모늄, L-글루탐산칼륨, 글리신, 나린진, 5'-리보뉴클레오티드이나트륨, 5'-리보뉴클레오티드칼슘, 베타인, 에리스리톨, 염화칼륨, 5'-이노신산이나트륨, 젖산나트륨, 젖산칼륨, 탄닌산, 호박산, 호박산2나트륨, 효모추출물	사용기준 없음
변성호프추출물	맥주에 한하여 사용하여야 한다.
카페인	탄산음료에 한하여 사용하여야 한다.
향신료올레오레진류	아래의 식품에 사용하여서는 아니 된다. 1. 천연식품[식육류, 어패류, 과일류, 채소류, 해조류, 콩류 등 및 그 단순가공품 (탈피, 절단 등)] 2. 고춧가루, 실고추　　　　　3. 김치류 4. 고추장, 조미고추장　　　　5. 식초

3 식품의 품질개량, 품질유지에 사용

(1) 밀가루 개량제

① 정의

　㉠ 밀가루의 표백과 숙성기간을 단축시키고, 제빵과 관련된 저해물질을 파괴시켜 분질을 개량해 주는 첨가물(카로티노이드계 색소와 단백분해 효소 제거)

　㉡ 밀가루나 반죽에 첨가되어 제빵 품질이나 색을 증진시키는 식품첨가물

② 종류

　㉠ 밀가루에 사용

　　ⓐ 과산화벤조일(benzoyl peroxide)　┐
　　ⓑ 염소 및 이산화염소(chlorine, chlorine dioxide)┘ 산화작용에 의한 표백작용 주

　　ⓒ 과황산암모늄(ammonium persulfate) : 표백작용이 약하지만 글루텐 성질을 좋게 하여 제빵 효과를 좋게 함

　　ⓓ 아조디카르본 아미드(azodicarbonamide), 요오드산칼륨, 요오드칼륨, L-시스테인염산염

　　ⓔ 사용기준

밀가루개량제	대상식품	허용량
과산화벤조일	밀가루류	0.3g/kg
과황산암모늄	밀가루류	0.3g/kg
염소	밀가루류	2.5g/kg
이산화염소	빵류 제조용 밀가루에 한하여 사용하여야 함	1kg에 대하여 30mg이하
아조디카르본아미드	밀가루류	45mg/kg
요오드산칼륨 요오드칼륨	사용기준 없음	

L-시스테인염산염	아래의 식품 또는 용도에 한하여 사용하여야 한다.
	1. 밀가루류 2. 과일주스
	3. 빵류 및 이의 제조용 믹스 4. 착향의 목적

      ⓛ 빵류, 면류

          ⓐ 스테아릴젖산칼슘, 스테아릴젖산나트륨 **기출**

          ⓑ 스테아릴젖산염은 밀가루 글루텐의 안정성과 탄력을 증가시키고, 전분의 호화, 팽윤을
             저해하여 결이 잘면서도 잘 부푼 빵을 얻을 수 있고, 노화방지에 효과가 있음

(2) 호료(증점제)

   ① 정의 : 식품의 형상을 유지하면서 점착성을 증가시키고 유화안정성을 좋게 하며, 가열이나 보존
       중 선도를 유지하고 형체를 보존하는데 도움을 주며, 점활성을 부여함으로써 교질상 미각을
       좋게 하기 위해 첨가되는 물질

   ② 종류

       ㉠ 폴리아크릴산 나트륨(Sodium polyacrylate)

       ㉡ 알긴산프로필렌 글리콜(propylene glycol alginate), 알긴산 나트륨(sodium alginate)

       ㉢ 메틸셀룰로오스(methyl cellulose)

       ㉣ 카르복시메틸셀룰로오스나트륨(sodium carboxymethyl cellulose)

       ㉤ 카르복시메틸셀룰로오스칼슘(calcium carboxymethyl cellulose) : CMC-Ca, 식품의 점착
         성 낮추어 붕괴를 빠르게 함. 분말주스나 인스턴트 커피등의 수용성 촉진하여 비스켓 같은
         과자류의 치아점착 예방에 이용

       ㉥ 카르복시메틸스타치나트륨(sodium carboxymethyl starch)

       ㉦ 카제인(casein), 카제인 나트륨(sodium caseinate)

       ㉧ 변성전분 등

   ③ 사용식품 : 아이스크림, 캔디, 젤리, 소프트밀크, 푸딩, 스프, eggnog 음료 담금, 축육제품,
       수산식품, 마요네즈, 케첩류, 빵, 케이크류 등

(3) 유화제(계면활성제)

   ① 정의

       ㉠ 물과 기름같이 서로 잘 혼합되지 않는 두 종류의 액체를 혼합·분산시켜 분리되지 않도록
         해주는 물질

       ㉡ 가공품 제조 시 유화성과 안정성을 부여하고, 조직의 균일성 및 형태를 유지하거나 식감의
         개선, 유동성 개선, 유화상태의 지속, 유연성 지속 및 노화방지 등을 위하여 사용

       ㉢ 물과 기름의 경계면에 작용하고 있는 계면장력을 저하시켜 물 중에 기름을 또는 기름 중에
         물을 분산시키고, 분산된 입자가 다시 응집하지 않도록 안정화시키는 작용을 함

PART **06**

식품첨가물

② 종류

ㄱ 글리세린 지방산 에스테르(glycerin fatty acid ester)

ㄴ 소르비탄 지방산 에스테르(sorbitan fatty acid ester)

ㄷ 자당 지방산 에스테르(sucrose fatty acid ester)

ㄹ 프로필렌글리콜 지방산 에스테르(propylene glycol fatty acid ester)

ㅁ 레시틴(lecithin)

ㅂ 폴리소르베이트 20/60/65/80(polysorbate 20/60/65/80)

(4) 이형제

① 정의

ㄱ 식품의 형태를 유지하기 위해 원료가 용기에 붙는 것을 방지하여 분리하기 쉽도록 하는 식품첨가물

ㄴ 빵을 만들 때 생지(生地)가 분할기로부터 잘 분리되도록 하고, 구울 때 빵틀로부터 빵의 형태를 유지하면서 쉽게 분리되도록 하기 위해 사용

② 종류 및 사용기준

첨가물명	사용기준
유동파라핀	아래의 식품 이외에 사용하여서는 아니된다. 사용량은 1. 빵류 : 0.15% 이하(이형제로서) 2. 캡슐류 : 0.6% 이하(이형제로서) 3. 건조과일류 및 건조채소류 : 0.02% 이하(이형제로서) 4. 과일류 및 채소류의 표피의 피막제로서
피마자유	캔디류의 이형제 및 정제류의 피막제 목적에 한하여 사용하여야 한다. 다만, 이형제로 사용한 경우 피마자유의 사용량은 캔디류 1kg에 대하여 0.5g 이하이어야 한다.

4 식품의 영양가치 강화

(1) 영양강화제 [기출]

① 정의

ㄱ 식품의 영양학적 품질을 유지하기 위해 제조공정 중 손실된 영양소를 복원하거나, 영양소를 강화시키는 식품첨가물

ㄴ 식품 중에 함유되어 있으나 조리, 제조, 가공, 보존 중에 파괴되거나 함유되어 있지 않거나 부족할 수 있는 영양소를 첨가하여 식품의 영양가를 높이기 위해 사용

② 종류 : 비타민류, 아미노산류, 무기질(철제, 칼슘제) 등

③ 강화제가 갖춰야 할 조건

ㄱ 안정성을 갖추고 식품에 악영향을 주어서는 안 됨

ㄴ 미량으로 효과가 좋아야 함

ㄷ 식품의 풍미와 비타민 등의 활성에 이상이 없도록 하여야 함

5 식품제조에 필요한 것

(1) 껌 기초제

① 정의 : 껌에 적당한 점성과 탄력성을 갖게 하여 그 풍미를 유지하는데 사용

② 종류

    ㉠ 에스테르검(ester gum)

    ㉡ 폴리부텐(polybutene)

    ㉢ 폴리이소부틸렌(polyisobutylene)

    ㉣ 초산비닐수지(polyvinyl acetate)

(2) 팽창제

① 정의

    ㉠ 빵, 과자 등을 제조할 때 첨가하여 가스를 발생시키고 제품을 부풀게 함으로써 연하고 맛을 좋게 하여 소화가 잘 되기 쉬운 상태로 만드는 첨가물

    ㉡ 빵, 카스텔라 등을 만들기 위해 밀가루를 부풀게 하여 조직을 향상시키고 적당한 형체를 갖추기 위해 사용되는 첨가물

② 종류

    ㉠ 명반(alum), 소명반(burnt alum), 암모늄명반(ammonium alum, 황산알루미늄암모늄)

    ㉡ 황산암모늄, 염화암모늄(ammonium chloride)

    ㉢ D-주석산수소칼륨(potassium D-bitartrate), DL-주석산수소칼륨

    ㉣ 탄산수소나트륨(sodium bicarbonate), 탄산수소암모늄(ammonium bicarbonate), 탄산수소칼륨

    ㉤ 탄산암모늄(ammonium carnate), 탄산마그네슘(magnesium carbonate), 탄산나트륨, 탄산칼륨, 탄산칼슘

    ㉥ 산성알루미늄인산나트륨

    ㉦ 산성 피로인산나트륨(disodium dihydrogen pyrophophate), 폴리인산나트륨, 피로인산나트륨, 피로인산칼륨

    ㉧ 제1인산칼슘(calcium phosphate monobasic)

    ㉨ 글루코노델타락톤(glucono delta lactone), DL-사과산, DL-사과산나트륨 등

(3) 추출용제

① 정의

    ㉠ 특히 천연식물 등에서 그 성분을 용해 유출하기 위해 사용되는 것을 말함

    ㉡ 유용한 성분 등을 추출하거나 용해시키는 식품첨가물

② 종류

㉠ n-hexane

ⓐ 유지 추출 및 건강보조식품을 제조할 때 기능성원료의 추출 또는 분리 등의 목적으로 이용되는 천연물질로 특이한 냄새를 가지는 무색의 투명한 휘발성 액체

ⓑ 사용기준

1. 식용유지 제조 시 유지성분의 추출 목적 : 0.005g/kg 이하(헥산으로서 잔류량)
2. 건강기능식품의 기능성원료 추출 또는 분리 등의 목적 : 0.005g/kg 이하(헥산으로서 잔류량)

㉡ 기타

첨가물명	사용기준
메틸알콜	건강기능식품의 기능성원료 추출 또는 분리 등의 목적에 한하여 사용하여야 하며, 사용한 메틸알콜의 잔류량은 0.05g/kg 이하이어야 한다.
부탄	아래의 식품 또는 용도에 한하여 사용하여야 하며, 최종식품 완성 전에 제거하여야 한다. 1. 식용유지 제조 시 유지성분의 추출 목적 2. 건강기능식품의 기능성원료 추출 또는 분리 등의 목적
아세톤	아래의 식품 또는 용도에 한하여 사용하여야 한다. 1. 식용유지 제조 시 유지성분을 분별하는 목적(다만, 사용한 아세톤은 최종 식품의 완성 전에 제거해야함) 2. 건강기능식품의 기능성원료 추출 또는 분리 등의 목적 : 0.03g/kg 이하(아세톤으로서 잔류량)
이소프로필알콜	아래의 식품 또는 용도에 한하여 사용하여야 한다. 1. 착향의 목적 2. 설탕류 : 0.01g/kg 이하(이소프로필알콜로서 잔류량) 3. 건강기능식품의 기능성원료 추출 또는 분리 등의 목적 4. 식용유지 제조 시 유지성분의 추출목적 : 0.01g/kg이하(이소프로필알콜로서 잔류량)
초산에틸	아래의 식품 또는 용도에 한하여 사용하여야 한다. 1. 착향의 목적 2. 초산비닐수지의 용제 3. 건강기능식품의 기능성원료 추출 또는 분리 목적 4. 식용유지 제조 시 유지성분의 추출목적 : 0.01g/kg이하(이소프로필알콜로서 잔류량) 5. 다류, 커피의 카페인 제거 목적 : 0.01 g/kg이하(이소프로필알콜로서 잔류량)

(4) 소포제(거품제거제)

① 정의 : 식품제조 과정에서 특히 발효공정이나 농축공정 등에서 거품을 소멸, 억제하기 위해 사용되는 첨가물

② 대표적인 종류 : 규소수지(silicon resin)

거품을 없애는 목적에 한하여 사용하여야 한다. 규소수지의 사용량은 규소수지로서 식품 1kg에 대하여 0.05g 이하이어야 한다.

(5) 기타

① 사용기준이 없는 것

염화마그네슘(magnesium chloride),염화칼슘, 황산칼슘, 글루코노델타락톤	응고제
인산(phosphpric acid)	pH 조정제
활성탄(active carbon)	탈취 및 탈색, 흡착제
염화칼륨(potassium chloride)	소금대용품, 젤형성제

② 사용기준이 있는 것

수산(oxalic acid)	물엿, 포도당 제조, 전분의 가수분해
염산(hydrochloric acid)	물엿, 포도당 제조, 전분의 가수분해
황산(sulfuric acid) 수산화나트륨(Sodium hydroxide)	통조림은 복숭아나 밀감의 껍질제거(박피)제

01 식품기사 2017년 3회

식품첨가물과 관련된 설명으로 적합하지 않은 것은?

① 사용목적에 따른 효과를 소량으로도 충분히 나타낼 수 있는 첨가물질
② 저장성을 향상시킬 목적의 의도적 첨가물질
③ 식욕증진 목적의 첨가물질
④ 포장의 적응성을 높일 목적으로 식품에 첨가하는 물질

◀ 식품첨가물은 식품의 외관, 향미, 조직, 저장성을 향상시키기 위한 목적으로 식품에 의도적으로 미량 첨가되는 비영양물질이다.

02 수탁지방직 2009년 기출

식품첨가물에 대한 설명으로 적합하지 않은 것은?

① 인체에 독성이 없을 것
② 이화학적인 변화에 안정성이 있을 것
③ 효과적인 작용을 나타내기 위해 다량을 사용할 것
④ 식품의 영양가를 유지시켜야 할 것

◀ 식품첨가물은 사용목적에 따른 효과를 소량으로도 충분히 나타낼 수 있어야 한다.

03 식품산업기사 2017년 3회

식품첨가물로 고시하기 위한 검토사항이 아닌 것은?

① 생리활성 기능이 확실한 것
② 화학명과 제조방법이 확실한 것
③ 식품에 사용할 때 충분히 효과가 있는 것
④ 통례의 사용방법에 의해 인체에 대한 안전성이 확보되는 것

◀ **식품첨가물로 고시하기 위한 검토사항**
• 식품에 사용했을 경우 충분히 효과가 있는 것
• 화학명과 제조방법이 명확한 것
• 화학적 실험에 안정한 것
• 일반적인 사용법에 의한 경우 인체에 대한 안전성이 충분히 확보되는 것
• 급성 · 아급성 및 만성 독성시험, 발암성과 생화학 및 약리학적 시험에 안전한 것

answer | 01 ④ 02 ③ 03 ①

04 경기 유사기출

식품첨가물 지정 시 기본원칙이 아닌 것은?

① 식품중의 영양가를 의도적으로 저하시키는 경우
② 신청된 식품첨가물의 안전성을 입증 또는 확인
③ 식품의 제조, 가공, 저장, 처리의 주도적 역할
④ 특정 식사를 필요로 하는 소비자를 위하여 제조하는 식품에 필요한 원료를 공급

기본원칙
1. 안전성 : 신청된 식품첨가물의 안전성을 입증 또는 확인한다.
2. 사용의 기술적 필요성 및 정당성
   식품첨가물의 사용목적은 다음 각호 중 어느 하나에 부합하여야 한다.
   가. 식품의 품질 유지, 안정성 향상 또는 관능적 특성 개선(다만, 식품의 특성, 본질 또는 품질을 변화시켜 소비자를 기만할 우려가 있는 경우에는 제외)
   나. 식품의 영양가 유지(다만, 일상적으로 섭취되는 식품이 아닌 경우에는 식품중의 영양가를 의도적으로 저하시키는 경우에도 정당성이 인정될 수 있음)
   다. 특정 식사를 필요로 하는 소비자를 위하여 제조하는 식품에 필요한 원료 또는 성분을 공급(다만, 질병치료 및 기타 의료효과를 목적으로 하는 경우는 제외)
   라. 식품의 제조, 가공, 저장, 처리의 보조적 역할(다만, 식품의 제조, 가공과정 중 결함있는 원재료나 비위생적인 제조방법을 은폐할 목적으로 사용되는 경우는 제외)

05 식품산업기사 2018년 1회

식품첨가물의 사용에 대한 설명이 틀린 것은?

① 효과 및 안전성에 기초를 두고 최소한의 양을 사용해야 한다.
② 식품첨가물의 원료 자체가 완전 무해하면 성분규격이 따로 정해져 있지 않다.
③ 식품첨가물의 사용으로 심각한 영양 손실을 초래할 경우, 그 사용은 고려되어야 한다.
④ 천연첨가물의 제조에 사용되는 추출 용매는 식품첨가물공전에 등재된 것으로서 개별 규격에 적합한 것이어야 한다.

모든 식품첨가물은 식품첨가물공전에 성분규격이 정해져 있다.

06 식품산업기사 2018년 3회

식품첨가물의 사용에 대한 설명으로 옳은 것은?

① 젤라틴의 제조에 사용되는 우내피 등의 원료는 크롬처리 등 경화공정을 거친 것을 사용하여야 한다.
② 식품의 가공과정 중 결함 있는 원재료의 문제점을 은폐하기 위하여 사용할 수 있다.
③ 식품 중에 첨가되는 식품첨가물의 양은, 기술적 효과를 달성할 수 있는 최대량으로 사용하여야 한다.
④ 물질명에 '「」'를 붙인 것은 품목별 기준 및 규격에 규정한 식품첨가물을 나타낸다.

- 젤라틴의 제조에 사용되는 우내피 등의 원료는 크롬처리 등 경화공정을 거친 것을 사용하여서는 안된다.
- 식품첨가물은 식품제조 · 가공과정 중 결함 있는 원재료나 비위생적인 제조 방법을 은폐하기 위하여 사용되어서는 안된다.
- 식품 중에 첨가되는 식품첨가물의 양은 물리적, 영양학적 또는 기타 기술적 효과를 달성하는데 필요한 최소량으로 사용해야 한다.

07

식품첨가물에 대한 내용으로 옳지 않은 것은?

① 식품첨가물은 별도로 잘 정돈하여 보관하되, 각각 알맞은 조건에 유의하여 보관하여야한다.
② 식품첨가물에 관한 기준과 규격은 식품첨가물공전에 상세히 수록되어 있다.
③ 식품의 성질, 식품첨가물의 효과, 성질을 잘 연구하여 가장 적합한 첨가물을 선정한다.
④ 식품첨가물은 광역시장 · 도지사의 승인을 받아 지정된다.

식품의약품안전처장이 식품심의위원회의 심의를 거쳐 식품첨가물로 지정한다.

08

식품첨가물에 대한 설명으로 옳지 않은 것은?

① 식품첨가물의 사용량은 목적달성에 필요한 최소량이어야 한다.
② 식품첨가물 공전은 식품의약품안전처장이 기준 및 규격을 고시한다.
③ 식품첨가물의 안전성을 확보하기 위해서는 동물독성실험을 통하여 최대무작용량(NOEL값)을 구하고 안전계수를 고려하여 일일섭취허용량을 설정한다.
④ 식품첨가물은 식품의 외관, 향미, 조직, 저장성을 향상시키기 위한 목적으로 식품에 의도적으로 미량 첨가되는 영양물질이다.

식품첨가물은 식품에 의도적으로 미량 첨가되는 비영양물질이다.

09 식품산업기사 2016년 1회

식품첨가물 공전에서 삭제된 화학적 합성품이 아닌 것은?

① 브롬산칼륨   ② 규소수지
③ 표백분   ④ 데히드로초산

지정취소 품목
- 브롬산칼륨, 파라옥시안식향산프로필, 파라옥시안식향산부틸, 파라옥시안식향산이소부틸, 파라옥시안식향산이소프로필, 염기성알루미늄탄산나트륨
- 꼭두서니색소, 땅콩색소, 콘색소, 가재색소
- 이염화이소시아눌산나트륨, 글리실리진산삼나트륨, 데히드로초산, 표백분 등

---

answer | 07 ④ 08 ④ 09 ②

10

식품첨가물에 대한 설명으로 옳지 않은 것은?

① 식품첨가물의 기준 및 규격 중 사용기준에 대상품목, 사용농도 등의 제한을 둔다.
② 아황산나트륨 등은 표백용은 "표백제"로, 보존용은 "보존료"로, 산화방지제는 "산화방지제"로 명칭과 함께 용도를 표시해야 한다.
③ 식품첨가물공전에서 품목별로 정하여진 주용도 이외에 용도로 사용해서는 안 된다.
④ 식품첨가물은 식품을 제조·가공·조리 또는 보존하는 과정에서 사용하여야 하며, 그 자체로 직접 섭취하는 목적으로 사용하여서는 안 된다.

🔊 「식품첨가물의 기준 및 규격」(식약처 고시)에서 품목별로 정하여진 주용도 이외에 국제적으로 다른 용도로서 기술적 효과가 입증되어 사용의 정당성이 인정되는 경우, 해당 용도로 사용할 수 있다.

11 교육청 유사기출

식품첨가물에 대한 설명으로 옳지 않은 것은?

① 식품첨가물은 그 자체로 직접 섭취하거나 흡입하는 목적으로 사용하여서는 안된다.
② 식품첨가물은 식품제조 중에 비위생적인 제조방법을 은폐하기 위해 사용되어서는 안된다.
③ 식품첨가물의 안전성을 입증 또는 확인해야 한다.
④ 식품 중에 첨가되는 양은 기술적 효과를 달성할 수 있는 최대량으로 사용하여야 한다.

🔊 식품 중에 첨가되는 식품첨가물의 양은 물리적, 영양학적 또는 기타 기술적 효과를 달성할 수 있는 최소량으로 사용하여야 한다.

12 경기 유사기출

식품첨가물에 대한 설명으로 옳은 것은?

① 가공보조제는 식품의 제조 과정에서 기술적 목적을 달성하기 위해 의도적으로 사용되는 이형제, 제조용제, 유화제, 추출용제 등이 해당된다.
② 유화제는 두 가지 또는 그 이상의 성분을 일정한 분산 형태로 유지시키는 첨가물이다.
③ 식품첨가물은 그 자체로 직접 섭취하거나 식품을 제조, 가공, 조리 또는 보존하는 과정에서 사용하여야 한다.
④ 식용을 목적으로 하는 미생물 등의 배양에 사용하는 식품첨가물은 고시에 정하고 있는 품목 또는 국제식품규격위원회에서 미생물 영양원을 등재된 것으로 최종식품에 잔류해서는 안된다.

🔊 가공보조제는 식품의 제조 과정에서 기술적 목적을 달성하기 위해 의도적으로 사용되고 최종 제품 완성 전 분해, 제거되어 잔류하지 않거나 비의도적으로 미량 잔류할 수 있는 첨가물로 살균제, 여과보조제, 이형제, 제조용제, 청관제, 추출용제가 이에 해당된다. 두 가지 또는 그 이상의 성분을 일정한 분산 형대로 유지시키는 첨가물은 안정제이다. 식품첨가물은 그 자체로 직접 섭취하거나 흡입하는 목적으로 사용하여서는 아니된다.

---

answer | 10 ③ 11 ④ 12 ④

13 경기 유사기출

식품첨가물 중 식품의 부패 및 변질을 방지하기 위해 사용하는 첨가물은?

① 유화제　　　　　　　　　　② 산화방지제
③ 이형제　　　　　　　　　　④ 표백제

◀ • 식품의 부패 및 변질 방지 : 보존료, 살균제, 산화방지제 등
　• 유화제, 이형제 : 식품의 품질 개량 및 유지
　• 표백제 : 관능만족(기호성 증진)

14 식품기사 2018년 1회

미생물에 의한 손상을 방지하여 식품의 저장 수명을 연장시키는 식품첨가물은?

① 산화방지제　　　　　　　　② 보존료
③ 살균제　　　　　　　　　　④ 표백제

◀ 보존료는 부패 미생물에 대한 정균작용, 효소의 발효억제 작용으로 미생물 증식에 의해 일어나는 식품의 부패, 변질을 방지하여
　식품의 신선도를 유지하고 저장성을 향상시키며, 영양가를 보존하는 성질을 갖는다.

15 식품기사 2021년 3회

식품첨가물 중 보존료가 아닌 것은?

① 파라옥시안식향산　　　　　② 프로피온산
③ 소르빈산(소브산)　　　　　④ 차아염소산나트륨

◀ 차아염소산나트륨은 살균제이다.

16 식품기사 2021년 3회

다음 중 보존료의 사용 목적이 아닌 것은?

① 가공식품의 수분증발 방지　　② 가공식품의 신선도 유지
③ 가공식품의 영양가 유지　　　④ 가공식품의 변질 및 부패 방지

17 식품기사 2018년 3회

보존료를 사용하는 주요 목적으로 거리가 먼 것은?

① 식품의 부패를 방지하여 선도를 유지
② 부패 미생물에 대한 정균 작용으로 보존기간을 연장시켜 준다.
③ 식품 내의 효소의 작용을 증진시켜 품질을 개선한다.
④ 식품의 유통단계에서 안전성을 확보하기 위하여 사용한다.

◀ 보존료는 식품 내 효소의 발효억제 작용으로 식품의 신선도를 유지하고 저장성을 향상시킨다.

---

answer | 13 ②　14 ②　15 ④　16 ①　17 ③

18 교육청 유사기출

다음 식품첨가물 중 주용도가 보존료인 것은?

① 초산비닐수지, 몰포린지방산염, 유동파라핀
② 과산화벤조일, 이산화염소, 과황산암모늄
③ 프로피온산, 소브산, 파라옥시안식향산에틸
④ 아질산나트륨, 글루콘산철, 질산칼륨

주용도가 보존료인 첨가물에는 데히드로초산나트륨, 안식향산, 안식향산나트륨, 소브산, 소브산칼슘, 프로피온산, 프로피온산나트륨, 파라옥시안식향산에틸, 파라옥시안식향산메틸 등이 있다.

19

미생물 중 특히 곰팡이의 증식억제 효과가 크고, 탄산음료, 치즈, 식육가공품, 고추장 등에 사용하는 보존료는?

① 안식향산
② 소르빈산(소브산)
③ 프로피온산
④ 데히드로초산나트륨

소르빈산은 특히 곰팡이에 효과적이며, 치즈, 식육가공품, 고추장, 춘장, 과채주스, 탄산음료, 발효음료, 과실주, 약주, 탁주 등에 사용하는 보존료이다.

20 식품기사 2017년 3회

아래의 반응식에 의한 제조방법으로 만들어지는 식품첨가물명과 주요 용도를 옳게 나열한 것은?

$$CH_3CH_2COOH + NaOH \rightarrow CH_3CH_2COONa + H_2O$$

① 카르복시메틸셀룰로오스나트륨 – 증점제
② 스테아릴젖산나트륨 – 유화제
③ 차아염소산나트륨 – 살균제
④ 프로피온산나트륨 – 보존료

21 식품산업기사 2017년 3회

안식향산에 대한 설명으로 틀린 것은?

① 분자식은 $C_8H_6O_2$이다.
② 벤조산이라고 불리는 식품 보존료이다.
③ pH 4.5 이하에서 항균 효과가 강하다.
④ 간장의 사용기준은 0.6g/kg 이하이다.

안식향산의 분자식은 $C_7H_6O_2$이다.

answer | 18 ③ 19 ② 20 ④ 21 ①

22 식품기사 2015년 3회

안식향산이 식품첨가물로 광범위하게 사용되는 이유는?

① 물에 용해되기 쉽고 각종 금속과 반응하지 않기 때문이다.
② 값이 싸고 방부력이 뛰어나며 독성이 낮기 때문이다.
③ pH에 따라 항균효과가 달라지지 않아 산성 식품뿐만 아니라 알칼리성 식품까지도 사용할 수 있기 때문이다.
④ 비이온성 물질이 많은 식품에서도 항균작용이 뛰어나고 비이온성 계면활성제와 함께 사용하면 상승효과가 나타나기 때문이다.

23

식품보존료로서 안식향산을 사용할 수 없는 식품은?

① 과일류·채소류 음료 ② 양조간장
③ 발효음료류 ④ 홍삼음료

◀ 안식향산 : 과일류·채소류 음료, 탄산음료, 기타음료, 인삼·홍삼음료, 간장, 마요네즈, 잼류, 마가린 등에 사용

24

곰팡이 및 호기성 아포균의 발육을 저지하는데는 효과적이지만, 빵효모에는 거의 영향을 주지 않아 빵에 사용 가능한 보존료는?

① dehydroacetic acid ② potassium sorbate
③ sodium propionate ④ benzoic acid

◀ 프로피온산 나트륨(sodium propionate) : 빵류, 치즈, 잼류 등에 사용

25 교육청 유사기출

다음에서 설명하는 식품첨가물은?

- 주로 곰팡이와 효모의 발육저지에 이용된다.
- 정균작용은 pH의 영향을 거의 받지 않는다.
- 식품의 부패, 변질을 방지하기 위해 과일류, 채소류의 표피 등에 사용한다.

① 안식향산나트륨 ② 프로피온산나트륨
③ 소브산칼륨 ④ 파라옥시안식향산에틸

◀ 파라옥시안식향산에틸 및 메틸은 pH의 영향을 거의 받지 않으며, 캡슐류, 식초, 간장, 기타음료, 과일류, 채소류의 표피 등에 사용하는 보존료이다.

answer | 22 ② 23 ③ 24 ③ 25 ④

26 수탁지방직 2009년 기출

식품첨가물 중에서 보존료에 관한 설명으로 옳지 않은 것은?

① 데히드로초산나트륨은 장류 및 소스류에 사용 가능하다.
② 소르빈산은 치즈 및 식육가공품에 사용 가능하다.
③ 안식향산은 과일채소류 음료 및 탄산음료에 사용 가능하다.
④ 프로피온산은 빵 및 케이크류에 사용 가능하다.

- 데히드로초산나트륨은 치즈류, 버터류, 마가린에 사용 가능하다.
- 장류 및 소스류에는 소르빈산을 사용한다.

27 교육청 유사기출

식품이나 식품접촉 표면에 사용할 수 있는 살균제가 아닌 것은?

① 과산화수소　　　　　　　　② 프로피온산나트륨
③ 차아염소산나트륨　　　　　④ 이산화염소수

- 허용되어 있는 살균제 : 차아염소산나트륨, 차아염소산칼슘(고도표백분), 이산화염소수, 과산화수소, 오존수 등

28 경북・경기 유사기출

다음 식품첨가물 중 허용된 산화방지제가 아닌 것은?

① 디부틸히드록시톨루엔　　　② 에리토브산나트륨
③ 몰포린지방산염　　　　　　④ 이디티에이2나트륨

- 몰포린지방산염은 피막제이다.

29 식품기사 2017년 2회

다음 식품첨가물 중 수용성인 산화방지제는?

① ascorbic acid
② butylated hydroxy anisole(BHA)
③ butylated hydroxy toluene(BHT)
④ propyl gallate

- 수용성 산화방지제 : ascorbic acid, erythorbic acid 등
- 지용성 산화방지제 : BHT, BHA, TBHQ, propyl gallate, DL-α-tocopherol

answer | 26 ① 27 ② 28 ③ 29 ①

30 식품기사 2016년 2회

Sodium L-ascorbate는 주로 어떤 목적에 이용되는가?

① 살균작용은 약하나 정균작용이 있으므로 보존료로 이용된다.
② 산화방지력이 있으므로 식용유의 산화방지 목적으로 사용된다.
③ 수용성이므로 색소의 산화방지에 이용된다.
④ 영양강화의 목적에 적합하다.

◀ 아스코르빈산 나트륨은 수용성으로 주로 색소의 산화방지에 이용된다.

31

다음 산화방지제에 대한 설명으로 옳지 않은 것은?

① DL-α-tocopherol은 비타민 C의 효력을 가진 유지용 산화방지제이다.
② 수용성인 것은 주로 색소 산화방지제로, 지용성인 것은 유지류의 산화방지제로 사용된다.
③ 구연산, 사과산 등의 유기산류와 병용하면 효력이 더욱 증가된다.
④ 페놀류인 부틸히드록시아니솔(BHA) 등은 단독사용보다 병용하는 것이 더 효과적이다.

◀ • DL-α-tocopherol은 비타민 E로 지용성이므로 유지의 산화방지제로 사용된다.
  • 비타민 C의 효력을 가진 유지용 산화방지제로 개발된 것은 아스코르빌팔미테이트, 아스코르빌스테아레이트이다.

32

산화방지의 목적 외에는 사용이 금지되어 있으며, 갈변방지, 식육제품의 발색, 색소고정에 이용되는 산화방지제는?

① ascorbic acid
② β-carotene
③ erythorbic acid
④ propyl gallate

◀ 수용성 산화방지제로 색소의 산화방지에 이용되며, 산화방지의 목적 외에 사용이 금지된 것은 에리소르빈산(erythorbic acid)이다.

33 경기 유사기출

다음 산화방지제 중 사용 대상 식품과 사용량의 제한이 없는 것은?

① 몰식자산프로필
② 디부틸히드록시톨루엔
③ 아스코르빌스테아레이트
④ D-α-토코페롤

◀ 산화방지제 중 D-α-토코페롤, L-아스코브산나트륨, 비타민 C 등은 사용대상 식품과 사용량에 제한이 없다.

answer | 30 ③ 31 ① 32 ③ 33 ④

34 경기 · 경북 · 교육청 유사기출

과일 · 채소류 등의 표면에 피막을 형성하여 신선도를 유지시키거나 외관을 좋게 하기 위해 사용하는 피막제는?

ㄱ. 몰식자산프로필   ㄴ. 몰포린지방산염
ㄷ. 초산비닐수지   ㄹ. 규소수지

① ㄱ, ㄹ   ② ㄴ, ㄷ
③ ㄴ, ㄷ, ㄹ   ④ ㄱ, ㄴ, ㄷ, ㄹ

📣 피막제
- 식품의 표면에 광택을 내거나 보호막을 형성하는 식품첨가물(식품첨가물공전)
- 초산비닐수지, 몰포린지방산염, 유동파라핀 : 과일류 또는 채소류 표피의 피막제 목적으로 사용
- 폴리비닐피로리돈, 폴리비닐알콜, 폴리에틸렌글리콜 : 건강기능식품(정제 또는 이의 제피, 캡슐에 한함) 및 캡슐류의 피막제 목적으로 사용
- 쉘락, 밀랍 등

35

다음 중 식품의 기호성 증진을 위한 식품첨가물과 거리가 먼 것은?

① 유화제   ② 반색제
③ 감미료   ④ 착향료

📣 • 유화제는 식품의 품질 개량 · 유지의 목적으로 사용하는 첨가물이다.
    • 식품의 관능개선(기호성 향상) : 발색제, 착색료, 표백제, 감미료, 조미료, 산미료, 착향료 등

36 식품산업기사 2017년 1회

착색료로서 갖추어야 할 조건이 아닌 것은?

① 인체에 독성이 없을 것   ② 식품의 소화흡수율을 높일 것
③ 불리화학적 변화에 안정할 것   ④ 사용하기에 편리할 것

37 식품기사 2018년 3회

다음 중 사용이 허용되어 있는 착색료가 아닌 것은?

① 삼이산화철   ② 아질산나트륨
③ 수용성 안나토   ④ 동클로로필린나트륨

📣 아질산나트륨은 발색제이다.

---

answer | 34 ②   35 ①   36 ②   37 ②

PART **06** 식품첨가물

38 경북 유사기출

다음 중 식용타르색소가 아닌 것은?

① 식용색소 녹색 제3호
② 식용색소 적색 제3호
③ 식용색소 황색 제2호
④ 식용색소 청색 제1호

식용타르색소에는 식용색소 청색 제1호, 청색 제2호, 녹색 제3호, 황색 제4호, 황색 제5호, 적색 2호, 적색 제3호, 적색 제40호, 적색 제102호가 있다.

39

다음 중 타르 색소를 사용할 수 있는 식품은?

① 면류
② 단무지
③ 인삼 · 홍삼음료
④ 어육소시지

타르색소는 어육소시지, 과자, 캔디류, 빙과류, 탄산음료, 기타음료, 아이스크림류 등에 사용이 가능하다.

40 수탁지방직 2011년 기출

허용된 타르색소이지만 돌연변이, 신생아의 체중감소, 출산율 저하 등 독성이 밝혀지면서 최근 빙과류 (아이스크림), 탄산음료, 과자 등에는 사용이 금지된 식용색소는?

① 적색 제2호
② 적색 제3호
③ 황색 제4호
④ 황색 제5호

적색 2호는 독성이 밝혀지면서 어린이 기호식품인 빙과류, 탄산음료, 과자, 캔디류 등에 사용을 금하고 있다.

41 식품산업기사 2020년 1 · 2회

식용색소황색 제4호를 착색료로 사용하여도 되는 식품은?

① 어육소시지
② 식초
③ 커피
④ 배추김치

식용색소 황색제4호의 사용기준
1. 과자   2. 캔디류, 추잉껌   3. 빙과   4. 빵류
5. 떡류   6. 만두   7. 기타 코코아가공품, 초콜릿류
8. 기타잼   9. 기타설탕, 기타엿, 당시럽류
10. 소시지류   11. 어육소시지
12. 과·채음료, 탄산음료, 기타음료(다만, 희석하여 음용하는 제품에 있어서는 희석한 것으로서)
13. 향신료가공품[고추냉이(와사비)가공품 및 겨자가공품에 한함]
14. 소스   15. 젓갈류(명란젓에 한함)
16. 절임류(밀봉 및 가열살균 또는 멸균처리한 제품에 한함. 다만, 단무지는 제외)
17. 주류(탁주, 약주, 소주, 주정을 첨가하지 않은 청주 제외)
18. 식물성크림   19. 즉석섭취식품   20. 두류가공품, 서류가공품
21. 전분가공품, 곡류가공품, 당류가공품, 기타 수산물가공품, 기타가공품
22. 기타 식용유지가공품   23. 건강기능식품(정제의 제피 또는 캡슐에 한함), 캡슐류
24. 아이스크림류, 아이스크림믹스류
25. 커피(표면장식에 한함) : 0.1g/kg 이하(식용색소적색 제3호, 식용색소적색 제40호, 식용색소청색 제1호와 병용할 때는 사용량의 합계가 0.1g/kg 이하)

answer | 38 ③ 39 ④ 40 ① 41 ①

42   식품기사 2013년 2회

식품에 첨가했을 때 착색 효과와 영양강화 현상을 동시에 나타낼 수 있는 것은?

① 엽산(folic acid)　　　　② 아스코르빈산(ascorbic acid)
③ 카라멜(caramel)　　　　④ 베타-카로틴(β-carotene)

🔊 β-카로틴은 카로티노이드계 색소로서 지용성 황색색소로 착색 효과와 체내에서 비타민 A로 전환되므로 영양강화 현상이 동시에 나타날 수 있다.

43

다음 중 치즈나 마가린에 사용이 가능한 착색료는?

① 식용색소 황색 제5호　　　② 식용색소 적색 제3호
③ β-카로틴　　　　　　　　④ 식용색소 황색 제4호

🔊 β-카로틴은 지용성 황색색소로 마가린, 버터, 치즈, 과자, 아이스크림 등의 착색료로서 사용된다.

44   식품산업기사 2018년 2회

간장을 양조할 때 착색료로서 가장 많이 쓰이는 첨가물은?

① caramel　　　　② methionine
③ menthol　　　　④ vanillin

🔊 **카라멜 색소**
- 간장, 약식, 알코올음료, 소스 등의 착색과 향미를 내기 위해 사용된다.
- 아래의 식품에 사용하여서는 아니 된다.
  - 천연식품, 다류(고형차 및 희석하여 음용하는 액상차는 제외)
  - 인삼성분 및 홍삼성분이 함유된 다류, 커피
  - 고춧가루, 실고추, 김치류, 고추장, 조미고추장
  - 인삼 또는 홍삼을 원료로 사용한 건강기능식품

45   식품기사 2017년 2회

발색제에 대한 설명으로 틀린 것은?

① 염지 시 사용되는 식품첨가물이다.
② 발색뿐만 아니라 육제품의 보존성이나 특유의 향미를 부여하는 효과를 나타낸다.
③ 보툴리누스균 등의 일반 세균의 생육에는 영향을 미치지 않고 곰팡이의 생육을 저해한다.
④ 강한 산화력을 나타내어 메트미오글로빈 혈증을 일으키는 등 급성 독성을 갖고 있다.

🔊 아질산염은 보툴리누스균 생육억제효과가 있다.

46 경기·교육청 유사기출 | 수탁지방직 2010년 기출

식육가공품을 선홍색으로 고정시키기 위해 발색제로 사용이 허가 된 물질은?

① Sodium nitrate
② Sodium sulfite
③ Propyl gallate
④ Alura red

🔖 식육가공품에 허가된 발색제 : 아질산 나트륨(sodium nitrite), 질산 나트륨(sodium nitrate), 질산 칼륨(Potassium nitrate)

47

다음 중 식품에 존재하는 유색물질과 결합하여 색을 안정하게 하거나 선명하게 되게 하기 위해 사용하는 식품첨가물은?

① 안정제
② 착색료
③ 발색제
④ 호료

48 경북 유사기출

발색제인 아질산나트륨을 사용할 수 있는 식품이 아닌 것은?

① 어육소시지
② 대구알염장품
③ 명란젓
④ 햄

🔖 아질산나트륨은 식육가공품, 기타 동물성가공식품, 어육소시지, 명란젓, 연어알젓에 사용가능한 발색제이다. 대구알염장품에는 발색제로서 질산칼륨을 사용할 수 있다.

49 식품기사 2014년 2회

식품첨가물인 표백제를 설명한 것 중 틀린 것은?

① 과산화수소는 환원형 표백제이다.
② 아황산염류에 의한 표백은 표백제가 잔류하는 동안에만 효과가 있다.
③ 무수아황산은 과실주의 표백제이다.
④ 아황산염류는 천식환자에게 민감한 반응을 나타낼 수 있다.

🔖 과산화수소는 산화형 표백제이다.

50 식품기사 2017년 1회

다음 중 허용 살균제 또는 표백제가 아닌 것은?

① 고도표백분
② 차아염소산나트륨
③ 과산화수소
④ 클로라민 T

🔖 클로라민 T는 살균제이기는 하나 식품에는 사용할 수 없다.

answer | 46 ① 47 ③ 48 ② 49 ① 50 ④

51 수탁지방직 2009년 기출

갈변 및 착색방지 목적으로 건조과일 등에 사용되고 있지만 천식환자에게 그 독성이 문제가 될 수 있어 우리나라의 경우 절단된 과채류에서 사용을 금지하고 있는 것은?

① 이소프로판올　　　　　　　② 아황산염
③ 아질산염　　　　　　　　　④ 에탄올

52

다음 식품첨가물 중 최종식품 완성 전에 분해, 제거해야 하는 표백제는?

① 아황산나트륨　　　　　　　② 과산화수소
③ 아질산나트륨　　　　　　　④ 안식향산나트륨
⑤ 과산화벤조일

◀ 산화표백제인 과산화수소는 최종식품 완성 전에 분해, 제거해야 한다. 아황산나트륨은 환원표백제로 식품 중에서 표백제가 없어지면 공기 중의 산소에 의해 색이 다시 복원될 우려가 있다.

53 식품산업기사 2016년 1회

다음 중 식품에 사용이 허용된 감미료는?

① sodium saccharin　　　　　② cyclamate
③ nitrotoluidine　　　　　　　④ ethyene glycol

◀ cyclamate, nitrotoluidine, ethyene glycol은 식품에 사용이 허용되지 않은 유해 감미료이다.

54

다음에서 설명하는 식품첨가물에 해당하는 것은?

- 감미는 설탕의 200배 정도이며, 저칼로리이다.
- 천연물질로 염 혹은 산의 존재하에서 감미도가 저하되지 않으며, 내열성이 크다.
- 설탕, 포도당, 물엿, 벌꿀에는 사용할 수 없다.

① 소르비톨　　　　　　　　　② 스테비올배당체
③ 아스파탐　　　　　　　　　④ 글리실리진산2나트륨

answer | 51 ② 52 ② 53 ① 54 ②

55 식품산업기사 2015년 1회

D-sorbitol에 대한 설명으로 틀린 것은?

① 당도가 설탕의 약 절반 정도인 감미료이다.
② 상업적으로 이용하기 위해서 포도당으로부터 화학적으로 합성한다.
③ 다른 당알코올류와 달리 생체 내에서 중간 대사산물로 존재하지 않는다.
④ 묽은 산·알칼리 및 식품의 조리온도에서도 안정하다.

◀ D-sorbitol은 다른 당알코올류와 달리 생체 내에서 중간 대사산물로 존재한다.

56

다음 중 사카린나트륨을 사용할 수 있는 식품은?

ㄱ. 발효음료류	ㄴ. 빵류
ㄷ. 과자	ㄹ. 물엿

① ㄱ, ㄴ
② ㄴ, ㄷ
③ ㄷ, ㄹ
④ ㄱ, ㄹ

◀ 사카린나트륨은 설탕, 물엿, 이유식, 벌꿀 등에는 사용할 수 없다.

57 경기 유사기출

인공감미료로 설탕의 약 200배 감미를 가진 아미노산계 감미료는?

① 시스테인염산염
② 아스파탐
③ 아세설팜칼륨
④ D-소르비톨

◀ 아스파탐은 설탕의 약 200배의 감미를 가진 아미노산계 감미료이다.

58 식품산업기사 2017년 3회

염미를 가지고 있어 일반 식염(소금)의 대용으로 사용할 수 있는 식품첨가물로서 주용도가 산도조절제, 팽창제인 것은?

① L-글루타민산나트륨
② L-라이신
③ DL-주석산나트륨
④ DL-사과산나트륨

◀ 사과산나트륨은 유기산계 조미료의 일종으로 소금대용으로도 이용가능하고, 주용도는 산도조절제, 팽창제이다.
 • **L-글루타민산나트륨** : 주용도 향미증진제
 • **L-라이신** : 주용도 영양강화제
 • **DL-주석산나트륨** : 산도조절제

answer | 55 ③ 56 ② 57 ② 58 ④

59 경기 유사기출

다음 중 밀가루의 표백과 숙성에 사용되는 밀가루개량제가 아닌 것은?

① 스테아릴젖산칼슘
② 과산화수소
③ 과황산암모늄
④ L-시스테인염산염

밀가루의 표백과 숙성에 사용되는 첨가물은 과산화벤조일, 이산화염소, 과황산암모늄, 요오드산칼륨, 요오드칼륨, L-시스테인염산염, 스테아릴젖산칼슘, 스테아릴젖산나트륨 등이 있다.

60 경기 유사기출

밀가루개량제의 일종으로 글루텐의 안정성과 탄력을 증가시키고, 전분의 호화, 팽윤을 저해하여 결이 잘면서도 잘 부푼 빵을 제조할 수 있도록 하는 첨가물은?

① 과산화벤조일
② 스테아릴젖산칼슘
③ 폴리아크릴산나트륨
④ 탄산수소나트륨

밀가루개량제 중 스테아릴젖산칼슘, 스테아릴젖산나트륨은 글루텐의 안정성과 탄력을 증가시키고, 전분의 호화, 팽윤을 저해하여 결이 잘면서도 잘 부푼 빵을 얻을 수 있고, 노화방지에도 효과가 있다.

61 식품기사 2021년 1회

식품에 첨가했을 때 착색효과와 영양강화 현상을 동시에 나타낼 수 있는 것은?

① 카라멜색소
② 엽산
③ 아스코르빈산
④ β-카로틴

62 식품기사 2018년 2회

식품의 점도를 증가시키고 교질상의 미각을 향상시키는 고분자의 천연물질 또는 그 유도체인 식품첨가물이 아닌 것은?

① methyl cellulose
② sodium carboxymethyl starch
③ sodium alginate
④ glycerin fatty acid ester

식품의 점도를 증가시키고 교질상의 미각을 향상시키는 첨가물은 호료(증점제)이다.
④ glycerin fatty acid ester는 유화제이다.

63

다음 중 물과 기름처럼 서로 혼합이 잘 되지 않는 두 종류의 액체를 혼합·분산시켜 분리되지 않도록 해주는 기능을 가지고 있는 첨가물이 아닌 것은?

① polysorbate 20
② glycerin fatty acid ester
③ sorbitan fatty acid ester
④ morpholine fatty acid salt

morpholine fatty acid salt은 피막제로 과일채소류의 호흡작용 억제, 수분증발 방지 등의 목적으로 사용된다.

answer | 59 ② 60 ② 61 ④ 62 ④ 63 ④

64

천연물질로 식품의 형태를 유지하기 위해 용기에 붙는 것을 방지하여 분리하기 쉽도록 하기 위해 사용되는 첨가물은?

① 초산비닐수지　　　　　　　　② 유동파라핀
③ 헥산　　　　　　　　　　　　　④ 알긴산나트륨

◀ 유동파라핀은 천연물질로 식품에 이형제의 용도로 사용하는 첨가물이다.

65 　식품산업기사 2018년 3회

식품의 영양강화를 위하여 첨가하는 식품첨가물은?

① 보존료　　　　　　　　　　　　② 감미료
③ 호료　　　　　　　　　　　　　④ 강화제

66 　식품산업기사 2014년 3회

식품의 제조과정에서 액상식품에 거품이 일어 조작에 지장을 줄 때, 이를 억제하기 위해 사용되는 식품첨가물은?

① 초산비닐 수지　　　　　　　　② 헥산
③ 유동파라핀　　　　　　　　　　④ 규소 수지

◀ 규소수지는 거품을 억제하기 위해 사용되는 소포제이다.

67

다음 중 빵이나 과자 제조에 사용되는 팽창제가 아닌 것은?

① 아황산나트륨　　　　　　　　　② 탄산수소나트륨
③ 염화암모늄　　　　　　　　　　④ D-주석산칼륨

◀ 아황산나트륨은 주용도가 표백제이다.

68

다음 중 껌에 적당한 점성과 탄성을 가지게 하여 그 풍미를 유지하기 위해 사용되는 첨가물은?

① 유동파라핀　　　　　　　　　　② 규소수지
③ 초산비닐수지　　　　　　　　　④ 글리세린

◀ 껌기초제 : 에스테르검, 폴리부텐, 폴리이소부틸렌, 초산비닐수지

answer | 64 ②　65 ④　66 ④　67 ①　68 ③

69

천연물질로 식용유지를 제조할 때 식물유를 추출할 목적으로 사용하는 첨가물로 최종식품 완성전에
제거해야 하는 식품첨가물은?

① 유동파라핀   ② 글리세린

③ 규소수지   ④ 헥산

◀ 헥산은 유용한 성분 등을 추출하거나 용해시키기 위해 사용하는 추출용제이다.

70   식품기사 2021년 2회

주요 용도가 산도 조절제가 아닌 것은?

① sorbic acid   ② lactic acid

③ acetic acid   ④ citric acid

◀ sorbic acid는 주용도가 보존료이다.

71   수탁지방직 2010년 기출

식품 가공 시 사용하는 식품첨가물의 분류와 목적이 바르게 연결되지 않은 것은?

① 유화제 – 물과 기름같이 서로 혼합되지 않는 액체를 분산

② 소포제 – 거품제거

③ 발색제 – 식품 중의 색소성분과 반응하여 그 색을 보존 또는 발색

④ 호료 – 반죽과 틀 간의 결착 방지

◀ • 호료(증점제) : 식품의 점도를 증가시키는 식품첨가물
     • 이형제 : 반죽과 틀 간의 결착 방지

72

다음 중 두부 응고제로 사용되는 식품첨가물이 아닌 것은?

① 염화마그네슘   ② 황산칼슘

③ 수산화나트륨   ④ 글루코노델타락톤

◀ 수산화나트륨은 식품 제조과정에 중화제, 과일통조림 제조 시 박피제로 사용되는 첨가물이다.

73   수탁지방직 2011년 기출

식품첨가물과 용도와의 관계가 적합하지 않은 것은?

① 글리세린지방산에스테르(glycerine fatty acid ester) – 산화방지제

② 소르빈산칼륨(potassium sorbate) – 보존료

---

answer | 69 ④   70 ①   71 ④   72 ③   73 ①

③ 과산화벤조일(benzoyl peroxide) – 밀가루 개량제
④ 차아염소산나트륨(sodium hypochlorite) – 살균제

글리세린지방산에스테르(glycerine fatty acid ester)는 유화제이다.

74 식품산업기사 2017년 2회

식품첨가물의 주요 용도의 연결이 바르게 된 것은?

① 규소 수지 – 추출제
② 염화암모늄 – 보존료
③ 알긴산나트륨 – 산화방지제
④ 초산 비닐 수지 – 껌기초제

• 규소수지 : 소포제 • 염화암모늄 : 팽창제 • 알긴산나트륨 : 호료(증점제)

75 식품산업기사 2019년 1회

식품의 보존료 중 잼류, 망고처트니, 간장, 식초 등에 사용이 허용되었으나, 내분비 및 생식독성 등의 안전성이 문제가 되어 2008년 식품첨가물 지정이 취소된 것은?

① 파라옥시안식향산에틸
② 파라옥시안식향산프로필
③ 데히드로초산
④ 프로피온산

보존료 중 지정이 취소된 것은 데히드로초산, 파라옥시안식향산프로필, 파라옥시안식향산이소프로필, 파라옥시안식향산부틸, 파라옥시안식향산이소부틸이며, 2008년 지정이 취소된 것으로 이전에 잼류, 망고처트니, 간장, 식초 등에 사용이 허용되었던 것은 파라옥시안식향산프로필, 파라옥시안식향산이소프로필, 파라옥시안식향산부틸, 파라옥시안식향산이소부틸이다.

76 교육청 유사기출

식품첨가물의 용도와 대상식품의 연결이 옳지 않은 것은?

① 소브산나트륨 – 보존료 – 치즈
② 무수아황산 – 표백제 – 과실주
③ 부틸히드록시아니솔 – 산화방지제 – 어패건제품
④ 질산나트륨 – 발색제 – 어육소시지

질산나트륨은 식육가공품(식육추출가공품 제외), 기타 동물성가공식품(기타 식육이 함유된 제품에 한함), 치즈류에 사용가능한 발색제이다. 어육소시지의 발색제로 사용할 수 있는 것은 아질산나트륨이다.

77 경기 유사기출

식품첨가물에 대한 설명으로 옳지 않은 것은?

① 규소수지 – 잼, 엿의 제조과정에서 거품형성을 방지하기 위해 사용된다.
② 몰포린지방산염 – 식품저장과정에서 저장성을 향상시키기 위해 피막제로 이용된다.
③ 유동파라핀 – 식용유지 제조 시 유지성분을 추출할 목적으로 사용된다.
④ 이디티에이2나트륨 – 소스, 음료, 통조림식품 등의 산화방지제로 이용된다.

유동파라핀은 식품의 형태를 유지하기 위해 원료가 용기에 붙는 것을 방지하여 분리하기 쉽도록 하는 이형제이다. 식용유지 제조 시 유지성분을 추출할 목적으로 사용하는 첨가물은 추출용제로 헥산 등이 있다.

answer | 74 ④ 75 ② 76 ④ 77 ③

PART 07

식품위생검사 및 기타

식품위생검사 | 식품의 신선도 검사 및 수질오염의 지표

식품위생검사

1 식품위생검사의 개요

(1) 식품위생검사 개념

식품이나 음식물에 의한 위해 방지를 위해 식품, 첨가물, 음식물용 기구, 용기 및 포장 등에 대해 실시하는 것이다.

(2) 식품 위생검사의 의의

① 식품으로 인한 병원성 물질, 감염경로, 오염경로 추측
② 음식물 위해 방지와 식품의 안정성 확보
③ 식품위생에 관한 지도
④ 식품 위생 대상물에 대한 위생상태 파악과 지도

(3) 식품 위생검사의 종류

분류	검사항목
관능검사	• 외관으로 정상식품과의 비교검사를 실시 • 식품의 물리적·화학적 변화를 관능적인 방법으로 평가 • 외관, 색채, 냄새, 맛, 이물질, 상태를 비교
생물학적 검사	• 위생지표균(일반세균, 대장균군, 대장균 등) 검사 • 세균성 및 감염성 병원균 등의 미생물 검사 • 곰팡이, 기생충 등 검사
화학적 검사	• 성분검사(수분, 총질소, 휘발성염기질소, 조지방, 당류 등) • 자연독, 유해금속, 잔류농약, 식품첨가물, 항생물질, 곰팡이독소 등 화학적 유독물질 검사
물리적 검사	• 온도, 비중, 경도, 전기저항, 방사능 오염 검사 등 • 이물검사
독성검사	• 급성, 아급성, 만성독성검사 • 발암성, 최기형성, 변이원성검사

2 검체의 채취 및 취급방법 기출

(1) 검체채취의 일반원칙

① 검체의 채취는 「식품위생법」 제32조 및 같은 법 시행령 제16조 또는 「축산물 위생관리법」 제13조 및 제20조의2, 같은 법 시행령 제14조 및 제20조의2에서 규정하는 자(이하 "검체채취자"라

한다.)가 수행하여야 한다.

② 검체를 채취하는 때에는 검사대상으로부터 제8. 일반시험법 13. 부표 중의 13.9 난수표를 사용하여 대표성을 가지도록 하여야 한다. 다만, 난수표법을 사용할 수 없는 사유가 있을 때에는 채취자가 검사대상을 선정·채취할 수 있다.

③ 검체는 검사목적, 검사항목 등을 참작하여 검사대상 전체를 대표할 수 있는 최소한도의 양을 수거하여야 한다.

④ 검체채취 시에는 검체채취결정표에 따라 검체를 채취하며, 6. 개별 검체채취 및 취급 방법에서 정한 검체채취지점수 또는 시험검체수와 중복될 경우에는 강화된 검체채취지점수 또는 시험검체수를 적용하여 채취하여야 한다. 다만, 기구 및 용기·포장의 경우에는 검체채취결정표에 따르지 아니하고 식품등의 기준 및 규격 검사에 필요한 양만큼 채취한다.

⑤ 냉동검체, 대포장검체 및 유통중인 식품 등 검체채취결정표에 따라 채취하기 어려운 경우에는 검체채취자가 판단하여 수거량안에서 대표성 있게 검체를 채취할 수 있다.

⑥ 일반적으로 검체는 제조번호, 제조년월일, 소비기한이 동일한 것을 하나의 검사대상으로 하고 이와 같은 표시가 없는 것은 품종, 식품유형, 제조회사, 기호, 수출국, 수출년월일, 도착년월일, 적재선, 수송차량, 화차, 포장형태 및 외관 등의 상태를 잘 파악하여 그 식품의 특성 및 검사목적을 고려하여 채취하도록 한다.

⑦ 채취된 검체가 검사대상이 손상되지 않도록 주의하여야 하고, 식품을 포장하기 전 또는 포장된 것을 개봉하여 검체로 채취하는 경우에는 이물질의 혼입, 미생물의 오염 등이 되지 않도록 주의하여야 한다.

⑧ 채취한 검체는 봉인하여야 하며 파손하지 않고는 봉인을 열 수 없도록 하여야 한다.

⑨ 기구 또는 용기·포장으로서 재질 및 바탕색상이 같으나 단순히 용도·모양·크기 또는 제품명 등이 서로 다른 경우에는 그중 대표성이 있는 것을 검체로 할 수 있다. 다만, 재질 및 바탕색이 같지 않은 세트의 경우에는 판매단위인 세트별로 검체를 채취할 수 있다.

⑩ 검체채취자는 검사대상식품 중 곰팡이독소, 방사능오염 등이 의심되는 부분을 우선 채취할 수 있으며, 추가적으로 의심되는 물질이 있을 경우 검사항목을 추가하여 검사를 의뢰할 수 있다.

⑪ 미생물 검사를 위한 시료채취는 검체채취결정표에 따르지 아니하고 제2. 식품일반에 대한 공통 기준 및 규격, 제3. 영·유아를 섭취대상으로 표시하여 판매하는 식품의 기준 및 규격, 제4. 장기보존식품의 기준 및 규격, 제5. 식품별 기준 및 규격에서 정하여진 시료수(n)에 해당하는 검체를 채취한다.

⑫ 위험물질에 대한 검사강화, 부적합이력, 위해정보 등의 사유로 인해 식품의약품안전처장이 검사강화가 필요하다고 판단하는 경우 검체를 추가로 채취하여 검사를 의뢰할 수 있다.

(2) 검체의 채취 요령

① 검사대상식품 등이 불균질할 때

㉠ 검체가 불균질할 때에는 일반적으로 다량의 검체가 필요하나 검사의 효율성, 경제성 등으로

부득이 소량의 검체를 채취할 수 밖에 없는 경우에는 외관, 보관상태 등을 종합적으로 판단하여 의심스러운 것을 대상으로 검체를 채취할 수 있다.

ⓛ 식품등의 특성상 침전·부유 등으로 균질하지 않은 제품(예, 식품첨가물 중 향신료올레오레진류 등)은 전체를 가능한 한 균일 하게 처리한 후 대표성이 있도록 채취하여야 한다.

② 검사항목에 따른 균질 여부 판단 : 검체의 균질 여부는 검사항목에 따라 달라질 수 있다. 어떤 검사대상식품의 선도판정에 있어서는 그 식품이 불균질하더라도 이에 함유된 중금속, 식품첨가물 등의 성분은 균질한 것으로 보아 검체를 채취할 수 있다.

③ 포장된 검체의 채취

ⓒ 깡통, 병, 상자 등 용기·포장에 넣어 유통되는 식품 등은 가능한 한 개봉하지 않고 그대로 채취한다.

ⓛ 대형 용기·포장에 넣은 식품 등은 검사대상 전체를 대표할 수 있는 일부를 채취 할 수 있다.

④ 선박의 벌크검체 채취

ⓒ 검체채취는 선상에서 하거나 보세장치장의 사일로(silo)에 투입하기 전에 하여야 한다. 다만, 부득이한 사유가 있는 경우에는 그러하지 아니할 수 있다.

ⓛ 같은 선박에 선적된 같은 품명의 농·임·축수산물이 여러 장소에 분산되어 선적된 경우에는 전체를 하나의 검사대상으로 간주하여 난수표를 이용하여 무작위로 장소를 선정하여 검체를 채취한다.

⑤ 냉장, 냉동 검체의 채취 : 냉장 또는 냉동 식품을 검체로 채취하는 경우에는 그 상태를 유지하면서 채취하여야 한다.

⑥ 미생물 검사를 하는 검체의 채취

ⓒ 검체를 채취·운송·보관하는 때에는 채취당시의 상태를 유지할 수 있도록 밀폐되는 용기·포장 등을 사용하여야 한다.

ⓛ 미생물학적 검사를 위한 검체는 가능한 미생물에 오염되지 않도록 단위포장상태 그대로 수거하도록 하며, 검체를 소분채취할 경우에는 멸균된 기구·용기 등을 사용하여 무균적으로 행하여야 한다.

ⓒ 검체는 부득이한 경우를 제외하고는 정상적인 방법으로 보관·유통중에 있는 것을 채취하여야 한다.

ⓡ 검체는 관련정보 및 특별수거계획에 따른 경우와 식품접객업소의 조리식품 등을 제외하고는 완전 포장된 것에서 채취하여야 한다.

⑦ 기체를 발생하는 검체의 채취

ⓒ 검체가 상온에서 쉽게 기체를 발산하여 검사결과에 영향을 미치는 경우는 포장을 개봉하지 않고 하나의 포장을 그대로 검체단위로 채취하여야 한다.

ⓛ 다만, 소분 채취하여야 하는 경우에는 가능한 한 채취된 검체를 즉시 밀봉·냉각시키는 등 검사결과에 영향을 미치지 않는 방법으로 채취하여야 한다.

⑧ 페이스트상 또는 시럽상 식품등

　ㄱ 검체의 점도가 높아 채취하기 어려운 경우에는 검사결과에 영향을 미치지 않는 범위내에서 가온 등 적절한 방법으로 점도를 낮추어 채취할 수 있다.

　ㄴ 검체의 점도가 높고 불균질하여 일상적인 방법으로 균질하게 만들 수 없을 경우에는 검사결과에 영향을 주지 아니하는 방법으로 균질하게 처리할 수 있는 기구 등을 이용하여 처리한 후 검체를 채취할 수 있다.

⑨ 검사 항목에 따른 검체채취 주의점

　ㄱ 수분 : 증발 또는 흡습 등에 의한 수분 함량 변화를 방지하기 위하여 검체를 밀폐 용기에 넣고 가능한 한 온도 변화를 최소화하여야 한다.

　ㄴ 산가 및 과산화물가 : 빛 또는 온도 등에 의한 지방 산화의 촉진을 방지하기 위하여 검체를 빛이 차단되는 밀폐 용기에 넣고 채취 용기내의 공간 체적과 가능한 한 온도 변화를 최소화하여야 한다.

(3) 검체의 운반 요령

① 채취된 검체는 오염, 파손, 손상, 해동, 변형 등이 되지 않도록 주의하여 검사실로 운반하여야 한다.

② 검체가 장거리로 운송되거나 대중교통으로 운송되는 경우에는 손상되지 않도록 특히 주의하여 포장한다.

③ 냉동 검체의 운반

　ㄱ 냉동 검체는 냉동 상태에서 운반하여야 한다.

　ㄴ 냉동 장비를 이용할 수 없는 경우에는 드라이아이스 등으로 냉동상태를 유지하여 운반할 수 있다.

④ 냉장 검체의 운반 : 냉장 검체는 온도를 유지하면서 운반하여야 한다. 얼음 등을 사용하여 냉장온도를 유지하는 때에는 얼음 녹은 물이 검체에 오염되지 않도록 주의하여야 하며 드라이아이스 사용시 검체가 냉동되지 않도록 주의하여야 한다.

⑤ 미생물 검사용 검체의 운반

　ㄱ 부패 · 변질 우려가 있는 검체 : 미생물학적인 검사를 하는 검체는 멸균용기에 무균적으로 채취하여 저온(5℃± 3 이하)을 유지시키면서 24시간 이내에 검사기관에 운반하여야 한다. 부득이한 사정으로 이 규정에 따라 검체를 운반하지 못한 경우에는 재수거하거나 채취일시 및 그 상태를 기록하여 식품 등 시험 · 검사기관 또는 축산물 시험 · 검사기관에 검사 의뢰한다.

　ㄴ 부패 · 변질의 우려가 없는 검체 : 미생물 검사용 검체일지라도 운반과정 중 부패 · 변질우려가 없는 검체는 반드시 냉장온도에서 운반할 필요는 없으나 오염, 검체 및 포장의 파손 등에 주의하여야 한다.

　ㄷ 얼음 등을 사용할 때의 주의사항 : 얼음 등을 사용할 때에는 얼음 녹은 물이 검체에 오염되지

않도록 주의하여야 한다.

⑥ 기체를 발생하는 검체의 운반 : 소분 채취한 검체의 경우에는 적절하게 냉장 또는 냉동한 상태로 운반하여야 한다.

3 생물학적 검사

(1) 미생물시험법의 일반사항 및 시험용액의 제조

① 검체의 채취

　가. 검체 채취기구는 미리 핀셋, 시약스푼 등을 몇 개씩 건열 및 화염멸균을 한 다음 검체 1건마다 바꾸어 가면서 사용하여야 한다.

　나. 검체가 균질한 상태일 때에는 어느 일부분을 채취하여도 무방하나 불균질한 상태일 때에는 여러 부위에서 일반적으로 많은 양의 검체를 채취하여야 한다.

　다. 미생물학적 검사를 하는 검체는 잘 섞어도 균질하게 되지 않을 수 있기 때문에 실제와는 다른 검사 결과를 가져올 경우가 많다.

　라. 미생물학적 검사를 위한 검체의 채취는 반드시 무균적으로 행하여야 한다.

　마. 미생물 규격이 n, c, m, M으로 표현된 경우, 정하여진 시료수(n) 만큼 검체를 채취하여 각각을 시험한다.

> 미생물 규격에서 사용하는 용어(n, c, m, M)는 다음과 같다.
> (1) n : 검사하기 위한 시료의 수
> (2) c : 최대허용시료수, 허용기준치(m)를 초과하고 최대허용한계치(M) 이하인 시료의 수로서 결과가 m을 초과하고 M 이하인 시료의 수가 c 이하일 경우에는 적합으로 판정
> (3) m : 미생물 허용기준치로서 결과가 모두 m 이하인 경우 적합으로 판정
> (4) M : 미생물 최대허용한계치로서 결과가 하나라도 M을 초과하는 경우는 부적합으로 판정
> ※ m, M에 특별한 언급이 없는 한 1 g 또는 1 mL 당의 집락수(Colony Forming Unit, CFU)이다.

② 시험용액의 제조

　가. 미생물검사용 시료는 25g(mL)을 대상으로 검사함을 원칙으로 한다. 다만 시료량이 적은 불가피한 경우 그 이하의 양으로 검사할 수도 있다.

　나. 미생물 정성시험에서 5개 시료를 검사하는 경우, 5개 시료에서 25g(mL)씩 채취하여 각각 검사한다. 다만, 시료에 직접 증균배지를 가하여 배양하는 경우는 5개 시료에서 25g(mL)씩 채취하여 섞은(pooling) 125g(mL)을 검사할 수 있다.

　다. 채취한 검체는 희석액을 이용하여 필요에 따라 10배, 100배, 1,000배 등 단계별 희석용액을 만들어 사용할 수 있다. 다만, 제조된 시험용액과 단계별 희석액은 즉시 실험에 사용하여야 한다.

　라. 희석액은 멸균생리식염수, 멸균인산완충액 등을 사용할 수 있다. 단, 별도의 시험용액 제조법이 제시되는 경우 그에 따른다.

마. 검체를 용기 포장한 대로 채취할 때에는 그 외부를 물로 씻고 자연 건조시킨 다음 마개 및 그 하부 5~10cm의 부근까지 70% 알코올탈지면으로 닦고, 멸균한 기구로 개봉, 또는 개관하여 2차 오염을 방지하여야 한다.

바. 지방분이 많은 검체의 경우는 Tween 80과 같은 세균에 독성이 없는 계면활성제를 첨가할 수 있다.

사. 실험을 실시하기 직전에 잘 균질화 하고 검사검체에 따라 다음과 같이 시험용액을 제조한다.

　1) 액상검체 : 채취된 검체를 강하게 진탕하여 혼합한 것을 시험용액으로 한다.

　2) 반유동상검체 : 채취된 검체를 멸균 유리봉 또는 시약스푼 등으로 잘 혼합한 후 그 일정량 (10~25 mL)을 멸균용기에 취해 9배 양의 희석액과 혼합한 것을 시험용액으로 한다.

　3) 고체검체 : 채취된 검체의 일정량(10~25g)을 멸균된 가위와 칼 등으로 잘게 자른 후 희석 액을 가해 균질기를 이용해서 가능한 한 저온으로 균질화한다. 여기에 희석액을 가해서 일정량(100~250mL)으로 한 것을 시험용액으로 한다.

　4) 고체표면검체 : 검체표면의 일정면적(보통 100 cm^2)을 일정량(1~5mL)의 희석액으로 적 신 멸균거즈와 면봉 등으로 닦아내어 일정량(10~100mL)의 희석액을 넣고 강하게 진탕하 여 부착균의 현탁액을 조제하여 시험용액으로 한다.

　5) 분말상검체 : 검체를 멸균 유리봉과 멸균 시약스푼 등으로 잘 혼합한 후 그 일정량 (10~25g)을 멸균용기에 취해 9배 양의 희석액과 혼합한 것을 시험용액으로 한다.

　6) 버터와 아이스크림류 : 검체 일정량(10~25g)을 멸균용기에 취해 40℃이하의 온탕에서 15분 내에 용해시킨 후 희석액을 가하여 100~250mL로 한 것을 시험용액으로 한다.

　7) 캡슐제품류 : 캡슐을 포함하여 검체의 일정량(10~25g)을 취한 후 9배 양의 희석액을 가해 균질기 등을 이용하여 균질화한 것을 시험용액으로 한다.

　8) 냉동식품류 : 냉동상태의 검체를 포장된 상태 그대로 40℃이하에서 될 수 있는대로 단시 간에 녹여 용기, 포장의 표면을 70% 알코올솜으로 잘 닦은 후 상기 가.~사.의 방법으로 시험용액을 조제한다.

　9) 칼·도마 및 식기류 : 멸균한 탈지면에 희석액을 적셔, 검사하고자 하는 기구의 표면을 완전히 닦아낸 탈지면을 멸균용기에 넣고 적당량의 희석액과 혼합한 것을 시험용액으로 사용한다.

(2) 세균수

① 총균수

　㉠ 식품 중에 존재하는 균의 총 수를 측정하여 그 식품의 미생물에 의한 오염도를 조사하는 방법 → 원료의 오염여부 판정

　㉡ 검사법 : Breed법(직접현미경법)

② 일반세균수

　㉠ 살아있는 즉, 증식하는 미생물을 검사하는 방법 ⇒ 신선도 판정, 초기부패 판정

　㉡ 검사법 : 표준평판법(SPC, Standard plate count) [기출]

ⓐ 검체의 각 단계별 희석액을 표준한천평판배지(Plate Count Agar)를 사용해 → 35±1℃에서 48±2시간 배양 → 평판당 15~300개의 집락이 나타나는 평판을 선별해 집락수 산정

ⓑ 집락수 산정

$$N = \frac{\sum C}{\{(1 \times n1)+(0.1 \times n2)\} \times (d)}$$

구분	희석배수		CFU/g(mL)
	1:100	1:1,000	
집락수	232	33	24,000
	244	28	

$$N = \frac{(232+244+33+28)}{\{(1 \times 2)+(0.1 \times 2)\} \times (10^{-2})}$$

$$= 537/0.022 = 24,409 = 24,000$$

$\sum C$ = 모든 평판에 계산된 집락수의 합
$n1$ = 첫 번째 희석배수에서 계산된 평판수
$n2$ = 두 번째 희석배수에서 계산된 평판수
d = 첫 번째 희석배수에서 계산된 평판수의 희석배수

ⓒ 세균수의 기재보고 : 표준평판법에 있어서 검체 1mL 중의 세균수를 기재 또는 보고할 경우에 그것이 어떤 제한된 것에서 발육한 집락을 측정한 수치인 것을 명확히 하기 위하여 1평판에 있어서의 집락수는 상당 희석배수로 곱하고 그 수치가 표준평판법에 있어서 1mL 중(1g 중)의 세균수 몇 개라고 기재보고하며 동시에 배양온도를 기록한다. 숫자는 높은 단위로부터 3단계에서 반올림하여 유효숫자를 2단계로 끊어 이하를 0으로 한다.

식품공전 상 세균수 측정법

4.5 세균수

세균수 측정법은 일반세균수를 측정하는 표준평판법, 건조필름법 또는 자동화된 최확수법(Automated MPN)을 사용할 수 있다.

4.5.1 일반세균수

가. 표준평판법

나. 건조필름법

다. 자동화된 최확수법(Automated MPN) : 우유류, 유당분해우유, 가공유(무지유고형분 5.5% 미만인 제품 제외), 조제유류, 분유류, 소 도체, 돼지 도체, 닭 도체, 오리 도체에 한한다.

4.5.2 총균수 : 직접현미경법(Breed method)

---

(3) 대장균군(coliform bacteria)

그람음성, 무아포성 간균으로 유당을 분해하여 가스를 발생하는 모든 호기성 또는 통성혐기성세균

① 정성시험 : 대장균의 유무 판정

㉠ 유당배지법 : 유당 bouillon 발효관법(Lactose Broth 발효관)

ⓐ 추정시험 : LB 배지(유당 배지)에 접종하여 35~37℃에서 24±2시간 배양한 후 가스가 발생하면 양성

ⓑ 확정시험 : BGLB 배지, EMB 배지, Endo 배지

추정시험 결과 양성인 것은 BGLB 배지에 접종하여 35~37℃에서 24±2시간 동안 배양한 후 가스가 발생하면 EMB 배지(금속광택의 집락), Endo 배지에 분리 배양하여 전형적인

집락이 발생되면 확정시험 양성

　　ⓒ 완전시험 : 보통한천배지(Nutrient Agar)

　　　보통한천배지의 집락에 대하여 그람음성, 무아포성 간균이 증명되면 완전시험은 양성이며 대장균군 양성으로 판정

　ⓛ BGLB 배지법

　ⓒ 데스옥시콜레이트유당한천배지법

② 정량시험 : 대장균군의 수 측정

　㉠ MPN법(most probable number, 최확수법) **기출**

　　ⓐ 최확수란 이론상 가장 가능한 수치로 동일 희석배수의 시험용액을 배지에 접종하여 대장균군의 존재 여부를 시험하고 그 결과로부터 확률적인 대장균군의 수치를 산출하여 최확수로 표시하는 방법

　　ⓑ 검체의 연속한 3단계 이상의 희석시료(10ml, 1ml, 0.1ml 또는 1, 0.1, 0.01 또는 0.1, 0.01, 0.001) → 각각 액체배지(LB, BGLB 배지)를 넣은 5개 또는 3개의 발효관에 가해 배양 → 가스 발생 발효관에 대해 추정, 확정, 완전 시험을 실시해 대장균 유무 확인 → 양성 발효관수를 세어 최확수표로부터 검체 1g 또는 1ml중에 대장균군수를 구함

　ⓛ 데스옥시콜레이트유당한천배지법

　ⓒ 건조필름법

　ⓔ 자동화된 최확수법(Automated MPN)

> **IMVIC시험에 의한 대장균의 감별법**
> • Indole 생산시험, methyl red(MR)시험, voges-proskauer(VP)시험, 구연산염 이용능시험 등
> • 대장균 : Indole(+), methyl red(+), VP시험(-), 구연산염 이용능시험(-)

(4) 세균성 식중독균

식중독균	증균배양	분리배양	확인시험
살모넬라	펩톤수 → Rappaport-Vassiliadis 배지	XLD Agar 및 BG Sulfa 한천배지[Bismuth Sulfite 한천배지, Desoxycholate Citrate 한천배지, HE 한천배지, XLT4 한천배지]에 도말→ 36±1℃에서 20~24시간 배양 후 의심집락은 확인시험 실시	TSI Agar, LIA 사면배지에 천자배양→ 그람음성 간균, Indol(-), MR(+), VP(-), Citrate(+), Urease(-), Lysine(+), KCN(-), malonate(-) 시험등의 생화학적 검사를 실시하여 살모넬라 양성유무를 판정
장염비브리오	Alkaline 펩톤수	TCBS 한천배지에 접종 → 35~37℃에서 18~24시간 배양 → 직경 2~4mm인 청록색의 서당 비분해 집락에 대하여 확인시험을 실시	TSI 사면배지, LIM 반유동배지, 2% NaCl을 첨가한 보통한천배지에 배양→ TSI 사면배지에서 사면부가 적색, 고층부는 황색, 가스가 생성되지 않으며, LIM 배지에서 Lysine Decarboxylase 양성, Indole 생성, 운동성 양성, Oxidase 시험 양성

포도상구균	10% NaCl 첨가한 TSB 배지	난황첨가 만니톨 식염한천배지 [기출], Baird-Parker 한천배지에 접종 → 35~37℃에서 18~24시간 배양(황색불투명 집락 확인)	보통 한천배지 배양 → 포도상의 배열을 갖는 그람양성 구균 확인 후 coagulase 시험을 실시(24시간 이내에 응고 유무 판정) → Coagulase 양성으로 확인된 것은 생화학 시험을 실시하여 판정
클로스트리디움 퍼프린젠스	Cooked Meat 배지	난황 첨가 Clostridium perfringens 한천배지(또는 TSC)에 접종 → 35~37℃에서 18~24시간 혐기배양→ 직경 2mm 정도의 약간 돌기된 유황색으로 주변에 불투명한 백색환이 있는 집락 또는 TSC 한천배지에서 불투명한 환을 가지는 황회색 집락은 확인시험을 실시	보통한천배지→그람양성간균으로 확인된 집락은 GAM 배지에서 배양 후 BTB-MR 지시약을 가해서 붉은 색으로 변하는 것을 양성으로 판정 – 난황이 포함된 TSC 한천배지에 접종하여 35~37℃에서 24시간 혐기배양한 수 2~4mm 불투명한 환을 가지는 황회색 집락을 양성으로 판정

※ E. coli O157 : H7 : 증균배양 → 분리배양 → 확인시험 → 혈청형시험

(5) 곰팡이, 효모

① 진균수(효모 및 사상균수) : 진균수의 측정방법은 4.5.1 일반세균수 가. 표준평판법에 준하여 시험한다. 다만, 배지는 포테이토 덱스트로오즈 한천배지(배지 12)를 사용하여 25℃에서 5~7일 간 배양한 후 발생한 집락수를 계산하고 그 평균집락수에 희석배수를 곱하여 진균수로 함

② 곰팡이수(Howard Mold Counting Assay)

ㄱ 시험법 적용범위 : 고춧가루, 천연향신료, 향신료조제품 등에 적용

ㄴ 장치 : 균질기, 하워드곰팡이계수슬라이드(Howard Mold Counting slide), 현미경

③ 효모의 세포수 : Thoma의 혈구계수기측정법

(6) 막 여과법(Membrane Filtration Method)

① 일정량의 액체검체를 크기 $0.45\mu m$의 다공성 셀룰로오스 아세테이트막을 투과시켜 미생물을 거른 후 이들 미생물을 액체 또는 고체배지 위에서 배양시켜 형성된 군집의 수를 세어 총 미생물 수를 알아내는 방법

② 원리 : 바이러스를 제외한 대부분의 미생물이 보통 $0.5~1.0\mu m$의 크기를 갖고 있기 때문에 이보다 작은 구멍을 가진 막을 투과하지 못하는 원리 이용

③ 장점 : 액체의 양이 많으나 미생물 오염도가 낮은 음용수의 대장균 오염 정도를 측정하는데 유리

④ 단점 : 검체는 반드시 불투명하지 않은 액체여야 함

(7) 세균발육시험

통·병조림, 레토르트 등 멸균제품에서 세균의 발육유무를 확인하기 위한 것이다.

① 가온보존시험 : 시료 5개를 개봉하지 않은 용기·포장 그대로 배양기에서 35~37℃에서 10일간 보존한 후, 상온에서 1일간 추가로 방치한 후 관찰하여 용기·포장이 팽창 또는 새는 것은 세균발

육 양성으로 하고 가온보존시험에서 음성인 것은 다음의 세균시험을 한다.

② 세균시험 : 세균시험은 가온보존시험한 검체 5관에 대해 각각 시험한다.

(8) 미생물신속검출법 기출

종류	원리	장점	단점
중합효소 연쇄반응 (PCR)	원인미생물을 분리하지 않고 대상으로 하는 특정 DNA의 일부만을 시험관 내에서 증폭시켜서 식품에 오염된 미생물을 확인	• 신뢰성 높음 • 신속하여 현장 사용 증가 • 실시간 PCR은 전기영동 불필요	식품과 같이 오염되어 있는 경우 식품의 여러 가지 성분에 의해 분리가 어려울 수도 있음
효소면역 측정법 (ELISA)	효소–기질의 반응결과로 나타난 물질의 변색정도로 항원–항체반응 정도를 측정함으로써 정성 및 정량 분석	• 불필요한 노력 절약 • 경비절감 • 전문적 기술 필요 없음	고가의 장비 필요
유전자지문 분석법 (PFGE)	특정 제한효소로 처리된 DNA를 전기영동시켜 DNA 분절의 형태학적 양상을 비교 관찰함으로써 높은 유전적 상관관계를 알 수 있음	• 신뢰성이 가장 높음 • 감별력과 재현성이 높음	분석에 많은 시간 소요
DNA 마이크로어레이	DNA–탐침(probe)를 이용한 미생물 진단법. 검체 내 미생물의 유전인자 핵산을 직접 DNA–탐침을 이용하여 측정	다양한 식중독균 동시 진단 가능	특정 미생물에 대한 선택성이 높지 않음

4 화학적 검사

(1) 유해 중금속

① 시험용액의 제조(전처리) : 습식분해법, 건식회화법, 용매추출법

② 정량시험(측정법)

㉠ 유도결합플라즈마–질량분석법(ICP-MS) : 납, 카드뮴, 비소, 주석, 구리 등

㉡ 유도결합플라즈마–발광광도법(ICP-OES) : 납, 카드뮴, 비소, 주석, 구리 등

㉢ 원자흡광광도법 : 납, 카드뮴, 비소, 수은, 주석, 구리 등

※ Zn, Mn, Ni, Fe, Be, V, Se, Cr, Sb 등 : ㉠, ㉡, ㉢

(2) formaldhyde

① 정성시험

㉠ Rimini반응(phenylhydrazine용액사용 : 청색–자색)

㉡ 난백철반응(자색) / chromotropic acid법(가온 시 자색)

② 정량시험 : acetyl acetone 법

(3) methyl alcohol

① 정성 : 구리망산화법(Rimini반응으로 검출)

② 정량 : 후크신(fuchisn)아황산법(주류중 methylalcohol 검사 시)

(4) 시안(CN)화합물

① 정성 : 피크린산 시험지법, diphenylcarbazid 수은지법

② 정량 : pyridine-pyrazolone법, ione전극법

(5) 잔류농약 및 공업약품

① 잔류농약 : gas chromatography법

② PCB, 프탈산에스테르 : gas chromatography법

(6) 식품첨가물

구 분	식품첨가물	대표적인 시험법	
		정성	정량
보존료	데히드로초산, 소르빈산, 안식향산 및 그 염류 파라옥시안식향산에스테르류	액체크로마토그래피, 기체크로마토그래피	
	프로피온산 및 그 염류	기체크로마토그래피	
표백제	아황산, 차아황산과 그 염류	요오드산칼륨·전분지법 아연분말환원법	모니어-윌리암스변법 산증류-비색법
인공 감미료	사카린나트륨	액체크로마토그래피 박층크로마토그래피	액체크로마토그래피
	아세설팜칼륨, 사카린나트륨, 아스파탐 동시분석	액체크로마토그래피	
산화 방지제	부틸하이드록시아니졸(BHA) 디부틸하이드록시톨루엔(BHT)	기체크로마토그래피, 액체크로마토그래피	
	몰식자산프로필, 터셔리부틸히드로퀴논(TBHQ) 이.디.티.에이.이나트륨, 이.디.티.에이.칼슘이나트륨	액체크로마토그래피	
착색료	타르색소(산성색소)	모사염색법 액체크로마토그래피	액체크로마토그래피
발색제	아질산이온		디아조화법

① 살리실산

  ㉠ 정성시험 : 염화제2철반응, Jorissen 반응, Millon-Linter 반응

② Dulcin

  ㉠ 정성 : Jorissen법, Thom-Berliner법

  ㉡ 정량 : Ammonia 측정법, Xanthohydrol법

(7) 식품용기 및 포장

① 식기중 전분성 잔유물 : 요오드용액(청색)

② 식기중 지방성 잔유물 : butter yellow 용액(황색), curcumin 용액(황색)

③ 식기중 단백성 잔유물 : 0.2% ninhydrin 용액(자색)

④ 식기 중 중성세제 잔유물 : methylene blue법(청색)

⑤ 합성수지제 용기(PVC)의 phenol 검출 여부 검사 : $FeCl_3$ 이용(자색)

⑥ 종이제품의 형광 증백제 유무검사 : 자외선(3,650 Å)조사(청록색)

(8) 항생물질 : 비색법, 형광법, 자외선 흡수 spectrum법, polarograph법

(9) 아플라톡신 : 액체크로마토그래피, 고순도게르마늄 감마핵종분석기에 의한 시험

5 물리적 검사

(1) 물리적 검사(일반검사)

온도, 비중, 경도, 전기저항, 방사능 오염물질 등에 대한 검사

(2) 이물

① 이물검사 [기출]

방법	적용범위	분석원리
체분별법	검체가 미세한 분말일 때 적용	분말을 체로 쳐서 큰 이물을 체위에 모아 육안으로 확인하고, 필요 시 현미경 등으로 확대하여 관찰
여과법	검체가 액체일 때 또는 용액으로 할 수 있을 때 적용	검체가 액체일 때 또는 용액으로 할 수 있을 때 그 용액을 신속여과지로 여과하여 여과지상의 이물을 검사
와일드만 플라스크법	곤충 및 동물의 털과 같이 물에 잘 젖지 아니하는 가벼운 이물검출에 적용	식품의 용액에 소량의 휘발유나 피마자유 등 물과 섞이지 않는 포집액을 넣고 세게 교반한 후 방치해 놓으면 물에 잘 젖지 않는 가벼운 이물이 유기용매층에 떠오르는 성질을 이용하여 이물을 분리, 포집 후 검사
침강법	쥐똥, 토사 등의 비교적 무거운 이물의 검사에 적용	검체에 비중이 큰 액체를 가하여 교반한 후 그 액체보다 비중이 큰 것은 바닥에 가라앉고 이보다 비중이 작은 식품의 조직 등은 위에 떠오르므로, 상층액을 버린 후 바닥의 이물을 검사
금속성이물 (쇳가루)	분말제품, 환제품, 액상 및 페이스트제품, 코코아가공품류 및 초콜릿류 중 혼입된 쇳가루 검출에 적용(분쇄공정을 거친 원료를 사용하거나 분쇄공정을 거친 제품에 한함)	쇳가루가 자석에 붙는 성질을 이용하여 식품 중 쇳가루를 검사

② 이물 제어방법 [기출]

이물 제어법	적용 가능한 제품의 특징	적용 대상 품목
금속검출기	일정 크기 이상의 금속이물 검출에 사용	내포장 전 고형제품, 포장된 액상이나 분말제품
X선 검출기	금속검출기의 검출 한계를 벗어난 작은 금속이물이나 비금속류 이물 제거에 사용	내포장 이후 제품에서 경질 이물 제거
자석선별기	유동성 있는 식품 속의 철편, 쇳가루	가루 속, 액상식품 속의 철편, 쇳가루
여과망	액상 혹은 분말상의 유동성 있는 균질한 물질	밀가루 속의 이물, 난백액 속의 달걀 껍질, 우유 속의 모래나 털
기타 선별대(육안 선별), 석발기 등		

6 독성검사

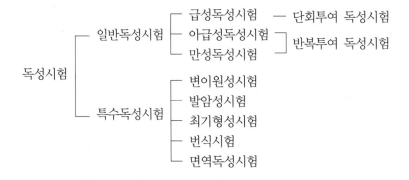

(1) 일반독성시험 [기출]

① 급성독성시험
 ⊙ 실험동물에게 시료를 1회만 비교적 다량 투여하여 그 독성의 영향을 관찰하는 시험, 독성의 유무를 검토할 때 제일 먼저 실시
 ⓛ 저농도로부터 순차적으로 고농도까지 일정한 간격으로 투여
 ⓒ 실험동물 및 관찰기간 : 설치류, 비설치류 포함 2종이상, 1~2주 관찰 → 최소치사량, 반수치사량 등을 구함
 ⓔ LD_{50}(50% lethal doses)구하는 것이 목적
  ⓐ mouse나 rat 등을 사용하여 50%, 즉 1/2의 동물이 사망하는 양을 동물의 체중 kg당 mg수 또는 g수로 표시(이때 추정되는 시험물질은 1회 투여량)
  ⓑ 이 값이 낮을수록 독성이 높음을 의미

등급	구분	사람에 대한 치사량	예
1	무독성	>15g/kg	glucose
2	저독성	5~15g/kg	ethanol
3	보통독성	0.5~5g/kg	sodium chloride
4	고독성	50~500mg/kg	phenobarbital sodium
5	극독성	5~50mg/kg	nicotine
6	맹독성	<5mg/kg	tetrodotoxin

② 아급성 독성시험

　　㉠ 시험물질을 동물수명의 1/10기간 정도의 기간, 즉 3개월에서 12개월까지의 기간에 걸쳐 1일 1회 또는 수차례 시험물질을 연속 경구투여하여 발현용량, 중독증상 및 사망률 등을 관찰하고 영향 받는 여러 가지 표적 대상기관 등을 검사

　　㉡ 설치류(생쥐, 흰쥐), 비설치류 포함 2종 이상 사용, 흰쥐의 경우 1~3개월 관찰, 투여량은 LD_{50}값에서 폭넓게 잡아 분말이나 고형사료를 섭취시킴

　　㉢ 시험결과 : 일반증상, 체중, 사료 섭취량, 물섭취량, 혈액 및 요검사, 병리학적 검사 등의 기능검사를 통해 확실중독량(DTD), 최대내성용량(MTD)등을 확인

　　㉣ 만성독성 시험의 투여량 결정을 위한 예비시험

③ 만성독성시험

　　㉠ 시험물질을 소량씩 장기간에 걸쳐 경구적으로 섭취하였을 때 어떤 장해나 중독이 일어나는가를 알아보기 위한 시험. 특히, 식품첨가물의 안전한계 설정 시 또는 불가역적이나 점진적인 영향을 발견하고 확인하는 경우 필요

　　㉡ 설치류, 비설치류 포함 2종 이상, 1~2년 관찰(설치류 2년, 비설치류 1년)

　　㉢ 시험결과 : 일반증상, 체중, 사료 섭취량, 물 섭취량, 심전도, 혈액학적 및 혈액생화학적 검사, 요검사, 부검, 조직병리학적 검사 및 독성동태 분석을 실시하여 최대내성용량, 최대무작용량 및 용량-독성 반응관계를 도출하여 독성 평가

　　㉣ 최대무작용량(MNEL, maximum non effect level 또는 NOEL, no observed effect level) : 동물독성시험에서 실험동물의 평생 동안 매일 투여해서 아무런 영향이 나타나지 않는 화학물질의 최대 투여량이며 동물체중 1kg당 mg수로 표시

　　㉤ 용량-반응곡선

　　　ⓐ 미지의 독성을 가진 물질이 있다고 한다면 그 물질의 독성용량과 비독성 용량의 기준, 특성 등을 파악하는데 중요한 요소

　　　ⓑ 독성물질의 투여량과 특정 집단에서의 반응을 보이는 개체의 분포관계가 S자 곡선으로 그려진다.

　　　ⓒ 역치 : 작용이 나타나기 시작하는 점(손상에 대해서 회복 능력을 넘어서는 지점)

　　　ⓓ 최대무작용량 : 독성이 나타나지 않는 역치값 중 가장 높은 투여량

❂ 용량–반응곡선

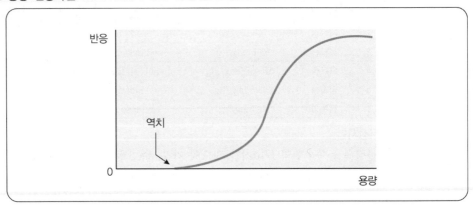

1일섭취허용량

1. **1일섭취허용량**(Acceptable daily intake, ADI)
   - 사람이 일생동안 섭취하였을 때 현시점에서 알려진 사실에 근거하여 바람직하지 않은 영향이 나타나지 않을 것으로 예상되는 물질의 1일 섭취량

$$ADI = \frac{최대무작용량}{안전계수}$$

   - 식품첨가물의 무독성량은 어떤 식품첨가물을 장기간에 걸쳐 투여해도 실험동물에 어떤 영향도 미치지 않는 양을 말하지만, 이 값을 그대로 사람에게 적용할 수는 없다. 그래서 동물실험의 결과를 인간에게 적용하기 위해 안전계수 이용
2. **안전계수** 기출
   - 실험동물에서 실시한 독성시험의 결과를 인간에게 외삽할 경우에 사용하는 경험치
   - 동물의 종이 달라지면서 10배, 사람 개인간의 차이에 따라서 10배의 독성 차이가 나올 수 있기 때문에 일반적으로 100, 10~1000 사이의 안전계수 채택
     - *cf* 어린이의 경우는 안전계수 1/1000을 곱해준다.

(2) 특수독성시험

① 변이원성시험 기출
   ㉠ 화학물질이 DNA에 작용하여 DNA 손상이나 돌연변이, 염색체 이상 등의 독성을 나타내는지를 검사하는 것으로서 유전 독성시험이라고도 함, 이를 기초로 시험물질의 돌연변이 유발성 또는 발암 가능성 여부를 in vivo, in vitro 실험을 통해 정성적으로 표시하는 일련의 시험
   ㉡ 종류
      ⓐ 세균을 이용한 복귀돌연변이시험(Ames test)
         - 박테리아를 이용하여 어떤 화학물질이 DNA에 돌연변이를 일으킬 수 있는 지를 시험하는 방법으로 돌연변이 유발물질을 검출하는데 널리 사용
         - 특정 아미노산(예 히스티딘) 합성이 저해된 미생물(예 살모넬라)을 이용하여 시험물질에 의해 아미노산 합성 균주로 전환되는지를 확인함으로써 독성을 측정하는 시험법

ⓑ 포유류 배양세포를 이용한 체외염색체이상시험(Chromosomal aberrations test)

ⓒ 설치류 조혈세포를 이용한 체내소핵시험(micronucleus test)

ⓒ 발암성 시험의 예비시험으로 이용

② 발암성시험

㉠ 시험물질을 동물의 일생에 걸쳐 매일 투여하여 발암성 유무를 관찰하는 시험

㉡ 종양의 발생이 대조군보다 빠른가, 많이 발생하는가 또는 종양이 발생하면 그 발생 시기, 부위, 종양수 등에 대하여 비교 검토 후 해석하고 음성, 양성의 여부를 밝힘

㉢ 시험결과 발암성이 확인된 경우 그 물질의 사용을 금지

③ **최기형성시험**(기관형성기투여시험) 기출

임신한 동물의 태아가 성장하는 동안 모체에 시험물질을 투여하여 출산 예정일 직전에 태중에 있는 새끼에 대한 형태적인 영향, 즉 기형성을 조사하는 시험

④ **번식시험**(다세대 시험 또는 생식독성시험) : 시험물질의 생식선 기능, 발정주기, 교배, 임신, 출산, 수유, 이유 및 태아의 성장에 미치는 작용 정보를 얻기 위한 시험

⑤ **면역독성시험**

㉠ 화학물질이 생물체의 면역체계에 이상을 일으키는지를 조사하는 시험

㉡ 항원성 시험, T-의존 항체형성 세포반응 등

🔓 CHECK Point 기출

- NOAEL : 무독성량 - 동물독성시험에서 바람직하지 않은 어떤 영향이 관찰되지 않는 화학물질의 최대량
- **최소작용량**(LOEL) : 피실험물질의 영향이 보이는 최소용량
- GRAS : 해로운 영향이 나타나지 않거나 증명되지 않고 다년간 사용되어 온 식품첨가물에 사용되는 용어
- LC_{50} : 노출된 집단의 50% 치사를 일으키는 식품 또는 음료수 중 유독물질의 농도
- TD_{50} : 처리동물의 50%가 효과를 나타내기 위해 개체당 주입하지 않으면 안되는 세포의 평균수
- MTD(최대내성용량) : 대조군과 비교하여 10% 이상의 체중감소를 초래하지 않으며, 그 동물의 수명을 단축시킨다고 기대되는 사망률, 독성의 증후 등이 나타나지 않는 최대용량
- MLD : 실험동물에 대한 최소 치사량
- MPI(1인당 1일 최대섭취허용량) = ADI × 체중
- MRL(식품 중의 최대잔류 허용량) = MPI/식품계수
  ADI, 성인체중, 식품계수(매일 소비하는 그 식품의 양) 등을 고려하여 산정

1 식품의 신선도 검사

(1) 우유

① methylene – blue 환원 test

② 70% ethyl alcohol

③ 자비시험

④ 산도측정 : 신선유는 0.14~0.16% (0.1N NaOH)

⑤ resazurin 환원test 기출

> • 참고
>
> **메틸렌블루 환원시간과 세균수와의 관계**
>
> | 탈색시간(환원시간) | 세균수(ml당) |
> | --- | --- |
> | 8시간 이상 | 50,000 이하(평판배양 또는 직접균괴검경) |
> | 6시간 이상 | 200,000 이하(평판배양 또는 직접균괴검경) |
> | 3.5시간 이하 | 1,000,000 이상(평판배양 또는 직접균괴검경) |
>
> * 비중측정 : 1.032
> * 우유의 가열살균 확인 : phosphatase test 기출 (가열살균 시 파괴)
> * 우유지방측정법 : Babcock 법, Gerber법, Rose—Gottlieb법
> * 항생물질 존재 유무 : TTC test

(2) 달걀

① 외관 : 표면이 거칠수록 신선, 광택이 나는 것은 오래된 것

② 투시검란 : 알을 광원에 비추면 신선란은 밝게 보이지만 오래된 알은 어둡게 보인다.

③ 비중측정 : 신선란은 10% 식염수에 가라앉음

④ 난황계수 : 신선란은 0.36~0.44

(3) 통조림 : 가온보존실험(검체 5개 보존)

① 팽창관의 원인과 성상에 따른 분류

ㄱ Flipper : 어느 한 쪽이 약간 팽창된 것으로 누르면 '퐁'하는 소리를 내고 즉시 원상태로 회복

ㄴ Springer : 한쪽 면이 완전히 팽창한 것으로 팽창면을 손가락으로 누르면 다른 면이 팽창 됨

ㄷ Soft swell : 캔의 양면이 팽창된 것으로 팽창면을 손가락으로 누르면 조금은 원상태로 돌아오나 정상으로는 안됨

ㄹ Hard swell : 캔의 양면이 강하게 팽창된 것으로 손가락으로 눌러도 전혀 들어가지 않음

(4) 어육 및 식육

암모니아·휘발성아민(Ebel법), pH측정, 단백질승홍침전반응, 휘발성 염기질소(VBN), histamine 등

(5) 유지 [기출]

산가(AV), 카르보닐가(COV), 과산화물가(POV), thiobarbituric acid가(TBA value)

2 수질오염의 지표

(1) 부유물질(suspended solid : SS)

식품공업폐수는 부상질, 침전질, 부상성막, colloid성 물질 등의 부유물질발생

(2) DO(용존산소량)

① 물에 용해된 산소량으로 mg/l, ppm 단위로 표시
② 오염이 심할수록 DO가 적다.

(3) BOD(생물학적 산소요구량)

① 미생물이 물속에 오염된 분해 가능한 유기물질을 분해시키는 데 필요한 산소의 양
② 20℃에서 5일간 소비되는 산소량(=BOD_5)
③ 오염이 심할수록 BOD가 높다
④ 식품공장폐수 : 유기물 ↑, SS↑, BOD↑, DO↓

(4) COD(화학적 산소요구량)

① 물속의 산화가능한 물질이 산화되기 위해 소비되는 산화제에 대응하는 산소량
② 오염이 심할수록 COD가 높다.
③ 유기물 적으나 무기환원성 물질 많으면 COD>BOD
④ 산화제로 $KMnO_4$이용 → CODmn으로도 표시

01

식품위생 검사와 거리가 먼 것은?

① 관능 검사
② 독성 검사
③ 면역 검사
④ 물리적 검사

🔖 **식품위생검사** : 관능검사, 생물학적 검사, 물리적 검사, 화학적 검사, 독성 검사

02 식품산업기사 2018년 3회

식품위생 검사 시 검체의 채취 및 취급에 관한 주의사항으로 틀린 것은?

① 저온 유지를 위해 얼음을 이용할 때 얼음이 검체에 직접 닿게 하여 저온 유지 효과를 높인다.
② 식품위생감시원은 검체 채취 시 당해 검체와 함께 검체 채취 내역서를 첨부하여야 한다.
③ 채취된 검체는 오염, 파손, 손상, 해동, 변형 등이 되지 않도록 주의하여 검사실로 운반하여야 한다.
④ 미생물학적인 검사를 위한 검체를 소분 채취할 경우 멸균된 기구·용기 등을 사용하여 무균적으로 행하여야 한다.

🔖 저온유지를 위해 얼음 등을 이용할 때에는 얼음이 검체에 직접 닿지 않도록 주의해야 한다.

03 식품기사 2015년 1회

미생물 검사를 요하는 검체의 채취 방법에 대한 설명으로 틀린 것은?

① 채취 당시의 상태를 유지할 수 있도록 밀폐되는 용기·포장 등을 사용하여야 한다.
② 무균적으로 채취하더라도 검체를 소분하여서는 안된다.
③ 부득이한 경우를 제외하고는 정상적인 방법으로 보관·유통 중에 있는 것을 채취하여야 한다.
④ 검체는 관련정보 및 특별수거계획에 따른 경우와 식품접객업소의 조리식품 등을 제외하고는 완전포장된 것에서 채취하여야 한다.

🔖 미생물학적 검사를 위한 검체는 가능한 미생물에 오염되지 않도록 단위포장상태 그대로 수거하도록 하며, 검체를 소분채취할 경우에는 멸균된 기구용기 등을 사용하여 무균적으로 행하여야 한다.

---

answer | 01 ③ 02 ① 03 ②

04 식품산업기사 2017년 2회

식품위생 검사를 위한 검체의 일반적인 채취 방법 중 옳은 것은?

① 깡통, 병, 상자 등 용기에 넣어 유통되는 식품 등은 반드시 개봉한 후 채취한다.

② 합성착색료 등의 화학물질과 같이 균질한 상태의 것은 가능한 많은 양을 채취하는 것이 원칙이다.

③ 대장균이나 병원 미생물의 경우와 같이 목적물이 불균질할 때는 최소량을 채취하는 것이 원칙이다.

④ 식품에 의한 감염병이나 식중독의 발생 시 세균학적 검사에는 가능한 많은 양을 채취하는 것이 원칙이다.

　　• 깡통, 병, 상자 등 용가포장에 넣어 유통되는 식품 등은 가능한 한 개봉하지 않고 그대로 채취한다.
　　• 검체는 검사대상 전체를 대표할 수 있는 최소한도의 양을 수거하나 검체가 불균질할 때는 다량을 채취하는 것이 원칙이다.

05 교육청 유사기출

미생물학적 검사를 위한 검체의 채취와 운반요령에 대한 설명으로 옳지 않은 것은?

① 검체 채취기구는 미리 핀셋, 시약스푼 등을 몇 개씩 건열 및 화염멸균을 한 다음 검체 1건마다 바꾸어 가면서 사용하여야 한다.

② 검체가 균질한 상태일 때에는 어느 일부분을 채취하여도 무방하나 불균질한 상태일 때에는 여러 부위에서 일반적으로 많은 양의 검체를 채취하여야 한다.

③ 부패·변질우려가 없는 검체는 반드시 냉장온도에서 운반할 필요는 없으나 오염, 검체 및 포장의 파손 등에 주의하여야 한다.

④ 검체는 멸균용기에 무균적으로 채취하여 저온(5℃± 3 이하)을 유지시키면서 4시간 이내에 검사기관에 운반하여야 한다.

　　미생물학적 검사를 위한 검체는 저온(5℃± 3 이하)을 유지시키면서 24시간 이내에 검사기관에 운반하여야 한다.

06 경북 유사기출

일반세균수를 측정하는 목적은?

① 식중독균의 오염여부를 확인하기 위해

② 식품의 신선도를 판정하기 위해

③ 분변오염 여부를 확인하기 위해

④ 원료의 오염여부를 판정하기 위해

07 식품기사 2013년 1회

식품의 생균수 실험에 관한 설명 중 틀린 것은?

① Colony 수가 15~300개 범위의 평판을 선택하여 균수 계산을 한다.
② 표준한천평판 배지를 사용한다.
③ 주로 Howard법으로 검사한다.
④ 식품의 현재 오염정도나 부패진행도를 알 수 있다.

◀ Howard법은 주로 곰팡이의 균사검사에 이용된다.

08 식품기사 2016년 2회

식품의 총균수 검사를 통하여 알 수 있는 것은?

① 신선도
② 가공 전의 원료 오염상태
③ 부패도
④ 대장균의 존재

09 교육청 유사기출

식품 위생 검사 시 일반세균수를 측정하는 데 사용되는 방법은?

① 표준한천평판 배양법
② 젖당부이온 발효관법
③ 최확수법
④ 난황첨가만니톨식염한천배지법

◀ 일반세균수 측정에는 표준평판법, 건조필름법, 자동화된 최확수법이 있다.

10 식품기사 2016년 1회

식품공전상 세균수 측정법이 아닌 것은?

① 직접현미경법
② 자동화된 최확수법
③ 건조필름법
④ 호기성 세균수 측정법

◀ 식품공전상 세균수 측정법 : 표준평판법, 건조필름법, 자동화된 최확수법, 직접현미경법(Breed법)

11 식품산업기사 2016년 2회

그람음성의 무아포 간균으로서 유당을 분해하여 산과 가스를 생산하며, 식품 위생 검사와 가장 밀접한 관계가 있는 것은?

① 대장균
② 젖산균
③ 초산균
④ 발효균

answer | 07 ③   08 ②   09 ①   10 ④   11 ①

12 식품산업기사 2016년 3회

대장균의 시험법이 아닌 것은?

① 동시시험법　　　　　　　　② 최확수법
③ 건조필름법　　　　　　　　④ 한도시험법

- 대장균의 정성시험 : 한도시험
- 대장균의 정량시험 : 최확수법, 건조필름법

13 식품기사 2015년 3회

대장균의 생리학적 특징으로 옳은 것은?

① lactose 발효, indole(+), methyl red(+), VP test(−)
② lactose 발효, indole(−), methyl red(−), VP test(+)
③ lactose 비발효, indole(+), methyl red(−), VP test(−)
④ lactose 비발효, indole(−), methyl red(+), VP test(−)

- 대장균 : lactose 발효, indole(+), methyl red(+), VP test(−), 구연산 이용능시험(−)

14 식품산업기사 2013년 1회

대장균군의 정성시험 순서가 바르게 된 것은?

① 추정시험 – 확정시험 – 완전시험　　② 추정시험 – 완전시험 – 확정시험
③ 완전시험 – 확정시험 – 추정시험　　④ 완전시험 – 추정시험 – 확정시험

15 식품산업기사 2018년 2회

대장균군의 추정, 확정, 완전시험에서 사용되는 배지가 아닌 것은?

① TCBS agar　　　　　　　　② Endo agar
③ EMB agar　　　　　　　　　④ BGLB

- 추정시험 : LB배지
- 확정시험 : Endo agar, EMB agar, BGLB
- 완전시험 : 보통한천배지
- TCBS agar는 장염비브리오균의 분리배양에 사용되는 배지이다.

16 식품기사 2014년 2회

식품공전상의 대장균군에 대한 최확수법의 설명으로 옳지 않은 것은?

① 최확수란 이론적으로 가장 가능한 수치를 말한다.
② 대장균군수는 희석한 시료를 유당배지 발효관에 접종하여 실험한다.
③ 유당배지 발효관 중 가스 생성 여부에 따라 확률적인 대장균의 수치를 산출하고 최확수로 나타낸다.
④ 실험결과, 최확수표에 직접 구하는 대장균군수는 시료 100ml에 대한 것이다.

🔹 가스발생 발효관 각각에 대하여 추정, 확정, 완전시험을 행하고 대장균군의 유무를 확인한 다음 최확수표로부터 검체 1mL 또는 1g중의 대장균군수를 구한다.

17 식품산업기사 2016년 3회

최확수(MPN)법의 검사와 관련된 용어 또는 설명이 아닌 것은?

① 비연속된 시험용액 2단계 이상을 각각 5개씩 또는 3개씩 발효관에 가하여 배양
② 확률론적인 대장균군의 수치를 산출하여 최확수로 표시
③ 가스 발생 양성관수
④ 대장균군의 존재 여부 시험

🔹 연속된 시험용액 3단계(10, 1, 0.1 또는 1, 0.1, 0.01 또는 0.1, 0.01, 0.001ml) 이상을 각각 5개씩 또는 3개씩 발효관에 가하여 배양한다.

18 수탁지방직 2010년 기출

대장균군 검사에 사용되지 않는 배지는?

① 표준한천평판배지 　　　② LB 배지
③ BGLB 배지 　　　　　　④ EMB 배지

🔹 • 표준한천평판배지는 일반세균수 검사에 사용되는 배지이다.
　• 대장균군 검사 : LB 배지, BGLB 배지, EMB 배지, Endo 배지, 데스옥시콜레이트 유당한천배지 등

19 식품산업기사 2017년 2회

대장균 O157 : H7의 시험에서 확인 시험 후 행하는 시험은?

① 정성 시험 　　　　　　② 증균 시험
③ 혈청형 시험 　　　　　④ 독소 시험

🔹 대장균 O157 : H7의 시험 : 증균배양 → 분리배양 → 확인시험 → 혈청형 시험

answer | 16 ④　17 ①　18 ①　19 ③

20 식품기사 2014년 2회

식중독균이 오염된 식품에서 식중독균을 분리하려고 할 때 식중독균과 분리배지가 바르게 연결된 것은?

① 황색포도상구균 – 난황함유 MacConkey 한천배지
② 클로스트리디움 퍼프린젠스 – 난황함유 TSC 배지
③ 살모넬라균 – TCBS 한천배지
④ 리스테리아균 – Desoxycholate 한천배지

- **황색포도상구균** : 난황첨가 만니톨식염한천배지
- **살모넬라** : XLD Agar, Bismuth Sulfite 한천배지, Desoxycholate Citrate 한천배지
- **리스테리아** : Oxford 한천배지, LPM 한천배지, PALCAM 한천배지

21 전남 유사기출

식중독균인 황색포도상구균의 정성시험에 사용되는 배지는?

① TCBS 한천배지
② 난황첨가만니톨 식염한천배지
③ Oxford 한천배지
④ Desoxycholate Citrate 한천배지

- ① TCBS 한천배지 : 장염비브리오
- ③ Oxford 한천배지 : 리스테리아 모노사이토제네스
- ④ Desoxycholate Citrate 한천배지 : 살모넬라

22 식품산업기사 2014년 3회

살모넬라(Salmonella spp.)를 TSI slant agar에 접종하여 배양한 결과 하층부가 검은색으로 변하는 이유는?

① 유기산 생성
② 인돌 생성
③ 젖당 생성
④ 유화수소 생성

- 살모넬라균은 트립토판으로부터 인돌을 형성하지 못하고 황화수소를 생성하기 때문에 TSI배지의 성분과 반응하여 검은색 침전을 생성한다.

23 식품기사 2021년 1회

황색포도상구균 검사방법에 대한 설명으로 틀린 것은?

① 증균배양 : 35~37℃에서 18~24시간 증균배양
② 분리배양 : 35~37℃에서 18~24시간 배양(황색불투명 집락 확인)
③ 확인시험 : 35~37℃에서 18~24시간 배양
④ 혈청형시험 : 35~37℃에서 18~24시간 배양

- 황색포도상구균 : 증균배양 → 분리배양 → 확인시험

answer | 20 ② 21 ② 22 ④ 23 ④

24 [경기 유사기출] [식품기사 2016년 1회]

식품 중 미생물 오염여부를 신속하게 검출하는 등에 활용되며, 검출을 원하는 특정 표적 유전물질을 증폭하는 방법은?

① ICP(Inductively Coupled Plasma)
② HPLC(High Performance Liquid Chromatography)
③ GC(Gas Chromatography)
④ PCR(Polymerase Chain Reaction)

◀ 특정 표적 유전물질을 증폭하여 미생물을 신속하게 검출하는 방법은 PCR이다.

25 [경기·교육청 유사기출]

미생물 검사에 대한 설명으로 옳지 않은 것은?

① 식품에 살아있는 세균수는 평판도말법을 이용한다.
② 검체는 휘발성 성분, 수분이 이동하는 것을 막기 위해 밀봉용기에 보존한다.
③ 효모 세포수는 혈구 계수기로 측정한다.
④ MPN법은 100ml 중에 이론적으로 존재하는 대장균군수를 산출하는데 이용된다.

◀ MPN법은 1g 또는 1ml 중에 이론적으로 존재하는 대장균군수를 산출하는데 이용된다.

26 [식품산업기사 2016년 3회]

다음 중 납의 시험법과 관계가 없는 것은?

① 황산 – 질산법   ② 피크린산시험지법
③ 마이크로 웨이브법   ④ 유도결합 플라스마법

◀ 피크린산시험지법은 시안화합물 검사에 이용된다.

27 [식품기사 2021년 1회]

합성수지제 식기를 60℃의 온수로 처리하여 용출시험을 시행하여 아세틸아세톤 시약에 의해 진한 황색을 나타내었을 경우, 이 시험 용액에는 다음 중 어느 화합물의 존재가 추정되는가?

① 포름알데히드   ② 메탄올
③ 페놀   ④ 착색료

---

answer | 24 ④ 25 ④ 26 ② 27 ①

28 경기 유사기출

식품에 잔류하는 유기인제 농약의 검사법으로 옳은 것은?

① 가스크로마토그래피　　　　　② 후크신아황산법
③ 액체크로마토그래피　　　　　④ 모사염색법

◀ 잔류농약검사에는 가스크로마토그래피가 이용된다.

29 교육청 유사기출

식품위생 실험 방법이 옳지 않은 것은?

① 대장균군의 정량시험 – 최확수법　　② 타르색소 – 모사염색법
③ 어육의 신선도 – 트리메틸아민 측정　　④ 항생물질 – 메틸렌블루환원시험

◀ 항생물질 : 비색법, 형광법, 자외선 흡수 spectrum법, polarograph법

30 식품산업기사 2020년 3회

곤충 및 동물의 털과 같이 물에 잘 젖지 아니하는 가벼운 이물검출에 적용하는 이물검사는?

① 와일드만플라스크법　　　　　② 침가법
③ 체분별법　　　　　　　　　　④ 여과법

◀ 와일드만플라스크법은 곤충 및 동물의 털과 같이 물에 잘 젖지 아니하는 가벼운 이물검출에 적용하는 방법이다.

31 교육청 유사기출　식품기사 2018년 3회

이물검사법에 대한 설명이 틀린 것은?

① 체분별법 : 검체가 미세한 분말일 때 적용한다.
② 침강법 : 쥐똥, 토사 등의 비교적 무거운 이물의 검사에 적용한다.
③ 원심분리법 : 검체가 액체일 때 또는 용액으로 할 수 있을 때 적용한다.
④ 와일드만 라스크법 : 곤충 및 동물의 털과 같이 물에 잘 젖지 아니하는 가벼운 이물검출에
　적용한다.

◀ 액체식품은 여과법에 의해 이물질을 분리한다.

32 경기 · 경북 유사기출

이물 검출 및 저감화 방안과 관련이 없는 것은?

① X선 검출기　　　　　　　　② 자외선등
③ 자석선별기　　　　　　　　④ 금속검출기

◀ 이물 제어기구로 사용할 수 있는 방법에는 스크린 메쉬망, 자석선별기, 금속검출기, X선검출기, 석발기 등이 있다.

answer | 28 ① 　29 ④ 　30 ① 　31 ③ 　32 ②

33
다음 중 일반독성 시험이 아닌 것은?

① 아급성독성시험　　　　　　② 최기형성 시험
③ 급성독성시험　　　　　　　④ 만성시험

　최기형성 시험은 특수독성시험이다.

34　교육청 유사기출
시험물질을 실험동물에게 1회만 투여하여 1~2주 관찰한 후 반수치사량, 최소치사량 등을 구하는 독성시험법은?

① 급성독성시험　　　　　　　② 아급성독성시험
③ 만성독성시험　　　　　　　④ 유전독성시험

35　식품기사 2016년 2회
LD_{50}으로 독성을 표현하는 것은?

① 급성독성　　　　　　　　　② 만성독성
③ 발암성　　　　　　　　　　④ 최기형성

　급성독성시험 결과 그 독성은 통상 국제적으로 LD_{50}으로 표시한다.

36　식품산업기사 2017년 2회
LD_{50}량에 대한 설명으로 틀린 것은?

① 한 무리의 실험동물 50%를 사망시키는 독성물질의 양이다.
② 실험방법은 검체의 투여량을 고농도로부터 순차적으로 저농도까지 투여한다.
③ 독성물질의 경우 동물체중 1kg에 대한 독물량으로 나타내며 동물의 종류나 독물경로도 같이 표기한다.
④ LD_{50}량의 값이 클수록 안전성은 높아진다.

　검체의 투여량은 일정한 간격으로 저농도부터 순차적으로 고농도까지 투여한다.

37　식품기사 2013년 1회
비교적 소량의 검체를 장기간 계속 투여하여 그 영향을 검사하는 시험으로, 식품첨가물의 독성을 평가하는 데 사용하는 것은?

① 급성독성시험　　　　　　　② 아급성독성시험
③ 만성독성시험　　　　　　　④ 최기형성시험

answer | 33 ② 　34 ① 　35 ① 　36 ② 　37 ③

38 경기 유사기출

살모넬라균을 이용한 Ames test를 이용해 화학물질이 DNA에 작용하여 DNA손상이나 돌연변이, 염색체 이상 등의 독성을 나타내는지를 검사하는 시험은?

① 발암성 시험　　　　　② 최기형성 시험
③ 생식독성시험　　　　　④ 유전독성시험

39 식품기사 2014년 3회

사람이 일생동안 섭취하였을 때 현시점에서 알려진 사실에 근거하여 바람직하지 않은 영향이 나타나지 않을 것으로 예상되는 물질의 1일 섭취량을 나타낸 것은?

① ADI　　　　　② GARS
③ NOAEL　　　　　④ LC_{50}

40 식품기사 2016년 2회

사람의 1일 섭취허용량(acceptable daily intake, ADI)을 계산하는 일반적인 식은?

① ADI = MNEL × 1/100 × 국민의 평균체중
② ADI = MNEL × 1/10 × 성인남자의 평균체중
③ ADI = MNEL × 1/10 × 국민의 평균체중
④ ADI = MNEL × 1/100 × 성인남자의 평균체중

41 교육청 유사기출

식품의 안전성 평가 이론과 관련된 용어에 대한 설명으로 옳지 않은 것은?

① NO(A)EL은 동물에 일생동안 계속적으로 투여하여도 아무런 독성이 나타나지 않는 1일 섭취 허용량이다.
② GRAS는 해로운 영향이 나타나지 않고 다년간 사용되어 온 식품 첨가물에 적용되는 용어이다.
③ MLD는 실험동물에 대한 최소 치사량을 나타내는 용어이다.
④ MRL은 ADI에 평균체중을 곱하고, 매일 소비하는 그 식품의 소비량으로 나눈 값이다.

🔸 NO(A)EL은 최대무작용량으로 동물에 일생동안 계속적으로 투여하여도 아무런 독성이 나타나지 않는 최대 투여량을 의미한다.

42 수탁지방직 2011년 기출

어떤 물질 A를 식품첨가물로 사용하기 위하여 체중 500g 쥐를 대상으로 만성독성 시험을 한 결과, 매일 2g까지의 투여는 아무런 독성을 보이지 않았다. 이 결과를 바탕으로 물질 A를 사람에게 적용하려고 할 때 안전계수가 100이라면 일일섭취허용량(ADI:Acceptable Daily Intake)은?

① 5mg/kg
② 10mg/kg
③ 20mg/kg
④ 40mg/kg

🔸 어떤 물질의 최대무작용량 : 2g/500g → 4g/kg(4000mg/kg)
　ADI = 최대무작용량 × 1/100 = 4000mg/kg × 1/00 = 40mg/kg

43 교육청 유사기출

식품의 안전성평가에 대한 설명으로 옳은 것은?

> 가. 만성 독시험을 통해 최대무작용량이 결정된다.
> 나. 급성 독성시험을 통해 구한 LD_{50}값이 작을수록 독성이 강하다.
> 다. 용량-반응곡선에서 독성이 나타나지 않는 역치값 중 가장 높은 투여량이 최대내성용량이다.
> 라. 최기형성시험은 임신 중인 실험동물에게 해당물질을 투여하여 새끼에 대한 형태적인 영향을 조사하는 시험이다.

① 가, 나, 다
② 가, 나, 라
③ 나, 다, 라
④ 가, 나, 다, 라

🔸 용량-반응곡선에서 독성이 나타나지 않는 역치값 중 가장 높은 투여량이 최대무작용량이다.

44 경기 유사기출

식품의 안전성 평가에 대한 설명으로 옳은 것은?

① 유전독성시험은 돌연변이를 유발하는지 평가하는 시험이다.
② 단회투여독성시험을 통해 최대무작용량을 구할 수 있다.
③ 실험동물의 50%를 죽게하는 투여량을 만성독성시험을 통해 구할 수 있다.
④ 최기형성시험은 생식기능, 임신, 출산, 수유 등 생애주기에 미치는 영향을 조사하는 시험이다.

🔸 만성독성시험을 통해 최대무작용량을 구할 수 있으며, 실험동물의 50%를 죽게하는 투여량인 반수치사량은 급성독성시험을 통해 구할 수 있다. 생식기능, 임신, 출산, 수유 등 생애주기에 미치는 영향을 조사하는 시험은 번식시험(생식독성시험)이다.

---

answer | 42 ④　43 ②　44 ①

45 경북 유사기출

식품첨가물의 독성시험에 대한 설명으로 옳지 않은 것은?

① 번식시험은 식품첨가물이 번식, 성장에 영향을 미치는지 판정하기 위한 시험이다.
② 급성독성시험은 식품첨가물의 안전한계량을 설정하기 위한 시험이다.
③ 발암성 시험은 식품첨가물이 발암 가능한 물질인지 판정하기 위한 시험이다.
④ 최기형성시험은 식품첨가물이 후손에게 영향을 미치는지 판정하기 위한 시험이다.

✏ 만성독성시험을 통해 식품첨가물의 안전한계량을 설정한다.

46 경기 유사기출

식품 중 지방질의 변패를 측정하는 방법은?

① 황화수소 측정
② 휘발성염기질소 측정
③ 카르보닐가 측정
④ K값 측정

✏ 유지의 산패측정 : 산가, 과산화물가, 카르보닐가, TBA가

47 식품산업기사 2014년 1회

식품의 신선도 검사법 중 화학적 검사법이 아닌 것은?

① 휘발성 아민의 측정
② 어육의 단백질 침전반응 검사
③ 과산화물가, 카르보닐가의 측정
④ 경도측정

✏ 경도측정은 물리적 검사법이다.

48 식품기사 2020년 3회

암모니아, pH, 단백질승홍침전, 휘발성 염기질소는 어떤 시료를 검사할 때 사용하는 것인가?

① 우유의 지방
② 어육연제품의 전분량
③ 우유의 신선도
④ 어육의 신선도

✏ 어육의 신선도 검사법 : 암모니아, 휘발성아민, pH측정, 단백질승홍침전반응, 휘발성염기질소, 히스타민 등

49 식품산업기사 2016년 1회

우유에 70% ethyl alcohol을 넣고 그에 따른 응고물 생성 여부를 통해 알 수 있는 것은?

① 산도
② 지방량
③ lactase 유무
④ 신선도

answer | 45 ② 46 ③ 47 ④ 48 ④ 49 ④

- • 우유의 신선도 검사
  - − methylene−blue 환원 test
  - − 자비시험
  - − resazurin 환원 test
  - − 70% ethyl alcohol
  - − 산도측정 : 신선유는 pH 6.6∼6.8
- • 우유의 가수여부 : 비중측정 1.032
- • 우유의 가열살균 확인 : phosphatase test (가열살균 시 파괴)
- • 우유지방측정법 : Babcock 법, Gerber법, Rose−Gottlieb법

50 [식품기사 2016년 3회]

원유검사 방법과 거리가 먼 것은?

① Babcock test

② Resazurin reduction test

③ Methylene blue reduction test

④ Gutzeit method

◀ Gutzeit method : 비소 정량 시험

51 [경남·경북 유사기출]

우유의 검사 방법으로 옳지 않은 것은?

① Resazurin 환원 test − 세균수 측정을 통한 신선도 유무

② phosphatase 시험 − 저온살균 실시 유무

③ TTC test − 항생물질 존재 유무

④ Gerber법 − 물첨가 유무

◀ 비중측정을 통해 물첨가 유무를 확인할 수 있으며, Gerber법은 우유의 지방함량을 측정하는 방법이다.

52 [식품산업기사 2014년 2회]

식품과 주요 신선도(변질) 검사방법의 연결이 틀린 것은?

① 식육 − 휘발성 염기질소 측정

② 식용유 − 카르복실가 측정

③ 우유 − 산도 측정

④ 달걀 − 난황계수 측정

◀ 유지의 신선도(산패) 측정방법 : 산가, 과산화물가, 카르보닐가, TBA가

53 [식품기사 2017년 3회]

생활폐수 오염지표의 일반적인 검사항목이 아닌 것은?

① TSP(Total Suspended Particles)

② SS(Suspended Solids)

③ DO(Dissolved Oxygen)

④ BOD(Biological Oxygen Demand)

◀ 수질오염 지표 : SS, BOD, COD, DO, pH, 색도 등이다.

answer | 50 ④ 51 ④ 52 ② 53 ①

54 식품산업기사 2018년 2회

수질오염 지표에 대한 설명 중 틀린 것은?

① 수중 미생물이 요구하는 산소량을 ppm 단위로 나타낸 것이 BOD(생물학적 산소요구량)이다.

② 물 속에 녹아있는 용존산소(DO)는 4pp이상이고 클수록 좋은 물이다.

③ 유기물질을 산화하기 위해 사용하는 산화제의 양에 상당하는 산소의 양을 ppm으로 나타낸 것이 COD(화학적 산소요구량)이다.

④ BOD가 높다는 것은 물속에 분해되기 쉬운 유기물의 농도가 낮음을 의미한다.

◀ BOD가 높다는 것은 물속에 유기물의 농도가 높음을 의미한다.

55 식품산업기사 2017년 2회

식품공장 폐수와 가장 관계가 적은 것은?

① 유기성 폐수이다.　　② 무기성 폐수이다.

③ 부유물질이 많다.　　④ BOD가 높다.

◀ 식품공장 폐수 : 유기물 ↑, SS(부유물질)↑, BOD↑, DO↓

56 식품기사 2019년 3회

물에 오염된 정도를 표시하는 지표로 호기성 미생물이 일정기간 동안 물속에 있는 유기물을 분해할 때 사용하는 산소의 양을 나타내는 것은?

① DO(Dissolved Oxygen)　　② SS(Suspended Solids)

③ BOD(Biological Oxygen Demand)　　④ COD(Chemical Oxygen Demand)

◀ 생물학적 산소요구량(BOD ; Biological Oxygen Demand) : 물에 오염된 정도를 표시하는 지표로 미생물이 물속에 오염된 분해 가능한 유기물질을 분해시키는 데 필요한 산소의 양

57 식품산업기사 2020년 1·2회

하천수의 DO가 적을 때 그 의미로 가장 적합한 것은?

① 부유물질이 많다.　　② 비가 온지 얼마되지 않았다.

③ 오염도가 높다.　　④ 오염도가 낮다.

◀ 수질오염의 지표인 DO(용존산소)는 물에 용해된 산소량으로 오염이 심할수록 용존산소는 감소된다.

answer | 54 ④　55 ②　56 ③　57 ③

김지연식품위생

HACCP, 위해분석 및 유전자변형식품

HACCP(식품안전관리인증기준) | 위해분석 | 유전자변형식품

HACCP(식품안전관리인증기준)

1 HACCP의 개요

(1) HACCP의 정의 및 특징

① 정의 : 식품안전관리인증기준(Hazard Analysis Critical Contorl Point : HACCP)

식품의 원료관리 및 제조·가공·조리·소분·유통의 모든 과정에서 위해한 물질이 식품에 섞이거나 식품이 오염되는 것을 방지하기 위하여 각 과정의 위해요소를 확인·평가하여 중점적으로 관리하는 기준(식품위생법 제48조 제1항)

HA 위해요소분석

원료와 공정에서 발생가능한 병원성 미생물 등
생물학적, 화학적, 물리적 위해요소 분석

＋

CCP 중요관리점

위해요소를 예방, 제거 또는 허용수준으로
감소시킬 수 있는 공정이나 단계를 중점관리

▶ 위해요소 분석이란 "어떤 위해를 미리 예측하여 그 위해요인을 사전에 파악하는 것"

중요관리점이란 "반드시 필수적으로 관리하여야 할 항목"

즉 해썹(HACCP)은 위해 방지를 위한 사전 예방적 식품안전관리체계

▶ 해썹(HACCP) 제도는 식품을 만드는 과정에서 생물학적, 화학적, 물리적 위해요인들이 발생할 수 있는 상황을 과학적으로 분석하고 사전에 위해요인의 발생여건들을 차단하여 소비자에게 안전하고 깨끗한 제품을 공급하기 위한 시스템적인 규정

▶ 결론적으로 해썹(HACCP)란 식품의 원재료부터 제조, 가공, 보존, 유통, 조리단계를 거쳐 최종소비자가 섭취하기 전까지의 각 단계에서 발생할 우려가 있는 위해요소를 규명하고, 이를 중점적으로 관리하기 위한 중요관리점을 결정하여 자율적이며 체계적이고 효율적인 관리로 식품의 안전성을 확보하기 위한 과학적인 위생관리체계

② HACCP의 역사

연대	역사
1959년	NASA가 Pillsbury사에 의뢰하여 우주비행사용 완전무결한 우주식량 개발 위해 HACCP 방식 개발
1971년	미국 국립식품안전회의(CFP)에서 최초로 HACCP 개요 발표
1973년	미국 FDA에 의해 저산성 통조림 식품 적정제조기준에 도입
1985년	미국 과학아카데미에서 이 방식의 유효성을 평가하고, 식품생산자에 대해 이 방식에 의한 자주적인 위생·품질관리의 적극적 도입, 행정당국에 대해서는 법적 강제력이 있는 HACCP도입을 각각 권고함
1988년	국제식품미생물규격위원회가 WHO에 국제규격에의 HACCP 도입을 권고함
1989년	식품미생물기준자문회의가 HACCP 지침서와 함께 HACCP의 7원칙을 최초로 제시함
1993년	HACCP 시스템 적용을 위한 가이드라인을 채택하고 7원칙 12절차를 제시, 각국에 도입 권고
1995년	우리나라 식품위생법에 HACCP 규정을 신설함

③ 종전의 위생관리와 HACCP 체제와의 차이점 기출

구분	기존의 위생관리(GMP등)	HACCP 체제
1.관리대상	주로 완제품 위주로 품질관리나 품질보증 방식으로 수행	모든 공정단계별 검토
2.관리방법	문제 발생 후 교정 작업이 이루어지는 반작용적 관리(사후조치)	문제 발생 전에 교정 작업이 이루어지는 선조치의 관리
3.인적인 능력	시험결과의 해석에 상당한 숙련이 요구됨	모니터하기 쉬운 측정치에 의한 관리가 가능하므로 전문적인 숙련이 필요 없음
4.시험분석방법	장시간소요	필요한 경우 즉각적인 교정조치가능
5.시험분석비용	많은 비용소요	저렴한 비용소요
6.관리요원	작업장과 떨어진 실험실 요원에 의한 작업의 관리	직업제품생산에 종사하는 요원들에 의한 작업의 관리
7.Sampling 방법	제한된 시료만 적부평가	각 공정별로 이루어지므로 롯트별로 더 많은 측정 가능
8.검토위해요소	모든 가능성 있는 위해요소를 고려하지 않음	가능성 있는 모든 위해요소를 예측하고 대응할 수 있음
9.안전성 책임	작업반의 수련인만이 제품의 안전성에 직접적인 책임	비숙련인을 비롯한 전부서 전직원이 제품의 안전성에 관여하게 됨
10. 기타	사고 발생 당시의 시설상태에 관한 평가만을 제공 정부주도형 위생관리	일정기간 동안 식품취급행동 추적가능 사후 위생감시의 효율성을 극대화 객관적이고 효율적인 위생관리를 위한 감시지침 제공

④ HACCP의 도입효과

㉠ 업체측면

- 체계적인 위생관리 체계의 구축 : 기존의 정부주도형 위생관리에서 벗어나 자율적으로 위생관리를 수행 할 수 있는 체계적인 위생관리시스템의 확립이 가능해짐
- 위생적이고 안전한 식품의 제조 : 예상되는 위해요인을 과학적으로 규명하며 이를 효과적으로 제어함으로써 위생적이고 안전성이 충분히 확보된 식품의 생산이 가능해짐
- 위생관리의 효율성 도모 : 위해가 발생될 수 있는 단계를 사전에 집중적으로 관리함으로써 위생관리체계의 효율성을 극대화시킴
- 집중적인 위생관리 : HACCP도입 초기에는 시설·설비 보완 빛 십중석 관리를 위한 많은 인력과 소요 예산증대가 예상되나 장기적으로는 관리인원의 감축, 관리요소의 감소 등이 기대되며 제품불량률, 소비자불만, 반품·폐기량 등의 감소로 궁극적으로는 경제적인 이익의 도모가 가능해짐
- 회사의 이미지 제고와 신뢰성 향상 : HACCP 마크 부착과 이에 대한 광고가 가능하므로 소비자에 의한 회사의 이미지와 신뢰성 향상

㉡ 소비자측면

- 안전한 식품을 소비자에게 제공 : HACCP 시스템을 통해 생산된 제품은 안전성을 최대한 보장하므로 소비자들이 안심하고 먹을 수 있음
- 식품선택의 기회제공 : 제품에 표시된 HACCP 마크를 통해 소비자 스스로 판단하여 안전한 식품을 선택할 수 있음

(2) 국내 HACCP 제도 적용 현황 기출

① 자율적용을 근간으로 하나 식품의약품안전처에서 식품별 기준을 고시하여 의무적용품목을 확대

② 우리나라에서는 1995년 식품위생법(제 32조의 2)에 HACCP규정을 신설

1996년에 HACCP을 확정, 고시하여 식육가공품에 적용하기 시작하여, 2002년 고시하여 2003년부터 강제 규정으로 시행

③ **식품위생법 시행규칙 제62조**(식품안전관리인증기준 대상 식품) : 의무적용 대상 식품

제1항 법 제48조제2항에서 "총리령으로 정하는 식품"이란 다음 각 호의 어느 하나에 해당하는 식품을 말한다.

1. 수산가공식품류의 어육가공품류 중 어묵·어육소시지
2. 기타수산물가공품 중 냉동 어류·연체류·조미가공품
3. 냉동식품 중 피자류·만두류·면류
4. 과자류, 빵류 또는 떡류 중 과자·캔디류·빵류·떡류
5. 빙과류 중 빙과
6. 음료류[다류(茶類) 및 커피류는 제외한다]
7. 레토르트식품
8. 절임류 또는 조림류의 김치류 중 김치(배추를 주원료로 하여 절임, 양념혼합과정 등을 거쳐 이를 발효시킨 것이거나 발효시키지 아니한 것 또는 이를 가공한 것에 한함)
9. 코코아가공품 또는 초콜릿류 중 초콜릿류
10. 면류 중 유탕면 또는 곡분, 전분, 전분질원료 등을 주원료로 반죽하여 손이나 기계 따위로 면을 뽑아내거나 자른 국수로서 생면·숙면·건면
11. 특수용도식품
12. 즉석섭취·편의식품류 중 즉석섭취식품
12의2. 즉석섭취·편의식품류의 즉석조리식품 중 순대
13. 식품제조·가공업의 영업소 중 전년도 총 매출액이 100억원 이상인 영업소에서 제조·가공하는 식품

제2항 제1항에 따른 식품에 대한 식품안전관리인증기준의 적용·운영에 관한 세부적인 사항은 식품의약품안전처장이 정하여 고시한다.

(3) HACCP 지원프로그램

HACCP 시스템이 효과적으로 실행하기 위해 식품을 위생적으로 생산할 수 있는 시설 및 설비 즉, GMP의 여건하에서 SSOP를 준수해야 함, 선행요건은 GMP와 SSOP로 구성됨

① GMP(Good Manufacturing Practices : 적정제조기준, 우수제조기준) 기출

ㄱ 1968년 WHO가 의약품의 안전성이나 유효성 면을 보장하는 기본조건으로 GMP를 제정하고, 다음해 각국에 통고하였다.

ㄴ 의약품, 화장품, 식품 등의 제조 및 품질관리 기준이다. 원료 취득에서 생산 공정, 제품 출하에 이르기까지 전 과정에 걸친 시설 및 인력 관리 기준을 망라한다.

      © 위생적인 식품생산을 위한 시설·설비요건 및 기준, 건물의 위치, 시설·설비의 구조, 재질 요건 등에 대한 기준

      ② 식품이 부적절한 조건에서 제조되었는지 또는 그 식품이 비위생적인 조건에서 준비, 포장, 보관되어 불건한 것에 오염되거나 이로 인해 건강에 해를 끼칠 수 있을 것인지 등의 여부를 결정하는 데 적용

      ⑩ 적정제조기준과 같은 식품안전체제 프로그램은 문제가 발생한 후에 반응하고 위험 상태를 조치하는 반작용적인 관리

      ⑪ 국내 : HACCP 적용을 위한 선행요건 프로그램의 일부분으로 구성, 건강기능식품과 관련하여 식약처 고시에서 의거 우수건강기능식품제조기준 적용업소가 지정 관리됨

      ⑫ 미국 : cGMP를 CFR Part 110에 제시하여 식품의 제조, 포장 및 보관을 위한 기준이 되고 있으며, 식품공장에는 의무적으로 도입

  ② SSOP(Sanitation Standard Operating Procedure : 표준위생관리기준)

    일반적인 위생관리운영기준, 영업장관리, 종업원관리, 용수관리, 보관 및 운송관리, 검사관리, 회수관리 프로그램 등의 운영절차 기준

〈HACCP 시스템의 구성〉

2 HACCP 관련 법규

(1) HACCP 관련 법규 및 고시

  식품위생법 제48조, 제48조의2, 제48조의3, 제48조의4, 제48조의5

  식품위생법 시행령 제33조, 제34조

  식품위생법 시행규칙 제62조~제68조, 제68조의2, 제68조의3, 제68조의4, 제68조의5

  식품 및 축산물 안전관리인증기준(식품의약품안전처 고시)

(2) 식품위생법 제48조(식품안전관리인증기준)

  ① 식품의약품안전처장은 식품의 원료관리 및 제조·가공·조리·소분·유통의 모든 과정에서 위해한 물질이 식품에 섞이거나 식품이 오염되는 것을 방지하기 위하여 각 과정의 위해요소를

확인·평가하여 중점적으로 관리하는 기준(이하 "식품안전관리인증기준"이라 한다)을 식품별로 정하여 고시할 수 있다.

② 총리령으로 정하는 식품을 제조·가공·조리·소분·유통하는 영업자는 제1항에 따라 식품의약품안전처장이 식품별로 고시한 식품안전관리인증기준을 지켜야 한다.

③ 식품의약품안전처장은 제2항에 따라 식품안전관리인증기준을 지켜야 하는 영업자와 그 밖에 식품안전관리인증기준을 지키기 원하는 영업자의 업소를 식품별 식품안전관리인증기준 적용업소(이하 "식품안전관리인증기준적용업소"라 한다)로 인증할 수 있다. 이 경우 식품안전관리인증기준적용업소로 인증을 받은 영업자가 그 인증을 받은 사항 중 총리령으로 정하는 사항을 변경하려는 경우에는 식품의약품안전처장의 변경 인증을 받아야 한다.

식품위생법 시행규칙 제63조(식품안전관리인증기준적용업소의 인증신청 등)

① 법 제48조제3항에 따라 식품안전관리인증기준적용업소로 인증을 받으려는 자는 별지 제52호서식의 식품안전관리인증기준적용업소 인증신청서(전자문서로 된 신청서를 포함한다)에 법 제48조제1항에 따른 식품안전관리인증기준에 따라 작성한 적용대상 식품별 식품안전관리인증계획서를 첨부하여 법 제48조제12항에 따라 해당 업무를 위탁받은 기관(이하 "인증기관"이라 한다)의 장에게 제출하여야 한다.

② 제1항에 따라 식품안전관리인증기준적용업소로 인증을 받으려는 자는 다음 각 호의 요건을 갖추어야 한다.
  1. 선행요건관리기준(식품안전관리인증기준을 적용하기 위하여 미리 갖추어야 하는 시설기준 및 위생관리기준을 말한다)을 작성하여 운용할 것
  2. 식품안전관리인증기준을 작성하여 운용할 것

③ 제1항에 따른 인증신청을 받은 인증기관의 장은 해당 업소를 식품안전관리인증기준적용업소로 인증한 경우에는 별지 제53호 서식의 식품안전관리인증기준적용업소 인증서를 발급하여야 한다.

④ 법 제48조제3항 후단에 따라 식품안전관리인증기준적용업소로 인증받은 사항 중 식품의 위해를 방지하거나 제거하여 안전성을 확보할 수 있는 단계 또는 공정(이하 "중요관리점"이라 한다)을 변경하거나 영업장 소재지를 변경하려는 자는 별지 제54호 서식의 변경신청서(전자문서로 된 신청서를 포함한다)에 다음 각 호의 서류(전자문서를 포함한다)를 첨부하여 인증기관의 장에게 제출하여야 한다.
  1. 별지 제53호서식의 식품안전관리인증기준적용업소 인증서
  2. 중요관리점의 변경 내용에 대한 설명서

⑤ 인증기관의 장은 제4항에 따라 변경신청을 받으면 서류검토 또는 현장실사 등의 방법으로 변경사항을 확인하고 식품안전관리 인증기준의 적용에 적합하다고 인정되는 경우에는 별지 제53호 서식의 인증서를 재발급하여야 한다.

⑥ 인증기관의 장은 제3항 또는 제5항 따라 인증서를 발급하거나 재발급하였을 때에는 지체 없이 그 사실을 식품의약품안전처장과 관할 지방식품의약품안전청장에게 통보하여야 한다.

「식품 및 축산물 안전관리인증기준」고시

제10조(안전관리인증기준 적용업소 인증신청 등)

안전관리인증기준(HACCP) 적용업소 인증(연장)신청서(전자문서로 된 신청서를 포함한다)에 업소별 또는 적용대상 식품별 식품안전관리인증계획서를 첨부하여 한국식품안전관리인증원장에게 제출

④ 식품의약품안전처장은 식품안전관리인증기준적용업소로 인증받은 영업자에게 총리령으로 정하는 바에 따라 그 인증 사실을 증명하는 서류를 발급하여야 한다. 제3항 후단에 따라 변경인증을 받은 경우에도 또한 같다.

⑤ 식품안전관리인증기준적용업소의 영업자와 종업원은 총리령으로 정하는 교육훈련을 받아야 한다.

식품위생법 시행규칙 제64조(식품안전관리인증기준적용업소의 영업자 및 종업원에 대한 교육훈련)

① 법 제48조 제5항에 따라 식품안전관리인증기준적용업소의 영업자 및 종업원이 받아야 하는 교육훈련의 종류는 다음 각 호와 같다. 다만, 법 제48조 제8항 및 이 규칙 제66조에 따른 조사·평가 결과 만점의 95퍼센트 이상을 받은 식품안전관리인증기준적용업소의 종업원에 대하여는 그 다음 연도의 제2호에 따른 정기교육훈련을 면제한다. 〈개정 2021.5.27.〉
　　1. 영업자 및 종업원에 대한 신규 교육훈련
　　2. 종업원에 대하여 매년 1회(인증받은 연도는 제외한다) 이상 실시하는 정기교육훈련
　　3. 그 밖에 식품의약품안전처장이 식품위해사고의 발생 및 확산이 우려되어 영업자 및 종업원에게 하는 교육훈련
② 삭제 〈2021.6.30.〉
③ 제1항에 따른 교육훈련의 시간은 다음 각 호와 같다.
　　1. 신규 교육훈련: 영업자의 경우 2시간 이내, 종업원의 경우 16시간 이내
　　2. 정기교육훈련: 4시간 이내
　　3. 제1항제3호에 따른 교육훈련: 8시간 이내
④ 삭제 〈2021.6.30.〉
⑤ 삭제 〈2021.6.30.〉
⑥ 제1항 및 제3항에서 규정한 사항 외에 교육훈련 대상별 교육시간 등에 관한 세부적인 사항은 식품의약품안전처장이 정하여 고시한다. 〈개정 2021.6.30.〉
↓
「식품 및 축산물 안전관리인증기준」 고시 제20조~제26조
- 신규교육훈련
　- 안전관리인증기준(HACCP) 적용업소 영업자 및 종업원은 안전관리인증기준(HACCP) 적용업소 인증일로부터 6개월 이내에 이수

구분	교육시간	교육훈련 기관
영업자	2시간	식품의약품안전처장이 지정한 교육 훈련 기관
팀장	16시간	
팀원, 기타 종업원	4시간	제68조의4 제1항에 따른 교육 훈련내용이 포함된 교육계획을 수립하여 안전관리인증기준(HACCP) 팀장이 자체적으로 실시 가능

- 정기교육훈련
　- 정기교육훈련 개시일은 영업 개시연도(자체안전관리인증기준을 작성·운영하는 영업자에 한한다) 또는 인증연도의 다음 연도를 기준으로 하여 실시
　- 안전관리인증기준(HACCP) 팀장, 팀원 및 기타 종업원: 매년 1회 이상 4시간
　　(다만, 안전관리인증기준(HACCP) 팀원 및 기타 종업원 교육훈련은 제68조의4 제1항에 따른 내용이 포함 된 교육훈련 계획을 수립하여 안전관리인증기준(HACCP) 팀장이 자체적으로 실시 가능)
　- 조사·평가 결과가 그 총점의 95퍼센트 이상인 경우 다음 연도의 정기 교육훈련을 면제

> **식품위생법 시행규칙 제68조의4(교육훈련기관의 교육내용 및 준수사항 등)**
>
> ① 교육훈련기관이 실시하는 교육훈련 내용에는 다음 각 호에 관한 사항이 포함되어야 한다.
>   1. 식품안전관리인증기준의 원칙과 절차
>   2. 식품안전관리인증기준 관련 법령
>   3. 식품안전관리인증기준의 적용방법
>   4. 식품안전관리인증기준의 조사·평가
>   5. 식품안전관리인증기준과 관련된 식품 위생
>   6. 그 밖에 식품안전관리인증기준의 효율적 운영을 위해 식품의약품안전처장이 필요하다고 인정하는 내용

⑥ 식품의약품안전처장은 제3항에 따라 식품안전관리인증기준적용업소의 인증을 받거나 받으려는 영업자에게 위해요소중점관리에 필요한 기술적·경제적 지원을 할 수 있다.

> **식품위생법 시행규칙 제65조(식품안전관리인증기준적용업소에 대한 지원 등)**
>
> 식품의약품안전처장은 법 제48조제6항에 따라 식품안전관리인증기준적용업소의 인증을 받거나 받으려는 영업자에게 식품안전관리인증기준에 관한 다음 각 호의 사항을 지원할 수 있다.
> 1. 식품안전관리인증기준 적용에 관한 전문적 기술과 교육
> 2. 위해요소 분석 등에 필요한 검사
> 3. 식품안전관리인증기준 적용을 위한 자문 비용
> 4. 식품안전관리인증기준 적용을 위한 시설·설비 등 개수·보수 비용
> 5. 교육훈련 비용

⑦ 식품안전관리인증기준적용업소의 인증요건·인증절차 및 제6항에 따른 기술적·경제적 지원에 필요한 사항은 총리령으로 정한다.

⑧ 식품의약품안전처장은 식품안전관리인증기준적용업소의 효율적 운영을 위하여 총리령으로 정하는 식품안전관리인증기준의 준수 여부 등에 관한 조사·평가를 할 수 있으며, 그 결과 식품안전관리인증기준적용업소가 다음 각 호의 어느 하나에 해당하면 그 인증을 취소하거나 시정을 명할 수 있다. 다만, 식품안전관리인증기준적용업소가 제1호의2 및 제2호에 해당할 경우 인증을 취소하여야 한다.

1. 식품안전관리인증기준을 지키지 아니한 경우

1의2. 거짓이나 그 밖의 부정한 방법으로 인증을 받은 경우

2. 제75조 또는 「식품 등의 표시·광고에 관한 법률」 제16조 제1항·제3항에 따라 영업정지 2개월 이상의 행정처분을 받은 경우

3. 영업자와 그 종업원이 제5항에 따른 교육훈련을 받지 아니한 경우

4. 그 밖에 제1호부터 제3호까지에 준하는 사항으로서 총리령으로 정하는 사항을 지키지 아니한 경우

> **식품위생법 시행규칙 제66조(식품안전관리인증기준적용업소에 대한 조사·평가)**
>
> ① 지방식품의약품안전청장은 법 제48조제8항에 따라 식품안전관리인증기준적용업소로 인증받은 업소에 대하여 식품안전관리인증기준의 준수 여부 등에 관하여 매년 1회 이상 조사·평가할 수 있다.

② 제1항에 따른 조사·평가사항은 다음 각 호와 같다.
  1. 법 제48조 제1항에 따른 제조·가공·조리 및 유통에 따른 위해요소분석, 중요관리점 결정 등이 포함된 식품안전관리인증기준의 준수 여부
  2. 제64조에 따른 교육훈련 수료 여부
③ 그 밖에 조사·평가에 관한 세부적인 사항은 식품의약품안전처장이 정한다.

「식품 및 축산물 안전관리인증기준」 제15조(조사·평가의 범위와 주기 등)

① 지방식품의약품안전청장, 농림축산식품부장관 또는 한국식품안전관리인증원장은 「식품위생법 시행규칙」 제66조 또는 「축산물 위생관리법 시행규칙」 제7조의6에 따라 안전관리인증기준(HACCP) 적용업소로 인증받은 업소에 대하여 안전관리인증기준(HACCP) 준수 여부를 별표4에 따라 연 1회 이상(인증 유효기간을 연장받은 날이 속한 해당연도는 정기 조사·평가를 생략할 수 있다) 서류검토 및 현장조사(해당 업소가 자체적으로 조사평가를 실시하는 경우에는 현장조사를 제외할 수 있다)의 방법으로 정기 조사·평가할 수 있으며, 조사·평가당시 신청인이 제출한 자료 등의 신뢰성이 의심되거나 주요안전조항 검증 등에 필요한 경우 수거 및 검사 등을 통해 확인하여 그 결과를 반영할 수 있다. 이 경우 「식품위생법」 제49조 제1항, 「건강기능식품에 관한 법률」 제22조의2 제1항 또는 「축산물 위생관리법」 제31조의3 제1항에 따라 이력추적관리를 등록한 자에 대하여는 선행요건 중 회수프로그램 관리를 운영한 것으로 평가할 수 있다.

⑤ 제1항에도 불구하고 안전관리인증기준(HACCP) 적용업소의 전년도 정기 조사·평가 점수에 따라 다음 각 호와 같이 차등하여 관리할 수 있다. 다만, 「축산물 위생관리법」 제9조 제2항에 따른 축산물 작업장과 「축산물 위생관리법」 제9조의2에 따른 연장심사 대상에 해당하고 그 연장심사 결과가 제1호 또는 제2호의 기준 미만이거나 부적합한 경우 자체적인 조사·평가는 적용하지 아니한다.
  1. 전년도 정기 조사·평가 점수의 백분율이 95% 이상인 경우 2년간 정기 조사·평가를 하지 아니할 수 있으며, 해당업소가 자체적으로 조사·평가 실시. 다만, 김치, 즉석섭취식품, 신선편의식품중 비가열식품은 제외한다.
  2. 전년도 정기 조사·평가 점수의 백분율이 95% 미만에서 90% 이상인 경우 1년간 정기 조사·평가를 하지 아니할 수 있으며, 해당업소가 자체적으로 조사·평가 실시. 다만, 김치, 즉석섭취식품, 신선편의식품 중 비가열식품은 제외한다.
  3. 전년도 정기 조사·평가 점수의 백분율이 90% 미만에서 85% 이상인 경우 연 1회 이상 정기 조사·평가 실시
  4. 전년도 정기 조사·평가 점수의 백분율이 85% 미만에서 70% 이상인 경우 연 1회 이상 정기 조사·평가 및 연 1회 이상 기술지원(이하 "한국식품안전관리인증원에서 실시하는 지원"을 말한다) 실시. 다만, 학교 집단급식소에 납품하는 경우 연 2회 이상 정기 조사·평가 및 연 1회 이상 기술지원 실시
  5. 전년도 정기 조사·평가 점수의 백분율이 70% 미만인 경우 연 1회 이상 정기 조사·평가 및 연 2회 이상 기술지원 실시. 다만, 학교 집단급식소에 납품하는 경우 연 2회 이상 정기 조사·평가 및 연 2회 이상 기술지원 실시

⑥ 제1항 및 제5항에도 불구하고 안전관리인증기준(HACCP) 적용업소 중 제11조의2 제3항에 따른 자동 기록관리 시스템 적용업소로 등록된 업소(모든 중요관리점(CCP)에 자동 기록관리 시스템을 적용한 업소에 한함)에 대해서는 정기 조사·평가를 하지 아니할 수 있으며, 이 경우 해당 업소가 자체적으로 조사·평가를 실시하여야 한다.

⑦ 제5항 제1호, 제2호 및 제6항에 따라 자체적인 조사·평가 계획을 수립하여 업종(축종)별 실시상황평가표에 따라 조사·평가를 실시한 업소는 그 결과를 1개월 이내에 관할 지방식품의약품안전청장에게 제출하거나 농림축산식품부장관 또는 한국식품안전관리인증원장에게 제출하여야 한다.

> **식품위생법 시행규칙 제67조 식품안전관리인증기준적용업소 인증취소 등**
> ① 법 제48조제8항제4호에서 "총리령으로 정하는 사항을 지키지 아니한 경우"란 다음 각 호의 경우를 말한다.
>   1. 법 제48조 제10항을 위반하여 식품안전관리인증기준적용업소의 영업자가 인증받은 식품을 다른 업소에 위탁하여 제조·가공한 경우
>   2. 제63조 제4항을 위반하여 변경신청을 하지 아니한 경우
>   3. 삭제 〈2017.1.4.〉
> ② 법 제48조 제8항에 따른 식품안전관리인증기준적용업소 인증취소 등의 기준은 별표 20(401페이지) 과 같다.

⑨ 식품안전관리인증기준적용업소가 아닌 업소의 영업자는 식품안전관리인증기준적용업소라는 명칭을 사용하지 못한다.

> **식품위생법 제101조 (과태료)**
> 제48조 제9항(제88조에서 준용하는 경우를 포함한다)을 위반한 자 : 500만원 이하의 과태료 부과

⑩ 식품안전관리인증기준적용업소의 영업자는 인증받은 식품을 다른 업소에 위탁하여 제조·가공 하여서는 아니 된다. 다만, 위탁하려는 식품과 동일한 식품에 대하여 식품안전관리인증기준적용 업소로 인증 된 업소에 위탁하여 제조·가공하려는 경우 등 대통령령으로 정하는 경우에는 그러하지 아니하다.

> **식품위생법 시행령 제33조(식품안전관리인증기준)**
> ① 법 제48조 제10항 단서에서 "위탁하려는 식품과 동일한 식품에 대하여 식품안전관리인증기준적용업 소로 인증된 업소에 위탁하여 제조·가공하려는 경우 등 대통령령으로 정한 경우"란 다음 각 호의 경우를 말한다.
>   1. 위탁하려는 식품과 같은 식품에 대하여 법 제48조제3항에 따라 식품안전관리인증기준 적용업소 (이하 "식품안전관리인증기준적용업소"라 한다)로 인증된 업소에 위탁하여 제조·가공하려는 경우
>   2. 위탁하려는 식품과 같은 제조 공정·중요관리점(식품의 위해를 방지하거나 제거하여 안전성을 확보할수 있는 단계 또는 공정을 말한다)에 대하여 식품안전관리인증기준적용업소로 인증된 업소에 위탁하여 제조·가공하려는 경우
> ② 법 제48조 제11항에서 "대통령령으로 정하는 그 소속 기관의 장"이란 지방식품의약품안전청장을 말한다.

⑪ 식품의약품안전처장(대통령령으로 정하는 그 소속 기관의 장을 포함), 시·도지사 또는 시장· 군수·구청장은 식품안전관리인증기준 적용업소에 대하여 관계 공무원으로 하여금 총리령으로 정하는 일정 기간 동안 제22조에 따른 출입·검사·수거 등을 하지 아니하게 할 수 있으며, 시·도지사 또는 시장·군수·구청장은 제89조 제3항 제1호에 따른 영업자의 위생관리시설 및 위생설비시설 개선을 위한 융자 사업에 대하여 우선 지원 등을 할 수 있다.

> **식품위생법 시행규칙 제68조(식품안전관리인증기준적용업소에 대한 출입·검사 면제)**
> 지방식품의약품안전청장, 시·도지사 또는 시장·군수·구청장은 법 제48조 제11항에 따라 법 제48조 의2 제1항에 따른 인증 유효기간(이하 "인증유효기간"이라 한다) 동안 관계 공무원으로 하여금 출입· 검사를 하지 아니하게 할 수 있다.

「식품 및 축산물 안전관리인증기준」 제27조 (우대조치)

식품의약품안전처장은 안전관리인증기준(HACCP) 적용업소로 인증된 업소에 대하여 다음 각 호의 우대조치를 취할 수 있다.

1. 「식품위생법」 제48조 제11항, 「축산물 위생관리법」 제19조 제1항에 따른 출입·검사 및 수거 등 완화
2. 별표 8의 안전관리(통합)인증 표시 또는 안전관리(통합)인증기준(HACCP) 적용업소 인증 사실에 대한 광고 허용(다만, 안전관리(통합)인증기준(HACCP) 적용 품목 또는 업소에 한함)
3. 안전관리인증기준(HACCP) 적용농장의 축산물을 원료로 사용한 경우 그 사실에 대한 광고 허용(다만, 최종 제품이 안전관리(통합)인증기준 적용 제품이어야 한다.)
4. 자동 기록관리 시스템 적용업소의 경우 그 사실에 대한 표시 또는 광고가 가능하며, 이 경우 모든 중요관리점(CCP)에 자동 기록관리 시스템을 적용한 업소에 한하여 별표 8 나목에 따른 심벌 표시 또는 광고 허용
5. 「국가를 당사자로 하는 계약에 관한 법률」에 따른 우대조치
6. 기타 안전관리인증기준(HACCP) 활성화 및 식품·축산물 안전성 제고에 필요하다고 인정되는 우대조치

⑫ 식품의약품안전처장은 식품안전관리인증기준적용업소의 공정별·품목별 위해요소의 분석, 기술지원 및 인증 등의 업무를 「한국식품안전관리인증원의 설립 및 운영에 관한 법률」에 따른 한국식품안전관리인증원 등 대통령령으로 정하는 기관에 위탁할 수 있다.

식품위생법 시행령 제34조(식품안전관리인증기준적용업소에 관한 업무의 위탁 등)

① 식품의약품안전처장은 법 제48조제12항에 따라 식품안전관리인증기준적용업소에 관한 업무의 일부를 다음 각 호의 어느 하나에 해당하는 기관 중 식품의약품안전처장이 지정하여 고시하는 기관에 위탁한다.
   1. 「한국식품안전관리인증원의 설립 및 운영에 관한 법률」에 따른 한국식품안전관리인증원
   2. 「정부출연연구기관 등의 설립·운영 및 육성에 관한 법률」에 따른 정부출연연구기관
   3. 정부가 설립하거나 운영비용의 전부 또는 일부를 지원하는 연구기관으로서 식품안전관리인증기준(법 제48조 제1항에 따른 식품안전관리인증기준을 말한다. 이하 같다)에 관한 전문인력을 보유한 기관
   4. 그 밖에 식품안전관리인증기준 업무를 할 목적으로 설립된 비영리법인 또는 연구소
② 제1항에 따라 위탁받는 기관은 다음 각 호의 업무를 수행한다.
   1. 법 제48조 제3항·제4항·제6항 및 법 제48조의2 제2항에 따른 식품안전관리인증기준적용업소의 인증, 변경인증, 인증 증명 서류의 발급, 인증을 받거나 받으려는 영업자에 대한 기술지원 및 인증 유효기간의 연장
   2. 삭제 〈2014.11.28.〉
   3. 식품안전관리인증기준과 관련된 전문인력의 양성 및 교육·훈련
   4. 식품안전관리인증기준적용업소의 공정별·품목별 위해요소의 분석
   5. 식품안전관리인증기준에 관한 정보의 수집·제공 및 홍보
   6. 식품안전관리인증기준에 관한 조사·연구사업
   7. 그 밖에 식품안전관리인증기준 활성화를 위하여 필요한 사업

⑬ 식품의약품안전처장은 제12항에 따른 위탁기관에 대하여 예산의 범위에서 사용경비의 전부 또는 일부를 보조할 수 있다.
⑭ 제12항에 따른 위탁기관의 업무 등에 필요한 사항은 대통령령으로 정한다.

(3) 식품위생법 제48조의2(인증 유효기간)

① 제48조 제3항에 따른 인증의 유효기간은 인증을 받은 날부터 3년으로 하며, 같은 항 후단에 따른 변경 인증의 유효기간은 당초 인증 유효기간의 남은 기간으로 한다.

② 제1항에 따른 인증 유효기간을 연장하려는 자는 총리령으로 정하는 바에 따라 식품의약품안전처장에게 연장신청을 하여야 한다.

③ 식품의약품안전처장은 제2항에 따른 연장신청을 받았을 때에는 안전관리인증기준에 적합하다고 인정하는 경우 3년의 범위에서 그 기간을 연장할 수 있다.

식품위생법 시행규칙 제68조의2(인증유효기간의 연장신청 등)

① 인증기관의 장은 인증유효기간이 끝나기 90일 전까지 다음 각호의 사항을 식품안전관리인증기준적용업소의 영업자에게 통지하여야 한다. 이 경우 통지는 휴대전화 문자메시지, 전자우편, 팩스, 전화 또는 문서 등으로 할 수 있다.

  1. 인증유효기간을 연장하려면 인증유효기간이 끝나기 60일 전까지 연장 신청을 하여야 한다는 사실

  2. 인증유효기간의 연장 신청 절차 및 방법

② 법 제48조의2 제2항에 따라 인증유효기간의 연장을 신청하려는 영업자는 인증유효기간이 끝나기 60일 전까지 별지 제52호서식의 식품안전관리인증기준적용업소 인증연장신청서(전자문서로 된 신청서를 포함한다)에 법 제48조제1항에 따른 식품안전관리인증기준에 따라 작성한 적용대상 식품별 식품안전관리인증계획서(전자문서를 포함한다)를 첨부하여 인증기관의 장에게 제출해야 한다.

  1. 삭제 〈2023. 5. 19.〉

  2. 삭제 〈2023. 5. 19.〉

③ 인증기관의 장은 법 제48조의2제3항에 따라 인증유효기간을 연장하는 경우에는 별지 제53호서식의 식품안전관리인증기준적용업소 인증서를 발급하여야 한다.

---

(4) 식품위생법 제48조의3(식품안전관리인증기준적용업소에 대한 조사·평가 등)

① 식품의약품안전처장은 식품안전관리인증기준적용업소로 인증받은 업소에 대하여 식품안전관리인증기준의 준수 여부와 제48조제5항에 따른 교육훈련 수료 여부를 연 1회 이상 조사·평가하여야 한다.

② 식품의약품안전처장은 제1항에 따른 조사·평가 결과 그 결과가 우수한 식품안전관리인증기준적용업소에 대해서는 제1항에 따른 조사·평가를 면제하는 등 행정적·재정적 지원을 할 수 있다. 다만, 식품안전관리인증기준적용업소가 제48조의2 제1항에 따른 인증 유효기간 내에 이 법을 위반하여 영업의 정지, 허가 취소 등 행정처분을 받은 경우에는 제1항에 따른 조사·평가를 면제하여서는 아니 된다.

③ 그 밖에 조사·평가의 방법 및 절차 등에 필요한 사항은 총리령으로 정한다.

(5) 행정처분

식품안전관리인증기준적용업소의 인증취소 등의 기준(제67조제2항 관련)

위반사항	근거 법령	처분기준
1. 식품안전관리인증기준을 지키지 않은 경우로서 다음 각목의 어느 하나에 해당하는 경우	법 제48조 제8항 제1호	
가. 원재료·부재료 입고 시 공급업체로부터 식품안전관리인증기준에서 정한 검사성적서를 받지도 않고 식품안전관리인증기준에서 정한 자체 검사도 하지 않은 경우		인증취소
나. 식품안전관리인증기준에서 정한 작업장 세척 또는 소독을 하지 않고 식품안전관리인증기준에서 정한 종사자 위생관리도 하지 않은 경우		인증취소
다. 식품안전관리인증기준에서 정한 중요관리점에 대한 모니터링을 하지 않거나 중요관리점에 대한 한계기준의 위반 사실이 있음에도 불구하고 지체 없이 개선조치를 이행하지 않은 경우		인증취소
라. 지하수를 비가열 섭취식품의 원재료·부재료의 세척용수 또는 배합수로 사용하면서 살균 또는 소독을 하지 않은 경우		인증취소
마. 식품안전관리인증기준서에서 정한 제조·가공 방법대로 제조·가공하지 않은 경우		시정명령
바. 신규 제품 또는 추가된 공정에 대해 식품안전관리인증기준에서 정한 위해요소 분석을 전혀 실시하지 않은 경우		인증취소
사. 식품안전관리인증기준적용업소에 대한 법 제48조제8항에 따른 조사·평가 결과 부적합 판정을 받은 경우로서 다음의 어느 하나에 해당하는 경우 　　1) 선행요건 관리분야에서 만점의 60퍼센트 미만을 받은 경우 　　2) 식품안전관리인증기준 관리분야에서 만점의 60퍼센트 미만을 받은 경우		인증취소
아. 식품안전관리인증기준적용업소에 대한 법 제48조제8항에 따른 조사·평가 결과 부적합 판정을 받은 경우로서 다음의 어느 하나에 해당하는 경우 　　1) 선행요건 관리분야에서 만점의 85퍼센트 미만 60퍼센트 이상을 받은 경우 　　2) 식품안전관리인증기준 관리분야에서 만점의 85퍼센트 미만 60퍼센트 이상을 받은 경우		시정명령
2. 법 제75조 또는 「식품 등의 표시·광고에 관한 법률」 제16조제1항·제3항에 따라 영업정지 2개월 이상의 행정처분을 받은 경우 또는 그에 갈음하여 과징금을 부과 받은 경우	법 제48조 제8항 제2호	인증취소
3. 영업자 및 종업원이 법 제48조제5항에 따른 교육훈련을 받지 아니한 경우	법 제48조 제8항 제3호	시정명령
4. 법 제48조제10항을 위반하여 식품안전관리인증기준적용업소의 영업자가 인증받은 식품을 다른 업소에 위탁하여 제조·가공한 경우	법 제48조 제8항 제4호	인증취소
5. 제63조제4항을 위반하여 변경신고를 하지 아니한 경우	법 제48조 제8항 제4호	시정명령
6. 위의 제1호마목, 제3호 또는 제5호를 위반하여 2회 이상의 시정명령을 받고도 이를 이행하지 아니한 경우	법 제48조 제8항	인증취소
7. 제1호 아목을 위반하여 시정명령을 받고도 이를 이행하지 않은 경우	법 제48조 제8항 제1호	인증취소
8. 거짓이나 그 밖의 부정한 방법으로 인증을 받은 경우	법 제48조 제8항 제4호	인증취소

3 **HACCP 적용을 위한 선행요건 프로그램**

(1) **단체급식업소의 선행요건**(집단급식소, 식품접객업소(위탁급식영업) 및 운반급식(개별 또는 벌크포장), 식품(식품첨가물 포함)제조·가공업소, 건강기능식품제조업소, 집단급식소식품판매업소, 축산물작업장·업소 모두 동일) 기출

　　가.　영업장 관리

　　나.　위생관리

　　다.　제조·가공·조리시설·설비 관리

　　라.　냉장·냉동시설·설비 관리

　　마.　용수관리

　　바.　보관·운송관리

　　사.　검사 관리

　　아.　회수 프로그램 관리

(2) **선행요건 프로그램**(집단급식소, 식품접객업소(위탁급식영업) 및 운반급식) 기출

　① 영업장관리

　　㉠ 작업장

> 1. 영업장은 독립된 건물이거나 해당 영업신고를 한 업종외의 용도로 사용되는 시설과 분리(벽·층 등에 의하여 별도의 방 또는 공간으로 구별되는 경우를 말한다. 이하 같다)되어야 한다.
> 2. 작업장(출입문, 창문, 벽, 천장 등)은 누수, 외부의 오염물질이나 해충·설치류 등의 유입을 차단할 수 있도록 밀폐 가능한 구조이어야 한다.
> 3. 작업장은 청결구역(식품의 특성에 따라 청결구역은 청결구역과 준청결구역으로 구별할 수 있다)과 일반구역으로 분리하고, 제품의 특성과 공정에 따라 분리, 구획 또는 구분할 수 있다.

　　㉡ 건물 바닥, 벽, 천장

> 4. 원료처리실, 제조·가공·조리실 및 내포장실의 바닥, 벽, 천장, 출입문, 창문 등은 제조·가공·조리하는 식품의 특성에 따라 내수성 또는 내열성 등의 재질을 사용하거나 이러한 처리를 하여야 하고, 바닥은 파여 있거나 갈라진 틈이 없어야 하며, 작업 특성상 필요한 경우를 제외하고는 마른 상태를 유지하여야 한다. 이 경우 바닥, 벽, 천장 등에 타일 등과 같이 홈이 있는 재질을 사용한 때에는 홈에 먼지, 곰팡이, 이물 등이 끼지 아니 하도록 청결하게 관리하여야 한다.

　　㉢ 배수 및 배관

> 5. 작업장은 배수가 잘 되어야 하고 배수로에 퇴적물이 쌓이지 아니 하여야 하며, 배수구, 배수관 등은 역류가 되지 아니 하도록 관리하여야 한다.
> 6. 배관과 배관의 연결부위는 인체에 무해한 재질이어야 하며, 응결수가 발생하지 아니 하도록 단열재 등으로 보온 처리하거나 이에 상응하는 적절한 조치를 취하여야 한다.

ⓔ 출입구

7. 작업장 외부로 연결되는 출입문에는 먼지나 해충 등의 유입을 방지하기 위한 완충구역이나 방충이중문 등을 설치하여야 한다.
8. 작업장의 출입구에는 구역별 복장 착용 방법을 게시하여야 하고, 개인위생관리를 위한 세척, 건조, 소독 설비 등을 구비하고, 작업자는 세척 또는 소독 등을 통해 오염가능성 물질 등을 제거한 후 작업에 임하여야 한다.

ⓜ 통로

9. 작업장 내부에는 종업원의 이동경로를 표시하여야 하고 이동경로에는 물건을 적재하거나 다른 용도로 사용하지 아니 하여야 한다.

ⓑ 창

10. 창의 유리는 파손 시 유리 조각이 작업장내로 흩어지거나 원·부자재 등으로 혼입되지 아니하도록 하여야 한다.

ⓞ 채광 및 조명

11. 선별 및 검사구역 작업장 등은 육안확인에 필요한 조도(540룩스 이상)를 유지하여야 한다.
12. 채광 및 조명시설은 내부식성 재질을 사용하여야 하며, 식품이 노출되거나 내포장 작업을 하는 작업장에는 파손이나 이물 낙하 등에 의한 오염을 방지하기 위한 보호장치를 하여야 한다.

ⓞ 부대시설
　　ⓐ 화장실

13. 화장실, 탈의실 등은 내부 공기를 외부로 배출할 수 있는 별도의 환기시설을 갖추어야 하며, 화장실 등의 벽과 바닥, 천장, 문은 내수성, 내부식성의 재질을 사용하여야 한다. 또한, 화장실의 출입구에는 세척, 건조, 소독 설비 등을 구비하여야 한다.

　　ⓑ 탈의실, 휴게실 등

14. 탈의실은 외출복장(신발 포함)과 위생복장(신발 포함)간의 교차 오염이 발생하지 아니 하도록 구분·보관하여야 한다.

② 위생관리
　ⓞ 작업 환경 관리
　　ⓐ 동선 계획 및 공정간 오염방지

15. 식자재의 반입부터 배식 또는 출하에 이르는 전 과정에서 교차오염 방지를 위하여 물류 및 출입자의 이동 동선을 설정하고 이를 준수하여야 한다.
16. 청결구역과 일반구역별로 각각 출입, 복장, 세척·소독 기준 등을 포함하는 위생 수칙을 설정하여 관리하여야 한다.

ⓑ 온도·습도 관리

> 17. 작업장은 제조·가공·조리·보관 등 공정별로 온도관리를 하여야 하고, 이를 측정할 수 있는 온도계를 설치하여야 한다. 필요한 경우, 제품의 안전성 및 적합성 확보를 위하여 습도관리를 하여야 한다.

ⓒ 환기시설 관리

> 18. 작업장 내에서 발생하는 악취나 이취, 유해가스, 매연, 증기 등을 배출할 수 있는 환기시설, 후드 등을 설치하여야 한다.
> 19. 외부로 개방된 흡·배기구, 후드 등에는 여과망이나 방충망, 개폐시설 등을 부착하고 관리계획에 따라 청소 또는 세척하거나 교체하여야 한다.

ⓓ 방충·방서 관리

> 20. 작업장의 방충·방서관리를 위하여 해충이나 설치류 등의 유입이나 번식을 방지할 수 있도록 관리하여야 하고, 유입 여부를 정기적으로 확인하여야 한다.
> 21. 작업장 내에서 해충이나 설치류 등의 구제를 실시할 경우에는 정해진 위생 수칙에 따라 공정이나 식품의 안전성에 영향을 주지 아니 하는 범위 내에서 적절한 보호 조치를 취한 후 실시하며, 작업 종료 후 식품취급시설 또는 식품에 직·간접적으로 접촉한 부분은 세척 등을 통해 오염물질을 제거하여야 한다.

ⓛ 개인위생관리

> 22. 작업장 내에서 작업중인 종업원 등은 위생복·위생모·위생화 등을 항시 착용하여야 하며, 개인용 장신구 등을 착용하여서는 아니 된다.

ⓒ 작업위생관리

  ⓐ 교차오염의 방지

> 23. 칼과 도마 등의 조리 기구나 용기, 앞치마, 고무장갑 등은 원료나 조리과정에서의 교차오염을 방지하기 위하여 식재료 특성 또는 구역별로 구분하여 사용하여야 한다.
> 24. 식품 취급 등의 작업은 바닥으로부터 60cm 이상의 높이에서 실시하여 바닥으로부터의 오염을 방지하여야 한다.

  ⓑ 전처리

> 25. 해동은 냉장해동(10℃ 이하), 전자레인지 해동, 또는 흐르는 물에서 실시한다.
> 26. 해동된 식품은 즉시 사용하고 즉시 사용하지 못할 경우 조리 시까지 냉장 보관하여야 하며, 사용 후 남은 부분을 재동결하여서는 아니 된다.

  ⓒ 조리

> 27. 가열 조리 후 냉각이 필요한 식품은 냉각 중 오염이 일어나지 아니 하도록 신속히 냉각하여야 하며, 냉각온도 및 시간기준을 설정·관리하여야 한다.
> 28. 냉장 식품을 절단 소분 등의 처리를 할 때에는 식품의 온도가 가능한 한 15℃를 넘지 아니 하도록 한 번에 소량씩 취급하고 처리 후 냉장고에 보관하는 등의 온도 관리를 하여야 한다.

ⓓ 완제품 관리 **기출**

29. 조리된 음식은 배식 전까지의 보관온도 및 조리 후 섭취 완료시까지의 소요시간기준을 설정·관리하여야 하며, 유통제품의 경우에는 적정한 유통기한 및 보존 조건을 설정·관리하여야 한다.
    • 28℃ 이하의 경우 : 조리 후 2~3시간 이내 섭취 완료
    • 보온(60℃ 이상) 유지시 : 조리 후 5시간 이내 섭취 완료
    • 제품의 품온을 5℃ 이하 유지시 : 조리 후 24시간 이내 섭취 완료

ⓔ 배식

30. 냉장식품과 온장식품에 대한 배식 온도관리기준을 설정·관리하여야 한다.
    • 냉장보관 : 냉장식품 10℃ 이하(다만, 신선편의식품, 훈제연어는 5℃이하 보관 등 보관온도 기준이 별도로 정해져 있는 식품의 경우에는 그 기준을 따른다.)
    • 온장보관 : 온장식품 60℃ 이상
31. 위생장갑 및 청결한 도구(집게, 국자 등)를 사용하여야 하며, 배식중인 음식과 조리 완료된 음식을 혼합하여 배식하여서는 아니 된다.

ⓕ 검식

32. 영양사는 조리된 식품에 대하여 배식하기 직전에 음식의 맛, 온도, 이물, 이취, 조리 상태 등을 확인하기 위한 검식을 실시하여야 한다. 다만, 영양사가 없는 경우 조리사가 검식을 대신할 수 있다.

ⓖ 보존식

33. 조리한 식품은 소독된 보존식 전용용기 또는 멸균 비닐봉지에 매회 1인분 분량을 −18℃ 이하에서 144시간이상 보관하여야 한다.

ⓔ 폐기물 관리

34. 폐기물·폐수처리시설은 작업장과 격리된 일정장소에 설치·운영하여야 하며, 폐기물 등의 처리용기는 밀폐 가능한 구조로 침출수 및 냄새가 누출되지 아니 하여야 하고, 관리계획에 따라 폐기물 등을 처리·반출하고, 그 관리기록을 유지하여야 한다.

ⓜ 세척 또는 소독

35. 영업장에는 기계·설비, 기구·용기 등을 충분히 세척하거나 소독할 수 있는 시설이나 장비를 갖추어야 한다.
36. 세척·소독 시설에는 종업원에게 잘 보이는 곳에 올바른 손 세척 방법 등에 대한 지침이나 기준을 게시하여야 한다.
37. 영업자는 다음 각 호의 사항에 대한 세척 또는 소독 기준을 정하여야 한다.
    • 종업원
    • 작업장 주변
    • 칼, 도마 등 조리도구
    • 용수저장시설
    • 운송차량, 운반도구 및 용기
    • 환기시설(필터, 방충망 등 포함)
    • 세척, 소독도구
    • 위생복, 위생모, 위생화 등
    • 작업실별 내부
    • 냉장·냉동설비
    • 보관·운반시설
    • 모니터링 및 검사 장비
    • 폐기물 처리용기
    • 기타 필요사항

38. 세척 또는 소독 기준은 다음의 사항을 포함하여야 한다.
   • 세척·소독 대상별 세척·소독 부위   • 세척·소독 방법 및 주기
   • 세척·소독 책임자   • 세척·소독 기구의 올바른 사용 방법
   • 세제 및 소독제(일반명칭 및 통용명칭)의 구체적인 사용 방법
39. 세제·소독제, 세척 및 소독용 기구나 용기는 정해진 장소에 보관·관리되어야 한다.
40. 세척 및 소독의 효과를 확인하고, 정해진 관리계획에 따라 세척 또는 소독을 실시하여야 한다.

③ 제조·가공·조리 시설·설비관리

41. 조리장에는 주방용 식기류를 소독하기 위한 자외선 또는 전기 살균소독기를 설치하거나 열탕세척 소독시설(식중독을 일으키는 병원성미생물 등이 살균될 수 있는 시설이어야 한다)을 갖추어야 한다.
42. 식품과 직접 접촉하는 부분은 내수성 및 내부식성 재질로 세척이 쉽고 열탕·증기·살균제 등으로 소독·살균이 가능한 것이어야 한다.
43. 모니터링 기구 등은 사용 전후에 지속적인 세척·소독을 실시하여 교차 오염이 발생하지 아니 하여야 한다.
44. 식품취급시설·설비는 정기적으로 점검·정비를 하여야 하고 그 결과를 보관하여야 한다.

④ 냉장·냉동시설·설비관리

45. 냉장·냉동·냉각실은 냉장 식재료 보관, 냉동 식재료의 해동, 가열 조리된 식품의 냉각과 냉장보관에 충분한 용량이 되어야 한다.
46. 냉장시설은 내부의 온도를 10℃ 이하(다만, 신선편의식품, 훈제연어는 5℃이하 보관 등 보관온도 기준이 별도로 정해져 있는 식품의 경우에는 그 기준을 따른다.), 냉동시설은 -18℃로 유지하여야 하고, 외부에서 온도변화를 관찰할 수 있어야 하며, 온도 감응 장치의 센서는 온도가 가장 높게 측정되는 곳에 위치하도록 한다.

⑤ 용수관리 [기출]

47. 식품 제조·가공·조리에 사용되거나, 식품에 접촉할 수 있는 시설·설비, 기구·용기, 종업원 등의 세척에 사용되는 용수는 수돗물이나 「먹는물 관리법」 제5조의 규정에 의한 먹는물 수질기준에 적합한 지하수 이어야 하며, 지하수를 사용하는 경우 취수원은 화장실, 폐기물·폐수처리시설, 동물사육장 등 기타 지하수가 오염될 우려가 없도록 관리하여야 하며, 필요한 경우 용수 살균 또는 소독장치를 갖추어야 한다.
48. 가공·조리에 사용되거나, 식품에 접촉할 수 있는 시설·설비, 기구·용기, 종업원 등의 세척에 사용되는 용수는 다음 각호에 따른 검사를 실시하여야 한다.
   가. 지하수를 사용하는 경우에는 먹는물 수질기준 전 항목에 대하여 연1회 이상(음료류 등 직접 마시는 용도의 경우는 반기 1회 이상) 검사를 실시하여야 한다.
   나. 먹는물 수질기준에 정해진 미생물학적 항목에 대한 검사를 월 1회 이상 실시하여야 하며, 미생물학적 항목에 대한 검사는 간이검사키트를 이용하여 자체적으로 실시할 수 있다.
49. 저수조, 배관 등은 인체에 유해하지 아니한 재질을 사용하여야 하며, 외부로부터의 오염물질 유입을 방지하는 잠금장치를 설치하여야 하고, 누수 및 오염여부를 정기적으로 점검하여야 한다.
50. 저수조는 반기별 1회 이상 「수도시설의 청소 및 위생관리 등에 관한 규칙」에 따라 청소와 소독을 자체적으로 실시하거나, 「수도법」에 따른 저수조청소업자에게 대행하여 실시하여야 하며, 그 결과를 기록·유지하여야 한다.
51. 비음용수 배관은 음용수 배관과 구별되도록 표시하고 교차되거나 합류되지 아니 하여야 한다.

⑥ 보관·운송관리

　㉠ 구입 및 입고

52. 검사성적서로 확인하거나 자체적으로 정한 입고기준 및 규격에 적합한 원·부자재만을 구입하여야 한다.
53. 부적합한 원·부자재는 적절한 절차를 정하여 반품 또는 폐기처분 하여야 한다.
54. 입고검사를 위한 검수공간을 확보하고 검수대에는 온도계 등 필요한 장비를 갖추고 청결을 유지하여야 한다.
55. 원·부자재 검수는 납품시 즉시 실시하여야 하며, 부득이 검수가 늦어질 경우에는 원·부자재 별로 정해진 냉장·냉동 온도에서 보관하여야 한다.

　㉡ 운송

56. 운송차량 (지게차 등 포함)으로 인하여 제품이 오염되어서는 아니 된다.
57. 운송차량은 냉장의 경우 10℃이하, 냉동의 경우 −18℃이하를 유지할 수 있어야 하며, 외부에서 온도변화를 확인할 수 있도록 임의조작이 방지된 온도 기록 장치를 부착하여야 한다.
58. 운반중인 식품은 비식품 등과 구분하여 취급하여 교차오염을 방지하여야 한다.
59. 운송차량, 운반도구 및 용기는 관리계획에 따라 세척·소독을 실시하여야 한다.

　㉢ 보관

60. 원료 및 완제품은 선입선출 원칙에 따라 입고·출고상황을 관리·기록하여야 한다.
61. 원·부자재 및 완제품은 구분 관리하고 바닥이나 벽에 밀착되지 아니 하도록 적재·관리 하여야 한다.
62. 원·부자재에는 덮개나 포장을 사용하고, 날 음식과 가열조리 음식을 구분 보관하는 등 교차오염이 발생하지 아니 하도록 하여야 한다.
63. 검수기준에 부적합한 원·부자재나 보관 중 유통기한이 경과한 제품, 포장이 손상된 제품 등은 별도의 지정된 장소에 명확하게 식별되는 표식을 하여 보관하고 반송, 폐기 등의 조치를 취한 후 그 결과를 기록·유지하여야 한다.
64. 유독성 물질, 인화성 물질 비식용 화학물질은 식품취급 구역으로부터 격리된 환기가 잘되는 지정된 장소에서 구분하여 보관·취급 되어야 한다.

⑦ 검사관리

　㉠ 제품검사

65. 제품검사는 자체 실험실에서 검사계획에 따라 실시하거나 검사기관과의 협약에 의하여 실시하여야 한다.
66. 검사결과에는 다음 내용이 구체적으로 기록되어야 한다.
　　• 검체명
　　• 검사연월일
　　• 판정결과 및 판정연월일
　　• 기타 필요한 사항
　　• 제조연월일 또는 소비기한(품질유지기한)
　　• 검사항목, 검사기준 및 검사결과
　　• 검사자 및 판정자의 서명날인

ⓛ 시설·설비·기구 등 검사

> 67. 냉장·냉동 및 가열처리 시설 등의 온도측정 장치는 연 1회 이상, 검사용 장비 및 기구는 정기적으로 교정하여야 한다. 이 경우 자체적으로 교정검사를 하는 때에는 그 결과를 기록·유지하여야 하고, 외부 공인 국가교정기관에 의뢰하여 교정하는 경우에는 그 결과를 보관하여야 한다.
>
> 68. 작업장의 청정도 유지를 위하여 공중낙하 세균 등을 관리계획에 따라 측정·관리하여야 한다. 다만, 식품이 노출되지 아니 하거나, 식품을 포장된 상태로 취급하는 작업장은 그러하지 아니할 수 있다.

⑧ 회수 프로그램 관리(시중에 유통·판매 되는 포장제품에 한함)

> 69. 영업자는 당해제품의 유통 경로, 소비 대상과 판매처의 범위를 파악하여 제품 회수에 필요한 업소명과 연락처 등을 기록·보관하여야 한다.
>
> 70. 부적합품이나 반품된 제품의 회수를 위한 구체적인 회수절차나 방법을 기술한 회수프로그램을 수립·운영하여야 한다.
>
> 71. 부적합품의 원인규명이나 확인을 위한 제품별 생산장소, 일시, 제조라인 등 해당시설내의 필요한 정보를 기록·보관하고 제품추적을 위한 코드표시 또는 로트관리 등의 적절한 확인 방법을 강구하여야 한다.

🔒 CHECK Point   HACCP 용어정의 [기출] 「식품 및 축산물 안전관리인증기준(식약처 고시)」

1. "식품 및 축산물 안전관리인증기준(Hazard Analysis and Critical Control Point, HACCP)"이란 「식품위생법」 및 「건강기능식품에 관한 법률」에 따른 「식품안전관리인증기준」과 「축산물 위생관리법」에 따른 「축산물안전관리인증기준」으로서, 식품(건강기능식품을 포함한다. 이하 같다)·축산물의 원료 관리, 제조·가공·조리·선별·처리·포장·소분·보관·유통·판매의 모든 과정에서 위해한 물질이 식품 또는 축산물에 섞이거나 식품 또는 축산물이 오염되는 것을 방지하기 위하여 각 과정의 위해요소를 확인·평가하여 중점적으로 관리하는 기준을 말한다(이하 "안전관리인증기준(HACCP)"이라 한다).

2. "위해요소(Hazard)"란 「식품위생법」 제4조(위해식품등의 판매 등 금지), 「건강기능식품에 관한 법률」 제23조(위해 건강기능식품 등의 판매 등의 금지) 및 「축산물 위생관리법」 제33조(판매 등의 금지)의 규정에서 정하고 있는 인체의 건강을 해할 우려가 있는 생물학적, 화학적 또는 물리적 인자나 조건을 말한다.

3. "위해요소분석(Hazard Analysis)"이란 식품·축산물 안전에 영향을 줄 수 있는 위해요소와 이를 유발할 수 있는 조건이 존재하는지 여부를 판별하기 위하여 필요한 정보를 수집하고 평가하는 일련의 과정을 말한다.

4. "중요관리점(Critical Control Point : CCP)"이란 안전관리인증기준(HACCP)을 적용하여 식품·축산물의 위해요소를 예방·제어하거나 허용 수준 이하로 감소시켜 당해 식품·축산물의 안전성을 확보할 수 있는 중요한 단계·과정 또는 공정을 말한다. [기출]

5. "한계기준(Critical Limit)"이란 중요관리점에서의 위해요소 관리가 허용범위 이내로 충분히 이루어지고 있는지 여부를 판단할 수 있는 기준이나 기준치를 말한다.

6. "모니터링(Monitoring)"이란 중요관리점에 설정된 한계기준을 적절히 관리하고 있는지 여부를 확인하기 위하여 수행하는 일련의 계획된 관찰이나 측정하는 행위 등을 말한다.

7. "개선조치(Corrective Action)"란 모니터링 결과 중요관리점의 한계기준을 이탈할 경우에 취하는 일련의 조치를 말한다.

8. "선행요건(Pre-requisite Program)"이란 「식품위생법」, 「건강기능식품에 관한 법률」, 「축산물 위생관리법」에 따라 안전관리인증기준(HACCP)을 적용하기 위한 위생관리프로그램을 말한다. [기출]

9. "안전관리인증기준 관리계획(HACCP Plan)"이란 식품·축산물의 원료 구입에서부터 최종 판매에 이르는 전 과정에서 위해가 발생할 우려가 있는 요소를 사전에 확인하여 허용 수준 이하로 감소시키거나 제어 또는 예방할 목적으로 안전관리인증기준(HACCP)에 따라 작성한 제조·가공·조리·선별·처리·포장·소분·보관·유통·판매 공정 관리문서나 도표 또는 계획을 말한다.

10. "검증(Verification)"이란 안전관리인증기준(HACCP) 관리계획의 유효성(Validation)과 실행(Implementation) 여부를 정기적으로 평가하는 일련의 활동(적용 방법과 절차, 확인 및 기타 평가 등을 수행하는 행위를 포함한다)을 말한다.

11. "안전관리인증기준(HACCP) 적용업소"란 「식품위생법」, 「건강기능식품에 관한 법률」에 따라 안전관리인증기준(HACCP)을 적용·준수하여 식품을 제조·가공·조리·소분·유통·판매하는 업소와 「축산물 위생관리법」에 따라 안전관리인증기준(HACCP)을 적용·준수하고 있는 안전관리인증작업장·안전관리인증업소·안전관리인증농장 또는 축산물안전관리통합인증업체 등을 말한다.

12. "관리책임자"란 「축산물 위생관리법」에 따른 자체안전관리인증기준 적용 작업장 및 안전관리인증기준 (HACCP) 적용 작업장 등의 영업자·농업인이 안전관리인증기준(HACCP) 운영 및 관리를 직접 할 수 없는 경우 해당 안전관리인증기준 운영 및 관리를 총괄적으로 책임지고 운영하도록 지정한 자(영업자·농업인을 포함한다)를 말한다.

13. "통합관리프로그램"이란 「축산물 위생관리법」 시행규칙 제7조의3 제4항 제3호에 따라 축산물안전관리통합인증업체에 참여하는 각각의 작업장·업소·농장에 안전관리인증기준(HACCP)을 적용·운용하고 있는 통합적인 위생관리프로그램을 말한다.

14. "중요관리점(CCP) 모니터링 자동 기록관리 시스템"이란 중요관리점(CCP) 모니터링 데이터를 실시간으로 자동 기록·관리 및 확인·저장할 수 있도록 하여 데이터의 위·변조를 방지할 수 있는 시스템(이하 "자동 기록관리 시스템"이라 한다)을 말하며, 이 시스템을 적용한 안전관리인증기준을 "스마트해썹"이라 한다.

PART
08
HACCP, 위해분석 및 유전자변형식품

4 Codex지침에 따른 HACCP의 주요절차

1	• HACCP팀 구성
2	• 제품설명서 작성
3	• 제품의 용도확인
4	• 공정흐름도 작성
5	• 공정흐름도 현장확인

6	• 위해요소분석
7	• 중요관리점(CCP) 결정
8	• CCP의 한계기준 설정
9	• CCP의 모니터링 체계 확립
10	• 개선조치 방법 수립
11	• 검증절차 및 방법 수립
12	• 문서 및 기록 유지방법 설정

〈HACCP의 7원칙 12단계 = 준비(예비)단계 5단계 + 실행단계 7단계(7원칙)〉

[HACCP의 준비(예비)단계]

(1) HACCP팀 구성(1단계)

HACCP Plan 개발의 첫 번째 준비단계는 업소 내에서 HACCP Plan 개발을 주도적으로 담당할
HACCP팀을 구성

① HACCP팀 구성 요건
  ㉠ 전체 인력(또는 핵심인력)으로 구성된 팀 구성
  ㉡ 모니터링 담당자 참여 필수
  ㉢ 모니터링 담당자는 해당공정 현장종사자로 구성
  ㉣ HACCP 팀장은 대표자 또는 공장장으로 구성
  ㉤ 팀구성원별 책임과 권한 부여
  ㉥ 팀별, 팀원별 구체적인 교대근무 시 인수·인계 방법 수립

② HACCP팀 구성의 예

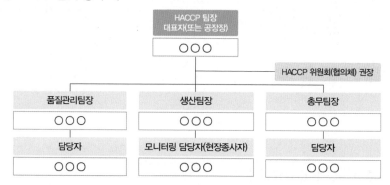

③ HACCP팀 구성(식약처 고시)
  ㉠ 조직 및 인력현황
  ㉡ HACCP팀 구성원별 역할
  ㉢ 교대 근무 시 인수·인계 방법

(2) 제품설명서 작성(2단계)

제품명, 제품유형 및 성상, 품목제조보고연월일, 작성자 및 작성연월일, 성분(또는 식자재)배합비
율, 제조(포장)단위, 완제품의 규격, 보관·유통(또는 배식)상의 주의사항, 유통(또는 배식)기간,
포장방법 및 재질, 표시사항, 기타 필요한 사항이 포함

① **제품명** : 제품명은 식품제조·가공업소의 경우 해당관청에 보고한 해당품목의 "품목 제조(변경)
   보고서"에 명시된 제품명과 일치하여야 한다.

② **제품유형** : 제품유형은 "식품공전"의 분류체계에 따른 식품의 유형을 기재한다.

③ **성상** : 성상은 해당식품의 기본 특성(예 액상, 고상 등) 뿐만 아니라 전체적인 특성(예 가열 후 섭취식
   품, 비가열 섭취식품, 냉장식품, 냉동식품, 살균제품, 멸균제품 등)을 기재한다.

④ 품목제조보고연월일 : 품목제조 보고연월일은 식품제조·가공업소의 경우에 해당하며, 해당식품의 "품목제조(변경)보고서"에 명시된 보고 날짜를 기재한다.

⑤ 작성자 및 작성연월일 : 제품설명서를 작성한 사람의 성명과 작성날짜를 기재한다.

⑥ 성분(또는 식자재)배합비율 및 제조(또는 조리)방법

　㉠ 성분(또는 식자재)배합비율은 식품제조·가공업소의 경우 해당식품의 "품목제조(변경)보고서"에 기재된 원료인 식품 및 식품첨가물의 명칭과 각각의 함량을 기재한다. 대상식품이 많은 업소의 경우 원료 목록표를 작성하면 원료에 대한 위해요소를 총괄적으로 분석하는데 도움이 된다.

　㉡ 제조(또는 조리)방법은 일반적인 방법을 기재하거나 "공정흐름도"로 갈음

⑦ 제조(포장)단위 : 제조(포장)단위는 판매되는 완제품의 최소단위를 중량, 용량, 개수 등으로 기재한다.

⑧ 완제품의 규격 : 완제품의 규격은 식품위생법과 대상고객, 사내규격 등을 참고하여 안전성과 관련된 항목에 대해 성상, 생물학적, 화학적, 물리적 항목과 각각의 규격을 기재한다.

⑨ 제품의 용도 및 유통(또는 배식시간)기간

　㉠ 제품용도는 소비계층을 고려하여 일반건강인, 영유아, 어린이, 환자, 노약자, 허약자 등으로 구분하여 기재한다.

　㉡ 유통(또는 배식시간)기간은 식품제조·가공업소의 경우 "품목제조(변경)보고서"에 명시된 유통기한을 보관조건과 함께 기재하며, 식품접객업소의 경우 조리완료 후 배식까지의 시간을 기재한다.

⑩ 포장방법 및 재질 : 특이한 포장방법이 있는 경우 그 방법을 구체적으로 기재하며, 포장재질은 내포장재와 외포장재 등으로 구분하여 기재한다.

⑪ 표시사항 : 표시사항에는 "식품 등의 표시기준"의 법적 사항에 기초하여 소비자에게 제공해야 할 해당식품에 관한 정보를 기재한다.

⑫ 보관 및 유통(또는 배식)상의 주의사항

　㉠ 해당식품의 유통·판매 또는 배식 중 특별히 관리가 요구되는 사항을 기재한다. 기본적으로 위생적인 요소(Safety factors)을 우선 고려하여 기재하고, 품질적인 사항(Quality factors)을 포함시켜야 하는 경우에는 위생적인 요소와 구분하여 기재한다.

　㉡ 제품설명서는 식품별로 작성함을 원칙으로 한다. 그러나, 각 식품의 공정 등 특성이 같거나 비슷하여 식품유형별로 작성하여도 무방하다고 판단되는 경우 식품을 묶거나 식품유형별로 작성할 수 있다.

　㉢ 제품설명서의 견본서식은 [제품설명서 예시]과 같다. 업소는 견본서식을 이용하여 업소 자체 실정에 맞게 적절한 제품설명서를 작성할 수 있다.

(3) 제품의 용도 확인(3단계)

① 해당식품의 의도된 사용방법 및 대상 소비자를 파악

② 그대로 섭취할 것인가, 가열조리 후 섭취할 것인가

③ 조리 가공방법은 무엇인가

④ 다른 식품의 원료로 사용 되는가 등 예측 가능한 사용방법과 범위

⑤ 제품에 포함될 잠재성을 가진 위해물질에 민감한 대상 소비자(에 어린이, 노인, 면역관련 환자 등)를 파악

▶ 용도 확인(식약처 고시)
　(1) 가열 또는 섭취 방법
　(2) 소비 대상

(4) 공정흐름도 작성(4단계)

① 원료의 입고에서부터 완제품의 출하까지 모든 공정단계들을 파악하여 공정흐름도(Flow diagram)를 작성하고 각 공정별 주요 가공조건의 개요를 기재

② HACCP 팀은 업체에서 직접 관리하는 원료의 입고에서부터 완제품의 출하까지 모든 공정단계들을 파악하여 공정흐름도(Flow diagram)를 작성하고 각 공정별 주요 가공조건의 개요를 기재한다. 이때, 구체적인 제조공정별 가공방법에 대하여는 일목요연하게 표로 정리하는 것이 바람직하다. 또한, 작업특성별 구획, 기계·기구 등의 배치, 제품의 흐름과정, 작업자 이동경로, 세척·소독조 위치, 출입문 및 창문, 공조시설계통도, 용수 및 배수처리 계통도 등을 표시한 작업장 평면도(Plant schematic)를 작성

③ 공정흐름도와 평면도는 원료의 입고에서부터 완제품의 출하에 이르는 해당식품의 공급에 필요한 모든 공정별로 위해요소의 교차오염 또는 2차 오염, 증식 등의 가능성을 파악하는데 도움을 줌

④ ┬ 제조공정도 : 해당공정의 명칭, 일련번호, CCP 번호, 해당공정에 이용되는 주요 가공조건 등 기재
　└ 공정별 가공방법 : 해당 공정의 명칭, 가공방법 및 조건 등 상세 기재

▶ 공정 흐름도 작성(식약처 고시)
　(1) 제조·가공·조리 공정도(공정별 가공방법)
　(2) 작업장 평면도(작업특성별 구획, 기계·기구 등의 배치, 제품의 흐름과정, 세척·소독조의 위치, 작업자의 이동경로, 출입문 및 창문 등을 표시한 평면도면)
　(3) 급기 및 배기 등 환기 또는 공조시설 계통도
　(4) 급수 및 배수처리 계통도

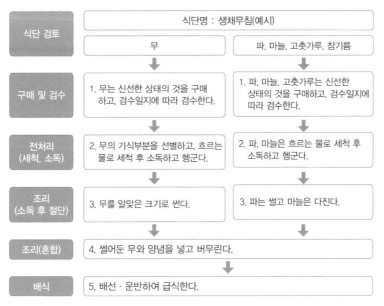

〈비가열 조리공정도 예〉-[학교급식위생관리지침서]

(5) 공정흐름도 현장확인(5단계)

① 작성된 공정흐름도 및 평면도가 현장과 일치하는 지를 검증

② 공정흐름도 및 평면도가 실제 작업공정과 동일한지 여부를 확인하기 위하여 HACCP팀은 작업현장에서 공정별 각 단계를 직접 확인하면서 검증

③ 공정흐름도와 평면도의 작성 목적은 각 공정 및 작업장 내에서 위해요소가 발생할 수 있는 모든 조건 및 지점을 찾아내기 위한 것이므로 정확성을 유지하는 것이 매우 중요하다. 따라서 현장검증 결과 변경이 필요한 경우에는 해당공정 흐름도나 평면도를 수정

④ 작성된 각종 평면도와 계통도가 실제 현장과 일치하는지 확인

변경 시마다 재작성 후 현장 확인 실시

[실행단계(HACCP 7원칙)]

(1) 위해요소분석(Hazard Analysis : HA, 6단계 원칙1)

① 정의

㉠ 원재료의 생산, 제조·가공 및 최종 소비에 이르기까지 모든 단계에서 생물학적·화학적·물리적인 잠재적인 위해요소를 분석

㉡ 식품·축산물 안전에 영향을 줄 수 있는 위해요소와 이를 유발할 수 있는 조건이 존재하는지 여부를 판별하기 위하여 필요한 정보를 수집하고 평가하는 일련의 과정을 말한다.

② 위해요소분석

㉠ HACCP팀이 수행하며, 제품설명서에서 파악된 원·부재료별로, 공정흐름도에서 파악된 공

정/단계별로 구분하여 실시

ⓛ 이 과정을 통해 원·부재료별 또는 공정/단계별로 발생 가능한 모든 위해요소를 파악하여 목록을 작성

ⓒ 각 위해요소의 유입경로와 이들을 제어할 수 있는 수단(예방수단)을 파악하여 기술

ⓔ 유입경로와 제어수단을 고려하여 위해요소의 발생 가능성과 발생 시 그 결과의 심각성을 감안하여 위해(Risk)를 평가

③ 위해요소

위해요소 구분	종류
생물학적(Biological) 위해요소	• 살모넬라, 황색포도상구균, 장염비브리오, E.ColiO157:H7, 여시니아, 캠필로박터, 리스테리아, 클로스트리디움 보툴리늄 등 세균 • 진균류(곰팡이, 효모), 바이러스, 기생충
화학적(Chemical) 위해요소	• 중금속(수은, 납, 카드뮴), 천연독소(패독, 버섯독), 다이옥신, 잔류농약, 잔류수의약품, 미승인 첨가물, 알러지 유발물질, 기타 공정에서 생성되는 화학물질
물리적(Physical) 위해요소	• 이물 : 금속, 돌, 유리, 녹, 모발, 곤충, 설치류 분변 등

④ 위해요소분석 절차

〈위해요소 분석 절차〉

ⓛ 1단계 : 원·부자재별·공정별로 생물학적·화학적·물리적 위해요소목록 작성
원료별·공정별로 생물학적·화학적·물리적 위해요소와 발생 원인을 모두 파악하여 목록화

ⓒ 2단계 : 위해평가(각 위해요소에 대한 심각성과 위해발생가능성 평가)
• 파악된 잠재적 위해요소(Hazard)에 대한 위해(Risk)를 평가하는 것
• 파악된 잠재적 위해요소에 대한 위해 평가는 위해 평가 기준을 이용하여 수행

ⓐ 심각성 평가(FAO)

심각성	분류	위해의 종류
높음	생물학적	Clostridium Botulinum, Salmonella typhi, Listeria monocytogenes, E.coli O157:H7, Vibrio cholerae, Vibrio vunificus 등
	화학적	Paralytic shellfish poisoning, amnestic shellfish poisoning(ASP) 등
	물리적	유리조각, 금속성이물 등
보통	생물학적	Brucella spp., Campylobacter spp., Salmonella spp., Shigella spp., Streptococcus type A., Yersinia enterocolitica, hepatitis A virus 등
	화학적	Mycotoxins, ciguatera toxin, 잔류농약, 중금속 등
	물리적	경질이물(돌, 모래, 경질 플라스틱 등)
낮음	생물학적	Bacillus spp., Clostridium perfringens, Staphylococcus aureus, Norwalk virus, most parasites 등
	화학적	Histamine-like substances, 식품첨가물 등
	물리적	연질이물(머리카락, 먼지, 비닐 등)

출처 : 식품의약품안전처

ⓑ 위해발생 가능성 평가

■ 생물학적 위해요소 발생가능성 평가기준(예시)

구분	분류기준	
	빈도평가	가능성 평가
높음(3)	해당 위해요소 발생사례확인 (2회 이상/분기 발생 사례 수집)	해당 위해요소로 식중독 발생
보통(2)	해당 위해요소 발생사례 미확인 (1회 이상/분기 발생사례 수집)	해당 위해요소로 오염 사례확인
낮음(1)	해당 위해요소 연관성 없인 (발생사례 없음/분기)	해당 위해요소 연관성 없음

출처 : 식품의약품안전처

ⓒ 위해평가(예시)

발 생 가 능 성	높음	경결함(3)	중결함(6)	치명결함(9)
	보통	불만족(2)	경결함(3)	중결함(6)
	낮음	만족(1)	불만족(2)	경결함(3)
		낮음	보통	높음
			심각성	

위해평가활용
- 경결함 이상 위해요소는 CCP 결정도 평가
- 해당 식품 원료, 공정 등에 심각성 높은 잠재적 위해요소와 실제 공정평가에서 발생되는 위해요소는 CCP 결정도에서 평가 필요

ⓒ 3단계 : 예방조치·관리방법 결정

파악된 잠재적 위해요소의 발생원인과 각 위해요소를 안전한 수준으로 예방하거나 완전히 제거, 또는 허용 가능한 수준까지 감소시킬 수 있는 예방조치방법이 있는 지를 확인하여 기재하는 것

위해요소의 예방조치방법

가. 생물학적 위해요소
- 시설 개·보수
- 원료 협력업체로부터 시험성적서 수령
- 입고되는 원료의 검사
- 보관, 가열, 포장 등의 가공조건(온도, 시간 등) 준수
- 시설·설비, 종업원 등에 대한 적절한 세척·소독 실시
- 공기 중에 식품노출 최소화
- 종업원에 대한 위생교육

나. 화학적 위해요소
- 원료 협력업체로부터 시험성적서 수령
- 입고되는 원료의 검사
- 승인된 화학물질만 사용
- 화학물질의 적절한 식별 표시, 보관
- 화학물질의 사용기준 준수
- 화학물질을 취급하는 종업원의 적절한 훈련

다. 물리적 위해요소
- 시설 개·보수
- 원료 협력업체로부터 시험성적서 수령
- 입고되는 원료의 검사
- 육안선별, 금속검출기 등 이용
- 종업원 훈련

② 4단계 : 위해요소분석표 작성

■ 위해요소 분석표

일련 번호	원부자재명/ 공정명	구분	위해요소		위험도 평가			예방조치 및 관리방법
			명칭	발생원인	심각성	발생 가능성	종합 평가	
1		B						
		C						
		P						

- B(Biological hazards) : 생물학적 위해요소
  제품에 내재하면서 인체의 건강을 해할 우려가 있는 병원성 미생물, 부패미생물, 일반세균수, 대장균, 장구균, 효모, 곰팡이, 기생충, 바이러스
- C(Chemical hazards) : 화학적 위해요소
  제품에 내재하면서 인체의 건강을 해할 우려가 있는 중금속, 농약, 항생물질, 항균물질, 사용 기준초과 또는 사용 금지된 식품 첨가물 등 화학적 원인물질
- P(Physical hazards) : 물리적 위해요소
  원료와 제품에 내재하면서 인체의 건강을 해할 우려가 있는 인자 중에서 돌조각, 유리조각, 쇳조각, 플라스틱조각 등

(2) 중요관리점(CCP) 결정(7단계 원칙2)

① 정의 [기출]
   ㉠ 파악된 위해요소를 제거하거나 또는 발생 가능성을 최소한으로 억제시키기 위해 원재료의 생산 및 제조에 해당하는 모든 장소·공정·작업 과정을 중요관리점으로 결정
   ㉡ HACCP을 적용하여 식품의 위해요소를 예방·제어하거나 허용 수준 이하로 감소시켜 당해 식품의 안전성을 확보할 수 있는 중요한 단계·과정 또는 공정

② 식품의 제조·가공·조리공정에서 중요관리점이 될 수 있는 사례
   ㉠ 생물학적 위해요소 성장을 최소화 할 수 있는 냉각공정
   ㉡ 생물학적 위해요소를 제거할 수 있는 특정 온도에서 가열처리
   ㉢ pH 및 수분활성도의 조절 또는 배지 첨가 같은 제품성분 배합
   ㉣ 캔의 충전 및 밀봉 같은 가공처리
   ㉤ 금속검출기에 의한 금속이물 검출공정, 여과공정 등

③ 중요관리점(CCP) 결정표

공정 단계	위해요소	질문1	질문2	질문1	질문3	질문4	질문5	중요 관리점 결정
		예→CP 아니오→질문2	예→질문3 아니오→질문2	예→질문2 아니오→CP	예→CCP 아니오→질문4	예→질문5 아니오→CP	예→CP 아니오→CCP	

※ 위해요소 분석 결과, 위험도가 높은 항목(Hazard)만 중요관리점(CCP) 결정도에 적용하고 그 결과를 중요관리점(CCP) 결정표에 작성

④ 중요관리점(CCP) 결정도 [기출]

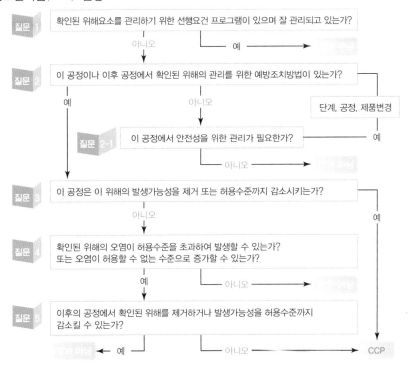

질문 1 확인된 위해요소를 관리하기 위한 선행요건 프로그램이 있으며 잘 관리되고 있는가?

아니오 / 예 →

질문 2 이 공정이나 이후 공정에서 확인된 위해의 관리를 위한 예방조치방법이 있는가?

예 / 아니오 / 단계, 공정, 제품변경

질문 2-1 이 공정에서 안전성을 위한 관리가 필요한가? / 예

아니오 →

질문 3 이 공정은 이 위해의 발생가능성을 제거 또는 허용수준까지 감소시키는가?

아니오 / 예

질문 4 확인된 위해의 오염이 허용수준을 초과하여 발생할 수 있는가? 또는 오염이 허용할 수 없는 수준으로 증가할 수 있는가?

예 / 아니오 →

질문 5 이후의 공정에서 확인된 위해를 제거하거나 발생가능성을 허용수준까지 감소킬 수 있는가?

← 예 / 아니오 → CCP

(3) 중요관리점(CCP)의 한계기준(Critical Limit : CL) 설정(8단계 원칙3) [기출]

① 정의
- ㉠ 한계기준은 CCP에서 관리되어야 할 생물학적, 화학적 또는 물리적 위해요소를 예방, 제거 또는 허용 가능한 안전한 수준까지 감소시킬 수 있는 최대치 또는 최소치를 말하며, 안전성을 보장할 수 있는 과학적 근거에 기초하여 설정
- ㉡ 중요 관리점에서의 위해요소 관리가 허용범위 이내로 충분히 이루어지고 있는지 여부를 판단할 수 있는 기준이나 기준치

② 한계기준은 현장에서 쉽게 확인 가능하도록 가능한 육안관찰이나 간단한 측정으로 확인할 수 있는 수치 또는 특정지표로 나타냄

- 온도 및 시간
- 수분활성도(Aw) 같은 제품 특성
- pH
- 관련서류 확인 등
- 습도(수분)
- 염소, 염분농도 같은 화학적 특성
- 금속검출기 감도

[기출]

③ 한계기준 설정 절차
- ㉠ 결정된 CCP별로 해당식품의 안전성을 보증하기 위하여 어떤 법적 한계기준이 있는지를 확인(법적인 기준 및 규격 확인)
- ㉡ 법적인 한계기준이 없을 경우, 업소에서 위해요소를 관리하기에 적합한 한계기준을 자체적으

로 설정하며, 필요시 외부전문가의 조언을 구함

    © 설정한 한계기준에 관한 과학적 문헌 등 근거자료를 유지 보관

④ 한계기준 설정(예시)

공정명	CCP	위해요소	위해요인	한계기준
가열	CCP-1B	리스테리아, 장출혈성대장균	가열온도 및 가열 시간 미준수로 병원성 미생물 잔존	가열온도 : 85~120℃, 가열시간 : 3~5분 (품온 80~110℃, 품온 유지 시간 3~5분) 등
세척	CCP-18CP	리스테리아, 장출혈성대장균, 돌, 흙, 모래, 잔류농약	세척방법 미준수로 병원성 미생물, 잔류농약, 이물 잔존	세척횟수 : 3~6단, 세척가수량 : 20L/분, 세척시간 : 5분~10분 등
소독	CCP-18C	리스테리아, 장출혈성대장균, 잔류염소	소독농도 및 소독 시간, 소독수 교체주기 미준수로 병원성 미생물 잔존 헹굼방법, 시간 미준수로 소독제 잔류	소독농도 : 50~100ppm 소독시간 : 1~1분 30초 소독수 교체주기 : 10kg 당 헹굼방법 : 흐르는 물 헹굼시간 : 30~40분 등
최종제품 PH 측정	CCP-18	리스테리아, 장출혈성대장균	최종제품 pH 초과로 인한 병원성 미생물 잔존 및 증식	최종제품 pH 4.0 이하
최종제품 수분활성도 측정	CCP-18	리스테리아, 장출혈성대장균	최종제품 pH 초과로 인한 병원성 미생물 잔존 및 증식	최종제품 수분활성도 0.6 이하
금속검출	CCP-1P	금속 Fe 2.0mmϕ, STS 2.0mmϕ 이상 불검출	금속검출기 감도 불량으로 이물 잔존	금속 Fe 2.0mmϕ, STS 2.0mmϕ 이상 불검출

출처 : 식약처 자료

⑷ CCP의 모니터링(감시, Monitoring)체계 확립(9단계 원칙4)

① 정의

    ⊙ CCP에 해당되는 공정이 한계기준을 벗어나지 않고 안정적으로 운영되도록 관리하기 위하여 종업원 또는 기계적인 방법으로 수행하는 일련의 관찰 또는 측정수단

    © 중요관리점에 설정된 한계기준을 적절히 관리하고 있는지 여부를 확인하기 위하여 수행하는 일련의 계획된 관찰이나 측정하는 행위

② 모니터링 체계를 수립하여 시행하게 되면

    ⊙ 작업과정에서 발생되는 위해요소의 추적이 용이

    © 작업공정 중 CCP에서 발생한 기준 이탈(deviation) 시점을 확인 가능

    © 문서화된 기록을 제공하여 검증 및 식품사고 발생 시 증빙자료로 활용

③ 모니터링 체계는 다음 순서에 따라 확립한다.

> 1) 각 원료와 공정별로 가장 적합한 모니터링 절차 파악
> 2) 모니터링 항목을 결정
> 3) 모니터링 위치/지점, 방법을 결정
> 4) 모니터링 주기(빈도) 결정
> 5) 모니터링 결과를 기록할 서식 결정
> 6) 모니터링 담당자를 지정하고 훈련

④ 모니터링에서 주요사항

　　㉠ 모니터링은 한계기준을 만족하고 있느냐를 지속적으로 측정, 관찰하는 행위

　　㉡ 절차는 현장종사자가 쉽게 측정할 수 있는 방법을 설정

　　㉢ 모니터링 결과는 즉시, 연속적, 자동적으로 제공되는 것

　　㉣ 현장 여건상 비연속적으로 수행할 경우 CCP가 충분히 관리되고 있음을 보증할 수 있는 정도의 빈도수로 관리가 필요

　　㉤ 모니터링 담당자는 이상발생여부를 판단 할 수 있는 자질과 필요에 따라서는 개선조치 까지를 시행할 권한도 주어져야 함

(5) 개선조치 방법의 수립(10단계 원칙5)

① 정의

　　㉠ 모니터링에 의해 특정 CCP가 관리기준에서 벗어날 경우에 취해야 할 개선방법을 확립하여 개선조치를 취하고, 그 기록을 남기며 필요에 따라 HACCP 계획을 조정

　　㉡ 모니터링 결과 중요관리점의 한계기준을 이탈할 경우에 취하는 일련의 조치

② 개선조치 방법 설정 시 체크사항

- 이탈된 제품을 관리하는 책임자는 누구이며, 기준 이탈시 모니터링 담당자는 누구에게 보고하여야 하는가?
- 이탈의 원인이 무엇인지 어떻게 결정할 것인가?
- 이탈의 원인이 확인되면 어떤 방법을 통하여 원래의 관리상태로 복원 시킬 것인가?
- 한계기준이 이탈된 식품(반제품 또는 완제품)은 어떻게 조치할 것인가?
- 한계기준 이탈시 조치해야 할 모든 작업에 대한 기록·유지 책임자는 누구인가?
- 개선조치 계획에 책임 있는 사람이 없을 경우 누가 대신할 것인가?
- 개선조치는 언제든지 실행가능한가?

③ 일반적으로 취해야할 개선조치 사항

- 공정상태의 원상복귀
- 한계기준 이탈에 의해 영향을 받은 관련식품에 대한 조치사항
- 이탈에 대한 원인규명 및 재발방지 조치
- HACCP 계획의 변경 등

④ 개선조치 확립 순서

- 각 CCP별로 가장 적합한 개선조치 절차를 파악하기
- CCP별로 위해요소의 심각성에 따라 차등화하여 개선조치방법을 결정하기
- 개선조치 결과의 기록서식을 결정하기
- 개선조치 담당자를 지정하고 교육·훈련시키기

⑤ 개선조치 방법

　　㉠ 즉각적 조치 : 공정을 한계기준 이하로 옮기기 위해 재조정 및 한계기준을 벗어난 제품의 처리

ⓒ 예방적 조치 : 재발방지를 위한 조치

(6) 검증절차 및 방법 수립(11단계 원칙6)

① 정의
- ㉠ HACCP 팀은 HACCP 시스템이 설정한 안전성 목표를 달성하는데 효과적인지, HACCP 관리 계획에 따라 제대로 실행되는지, HACCP 관리계획의 변경 필요성이 있는지를 확인하기 위한 검증절차를 설정하여야 함
- ㉡ "해썹(HACCP) Plan의 유효성과 해썹(HACCP) System이 계획대로 운영되고 있는지를 확인 하기 위한 일련의 활동"(NACMCF, 1997)
- ㉢ "해썹(HACCP) Plan 준수여부를 확인하기 위하여 적용하는 방법, 절차, 검사 및 기타 평가 행위"(Codex, 1997)
- ㉣ HACCP 관리계획의 유효성과 실행 여부를 정기적으로 평가하는 일련의 활동(적용 방법과 절차, 확인 및 기타 평가 등을 수행하는 행위를 포함)

② 검증의 구성
- ㉠ HACCP 계획에 대한 유효성 평가(Validation) : HACCP 계 획이 올바르게 수립되어 있는지 확인하는 것으로 발생가능 한 모든 위해요소를 확인·분석하고 있는지, CCP가 적절하 게 설정되었는지, 한계기준이 안전성을 확보하는데 충분한

지, 모니터링 방법이 올바르게 설정되어 있는지 등을 과학적·기술적 자료의 수집과 평가를 통해 확인하는 검증의 한 요소
- ㉡ HACCP 계획의 실행성 검증 : HACCP 계획이 설계된 대로 이행되고 있는지를 확인하는 것으로 작업자가 정해진 주기로 모니터링을 올바르게 수행하고 있는지, 기준 이탈시 개선조 치를 적절하게 하고 있는지, 검사·모니터링 장비를 정해진 주기에 따라 검·교정하고 있는 지 등을 확인하는 것

③ 검증의 분류
- ㉠ 검증주체에 따른 분류
  - ⓐ 내부검증 : 사내에서 자체적으로 검증원을 구성하여 실시하는 검증
  - ⓑ 외부검증 : 정부 또는 적격한 제3자가 검증을 실시하는 경우로 식품의약품안전처에서 HACCP 적용업소에 대하여 연1회 실시하는 사후 조사·평가가 이에 포함됨
- ㉡ 검증주기에 따른 분류
  - ⓐ 최초검증 : HACCP 계획을 수립하여 최초로 현장에 적용할 때 실시하는 HACCP 계획의 유효성 평가(Validation)
  - ⓑ 일상검증 : 일상적으로 발생되는 HACCP 기록문서 등에 대하여 검토·확인하는 것
  - ⓒ 특별검증 : 새로운 위해정보가 발생시, 해당식품의 특성 변경시, 원료·제조공정 등의 변동시, HACCP 계획의 문제점 발생시 실시하는 검증
  - ⓓ 정기검증 : 정기적으로 HACCP 시스템의 적절성을 재평가 하는 검증

④ 검증 내용

　㉠ 유효성 평가 : 수립된 HACCP 계획이 해당식품이나 제조·조리라인에 적합한지 즉, HACCP 계획이 올바르게 수립되어 있어 충분한 효과를 가지는지를 확인하는 것

　　ⓐ 발생가능한 모든 위해요소를 확인·분석하였는지 여부

　　ⓑ 제품설명서, 공정흐름도의 현장 일치 여부

　　ⓒ CP, CCP 결정의 적절성 여부

　　ⓓ 한계기준이 안전성을 확보하는데 충분한지 여부

　　ⓔ 모니터링 체계가 올바르게 설정되어 있는지 여부 등이 해당된다.

　㉡ HACCP 계획의 실행성 검증 : HACCP 계획이 수립된 대로 효과적으로 이행되고 있는지 여부를 확인하는 것

　　ⓐ 작업자가 CCP 공정에서 정해진 주기로 측정이나 관찰을 수행하는지 확인하기 위한 현장 관찰 활동

　　ⓑ 한계기준 이탈시 개선조치를 취하고 있으며, 개선조치가 적절한 지 확인하기 위한 기록의 검토

　　ⓒ 개선조치 실제 실행여부와 개선조치의 적절성 확인을 위하여 기록의 완전성·정확성 등을 자격 있는 사람이 검토하고 있는지 여부

　　ⓓ 검사·모니터링 장비의 주기적인 검·교정 실시 여부 등이 해당된다.

⑤ 검증의 실행

　㉠ 검증 주체 : 해썹(HACCP) 시스템의 검증은 사내 자체적으로 자격요건을 갖춘 검증원으로 검증팀을 구성하여 실시하거나 검증의 객관성을 유지하기 위해 제3자인 외부 전문가를 통하여 검증을 실시

　㉡ 검증 계획의 수립 : 해썹(HACCP) 팀은 연간 검증계획을 수립하고 이를 근거로 검증 실시 이전에 검증종류, 검증원, 검증항목, 검증일정 등을 포함한 검증실시계획을 수립

　㉢ 검증 활동 : 검증활동은 기록 검토, 현장조사, 시험·검사로 구분

> ⑴ 기록의 검토 : 검토되어야 할 기록의 종류와 내용
> 　① 현행 해썹(HACCP) 관리계획 : 해썹(HACCP) 관리계획에 대한 기록 검토는 위해요소분석 결과, 중요관리점, 한계기준, 모니터링 방법, 개선 조치 방법이 적절하게 설정되어 있는가, 충분한 효과를 가지고 있는가에 대하여 평가
> 　② 이전 해썹(HACCP) 검증보고서(선행요건프로그램 포함) : 이전에 실시된 검증보고서를 검토하는 것은 만성적인 문제점을 파악하는데 도움이 되며, 이전 감사에서 지적된 사항은 보다 집중적으로 검토
> 　③ 모니터링 활동(검·교정기록 포함)
> 　　㉠ 일상적인 모니터링 활동 기록들은 일상검증을 통해 제대로 모니터링되고 기록유지 및 개선 조치가 이루어지고 있는지 검토
> 　　㉡ 정기·특별검증시에는 모든 기록을 광범위하게 검토하기 보다는 업소의 특성을 고려하여 특히 중요한 부분에 해당되는 모니터링 활동 및 중요관리점 기록만을 검토하는 것이 효율적
> 　④ 개선조치 사항 등 : 모니터링 활동이 누락되었거나, 모니터링 결과 한계기준을 벗어난 모든 사항에 대해서 즉시 개선 조치가 되고 기록되어 있는지 확인하여야 하며, 이에 상응하는 개선조치가 적절하였는지 검토

(2) 현장조사

현장조사는 검증의 한 부분인 실행성을 확인할 수 있는 활동일 뿐만 아니라 이를 통하여 해썹(HACCP) 관리계획이 효과적으로 운영될 수 있는 수준으로 선행요건프로그램이 유지되고 있음을 확인할 수 있다.

현장조사의 핵심은 제조·가공·조리공정흐름도, 작업장 평면도 등이 작성된 기준서와 일치하는지를 확인하고, 모니터링 담당자와의 면담 및 기록확인을 통하여 모니터링 활동을 제대로 수행하고 있는지를 평가하는 것

검증자는 현장 조사 시 다음 사항을 반드시 확인하여야 한다.

① 설정된 중요관리점의 유효성

② 담당자의 중요관리점 운영, 한계기준, 감시활동 및 기록관리 활동에 대한 이해

③ 한계기준 이탈시 담당자가 취해야 할 조치사항에 대한 숙지상태

④ 모니터링 담당 종업원의 업무 수행상태 관찰

⑤ 공정중의 모니터링 활동 기록의 일부 확인

(3) 시험·검사

① 해썹(HACCP) 관리계획의 효율적 운영여부를 검증하는 방법의 하나는 미생물실험, 이화학적 검사 등을 통한 확인검증

② 중요관리점이 적절히 관리되고 있는지 검증하기 위하여 주기적으로 시료를 채취하여 실험분석을 실시할 필요가 있다. 이는 모니터링 방법이 위해요소의 간접적인 제어 수단이 되는 경우에 특히 필요

③ 시료채취 및 시험의 빈도는 해썹(HACCP) 관리계획에 규정되어야 하며, 중요관리점 관리방법, 한계 기준 및 감시활동이 중요관리점을 연속적으로 관리하기에 적절한지를 검증할 수 있어야 한다. 특히, 해썹(HACCP) 관리계획이 처음 개발되거나 또는 중요한 변경이 이루어진 경우에는 중요관리점 관리가 적절히 이루어지고 있음을 입증할 수 있도록 시험·검사를 실시하는 것이 바람직

(7) 문서화 및 기록유지 방법 확립(12단계 원칙7)

① HACCP의 제반 원칙 및 적용에 관계되는 모든 방법 및 결과에 관한 문서보관제도 확립

② HACCP 적용업소에서 모든 기록은 특별히 규정한 것을 제외하고는 최소한 2년간 보관

[HACCP 체계의 운영과 관련된 기록목록의 예]

① 원료

ㄱ 규격에 적합함을 증빙하는 원료공급업체의 시험증명서

ㄴ 공급업체의 시험성적서를 검증한 업소의 지도·감독 기록

ㄷ 온도에 민감하거나 유통기한이 설정된 원료에 대한 보관온도 및 기간 기록

② 공정관리

ㄱ CCP와 관련된 모든 모니터링 기록

ㄴ 식품 취급과정이 적절하게 지속적으로 운영하는지를 검증한 기록

③ 완제품

ㄱ 식품의 안전한 생산을 보장할 수 있는 자료 및 기록

ㄴ 제품의 안전한 유통기한을 입증할 수 있는 자료 및 기록

ㄷ HACCP 계획의 적합성을 인정한 문서

④ 보관 및 유통
    ㉠ 보관 및 유통온도 기록
    ㉡ 유통기간이 경과된 제품이 출고되지 않음을 보여주는 기록
⑤ 한계기준 일탈 및 개선조치 : CCP의 한계기준 이탈 시 취해진 공정이나 제품에 대한 모든 개선조치 기록
⑥ 검증 : HACCP 계획의 설정, 변경 및 재평가 기록
⑦ 종업원 교육 : 식품위생 및 HACCP 수행에 관한 교육훈련 기록

1 위해 분석(Risk analysis)의 정의

① 식품 등에 존재하는 위해요소를 섭취하여 인체건강에 유해한 영향을 미칠 가능성이 있는 경우에 그 발생을 방지하거나 최소화하기 위한 체계를 말한다. 위해관리, 위해평가, 위해정보교환 세 가지 요소로 구성(FAO/WHO)

② 위해평가, 위해관리, 위해정보교환의 3요소로 구성된 절차(FDA/CFSAN)

2 위해분석의 구성요소

위해 분석의 구성요소 : 위해관리 , 위해평가, 위해정보교류 기출

(1) 위해평가(Risk assessment)

① 위해평가의 정의

㉠ 인체가 식품 등에 존재하는 위해요소에 노출되었을 때 발생할 수 있는 유해영향과 발생확률을 과학적으로 예측하는 일련의 과정으로 위험성확인, 위험성결정, 노출평가, 위해도 결정 등의 4단계로 이루어짐

㉡ 식품에 존재하는 위해요소를 확인하고 이를 섭취할 가능성과 섭취함으로서 질병이 발생할 가능성을 정량적으로 평가하는 과학적인 과정으로 크게 화학적 위해평가와 미생물학적 위해평가로 구분됨

② 위해평가의 순서 기출

> 위험성 확인 → 위험성 결정 → 노출평가 → 위해도 결정

㉠ 위험성 확인(Hazard identification)

ⓐ 건강에 위해를 주는 위해요소가 무엇이며 이것의 물리·화학적 특성 및 생체에 대한 영향을 규명하는 것

ⓑ 특정 인자의 직접적 또는 잠재적인 건강에 대한 영향성을 확인하는 단계로 유해물질에 대해 보고된 최근 국내외 정보를 조사하고 분석하여 위험성 확인

ⓒ 물리·화학적 성질, 사용용도, 사용량, 사용현황, 제조과정, 노출원, 노출시간, 동물독성 자료, 역학자료, 발암성 여부 등을 조사하여 위험성 확인

ⓓ 독성실험 및 역학연구 등을 활용하여 화학적, 미생물학적, 물리적 위해요인의 유해성, 독성 및 그 정도와 영향 등을 파악하고 확인하는 과정

ⓛ 위험성 결정(Hazard characterization) 기출

　ⓐ 위해요소의 노출량과 유해 발생과의 관계를 정량적으로 규명하는 단계

　ⓑ 인체 혹은 동물독성 자료를 이용하여 독성값 및 인체안전기준(ADI 등)을 설정하는 단계

　ⓒ 위해요소의 노출량과 유해영향 발생과의 관계를 정량적으로 규명하는 단계로 동물실험 등의 불확실성 등을 고려하여 인체안전기준(TDI, ADI, RfD등)을 결정

ⓒ 노출평가(Exposure assessment)

　ⓐ 일상생활 및 식품문제 발생 상황에서 위해요소가 사람에게 얼마나 노출되는지에 대해 평가

　ⓑ 사람의 위험 노출 규모와 그 자료를 파악하는 위해평가의 한 부분으로 섭취량 등 관련 자료를 토대로 인체 노출량을 정량적으로 평가하는 과정

　ⓒ 식품 등을 통하여 사람이 섭취하는 위해요소의 양 또는 수준을 정량적으로 및(또는) 정성적으로 산출하는 과정

ⓔ 위해도 결정(Risk characterization)

　ⓐ 인체 섭취허용량과 인체 노출량을 비교하여 인체에 대한 위해 요소의 위해성을 정량적, 확률적으로 산출

　ⓑ 위험성 확인, 위험성 결정 및 노출 평가를 근거로 인체 건강에 미치는 유해 영향의 발생과 위해정도를 정량적 또는 정성적으로 계산하는 과정

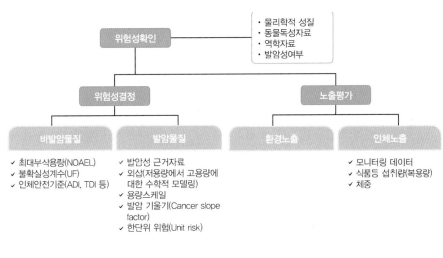

〈위해평가 절차〉

③ 위해평가의 대상(식품위생법 시행령 제4조)

1항 법 제15조 제1항에 따른 식품, 식품첨가물, 기구 또는 용기·포장(이하 "식품 등"이라 한다)
의 위해평가(이하 "위해평가"라 한다) 대상은 다음 각 호로 한다.

　　1. 국제식품규격위원회 등 국제기구 또는 외국 정부가 인체의 건강을 해칠 우려가 있다고
　　　인정하여 판매하거나 판매할 목적으로 채취·제조·수입·가공·사용·조리·저장·소
　　　분(小分 : 완제품을 나누어 유통을 목적으로 재포장하는 것을 말한다. 이하 같다)·운반
　　　또는 진열을 금지하거나 제한한 식품 등

　　2. 국내외의연구·검사기관에서 인체의 건강을 해칠 우려가 있는 원료 또는 성분 등이 검출
　　　된 식품 등

　　3. 「소비자기본법」 제29조에 따라 등록한 소비자단체 또는 식품 관련 학회가 위해평가를
　　　요청한 식품 등으로서 법 제57조에 따른 식품위생심의위원회(이하 "심의위원회"라 한다)
　　　가 인체의 건강을 해칠 우려가 있다고 인정한 식품 등

　　4. 새로운 원료·성분 또는 기술을 사용하여 생산·제조·조합되거나 안전성에 대한 기준
　　　및 규격이 정하여지지 아니하여 인체의 건강을 해칠 우려가 있는 식품 등

2항 위해평가에서 평가하여야 할 위해요소는 다음 각 호의 요인으로 한다.

　　1. 잔류농약, 중금속, 식품첨가물, 잔류 동물용 의약품, 환경오염물질 및 제조·가공·조리
　　　과정에서 생성되는 물질 등 화학적 요인

　　2. 식품 등의 형태 및 이물(異物) 등 물리적 요인

　　3. 식중독 유발 세균 등 미생물적 요인

3항 위해평가는 다음 각 호의 과정을 순서대로 거친다. 다만, 식품의약품안전처장이 현재의
기술수준이나 위해요소의 특성에 따라 따로 방법을 정한 경우에는 그에 따를 수 있다. ⬛기출

　　1. 위해요소의 인체 내 독성을 확인하는 위험성 확인과정

　　2. 위해요소의 인체노출 허용량을 산출하는 위험성 결정과정

　　3. 위해요소가 인체에 노출된 양을 산출하는 노출평가과정

　　4. 위험성 확인과정, 위험성 결정과정 및 노출평가과정의 결과를 종합하여 해당 식품 등이
　　　건강에 미치는 영향을 판단하는 위해도(危害度) 결정과정

(2) 위해관리(Risk management)

① 위해 평가에 기초한 제도와 정책

② 위해평가 결과, 소비자의 건강보호와 공정한 무역 실행의 증진을 위하여 다른 관련 요인들을
고려하고 모든 이해관계자들과의 협의를 거쳐 정책 대안을 마련하고, 필요하다면 적절한 예방과
관리를 선택하는 위해평가와는 별개의 일련의 과정, 즉, 위해를 낮추기 위한 일련의 정책 또는
조치를 검토, 결정, 실시, 검증, 재검토하는 것(FAO/WHO)

③ 위해관리 단계로는 사전적 위해관리 활동, 위해성 관리 옵션 규명 및 선택, 위해관리 결정사항
시행, 모니터링 및 재평가 등

④ 위해관리는 일련의 지속적인 활동을 통해 수행되며 그 단계 사이에는 지속적인 보완과정이
반복됨

(3) 위해 정보교류(Risk communication)

① 위해 분석의 통합적인 부분으로 위해관리체계와 분리할 수 없는 요소로 적시에 정확한 정보를 위해 분석팀과 외부의 관련자들에게 제공하고, 또한 그들로부터 정보를 수집 가능하게 함으로써 특정 식품의 위해 특성과 영향에 대한 지식을 향상시킬 수 있다.

② 위해평가 결과의 설명과 위해관리 결정사항을 포함하여 위해평가자, 위해관리자, 소비자, 산업계, 학계와 기타 이해관계자들 간에 위해, 위해관련 요소와 위해인지도와 관련한 위해분석과정 동안 내내 정보와 의견의 상호교환. 즉, 위해분석의 전 과정 동안 이해관계자 간에 정보 및 의견을 상호 교환하는 것을 말함(FAO/WHO)

유전자변형식품

1 관련 용어

① **유전자변형** : 인위적으로 유전자를 재조합하거나 유전자를 구성하는 핵산을 세포 또는 세포내 소기관으로 직접 주입하는 기술, 분류학에 의한 과의 범위를 넘는 세포융합기술 등 현대 생명공학기술을(이하 "유전자변형기술"이라 한다)이용 또는 활용하여 농산물·축산물·수산물·미생물(이하 "농축수산물"이라 한다)의 유전자를 변형시킨 것

② **GMO(Genetically Modified Organism)** : 우리말로 '유전자변형생물체'라고 한다. 유전자변형 생물체는 생물체의 유전자 중 유용한 유전자를 취하여 그 유전자를 갖고 있지 않은 생물체에 삽입하여 유용한 성질을 나타나게 한 것이다. 이와 같은 유전자재조합기술을 활용하여 재배·육성된 농산물·축산물·수산물·미생물 및 이를 원료로 하여 제조·가공한 식품(건강기능식품을 포함) 중 정부가 안전성을 평가하여 입증이 된 경우에만 식품으로 사용할 수 있으며 이를 유전자변형식품이라 함

③ **LMO(Living Modified Organism)** : 살아있는 유전자변형생물체의 의미로 사용

④ **유전자변형(GM) 식품** : 유전자변형 농축수산물을 원재료로 하거나 또는 이용하여 제조·가공된 식품(건강기능식품 포함) 또는 식품첨가물을 말함

⑤ **유전자변형 농축수산물**
　㉠ ①과 같이 유전자변형된 농축수산물을 재배·육성·생산한 것
　㉡ GM농산물은전 세계적으로 콩, 옥수수, 면화, 유채가 대부분을 차지하고 있으며, 사탕무, 알팔파, 감자, 쌀, 밀, 멜론, 레드치커리, 토마토, 호박, 파파야, 아마 등도 개발됨
　※ 현재 우리나라에서 안전성 심사를 거쳐 수입이 승인된 것은
　　－6개 작물(대두, 옥수수, 면화, 유채, 사탕무, 알팔파)
　※ 우리나라에서 최초로 승인된 유전자변형 농산물－제초제 내성을 가진 콩
　※ 최초로 개발되어 상업화된 것 － 무르지 않는 토마토(Flavor Savor)

2 GMO 작물을 만드는 과정

① **아그로박테리움법** : 아그로박테리움은 식물에 근두암종병(Crown gall)을 일으키는 토양세균으로서 가지고 있는 플라스미드의 유전자를 식물 염색체에 전달하여 근두암종병이라고 하는 암종세포 덩어리를 만드는 병원균이다. 플라스미드를 구성하고 있는 유전자 중 식물에 종양을 일으키는 유전자는 제거하고 이용하고자 하는 유용한 유전자를 연결시켜 아그로박테리움에 넣은 후 이 아그로박테리움을 식물세포에 접촉, 감염시키면 유용한 유전자가 식물세포 내로 들어갈

수 있다.

② 유전자총 이용법 : 금 또는 텅스텐 등 금속미립자에 유용한 유전자를 코팅하고 고압가스의 힘으로 식물의 잎 절편 또는 세포 덩어리에 투입하여 유용 유전자가 물리적으로 식물세포의 염색체에 접촉하도록 함으로서 직접 식물세포 내로 도입하는 방법

③ 원형질체 융합법 : 원형질체(Protoplast)는 일반적으로 세포벽이 제거된 상태의 세포를 말하며, 조직 배양시 단세포 유래식물체를 만들거나 유용한 유전자를 세포 내로 도입시킬 때 사용하는 방법

④ 안티센스법 : 식물 속에 있는 유전자 중 원하지 않는 유전자의 작용을 억제하는 방법으로 최초의 유전자변형식품으로 인정받은 토마토 플레이버 세이버가 이 방법에 의해 개발됨

3 유전자변형 식품의 개발 동향

■ 유전자변형 농산물의 형질 변환 목적 [기출]

형질변환의 목적	주요 농산물
제초제 내성	옥수수, 목화, 카놀라, 대두, 아마, 담배, 쌀, 치커리, 카네이션
바이러스 내성	파파야, 호박, 감자
해충 내성	감자, 옥수수, 목화, 토마토
과숙 지연	멜론, 토마토
영양성분 강화	쌀, 토마토
알레르기성 물질 제거	콩
백신효과	감자

4 유전자 변형식품의 안전성에 대한 평가

신규성, 알레르기성, 항생제 내성, 독성 등 [기출]

(1) 식품위생법 제18조(유전자변형식품등의 안전성 심사 등)

① 유전자변형식품등을 식용(食用)으로 수입·개발·생산하는 자는 최초로 유전자변형식품등을 수입하는 경우 등 대통령령으로 정하는 경우에는 식품의약품안전처장에게 해당 식품등에 대한 안전성 심사를 받아야 한다.

> **식품위생법 시행령 제9조(유전자변형식품등의 안전성 심사)**
> 법 제18조 제1항에서 "최초로 유전자변형식품등을 수입하는 경우 등 대통령령으로 정하는 경우"란 다음 각 호의 어느 하나에 해당하는 경우를 말한다.

1. 최초로 유전자변형식품등[인위적으로 유전자를 재조합하거나 유전자를 구성하는 핵산을 세포나 세포내 소기관으로 직접 주입하는 기술 또는 분류학에 따른 과(科)의 범위를 넘는 세포융합기술에 해당하는 생명공학기술을 활용하여 재배·육성된 농산물·축산물·수산물 등을 원재료로 하여 제조·가공한 식품 또는 식품첨가물을 말한다. 이하 이 조에서 같다]을 수입하거나 개발 또는 생산하는 경우
2. 법 제18조에 따른 안전성 심사를 받은 후 10년이 지난 유전자변형식품등으로서 시중에 유통되어 판매되고 있는 경우
3. 그 밖에 법 제18조에 따른 안전성 심사를 받은 후 10년이 지나지 아니한 유전자변형식품등으로서 식품의약품안전처장이 새로운 위해요소가 발견되었다는 등의 사유로 인체의 건강을 해칠 우려가 있다고 인정하여 심의위원회의 심의를 거쳐 고시하는 경우

② 식품의약품안전처장은 제1항에 따른 유전자변형식품등의 안전성 심사를 위하여 식품의약품안전처에 유전자변형식품등 안전성심사위원회(이하 "안전성심사위원회"라 한다)를 둔다.

③ 안전성심사위원회는 위원장 1명을 포함한 20명 이내의 위원으로 구성한다. 이 경우 공무원이 아닌 위원이 전체 위원의 과반수가 되도록 하여야 한다.

④ 안전성심사위원회의 위원은 유전자변형식품등에 관한 학식과 경험이 풍부한 사람으로서 다음 각 호의 어느 하나에 해당하는 사람 중에서 식품의약품안전처장이 위촉하거나 임명한다.
   1. 유전자변형식품 관련 학회 또는 「고등교육법」 제2조 제1호 및 제2호에 따른 대학 또는 산업대학의 추천을 받은 사람
   2. 「비영리민간단체 지원법」 제2조에 따른 비영리민간단체의 추천을 받은 사람
   3. 식품위생 관계 공무원

⑤ 안전성심사위원회의 위원장은 위원 중에서 호선한다.

⑥ 위원의 임기는 2년으로 한다. 다만, 공무원인 위원의 임기는 해당 직(職)에 재직하는 기간으로 한다.

⑦ 식품의약품안전처장은 거짓이나 그 밖의 부정한 방법으로 제1항에 따른 안전성 심사를 받은 자에 대하여 그 심사에 따른 안전성 승인을 취소하여야 한다.

(2) OECD 유전자변형식품 안전성평가 개념

① OECD는 유전자변형식품이 상업화되기 전인 1993년에 '실질적 동등성' 개념에 관한 보고서를 발표

② 이 개념은 후에 세계보건기구(WHO)와 식량농업기구(FAO) 공동산하 국제식품규격위원회 (CODEX)에서도 인정되어 안전성평가지침(2003.7)에 도입되었다

③ **기본원칙** : 유전자변형농산물 유래 식품의 안전성기준을 지금까지 먹어온 일반 식품과의 차이점을 비교하여 차이가 없으면 안전한 것으로 간주할 수 있다는 개념을 도입
   - 실질적 동등성 개념에 근거한 평가방법 확립

④ 유전자변형식품의 안전성 평가항목

분류	항목	내용
인체 안전성 평가	실질적 동등성 및 영양성분 평가	농업적 특성 분석(작물의 성장률, 생산량, 질병 저항성, 제초제 저항성, 관능적 특성)
		일반 성분 분석(탄수화물, 단백질, 지방, 회분, 섬유소 등)
		미량 성분 분석(비타민, 무기질 등)
		기타 미량 성분 분석(항영양소 등)
		영양성 평가
	일반 정보 및 분자생물학적 특성 평가	GMO 개발 목적 및 이용방법, 숙주 정보, 공여체 정보, 유전자 재조합 정보, 유전자 재조합체 특성 정보
	알레르기성 평가	알려진 알레르겐과의 유사성 평가, 소화 과정 중 분해 여부 검사, 열처리 시 분해 여부 검사, 알레르기 환자 혈청항체와 결합 여부 검사
	독성 평가	단백질 독소와의 유사성 평가, 소화 과정 중 분해 여부 검사, 열처리 시 분해 여부 검사, 실험동물에 직접 섭취시켜 독성 여부 조사
환경 위해성 평가 [기출]	농업적 특성 평가	유전자변형 후의 특성을 조사, 평가
	잡초화 가능성 평가	자연 생태계에서 잡초화될 가능성과 그 영향을 평가
	유전자 이동성 평가	도입된 유전자가 다른 생물체로 이동되는지 조사·평가
	비표적 생물체 영향 평가	주변 생태계의 다른 동식물 및 미생물 등에 미치는 영향 평가

(3) 유전자변형식품 안전성 심사 절차

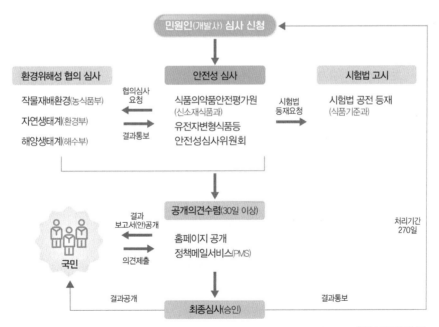

출처 : 식품안전나라

5 **유전자 변형 식품의 시험법** : PCR, ELISA법 등

6 **유전자 변형식품의 표시** `기출`

(1) **목적** : 소비자에게 올바른 정보를 제공하여 알고 선택할 권리를 보장

(2) **표시 관련 법규**

① 식품위생법 제12조의2(유전자변형식품등의 표시)

1항 다음 각 호의 어느 하나에 해당하는 생명공학기술을 활용하여 재배·육성된 농산물·축산물·수산물 등을 원재료로 하여 제조·가공한 식품 또는 식품첨가물(이하 "유전자변형식품등"이라 한다)은 유전자변형식품임을 표시하여야 한다. 다만, 제조·가공 후에 유전자변형 디엔에이(DNA, Deoxyribonucleic acid) 또는 유전자변형 단백질이 남아 있는 유전자변형식품등에 한정한다.

　1. 인위적으로 유전자를 재조합하거나 유전자를 구성하는 핵산을 세포 또는 세포 내 소기관으로 직접 주입하는 기술

　2. 분류학에 따른 과(科)의 범위를 넘는 세포융합기술

2항 제1항에 따라 표시하여야 하는 유전자변형식품등은 표시가 없으면 판매하거나 판매할 목적으로 수입·진열·운반하거나 영업에 사용하여서는 아니 된다. 〈개정 2016.2.3.〉

3항 제1항에 따른 표시의무자, 표시대상 및 표시방법 등에 필요한 사항은 식품의약품안전처장이 정한다.

② 표시대상(「유전자변형식품 등의 표시기준」 제3조–식약처 고시)

1항 「식품위생법」 제18조에 따른 안전성 심사 결과, 식품용으로 승인된 유전자변형농축수산물과 이를 원재료로 하여 제조·가공 후에도 유전자변형 DNA 또는 유전자변형 단백질이 남아 있는 유전자변형식품등은 유전자변형식품임을 표시하여야 한다.

2항 제1항의 표시대상 중 다음 각 호의 어느 하나에 해당하는 경우에는 유전자변형식품임을 표시하지 아니할 수 있다.

　1. 유전자변형농산물이 비의도적으로 3%이하인 농산물과 이를 원재료로 사용하여 제조·가공한 식품 또는 식품첨가물. 다만, 이 경우에는 다음 각 목의 어느 하나에 해당하는 서류를 갖추어야 한다.

　　가. 구분유통증명서

　　나. 정부증명서

　　다. 「식품·의약품분야 시험·검사 등에 관한 법률」 제6조 및 제8조에 따라 지정되었거나 지정된 것으로 보는 시험·검사기관에서 발행한 유전자변형식품등 표시대상이 아님을 입증하는 시험·검사성적서

　2. 고도의 정제과정 등으로 유전자변형 DNA 또는 유전자변형 단백질이 전혀 남아 있지 않아 검사불능인 당류, 유지류 등

구분	표시를 해야 하는 경우	표시를 하지 않는 경우
농산물·축수산물	식약처가 식용으로 승인한 GM 농산물(대두, 옥수수, 카놀라, 면화, 사탕무, 알팔파)	• 구분 관리된 농산물 – 구분유통증명서 또는 정부증명서 또는 시험·검사 성적서 ※ 3%이하 비의도적 혼입치 인정
가공식품·건강기능식품 등	유전자변형농축수산물을 원재료로 사용하여 제조·가공 후에도 유전자변형 DNA 또는 유전자변형 단백질이 남아 있는 식품 또는 식품첨가물, 건강기능식품	• 구분 관리된 농산물을 사용한 경우 – 구분유통증명서 또는 정부증명서 또는 시험·검사 성적서 ※ 3%이하 비의도적 혼입치 인정(원료농산물) • 가공보조제(식품의 제조·가공 중 특정 기술적 목적을 달성하기 위하여 의도적으로 사용된 물질), 부형제(식품성분의 균일성을 위하여 첨가하는 물질), 희석제(식품의 물리·화학적 성질을 변화시키지 않고, 그 농도를 낮추기 위하여 첨가하는 물질), 안정제(식품의 물리·화학적 변화를 방지할 목적으로 첨가하는 물질)의 용도로 사용하는 것은 제외 • 고도의 정제과정 등으로 유전자변형 DNA 또는 유전자변형 단백질이 전혀 남아있지 않아 검사불능인 당류, 유지류 등 제외

※ GMO 표시대상 식품 중 '구분유통증명서 또는 정부증명서' 또는 시험·검사성적서 중 어느 하나의 서류를 구비하였다면 GMO 표시 면제 가능

③ **표시내용 및 방법**(「유전자변형식품 등의 표시기준」)

제5조(표시방법) 유전자변형식품의 표시방법은 다음 각 호와 같다.

1. 표시는 한글로 표시하여야 한다. 다만, 소비자의 이해를 돕기 위하여 한자나 외국어를 한글과 병행하여 표시하고자 할 경우, 한자나 외국어는 한글표시 활자크기와 같거나 작은 크기의 활자로 표시하여야 한다.

2. 표시는 지워지지 아니하는 잉크·각인 또는 소인 등을 사용하거나, 떨어지지 아니하는 스티커 또는 라벨지 등을 사용하여 소비자가 쉽게 알아볼 수 있도록 해당 용기·포장 등의 바탕색과 뚜렷하게 구별되는 색상으로 12포인트 이상의 활자크기로 선명하게 표시하여야 한다.

3. 유전자변형농축수산물의 표시는 "유전자변형 ○○(농축수산물 품목명)"로 표시하고, 유전자변형농산물로 생산한 채소의 경우에는 "유전자변형 ○○(농산물 품목명)로 생산한 ○○○(채소명)"로 표시하여야 한다.

4. 유전자변형농축수산물이 포함된 경우에는 "유전자변형 ○○(농축수산물 품목명) 포함"으로 표시하고, 유전자변형농산물로 생산한 채소가 포함된 경우에는 "유전자변형 ○○(농산물 품목명)로 생산한 ○○○(채소명) 포함"으로 표시하여야 한다.

5. 유전자변형농축수산물이 포함되어 있을 가능성이 있는 경우에는 "유전자변형 ○○(농축수산물 품목명) 포함가능성 있음"으로 표시하고, 유전자변형농산물로 생산한 채소가 포함되어 있을 가능성이 있는 경우에는 "유전자변형 ○○(농산물 품목명)로 생산한 ○○○(채소명) 포함가능성 있음"으로 표시할 수 있다.

6. 유전자변형식품의 표시는 소비자가 잘 알아볼 수 있도록 당해 제품의 주표시면에 "유전자

변형식품", "유전자변형식품첨가물", "유전자변형건강기능식품" 또는 "유전자변형 ○○
포함 식품", "유전자변형 ○○포함 식품첨가물", "유전자변형 ○○포함 건강기능식품"으
로 표시하거나, 당해 제품에 사용된 원재료명 바로 옆에 괄호로 "유전자변형" 또는 "유전자
변형된 ○○"로 표시하여야 한다.

7. 유전자변형여부를 확인할 수 없는 경우에는 당해 제품의 주표시면에 "유전자변형 ○○포함
가능성 있음"으로 표시하거나, 제품에 사용된 당해 제품의 원재료명 바로 옆에 괄호로
"유전자변형 ○○포함가능성 있음"으로 표시할 수 있다.

8. 제3조제1항에 해당하는 표시대상 중 유전자변형식품등을 사용하지 않은 경우로서, 표시대
상 원재료 함량이 50%이상이거나, 또는 해당 원재료 함량이 1순위로 사용한 경우에는
"비유전자변형식품, 무유전자변형식품, Non-GMO, GMO-free" 표시를 할 수 있다. 이
경우에는 비의도적 혼입치가 인정되지 아니한다.

9. 유전자변형농축수산물이 모선 또는 컨테이너 등에 선적 또는 적재되어 화물(Bulk) 상태로
수입 또는 판매되는 경우에는 표시사항을 신용장(L/C) 또는 상업송장(Invoice)에 표시하
여야 하고, 화물차량 등에 적재된 상태로 국내 유통되는 경우에는 차량과 운송장 등에
표시하여야 한다.

제6조(표시사항의 적용특례) 다음 각 호의 어느 하나에 해당하는 경우에는 제5조의 규정에도
불구하고 다음과 같이 표시할 수 있다.

1. 즉석판매제조·가공업의 영업자가 자신이 제조·가공한 유전자변형식품을 진열 판매하는
경우로서 유전자변형식품 표시사항을 진열상자에 표시하거나, 별도의 표지판에 기재하여
게시하는 때에는 개개의 제품별 표시를 생략할 수 있다.

2. 두부류를 운반용 위생 상자를 사용하여 판매하는 경우로서 그 위생 상자에 유전자변형식품
표시사항을 표시하거나, 별도의 표지판에 기재하여 게시하는 때에는 개개의 제품별 표시를
생략할 수 있다.

(3) 행정처분 및 벌칙

내용	행정처분(품목제조정지)			벌칙
	1차	2차	3차	
유전자변형식품에 유전자변형식품임을 표시하지 아니한 경우	15일	1개월	2개월	3년 이하의 징역 또는 3천만원 이하의 벌금
유전자변형식품을 유전자변형식품이 아닌 것으로 표시·광고한 경우	1개월	2개월	3개월	5년 이하의 징역 또는 5천만원 이하의 벌금

(4) 주요국가의 GM식품 표시제도

현재 우리나라를 포함하여 EU, 일본, 호주/뉴질랜드, 미국 등 주요 국가에서 GMO 표시제를 시행하
고 있음

〈식품의약품안전처 자료〉

구분	한국	일본	호주/뉴질랜드	미국	유럽
식품용으로 승인된 GMO* * GMO 표시대상 품목	6종 대두, 옥수수, 면화, 카놀라, 사탕무, 알팔파	9종 대두, 옥수수, 면화, 카놀라, 사탕무, 알팔파, 감자, 파파야, 겨자	9종 대두, 옥수수, 면화, 카놀라, 사탕무, 알팔파, 감자, 쌀, 홍화	13종 대두, 옥수수, 면화, 카놀라, 사탕무, 알팔파, 감자, 파파야, 호박, 사과, 가지, 파인애플, 연어	5종 대두, 옥수수, 면화, 카놀라, 사탕무
GMO 표시기준	유전자변형 원재료를 사용한 식품 중 유전자변형 DNA(단백질)가 남아있는 식품	유전자변형 원재료를 함량 3순위 이내로서, 원재료 함량비 5%이상으로 사용한 식품 중 유전자변형 DNA(단백질)가 남아 있는 식품	최종제품에 유전자변형 DNA 또는 유전자변형단백질이 남아있는 식품	GMO 유전자가 함유되어 있는 식품	유전자변형 DNA(단백질) 잔류 여부와 관계없이 모두 표시
Non-GMO 표시	자율 유전자변형식품 표시대상 중 유전자변형식품등을 사용하지 않은 경우로서, 표시대상 원재료 함량이 50%이상이거나, 또는 해당 원재료 함량이 1순위로 사용한 경우 표시가능 ※ 비의도적혼입치 불인정	자율 '유전자변형이 아닌 것을 분별' 등으로 표시해야 함(비의도적혼입치 인정) ※ 비의도적혼입치 불인정('23.4 시행)	자율 GMO와 전혀 관련 없는 제품등에 Non-GMO 표시는 할 수 없음(공정거래법 위반, 비의도적 혼입치 불인정)	자율 GMO와 전혀 관련 없는 제품등에 Non-GMO 표시는 부적절하다고 안내(FDA)	자율 ※ 통일된 규정은 없으나 자국의 상황에 따라 인정범위를 달리하고 있음
유지류·당류 등 고도로 정제되어 유전자변형 DNA(단백질)가 남아 있지 않은 제품에 대한 GMO 표시여부	표시제외	표시제외	표시제외	표시제외	표시
비의도적 혼입치*	3%	5%	1%	5%	0.9%

* 농산물을 생산·수입·유통 등 취급과정에서 구분하여 관리한 경우에도 그 속에 유전자변형농산물이 비의도적으로 혼입될 수 있는 비율
* 미국은 BE(BioEngineered food)로 정의

01

식품의 원재료부터 제조, 가공, 보존, 유통, 조리 단계를 거쳐 최종 소비자가 섭취하기 전까지의 각 단계에서 발생할 우려가 있는 위해요소를 규명하고 중점적으로 관리하는 것은?

① GMP 제도
② 식품안전관리인증기준
③ 위해식품 자진 회수 제도
④ 방사살균(radappertization) 기준

02 식품산업기사 2014년 3회

HACCP제도에 대한 설명으로 가장 옳은 것은?

① 식품의 기준 및 규격에서 최저기준 이상의 위생적 품질기준 제도
② 식품공장의 위생관리를 위해 위해요소를 중점관리하는 제도
③ 식품의 유통과정 중 문제점 발생 시 제품을 자발적으로 회수하여 폐기하는 제도
④ 포자를 만드는 세균의 살균을 목표로 한 살균처리 제도

03 교육청 유사기출

기존의 위생관리체계와 다른 HACCP의 장점으로 옳은 것만을 모두 고르면?

> ㄱ. 신속성 : 즉각적인 조치 가능
> ㄴ. 위해요소관리 범위 : 가능성 있는 모든 위해요소
> ㄷ. 관리자 숙련도 : 상당한 숙련이 요구됨
> ㄹ. 조치 : 문제 발생 전 예방관리

① ㄱ, ㄴ, ㄷ   ② ㄱ, ㄴ, ㄹ
③ ㄱ, ㄷ, ㄹ   ④ ㄱ, ㄴ, ㄷ, ㄹ

🔊 HACCP의 경우 모니터하기 쉬운 측정치에 의해 관리가 가능하므로 관리자는 전문적인 숙련이 필요없다.

answer | 01 ② 02 ② 03 ②

04 식품기사 2013년 2회

식품업계가 HACCP을 도입함으로써 얻을 수 있는 효과와 거리가 먼 것은?

① 위해요소를 과학적으로 규명하고 이를 효과적으로 제어하여 위생적이고 안전한 식품제조가 가능해짐
② 장기적으로 관리인원 감축 등이 가능해짐
③ 모든 생산단계를 광범위하게 사후 관리하여 위생적인 제품을 생산할 수 있음
④ 업체의 자율적인 위생관리를 수행할 수 있음

HACCP은 위해가 발생될 수 있는 단계를 사전에 집중적으로 관리함으로서 위생관리체계의 효율성을 극대화시킬 수 있다.

05 경기·교육청·경남 유사기출

식품위생법에 제시된 HACCP 의무적용 품목이 아닌 것은?

① 즉석조리식품 중 순대
② 어육가공품 중 어묵
③ 기타수산물가공품 중 냉장 어류
④ 비가열음료

기타수산물가공품 중 냉동 어류·연체류·조미가공품

06 식품기사 2015년 3회

HACCP에 대한 설명으로 틀린 것은?

① 식품위생법에서는 식품안전관리인증기준이라고 한다.
② 국제식품규격위원회(CODEX)에 의하면 12단계와 7원칙으로 규정되어 있다.
③ HACCP의 주목적은 최종제품을 검사하여 안전성을 확보하는 것이다.
④ 위해분석과 중요관리점으로 구성되어 있다.

HACCP은 식품의 원료, 제조, 가공, 보존, 유통의 전과정에서 위험물질이 해당식품에 혼입되거나 오염되는 것을 사전에 방지하기 위하여 각 과정을 중점적으로 관리하는 기준이다.

07 경기·경남 유사기출

HACCP(식품안전관리인증기준)에 대한 설명으로 옳지 않은 것은?

① 유통 중의 상품만을 대상으로 하여 상품을 수거하여 위생상태를 관리하는 기준이다.
② NASA에서 무결점 우주인 식량을 개발하기 위해 시작된 제도이다.
③ 위해요소분석(HA)과 중요관리점(CCP)으로 구성되어 있다.
④ 위해요소에는 생물학적, 화학적, 물리적 위해요소가 있다.

HACCP은 식품의 원재료에서부터 가공 공정, 유통단계 등 모든 과정을 위생 관리한다.

answer | 04 ③   05 ③   06 ③   07 ①

08 수탁지방직 2010년 기출

밑줄 친 부분에 들어갈 말로 가장 적절한 것은?

> HACCP는 기본적인 위생관리가 효과적으로 수행된다는 전제조건 하에 중점적으로 관리하여야 할 점을 파악하여 집중 관리하는 시스템이기 때문에 _____과 표준위생관리기준이 선행되지 않고서는 효율적으로 가동될 수 없고 이들을 HACCP적용을 위한 선행요건프로그램이라고 한다.

① 적정제조기준(Good Manufacturing Practices)
② 위해 분석(Hazard Analysis)
③ 중요관리점(Critical Control Point) 설정
④ 모니터링 방법(Monitoring)의 설정

09 경기 유사기출 식품기사 2017년 3회

식품 및 축산물 안전관리인증기준에 의거하여 식품(식품첨가물 포함) 제조 · 가공업소, 건강기능식품 제조업소, 집단급식소식품판매업소, 축산물작업장 · 업소의 선행요건 관리 대상이 아닌 것은?

① 용수관리
② 차단방역관리
③ 회수프로그램 관리
④ 검사 관리

10 식품산업기사 2016년 3회

식품 및 축산물안전관리리인증기준의 작업위생관리에서 아래의 (   ) 안에 알맞은 것은?

> • 칼과 도마 등의 조리 기구나 용기, 앞치마, 고무장갑 등은 원료나 조리과정에서의 (   )을(를) 방지하기 위하여 식재료 특성 또는 구역별로 구분하여 사용하여야 한다.
> • 식품 취급 등의 작업은 바닥으로부터 (   )cm 이상의 높이에서 실시하여 바닥으로부터의 (   )을(를) 방지하여야 한다.

① 오염물질 유입 – 60 – 곰팡이 포자 날림
② 교차 오염 – 60 – 오염
③ 공정 간 오염 – 30 – 접촉
④ 미생물 오염 – 30 – 해충 · 설치류의 유입

answer | **08** ① **09** ② **10** ②

11 수탁지방직 2011년 기출

단체급식 HACCP 선행요건관리와 관련하여 옳은 것을 모두 고른 것은?

> ㄱ. 배식 온도관리 기준에서 냉장식품은 10℃ 이하, 온장식품은 60℃ 이상에서 보관한다.
> ㄴ. 조리한 식품의 보존식은 5℃ 이하에서 48시간까지 보관한다.
> ㄷ. 냉장시설은 내부의 온도를 10℃ 이하, 냉동시설은 −18℃로 유지해야 한다.
> ㄹ. 운송차량은 냉장의 경우 10℃ 이하, 냉동의 경우 −18℃ 이하를 유지할 수 있어야 한다.

① ㄱ, ㄴ
② ㄱ, ㄹ
③ ㄱ, ㄴ, ㄷ
④ ㄱ, ㄷ, ㄹ

◀ 조리한 식품의 보존식은 −18℃ 이하에서 144시간 이상 보관한다.

12 교육청 유사기출

식품안전관리인증기준(HACCP) 선행요건프로그램에 대한 설명으로 옳지 않은 것은?

① 운반중인 식품은 비식품 등과 구분하여 취급하여 교차오염을 방지하여야 한다.
② 조리된 음식은 60℃ 이상 보온 유지시 조리 후 5시간 이내에 섭취를 완료해야 한다.
③ 지하수를 음용수로 사용하는 경우 먹는물 수질기준 전 항목에 대해 연1회 이상 검사를 실시하여야 한다.
④ 작업장은 청결구역과 일반구역으로 분리하며, 청결구역은 식품의 특성에 따라 청결구역과 준청결구역으로 구별할 수 있다.

◀ 지하수를 음료류 등 직접 마시는 용도로 사용하는 경우에는 먹는물 수질기준 전 항목에 대하여 반기 1회 이상 검사를 실시하여야 한다.

13 경기 유사기출

집단급식소의 HACCP 선행요건프로그램 중 용수관리에서 음료수 등 직접 마시는 용도의 용수로 사용되는 경우 검사와 시기가 옳은 것은?

① 먹는 물 수질기준 전 항목에 대해 반기 1회 이상, 미생물 항목 검사는 월 1회 이상
② 먹는 물 수질기준 전 항목에 대해 분기 1회 이상, 미생물 항목 검사는 월 1회 이상
③ 먹는 물 수질기준 전 항목에 대해 분기 1회 이상, 미생물 항목 검사는 분기 1회 이상
④ 먹는 물 수질기준 전 항목에 대해 연 1회 이상, 미생물 항목 검사는 월 1회 이상

◀ 지하수를 사용하는 경우 먹는 물 수질기준 전 항목에 대해 연 1회 이상 검사를 실시해야 하지만 음료류 등 직접 마시는 용도의 경우에는 먹는 물 수질기준 전 항목에 대해 반기 1회 이상 검사를 실시해야 한다.

answer | 11 ④ 12 ③ 13 ①

PART **08** HACCP, 위해분석 및 우지자방향식품

14 식품기사 2020년 3회

집단급식소, 식품접객업소(위탁급식영업) 및 운반급식(개별 또는 벌크포장)의 관리로 적합하지 않은 것은?

① 선별 및 검사구역 작업장 등은 육안확인에 필요한 조도(540룩스 이상)를 유지하여야 한다.
② 출입문, 창문, 벽, 천장 등은 해충, 설치류 등의 유입 시 조치할 수 있도록 퇴거 경로가 확보되어야 한다.
③ 원료처리실, 제조·가공·조리실은 식품의 특성에 따라 내수성 또는 내열성 등의 재질을 사용하거나 이러한 처리를 하여야 한다.
④ 건물바닥, 벽, 천장 등에 타일 등과 같이 흠이 있는 재질을 사용한 때에는 흠에 먼지, 곰팡이, 이물 등이 끼지 아니하도록 청결하게 관리하여야 한다.

◀ 작업장의 방충·방서관리를 위해 출입문, 창문, 천장 등은 해충, 설치류 등의 유입이나 번식을 방지할 수 있도록 관리하여야 한다.

15 교육청 유사기출

집단급식소의 HACCP 선행요건에 대한 설명으로 옳은 것은?

① 배식온도 관리기준에서 냉장식품은 5℃ 이하, 온장식품은 57℃ 이상에서 보관해야 한다.
② 냉장, 냉동시설 내부에서 온도가 가장 낮은 위치에 감지센서를 장착해야 한다.
③ 신선편의식품, 훈제연어는 5℃ 이하에서 보관해야 한다.
④ 냉장식품을 절단 소분 등의 처리를 할 때 식품의 온도가 가능한 한 10℃를 넘지 아니하도록 한다.

◀ 배식온도 관리기준에서 냉장식품은 10℃ 이하, 온장식품은 60℃ 이상에서 보관해야 한다. 냉장, 냉동시설 내부에서 온도가 가장 높은 위치에 감지센서를 장착해야 하며, 냉장식품을 절단 소분 등의 처리를 할 때 식품의 온도가 가능한 한 15℃를 넘지 아니하도록 한다.

16 수탁지방직 2009년 기출

식품안전관리인증기준(HACCP)과 관련된 용어의 설명으로 옳지 않은 것은?

① 위해요소분석(Hazard Analysis)이라 함은 식품안전에 영향을 줄 수 있는 위해요소와 이를 유발할 수 있는 조건이 존재하는지의 여부를 판별하기 위하여 필요한 정보를 수집하고 평가하는 일련의 과정을 말한다.
② 모니터링(Monitoring)이라 함은 중요관리점에서의 위해요소 관리가 허용 범위 이내로 충분히 이루어지고 있는지 여부를 판단할 수 있는 기준이나 기준치를 말한다.
③ 중요관리점(Critical Control Point)이라 함은 HACCP를 적용하여 식품의 위해를 방지·제거하거나 허용 수준 이하로 감소시켜 당해 식품의 안전성을 확보할 수 있는 중요한 단계 또는 공정을 말한다.
④ 개선조치(Corrective Action)라 함은 모니터링 결과 중요관리점의 한계기준을 이탈할 경우에 취하는 일련의 조치를 말한다.

◀ 모니터링은 중요관리점에 설정된 한계기준을 적절히 관리하고 있는지 여부를 확인하기 위하여 수행하는 일련의 계획된 관찰이나 측정하는 행위이다.

---

answer | 14 ② 15 ③ 16 ②

17 　경기 유사기출

식품의약품안전처 「식품 및 축산물안전관리인증기준」에서 제시한 위해요소의 정의로 옳은 것은?

① 「식품위생법」, 「건강기능식품에 관한 법률」, 「축산물 위생관리법」에서 정하고 있는 인체의 건강을 해할 우려가 있는 생물학적, 화학적, 물리적 또는 환경적 인자나 조건을 말한다.

② 「식품 및 축산물 위생관리법」에서 정하고 있는 인체의 건강을 해할 우려가 있는 생물학적, 화학적 또는 물리적 인자나 조건을 말한다.

③ 「식품위생법」, 「건강기능식품에 관한 법률」, 「축산물 위생관리법」에서 정하고 있는 인체의 건강을 해할 우려가 있는 생물학적, 화학적 또는 물리적 인자나 조건을 말한다.

④ 「식품 및 축산물 위생관리법」에서 정하고 있는 인체의 건강을 해할 우려가 있는 생물학적, 화학적, 물리적 또는 환경적 인자나 조건을 말한다.

◀ 위해요소(Hazard)란 「식품위생법」 제4조(위해식품등의 판매 등 금지), 「건강기능식품에 관한 법률」 제23조(위해 건강기능식품 등의 판매 등의 금지) 및 「축산물 위생관리법」 제33조(판매 등의 금지)의 규정에서 정하고 있는 인체의 건강을 해할 우려가 있는 생물학적, 화학적 또는 물리적 인자나 조건을 말한다.

18

HACCP 적용을 위한 12절차 중 준비(예비)단계에 해당하는 것은?

① 중요관리점 설정　　　　　　② 검증방법설정
③ 공정흐름도작성　　　　　　④ 모니터링체계확립

◀ HACCP의 준비(예비)단계
　HACCP팀구성 → 제품설명서작성 → 제품의 용도확인 → 공정흐름도작성 → 공정흐름도 현장확인

19 　경기 유사기출　　식품기사 2018년 2회

HACCP의 7원칙에 해당하지 않는 것은?

① 위해요소 분석　　　　　　② 문서화, 기록 유지 방법 설정
③ CCP 모니터링 체계확립　　　④ 공정흐름도 작성

◀ 공정흐름도 작성은 사전 준비단계이다.
　HACCP의 7원칙 : 위해요소 분석, 중요관리점 설정, CCP의 한계기준 설정, CCP의 모니터링방법 체계 확립, 개선조치 방법 수립, 검증절차 및 방법 설정, 기록유지 및 문서화 방법 확립

20 　교육청 유사기출

식품제조·가공업소에서 HACCP 적용 시 준비단계에서 가장 먼저 실시해야 하는 단계는?

① 위해요소 분석　　　　　　② 제품설명서 작성
③ 제품의 용도 확인　　　　　④ HACCP팀 구성

◀ HACCP의 사전 준비단계 : HACCP팀 구성 → 제품설명서 작성 → 제품의 용도 확인 → 공정흐름도 작성 → 공정흐름도 현장 확인

---

answer | 17 ③　18 ③　19 ④　20 ④

21 경기 유사기출

식품안전관리인증기준(HACCP)의 7원칙 12절차 중 7원칙의 순서가 옳은 것은?

㉠ 검증절차 및 방법 수립		㉡ 모니터링체계 확립
㉢ HACCP팀 구성		㉣ 중요관리점 결정
㉤ 기록유지방법 설정		㉥ 위해요소 분석
㉦ 개선조치방법 수립		㉧ 한계기준 설정

① ㉢ → ㉥ → ㉣ → ㉧ → ㉦ → ㉠ → ㉤
② ㉢ → ㉣ → ㉧ → ㉡ → ㉦ → ㉥ → ㉠
③ ㉥ → ㉣ → ㉧ → ㉦ → ㉢ → ㉠ → ㉤
④ ㉥ → ㉣ → ㉧ → ㉡ → ㉦ → ㉠ → ㉤

🔖 HACCP의 7원칙 순서 : 위해요소 분석 → 중요관리점 결정 → 한계기준 설정 → 모니터링체계 확립 → 개선조치방법 수립 → 검증절차 및 방법 수립 → 문서화 및 기록유지방법 설정

22 식품기사 2017년 1회

식품의 현실적인 위해요인과 잠재위해요인을 발굴하고 평가하는 일련의 과정으로, HACCP수립의 7원칙 중 제1원칙에 해당하는 단계는?

① 위해요소 분석(Hazard Analysis)
② 중요관리점(Critical Control Point) 설정
③ 허용한도(Critical Limit)
④ 모니터링 방법 결정

23 경북 유사기출

HACCP의 위해요소 중 생물학적 위해요소에 해당하지 않는 것은?

① 복어독
② 황색포도상구균
③ 노로바이러스
④ 십이지장충

🔖 생물학적 위해요소에는 각종 세균, 바이러스, 기생충 등이 있다. 복어독과 같은 자연독, 곰팡이독은 화학적 위해요소에 해당된다.

24 경북 유사기출

HACCP의 7원칙 중 중요관리점(Critical control point)에 대한 설명으로 옳은 것은?

① HACCP 관리계획의 유효성과 실행 여부를 정기적으로 평가하는 일련의 활동이다.
② 해당식품의 의도된 사용방법 및 대상소비자를 파악하여 누구에게 어떻게 사용되는가를 예측하는 것이다.

answer | 21 ④ 22 ① 23 ① 24 ④

③ 원·부재료별 또는 공정·단계별로 발생 가능한 모든 위해요소를 파악하여 목록을 작성하는 것이다.

④ 식품의 위해요소를 예방·제어하거나 허용 수준 이하로 감소시켜 당해 식품의 안전성을 확보할 수 있는 중요한 단계·과정이다.

①은 검증, ②는 제품의 용도확인, ③은 위해요소 분석에 대한 설명이다.

25 교육청 유사기출

HACCP 중요관리점 결정도에서 CCP에 해당하는 것만을 모두 고르면?

ㄱ	확인된 위해의 오염이 허용수준을 초과하여 발생할 수 있는가?	아니오
ㄴ	이후의 공정에서 확인된 위해를 제거하거나 발생가능성을 허용수준까지 감소시킬 수 있는가?	아니오
ㄷ	이 공정에서 안전성을 위한 관리가 필요한가?	아니오
ㄹ	이 공정은 이 위해의 발생가능성을 제거 또는 허용수준까지 감소시키는가?	예
ㅁ	확인된 위해요소를 관리하기 위한 선행요건 프로그램이 있으며 잘 관리되고 있는가?	예
ㅂ	이후의 공정에서 확인된 위해를 제거하거나 발생가능성을 허용수준까지 감소시킬 수 있는가?	예

① ㄱ, ㄷ 　　② ㄴ, ㄹ
③ ㄷ, ㅁ 　　④ ㄹ, ㅂ

CCP 결정도에서 "이 공정은 이 위해의 발생가능성을 제거 또는 허용수준까지 감소시키는가?" 질문에 답이 "예"이고, "이후의 공정에서 확인된 위해를 제거하거나 발생가능성을 허용수준까지 감소시킬 수 있는가?" 질문에서 답이 "아니오"인 경우 CCP에 해당된다.

26 식품기사 2021년 1회

식품 및 축산물 안전관리인증기준에서 중요관리점(CCP) 결정원칙에 대한 설명으로 틀린 것은?

① 농·임·수산물의 판매 등을 위한 포장, 단수처리 단계 등은 선행요건이 아니다.

② 기타 식품판매업소 판매식품은 냉장·냉동식품의 온도관리 단계를 CCP로 결정하여 중점적으로 관리함을 원칙으로 한다.

③ 판매식품의 확인된 위해요소 발생을 예방하거나 제거 또는 허용수준으로 감소시키기 위하여 의도적으로 행하는 단계가 아닐 경우는 CCP가 아니다.

④ 확인된 위해요소 발생을 예방하거나 제거 또는 허용수준으로 감소시킬 수 있는 방법이 이후 단계에도 존재할 경우는 CCP가 아니다.

농·임·수산물의 판매 등을 위한 포장, 단수처리 단계 등은 선행요건에 해당된다.

27   식품산업기사 2015년 3회

다음 가공우유의 제조 공정에서 CCP(Critical Control Point)로 가장 우선되는 과정은?

집유 → 배합 → 균질 → 살균 → 냉각 → 포장

① 균질   ② 살균
③ 냉각   ④ 포장

◀ 중요관리점(Critical Control Point)
HACCP을 적용하여 식품의 위해요소를 예방·제어하거나 허용 수준 이하로 감소시켜 당해 식품의 안전성을 확보할 수 있는 중요한 단계·과정 또는 공정

28   경기 유사기출   식품산업기사 2017년 1회

식품의 제조·가공 공정에서 일반적인 HACCP의 한계기준으로 부적합한 것은?

① 미생물 수   ② Aw와 같은 제품 특성
③ 온도 및 시간   ④ 금속검출기 감도

◀ 한계기준
현장에서 쉽게 확인 가능하도록 가능한 육안관찰이나 간단한 측정으로 확인할 수 있는 수치 또는 특정지표로 나타냄
- 온도 및 시간
- 수분활성도(Aw) 같은 제품 특성
- pH
- 습도(수분)
- 염소, 염분농도 같은 화학적 특성
- 금속검출기 감도
- 관련서류 확인 등

29   식품기사 2016년 2회

HACCP에 관한 설명으로 틀린 것은?

① 위해분석(Hazard analysis)은 위해가능성이 있는 요소를 찾아 분석·평가하는 작업이다.
② 중요관리점(Critical control point) 설정이란 관리가 안 될 경우 안전하지 못한 식품이 제조될 가능성이 있는 공정의 결정을 의미한다.
③ 관리기준(Critical limit)이란 위해분석 시 정확한 위해도 평가를 위한 지침을 말한다.
④ HACCP의 7개 원칙에 따르면 중요관리점이 관리기준 내에서 관리되고 있는지를 확인하기 위한 모니터링 방법이 설정되어야 한다.

◀ 관리기준(한계기준)
중요관리점에서의 위해요소 관리가 허용범위 이내로 충분히 이루어지고 있는지 여부를 판단할 수 있는 기준이나 기준치

answer | 27 ②   28 ①   29 ③

30 식품기사 2015년 3회

HACCP의 중요관리점에서 모니터링의 측정치가 허용한계치를 이탈한 것이 판명될 경우, 영향을 받은 제품을 배제하고 중요관리점에서 관리상태를 신속 정확히 정상으로 원위치 시키기 위해 행해지는 과정은?

① 기록유지
② 예방조치
③ 개선조치
④ 검증

31 경기 유사기출

HACCP은 준비단계와 실행단계 12단계로 구성되어 있다. 그 중 각 CCP의 '모니터링체계 확립' 직후에 행해지는 단계는?

① 공정흐름도 작성
② 검증방법 설정
③ 개선조치방법 수립
④ 한계기준 설정

32

다음에서 설명하는 식품안전관리인증기준의 7원칙은?

> • 가열 온도 및 시간 이탈 시 해당 제품을 재가열한다.
> • 기기 고장 시 작업을 중단하고 수리를 의뢰한다.
> • 이탈에 대한 원인 규명을 위한 방법을 결정한다.

① 개선조치방법 수립
② 모니터링체계 확립
③ 검증절차 및 방법 수립
④ 위해요소 분석

◀ 개선조치방법 수립 단계는 한계기준을 이탈할 경우에 취하는 일련의 조치를 확립하는 단계이다.

33

HACCP의 일반적인 특성에 대한 설명으로 옳지 않은 것은?

① 기록유지는 사고 발생 시 역추적하기 위하여 시행되어야 한다.
② 공정흐름도 현장 확인은 HACCP 준비단계 5단계 중 마지막단계이다.
③ 제품설명서에 최종제품의 기준규격 작성은 반드시 식품공전에 명시된 기준·규격과 동일하게 설정하여야 한다.
④ 공조시설계통도나 용수 및 배수처리계통도 상에서는 폐수 및 공기의 흐름 방향까지 표시되어야 한다.

◀ 최종제품의 기준규격은 식품위생법과 대상고객, 사내규격 등을 참고하여 안전성과 관련된 항목에 대해 성상, 생물학적, 화학적, 물리적 항목과 각각의 규격을 기재한다.

34 수탁지방직 2011년 기출

식품안전관리인증기준(HACCP)에 대한 설명으로 옳지 않은 것은?

① 용수관리는 HACCP 선행요건에 포함된다.
② HACCP 제도에서 위해요소는 생물학적, 화학적, 물리적 요소로 구분한다.
③ 선행요건의 목적은 HACCP 제도가 효율적으로 가동될 수 있도록 하는 것이다.
④ HACCP의 7원칙 중 첫 번째 원칙은 관리한계기준(critical limits) 설정이다.

◀ HACCP의 7원칙 중 첫 번째 원칙은 위해요소분석이다.

35 수탁지방직 2011년 기출

HACCP에 대한 설명으로 옳지 않은 것은?

① 한계기준(critical limit)은 중요관리점에서의 위해요소관리가 허용범위 이내로 충분히 이루어지고 있는지의 여부를 판단할 수 있는 기준이나 기준치를 말한다.
② 식품제조 시 생물학적, 화학적 및 물리적 위해요인을 분석하여 위해요인에 관계되는 중요한 점을 관리하는 도구이다.
③ 위해발생요소에 대한 사전조치방식이라기 보다는 사후집중관리 방식이다.
④ HACCP 7원칙 순서는 위해요소분석 → 중요관리점 결정 → 한계기준 설정 → 모니터링 방법 설정 → 개선조치 설정 → 검증방법 설정 → 기록유지 및 문서관리 순이다.

◀ HACCP은 사전조치방식이다.

36 경기 유사기출

CODEX에서 채택한 위해분석의 구성요소가 아닌 것은?

① 위해관리　　　　② 노출평가
③ 위해정보교류　　④ 위해평가

◀ 위해분석 : 위해관리 - 위해평가 - 위해정보 교류

37 경기·경북·교육청 유사기출

식품 위해평가의 과정으로 옳은 것은?

① 위해도 결정 - 위험성 확인 - 노출평가 - 위험성 결정
② 노출평가 - 위험성 확인 - 위험성 결정 - 위해도 결정
③ 위험성 확인 - 위험성 결정 - 노출평가 - 위해도 결정
④ 위험성 결정 - 위험성 확인 - 노출평가 - 위해도 결정

answer | 34 ④ 35 ③ 36 ② 37 ③

38 식품기사 2015년 3회

위해평가(risk assessment)시 위해인자 섭취 수준에 따른 반응정도를 알 수 있는 것은?

① 위해도 결정
② 용량 – 반응평가 단계
③ 위험성 확인
④ 위해분석

◀ 위험성 결정(용량–반응평가 단계)은 용량–반응평가를 통해 식품 중의 유해물질의 정량적 관계를 밝히는 것이다.

39 교육청 유사기출

위해평가에서 위험성 확인에 대한 설명으로 옳은 것은?

① 위해요소가 생체에 미치는 영향에 대한 용량 – 반응성 평가 및 인체 섭취허용량을 산출하는 단계
② 인체 섭취허용량 및 노출량 평가를 근거로 건강에 미치는 위해정도를 정량적·정성적으로 계산하는 단계
③ 일상 생활에서 위해가 있는 물질에 얼마만큼 노출되어 있는지를 평가하는 단계
④ 건강에 위해를 주는 물질이 무엇이며, 이의 물리·화학적 특성 및 인체에 대한 영향을 확인하는 단계

◀ 위해평가의 첫 단계인 위험성 확인 단계에서는 건강에 위해를 주는 물질이 무엇이며, 이의 물리·화학적 특성 및 인체에 대한 영향을 확인한다.

40 식품기사 2021년 1회

위해평가 중 '위험성 결정과정'에 해당하는 것은?

① 위해요소가 인체에 노출된 양을 산출
② 위해요소의 인체 내 독성을 확인
③ 위해요소의 인체용적 계수 산출
④ 위해요소의 인체노출 허용량 산출

41 식품산업기사 2017년 3회

유전자 변형 식품과 관련하여 그 자체 생물이 생식, 번식 가능한 것으로 '살아있는 유전자 변형 생물체'를 의미하는 용어는?

① LMO
② GMO
③ gene
④ deoxyribonucleic acid

42 교육청 유사기출

다음 중 유전자변형 식품을 개발하는 방법이 아닌 것은?

① 아그로박테리움법
② 유전자총법
③ 염기다형성 마커이용법
④ 원형질체 융합법

🔖 유전자변형 식품을 개발하는 방법 : 아그로박테리움법, 원형질체융합법, 유전자총법 등

43 경기 유사기출

유전자변형식품식품의 안전성 평가 항목 중 환경 위해성 평가에 해당하지 않는 것은?

① 잡초화 가능성 평가
② 비표적 생물체 영향 평가
③ 독성 여부 평가
④ 유전자 이동성 평가

🔖 유전자변형식품식품의 안전성 평가 항목 중 환경 위해성 평가에는 농업적 특성 평가, 잡초화 가능성 평가, 비표적 생물체 영향 평가, 유전자 이동성 평가가 있다. 독성 평가는 인체 안전성 평가 항목이다.

44 교육청 유사기출

유전자변형식품의 안전성 평가를 위한 일반적인 항목에 해당하지 않는 것은?

① 건강에 미치는 직접적 영향(독성)
② 영양성분의 변화
③ 유전자 도입 전 식품의 안전성
④ 알레르기 유발 가능성

🔖 안전성 평가 항목 : 독성, 알레르기성, 실질적 동등성 및 영양성분, 일반 정보 및 분자생물학적 특성 등 평가

45 식품기사 2016년 2회

GMO식품의 항생제 내성 유전자가 체내, 혹은 체내 미생물로 전이되는 것이 어려운 이유는?

① 기존 식품에 혼입되어 오랜 시간 동안 다량 노출로 인해 인체가 적응을 하였기 때문
② 유전자변형 식품에 인체 및 미생물에 영향을 미치는 유전자가 함유되지 않기 때문
③ 식품 중에 포함된 유전자가 체내의 분해효소와 강산성의 위액에 의해 분해되기 때문
④ 안전성평가에 의해 인체에 전이되지 않는 GMO만을 허가하여 유통하기 때문

46 식품기사 2017년 1회

유전자 변형 식품 등의 표시기준에 의하여 농산물을 생산 · 수입 · 유통 등 취급과정에서 구분하여 관리한 경우에도 그 속에 유전자 변형 농산물이 비의도적으로 혼입될 수 있는 비율을 의미하는 용어와 그 허용 비율의 연결이 옳은 것은?

① 비의도적 혼입치 – 5%
② 비의도적 혼입치 – 3%
③ 관리 이탈 혼입치 – 5%
④ 관리 이탈 혼입치 – 3%

answer | **42** ③ **43** ③ **44** ③ **45** ③ **46** ②

47 수탁지방직 2011년 기출

유전자변형식품(GMO:Genetically Modified Organism)에 대한 설명으로 옳지 않은 것은?

① 유전자변형식품의 안정성평가기준은 실질적 동등성 개념에 근거해야 한다.
② 우리나라에서 최초로 안정성 심사승인을 받은 유전자변형 콩은 해충저항성의 특성을 갖고 있다.
③ 미생물 Agrobacterium은 유전자변형식품의 개발에 이용된다.
④ 우리나라에서는 유전자변형식품의 표시제를 시행하고 있다.

우리나라에서 최초로 안정성 심사승인을 받은 유전자변형농산물은 제초제 내성을 가진 콩이다.

48 교육청 유사기출

우리나라에서 유전자변형 식품의 표시를 의무적으로 해야 하는 품목은?

① 멜론
② 당류
③ 카놀라유
④ 옥수수

GMO 표시를 해야 하는 농축수산물에는 식약처가 식용으로 승인한 대두, 옥수수, 카놀라, 면화, 사탕무, 알팔파이다. 단, 구분관리된 농산물(구분유통증명서 또는 정부증명서 또는 시험·검사 성적서)로 비의도적으로 3% 혼입 시 표시를 하지 않아도 된다. 가공식품·건강기능식품 등은 유전자변형농축수산물을 원재료로 사용하여 제조·가공 후에도 유전자변형 DNA 또는 유전자변형 단백질이 남아 있는 경우 표시하여야 한다. 다만, 고도의 정제과정 등으로 유전자변형 DNA 또는 유전자변형 단백질이 전혀 남아있지 않아 검사불능인 당류, 유지류 등 제외된다.

49 경북 유사기출

다음 중 유전자변형식품 표시를 생략할 수 있는 경우는?

① 유전자변형농산물을 원재료로 한 유지류
② 식약처가 식용으로 승인한 유전자변형 사탕무
③ 유전자변형 DNA나 유전자변형단백질이 남아있는 식품
④ 유전자변형농산물이 비의도적으로 3% 이하인 토마토

고도의 정제과정 등으로 유전자변형 DNA 또는 유전자변형 단백질이 전혀 남아있지 않아 검사불능인 유지류는 표시 대상에서 제외된다.

50 교육청 유사기출

GMO 표시에 대한 설명으로 옳지 않은 것은?

① 제품의 용기나 포장에 바탕색과 구별되는 색깔로 12포인트 이상으로 표시한다.
② 유전자변형 DNA 또는 유전자변형 단백질이 남아있지 않은 식품은 표시하지 않아도 된다.
③ 우리나라는 유전자변형식품 표시에 대해 의무표시와 자율표시를 모두 시행하고 있다.
④ 허위로 표시하는 경우 3년 이하의 징역 또는 3천만원 이하의 벌금에 처해진다.

허위로 표시하는 경우에는 5년 이하의 징역 또는 5천만원 이하의 벌금에 처해진다.

answer | 47 ② 48 ④ 40 ① 50 ④

김지연식품위생

PART 09

식품영업소 위생관리

식품취급 시설 및 설비의 위생관리 | 식품의 위생관리 | 식품취급자의 위생관리

식품취급 시설 및 설비의 위생관리

1 건물의 위치 및 구조

① 주변 환경이 깨끗하고 환경적 오염이 발생하지 않는 곳
② 양질의 용수 및 수량을 충분히 확보할 수 있는 곳
③ 폐수와 오물처리가 편리한 곳
④ 전력 사정이 좋고, 수송 및 교통이 편리한 곳
⑤ 철근콘크리트 등의 충분한 내구성을 가진 구조이어야 하며, 건축자재는 식품의 안전 및 위생에 나쁜 영향을 미치지 않는 내구성, 내수성 재질이어야 함

2 건물의 시설 · 설비 기출

(1) 급식시설의 위생

① **오염구역(일반작업구역)** : 검수구역, 식재료저장구역, 전처리구역(가열전 · 소독전 식품절단), 세정구역 등
② **비오염구역(청결구역)** : 조리구역(가열 · 비가열/가열 · 소독 후 식품절단), 배선구역, 식기보관구역, 포장구역 등

(2) 바닥

① 흡수성과 미끄러짐이 없고, 이은 자국, 틈, 깨진 곳이 없을 것
② 청소가 용이하고 내구성, 내수성이 있어야 함
③ 배수구는 측벽으로부터 15cm 띄어서 벽에 평행하게 설치하고, 최소 깊이 15cm, 최소 내경 10cm가 되도록 설치하는 것이 바람직
④ 배수로는 청결구역에서 오염구역 방향으로 흐르도록 해야 함
⑤ 바닥과 벽 사이의 모서리는 둥글게 하여 청소가 쉽게 함
⑥ 바닥에 적당한 경사를 두어 배수가 잘 되게 함 - 보통 배수구를 향해 1~4/100cm를 표준으로 함
⑦ 실외 배수구는 쥐의 침입을 막기 위해 방서시설 설치
⑧ 배수로(트렌치)와 바닥 연결 부위는 파손을 방지할 수 있는 재료를 사용
⑨ 급식기구의 원활한 이동을 위해 가능한 턱이 없도록 함

(3) 벽

① 틈이 없고 표면이 매끄러워 청소하기 쉽고, 소음을 줄 일수 있으며 색상을 밝게 함

② 습기나 충격으로 금이 가기 쉬운 곳은 스테인리스 스틸을 부분적으로 사용

③ 열을 받는 구역은 내열성이 있어야 함

④ 바닥에서 내벽 끝까지 전면을 타일로 시공하되 부득이한 경우 바닥에서 최소한 1.5m 높이까지는 내수성, 내구성 등이 있는 타일 또는 스테인리스 스틸판 등의 적절한 자재로 설비

⑤ 전기 콘센트는 바닥으로부터 1.2m 이상 높이의 방수용으로 설치

⑥ 벽면과 기둥의 모서리 부분은 타일이 파손되지 않도록 보호대로 마감 처리

(4) 천장

① 작업특성에 따라 내수성, 내열성, 내약품성, 항균성, 내부식성 등의 적절한 재질 사용

② 천장에 응축된 물이 식품에 직접 떨어져 식품을 오염시키는 것을 막기 위해 벽을 향해 완만하게 경사지도록 함

③ 먼지의 축적, 각종 곤충이나 미생물의 성장을 막기 위해 파여 있거나 갈라진 틈이나 구멍이 없어야 함

④ 전기배선이나 환풍기의 덕트 등이 외부에 노출되지 않도록 천장내부에 설치

(5) 창문

① 공조설비를 갖추지 못하는 경우에는 개폐식 창문을 설치하고, 위생 해충의 침입을 방지할 수 있도록 방충망 설치

② 조리장의 창문은 먼지가 쌓이는 것을 방지하기 위해 창문틀과 내벽은 일직선이 유지되도록 하거나 45~60° 이하의 각도로 시설하는 것이 바람직

③ 창문의 위치는 천장에 가까운 위치(바닥으로부터는 1m 이상)에 설치

(6) 조명 및 채광

① **자연채광** : 창문면적이 바닥면적의 20~30%(1/4 이상), 벽 면적의 70%가 되도록 함

② **인공조명 이용 시 적절한 조도**

　　㉠ 선별 및 검수구역 : 540Lux 이상

　　㉡ 일반작업구역 : 220Lux 이상

　　㉢ 기타 부대시설(창고, 화장실, 탈의실 포함) : 110Lux 이상

③ 천장의 전등은 함몰형으로 하되, 물이나 가스로부터 안전한 기구(방수·방폭등)이어야 함

④ 작업대에 그림자가 생기지 않도록 하며, 유리 파손 시 식품 오염을 방지할 수 있는 보호장치를 갖추기

(7) 환기

① 팬을 이용하여 환기시키고, 스팀을 사용하는 기구 위에 별도의 배기 후드 설치

② 기름을 많이 사용하는 구역에는 후드필터 설치

③ 급식소의 크기를 고려하여 환기 시스템 설치

④ 후드의 형태는 열기기보다 사방 15cm 이상 크게 하며, 스테인리스 스틸 재질로 제작하되 적정 각도를 유지하도록 함

⑤ 후드는 표면에 형성된 응축수, 기름 등의 이물질이 조리기구 내부로 떨어지지 않는 구조로 제작, 설치

⑥ 덕트는 조리장 내의 증기 등 유해물질을 충분히 바깥으로 배송시킬 수 있는 크기와 흡인력을 갖추어야 함

⑦ 덕트의 모양은 각형이나 신축형보다는 원통형이 배기 효율성에서는 더 효과적

(8) 건조창고

① 바닥은 물기가 스며들지 않는 재료 사용

② 벽은 에폭시 페인트 또는 에나멜 페인트, 스테인리스 스틸 또는 광이 있는 타일 사용

③ 마른 재료를 저장해 두는 통, 선반과 테이블은 녹슬지 않아야 함

④ 선반은 바닥에서 15cm 정도 떨어져야 하며, 선반은 간유리나 차양 사용

⑤ 갈라진 틈을 막아 벌레나 쥐가 생기지 않도록 주의

⑥ 식재료 보관실과 소모품 보관실을 별도로 설치해야 하며, 부득이하게 함께 보관할 경우 서로 혼입되지 않도록 분리하여 보관

⑦ 직사광선을 피할 수 있는 위치에 설치하거나, 차광설비를 갖추어야 함

(9) 방충 · 방서

① 건물, 작업장 내외의 배수시설, 출입구 등에는 방충 · 방서를 위한 적당한 설비를 하여야 하며, 방충 · 방서용 금속망으로는 1inch당 30mesh 정도가 적당

② 조리장 내부에는 유인 포충등을 설치하여 정기적으로 확인하여 관리

(10) 배수

① 배수관의 내경은 최소 4inch이고, 용량이 많을 때는 6inch 이상이어야 함

② 작업장이나 화장실의 내부와 연결된 배수구에 트랩을 설치 : 악취를 방지, 방충 · 방서목적

3 집단급식소의 설치 · 운영자가 준수해야 하는 사항

(1) 식품위생법 제88조(집단급식소)

① 집단급식소를 설치 · 운영하려는 자는 총리령으로 정하는 바에 따라 특별자치시장 · 특별자치도 지사 · 시장 · 군수 · 구청장에게 신고하여야 한다. 신고한 사항 중 총리령으로 정하는 사항을 변경하려는 경우에도 또한 같다.

② 집단급식소를 설치 · 운영하는 자는 집단급식소 시설의 유지 · 관리 등 급식을 위생적으로 관리하기 위하여 다음 각 호의 사항을 지켜야 한다. 〈개정 2020.12.29.〉

1. 식중독 환자가 발생하지 아니하도록 위생관리를 철저히 할 것
2. 조리 · 제공한 식품의 매회 1인분 분량을 총리령으로 정하는 바에 따라 144시간 이상 보관할 것

> **법시행규칙 제95조(집단급식소의 설치 · 운영자 준수사항)**
> ① 법 제88조 제2항 제2호에 따라 조리 · 제공한 식품(법 제2조 제12호다목에 따른 병원의 경우에는 일반식만 해당한다)을 보관할 때에는 매회 1인분 분량을 섭씨 영하 18도 이하로 보관해야 한다.

3. 영양사를 두고 있는 경우 그 업무를 방해하지 아니할 것
4. 영양사를 두고 있는 경우 영양사가 집단급식소의 위생관리를 위하여 요청하는 사항에 대하여는 정당한 사유가 없으면 따를 것
5. 「축산물 위생관리법」 제12조에 따라 검사를 받지 아니한 축산물 또는 실험 등의 용도로 사용한 동물을 음식물의 조리에 사용하지 말 것
6. 「야생생물 보호 및 관리에 관한 법률」을 위반하여 포획 · 채취한 야생생물을 음식물의 조리에 사용하지 말 것
7. 소비기한이 경과한 원재료 또는 완제품을 조리할 목적으로 보관하거나 이를 음식물의 조리에 사용하지 말 것 (2023.1.1. 시행)
8. 수돗물이 아닌 지하수 등을 먹는 물 또는 식품의 조리 · 세척 등에 사용하는 경우에는 「먹는물 관리법」 제43조에 따른 먹는물 수질검사기관에서 총리령으로 정하는 바에 따라 검사를 받아 마시기에 적합하다고 인정된 물을 사용할 것. 다만, 둘 이상의 업소가 같은 건물에서 같은 수원(水源)을 사용하는 경우에는 하나의 업소에 대한 시험결과로 나머지 업소에 대한 검사를 갈음할 수 있다.
9. 제15조 제2항에 따라 위해평가가 완료되기 전까지 일시적으로 금지된 식품등을 사용 · 조리하지 말 것
10. 식중독 발생 시 보관 또는 사용 중인 식품은 역학조사가 완료될 때까지 폐기하거나 소독 등으로 현장을 훼손하여서는 아니 되고 원상태로 보존하여야 하며, 식중독 원인규명을 위한 행위를 방해하지 말 것
11. 그 밖에 식품등의 위생적 관리를 위하여 필요하다고 총리령으로 정하는 사항을 지킬 것

법시행령 [별표2] 과태료의 부과기준

위반행위	과태료 금액(단위: 만원)		
	1차 위반	2차 위반	3차 이상
커. 법 제88조 제1항 전단을 위반하여 신고를 하지 않거나 허위의 신고를 한 경우	300	400	500
터. 법 제88조 제2항을 위반한 경우(위탁급식영업자에게 위탁한 집단급식소의 경우는 제외한다)			
1) 집단급식소(법 제86조 제2항 및 이 영 제59조 제2항에 따른 식중독 원인의 조사 결과 해당 집단급식소에서 조리·제공한 식품이 식중독의 발생 원인으로 확정된 집단급식소를 말한다)에서 식중독 환자가 발생한 경우	500	750	1000
2) 조리·제공한 식품의 매회 1인분 분량을 총리령으로 정하는 바에 따라 144시간 이상 보관하지 않은 경우	400	600	800
3) 영양사의 업무를 방해한 경우	300	400	500
4) 영양사가 집단급식소의 위생관리를 위해 요청하는 사항에 대해 정당한 사유 없이 따르지 않은 경우	300	400	500
5) 「축산물 위생관리법」 제12조에 따른 검사를 받지 않은 축산물 또는 실험 등의 용도로 사용한 동물을 음식물의 조리에 사용한 경우	300	400	500
6) 「야생생물 보호 및 관리에 관한 법률」을 위반하여 포획·채취한 야생생물을 음식물의 조리에 사용한 경우	300	400	500
7) 소비기한이 경과한 원재료 또는 완제품을 조리할 목적으로 보관하거나 이를 음식물의 조리에 사용한 경우	300	400	500
8) 「먹는물관리법」 제43조에 따른 먹는물 수질검사기관에서 수질검사를 실시한 결과 부적합 판정된 지하수 등을 먹는 물 또는 식품의 조리·세척 등에 사용한 경우	400	600	800
9) 법 제15조 제2항에 따라 일시적으로 금지된 식품등을 위해평가가 완료되기 전에 사용·조리한 경우	300	400	500
10) 식중독 발생 시 역학조사가 완료되기 전에 보관 또는 사용 중인 식품의 폐기·소독 등으로 현장을 훼손하여 원상태로 보존하지 않는 등 식중독 원인규명을 위한 행위를 방해한 경우	500	750	1000
11) 그 밖에 총리령으로 정하는 준수사항을 지키지 않은 경우	50만원 이상 300만원 이하의 범위에서 총리령으로 정하는 금액		

③ 집단급식소에 관하여는 제3조부터 제6조까지, 제7조 제4항, 제8조, 제9조 제4항, 제9조의3, 제22조, 제37조제7항·제9항, 제39조, 제40조, 제41조, 제48조, 제71조, 제72조 및 제74조를 준용한다.

④ 특별자치시장·특별자치도지사·시장·군수·구청장은 제1항에 따른 신고 또는 변경신고를 받은 날부터 3일 이내에 신고수리 여부를 신고인에게 통지하여야 한다.

⑤ 특별자치시장·특별자치도지사·시장·군수·구청장이 제4항에서 정한 기간 내에 신고수리 여부 또는 민원 처리 관련 법령에 따른 처리기간의 연장을 신고인에게 통지하지 아니하면 그 기간(민원 처리 관련 법령에 따라 처리기간이 연장 또는 재연장된 경우에는 해당 처리기간을 말한다)이 끝난 날의 다음 날에 신고를 수리한 것으로 본다.

⑥ 제1항에 따라 신고한 자가 집단급식소 운영을 종료하려는 경우에는 특별자치시장·특별자치도지사·시장·군수·구청장에게 신고하여야 한다.

⑦ 집단급식소의 시설기준과 그 밖의 운영에 관한 사항은 총리령으로 정한다.

(2) 식품위생법 시행규칙 제95조(집단급식소의 설치·운영자 준수사항)

2항 법 제88조 제2항 제11호에서 "총리령으로 정하는 사항"이란 별표 24와 같다.

① 식품위생법 시행규칙 [별표24] 집단급식소의 설치·운영자 준수사항(제95조 제2항 관련)

1. 물수건, 숟가락, 젓가락, 식기, 찬기, 도마, 칼, 행주 및 그 밖의 주방용구는 기구 등의 살균·소독제, 열탕, 자외선 살균 또는 전기살균의 방법으로 소독한 것을 사용해야 한다.

2. 배식하고 남은 음식물을 다시 사용·조리 또는 보관(폐기용이라는 표시를 명확하게 하여 보관하는 경우는 제외한다)해서는 안 된다.

3. 식재료의 검수 및 조리 등에 대해서는 식품의약품안전처장이 정하여 고시하는 위생관리 사항의 점검 결과를 기록해야 한다. 이 경우 그 기록에 관한 서류는 해당 기록을 한 날부터 3개월간 보관해야 한다.

4. 법 제88조 제2항 제8호에 따라 수돗물이 아닌 지하수 등을 먹는 물 또는 식품의 조리·세척 등에 사용하는 경우에는 「먹는물관리법」 제43조에 따른 먹는물 수질검사기관에서 다음의 구분에 따른 검사를 받아야 한다.

   가. 일부 항목 검사 : 1년마다(모든 항목 검사를 하는 연도의 경우를 제외한다) 「먹는물 수질 기준 및 검사 등에 관한 규칙」 제4조 제1항 제2호에 따른 마을상수도의 검사기준에 따른 검사(잔류염소에 관한 검사를 제외한다). 다만, 시·도지사가 오염의 우려가 있다고 판단하여 지정한 지역에서는 같은 규칙 제2조에 따른 먹는물의 수질기준에 따른 검사를 해야 한다.

   나. 모든 항목 검사 : 2년마다 「먹는물 수질기준 및 검사 등에 관한 규칙」 제2조에 따른 먹는물의 수질기준에 따른 검사

5. 동물의 내장을 조리하면서 사용한 기계·기구류 등을 세척하고 살균해야 한다.

6. 법 제47조 제1항에 따라 모범업소로 지정받은 자 외의 자는 모범업소임을 알리는 지정증, 표지판, 현판 등의 어떠한 표시도 해서는 안 된다.

7. 제과점영업자 또는 즉석판매제조·가공업자로부터 당일 제조·가공한 빵류·과자류 및 떡류를 구입하여 구입 당일 급식자에게 제공하는 경우 이를 확인할 수 있는 증명서(제품명, 제조일자 및 판매량 등이 포함된 거래명세서나 영수증 등을 말한다)를 6개월간 보관해야 한다.

식품의 위생관리

📂 식품의 구매 및 검수단계의 위생관리

(1) 식품의 구매

① 식재료의 규격기준을 정하여 이를 준수
② 식재료를 공급하는 업체의 선정 및 관리기준 마련
③ 위생관리 능력과 운영능력이 있는 업체를 선정
④ 육류의 경우 도축검사증명서 및 등급판정확인서를 제시할 수 있는 업자로부터 구매
⑤ 어패류 : 해양수산부에서 승인한 공급업자로부터 구매, 농수산물 품질관리법에 의한 원산지 표시가 정확한지 확인
⑥ 우유는 HACCP을 적용하는 회사의 제품으로 유통만기일이 임박하지 않은 것을 구매

(2) 온도계

① 일반적으로 사용되는 식품온도계 : 열전도쌍 온도계, 바이메탈 온도계, 디지털 온도계, 시간온도지시계 등
② 식품온도계의 사용법
  ㉠ 사용 전후 온도계를 씻어 헹군 후 소독하여 공기 중에 건조
  ㉡ 감지 부분이 식품용기의 바닥 또는 안쪽에 닿지 않게 주의
  ㉢ 측정기의 막대를 식품 중심부에 삽입한 후 수치가 고정될 때까지 15초 이상 기다림
  ㉣ 냉동식품, 냉장식품, 뜨거운 식품, 액체식품의 온도 측정이 가능한 온도계 사용

(3) 검수

① 식재료는 배달되는 즉시 검수
② 흙바닥이나 시멘트바닥에 놓지 말고 검수대에 위에 올려놓고 검수
③ 신선도, 청결상태, 영업허가번호, 제조연월일 및 유통기한 등 확인
④ 부패우려가 있는 어패류, 육류, 우유 등은 냉동, 냉장차로 공급
⑤ 식재료를 운송한 차량의 위생상태 확인, 냉장·냉동식품을 운송한 차량은 운송 중 유지 온도를 확인
⑥ 검수 결과는 모두 기록 관리하고, 허용기준에 부적합한 물품은 반품처리
⑦ 검수를 마친 식재료는 즉시 식품 저장고에 보관

☑ 식재료 보관 시의 주의사항

(1) 일반적인 저장관리

① 고온다습하지 않게 보관

② 입고일시를 표기하고, 지나치게 오래된 것은 보관하지 말 것

③ 흡습성 골판지 상자나 보온성 발포스티로폴 상자에 넣지 말 것

④ 식품재료간의 교차오염이 되지 않도록 구분하여 보관

⑤ 식품을 보관할 때는 그 제품의 표시사항의 보관방법(상온, 냉장, 냉동)을 확인 후, 보관방법에 맞게 보관하고, 유통기한 준수

⑥ 선입선출의 원칙 준수 : 유통기한이 짧은 것은 앞쪽에 진열

⑦ 저장고와 저장 중인 식품의 온도가 허용기준을 벗어나지 않도록 적절하게 유지, 관리

(2) 냉장, 냉동보관

① 냉장고는 냉장의 목적에만 사용하며, 식품 냉각용을 겸용하지 말 것

② 식품은 냉장고 내부 용적의 70% 이하로 보관

③ 냉장고, 냉동고에 식품을 넣을 때는 냉기순환이 잘 되게 띄어 넣을 것

④ 온도계를 온도가 가상 높은 문쪽과 기장 낮은 뒤쪽에 각각 비치

⑤ 오염방지를 위해 생어·육류는 냉장고의 하부에, 생채소는 상부에 보관

■냉장고 식품 보관의 예

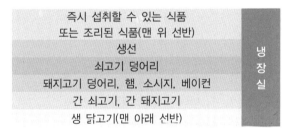

⑥ 보관중인 재료는 덮개를 덮거나 포장하여 보관 중에 식재료 간 오염이 일어나지 않도록 주의

⑦ 냉동식품은 랩 또는 비닐주머니에 넣어 −18℃ 이하에서 보관

⑧ 냉장고(0 ~ 5℃), 냉동고(−18 ~ −23℃)의 온도를 주기적으로 측정, 기록

⑨ 육류는 육즙이 새지 않게 밀폐용기에 넣을 것

(3) 건조창고(상온보관)

① 건조 저장고의 적정 온도 10 ~ 21℃, 습도 50~60%

② 식품보관 선반은 바닥으로부터 15cm 이상의 공간을 띄워 공기순환이 원활하고 청소가 용이하도록 함

③ 대량의 제품을 나누어 보관할 때는 제품명과 유통기한을 반드시 표시

④ 식재료 보관실에 세척제, 소독액 등의 유해물질을 함께 보관하지 않기

⑤ 손상 방지를 위한 적절한 포장 상태 관리, 주기적인 청소 관리

3 식재료 전처리 단계의 위생관리 (식재료의 해동, 세정, 소독)

(1) 일반적인 유의사항

① 내포장 제거와 다듬기 작업은 일반작업구역에서 실시

② 전처리는 청결작업구역을 오염시키지 않도록 구획된 장소 또는 전처리실에서 실시

③ 냉장·냉동 식품의 전처리 작업은 실온에서 장시간 수행하지 않아야 함(25℃ 이하에서 2시간 이내 수행, 식품 내부 온도가 15℃를 넘지 않도록 함)

④ 절단 작업시에는 소독된 전용도마와 칼 사용

⑤ 전처리된 식재료 중 온도관리가 필요한 식자재는 조리 시까지 냉장고에 보관

(2) 올바른 해동방법

① 냉장고에서 해동

② 21℃ 이하 흐르는 물에서 해동

③ 전자레인지를 이용한 급속 해동

④ 조리 중 서서히 해동

(3) 올바른 세척 및 소독

① 채소는 다듬어 중성세제에 씻고 맑은 물로 헹굼

② 날것으로 먹는 것은 차아염소산나트륨 100ppm액에 5분간 처리 후 헹굼

③ 생선은 머리, 지느러미, 내장을 제거한 후 흐르는 물에 세척함

④ 식품용수에 적합한 물과 식품용 재질의 적합한 용기 사용

⑤ 사용할 기구 및 용기는 세척, 소독한 것 사용(70% 알코올 분무)

⑥ 작업과 작업 사이에 알코올 소독, 세제의 용도별 올바른 사용

   ※ 용도별 세제 종류(식약처 고시 '위생용품의 규격 및 기준')

     • 과일·채소용 세척제

     • 식품용 기구·용기용 세척제

     • 식품 제조·가공장치용 세척제

⑦ 식재료의 세척 및 소독

   ㉠ 용도별 구분사용 : 어류·육류·채소류용으로 구분사용

   ㉡ 용도별 구분사용 불가한 경우 : 일반적 위해도에 따라 처리

채소류 – 육류 – 어류 – 가금류 순으로 함

❷ 식재료 보관 시의 주의사항

🔒 CHECK Point ◀ 교차오염 기출

교차오염 오염되지 않은 식재료나 음식이 오염된 식재료, 기구, 종사자와의 접촉으로 인해 미생물이 오염되는 것을 말한다.

교차오염 방지 요령
① 오염구역과 비오염구역으로 구역을 설정하여 전처리, 조리, 기구세척 등을 별도의 구역에서 한다.
② 칼, 도마 등의 기구나 용기는 용도별(조리 전·후)로 구분하여 각각 전용으로 준비하여 사용한다.
③ 세척 용기(또는 세정대)는 어류, 육류, 채소류로 구분 사용하고 사용 전후에는 충분히 세척, 소독한 후 사용한다.
④ 식품취급 등의 작업은 바닥으로부터 60cm이상에서 실시하여 바닥의 오염된 물이 튀어 들어가지 않게 한다.
⑤ 식품 취급 작업은 반드시 손을 세척, 소독 한 후에 하며, 고무장갑을 착용하고 작업을 하는 경우는 장갑을 손에 준하여 관리한다.
⑥ 전처리하지 않은 식품과 전처리된 식품은 분리·보관한다.
⑦ 전처리에 사용하는 용수는 반드시 먹는 물을 사용한다.

4 조리 및 배식 단계의 위생관리 기출

잠재적인 위해식품은 위험온도대(5(4.4)~60℃)에서 유지되는 전체 시간이 4시간을 넘지 않도록 주의

(1) 조리

① 작업 전에 반드시 손을 세척, 소독해야 함
② 무치기 등의 섞는 작업에는 반드시 조리용 위생장갑이나 비닐장갑 착용
③ 식품을 조리할 때에는 안전을 위한 최소 내부온도 및 유지시간 이상을 가열
  미국레스토랑협회에서 최소 조리온도 및 시간 제시
  • 음식의 재가열 : 74℃에서 15초간
  • 가금류의 조리 : 74℃에서 15초간
  • 돼지고기, 쇠고기 분쇄육 : 68℃에서 15초간
  • 생선, 달걀조리 : 63℃에서 15초간
    → 이를 참작하면 어느 식품이든 74℃에서 1분 이상 가열하면 안전
④ 생선, 가금류, 덩어리 곡류, 다진 고기류, 냉동식품 등은 중심온도가 74℃에서 1분 이상 가열
⑤ 전자레인지를 이용하여 조리 시 조리한 후 2분 동안 그대로 두어 음식물 전체의 온도가 소정의 온도에 도달하도록 함
⑥ 조리된 음식은 위험온도대에 2시간 이상 방치하지 않기
⑦ 도마와 칼은 재료별로 구분 사용

(2) 홀딩 및 재가열

① 따뜻한 음식은 60℃ 이상으로 유지할 수 있는 핫 홀딩 설비 사용

② 핫 홀딩 설비는 조리나 재가열에는 사용해서는 안됨

③ 냉조리된 식품과 생식품은 콜드 홀딩 설비를 사용

④ 재가열 시 2시간 이내에 음식물의 온도가 74℃에 도달하도록 함

⑤ 재가열 시간을 단축시키려면 음식물을 소량씩 취하여 재가열

⑥ 음식의 재가열은 단 한번임

(3) 배식

① 손을 씻은 후 위생장갑, 청결도구를 사용함

② 식기 등의 식품접촉부위를 손으로 만져서는 안 되고, 식기를 쌓아서도 안됨

③ 배식하는 동안 적정온도 유지

④ 배식 후 남은 잔반은 전량 폐기하고, 배식 후 남은 음식은 재사용하지 않음

5 용수관리

(1) 먹는물 수질기준(먹는물 수질기준 및 검사등에 관한 규칙)

① 미생물에 관한 기준

　가. 일반세균은 1mL 중 100CFU(Colony Forming Unit)를 넘지 아니할 것. 다만, 샘물 및 염지하수의 경우에는 저온일반세균은 20CFU/mL, 중온일반세균은 5CFU/mL를 넘지 아니하여야 하며, 먹는샘물, 먹는염지하수 및 먹는해양심층수의 경우에는 병에 넣은 후 4℃를 유지한 상태에서 12시간 이내에 검사하여 저온일반세균은 100CFU/mL, 중온일반세균은 20CFU/mL를 넘지 아니할 것

　나. 총 대장균군은 100mL(샘물·먹는샘물, 염지하수·먹는염지하수 및 먹는해양심층수의 경우에는 250mL)에서 검출되지 아니할 것. 다만, 제4조제1항제1호나목 및 다목에 따라 매월 또는 매 분기 실시하는 총 대장균군의 수질검사 시료(試料) 수가 20개 이상인 정수시설의 경우에는 검출된 시료 수가 5퍼센트를 초과하지 아니하여야 한다.

　다. 대장균·분원성 대장균군은 100mL에서 검출되지 아니할 것. 다만, 샘물·먹는 샘물, 염지하수·먹는 염지하수 및 먹는 해양심층수의 경우에는 적용하지 아니한다.

　라. 분원성 연쇄상구균·녹농균·살모넬라 및 쉬겔라는 250mL에서 검출되지 아니할 것(샘물·먹는샘물, 염지하수·먹는 염지하수 및 먹는 해양심층수의 경우에만 적용한다)

　마. 아황산환원혐기성포자형성균은 50mL에서 검출되지 아니할 것(샘물·먹는 샘물, 염지하수·먹는 염지하수 및 먹는 해양심층수의 경우에만 적용한다)

　바. 여시니아균은 2L에서 검출되지 아니할 것(먹는 물 공동시설의 물의 경우에만 적용한다)

② 건강상 유해영향 무기물질에 관한 기준

　가. 납은 0.01mg/L를 넘지 아니할 것

　나. 불소는 1.5mg/L(샘물·먹는 샘물 및 염지하수·먹는 염지하수의 경우에는 2.0mg/L)를
　　　넘지 아니할 것

　다. 비소는 0.01mg/L(샘물·염지하수의 경우에는 0.05mg/L)를 넘지 아니할 것

　라. 셀레늄은 0.01mg/L(염지하수의 경우에는 0.05mg/L)를 넘지 아니할 것

　마. 수은은 0.001mg/L를 넘지 아니할 것

　바. 시안은 0.01mg/L를 넘지 아니할 것

　사. 크롬은 0.05mg/L를 넘지 아니할 것

　아. 암모니아성 질소는 0.5mg/L를 넘지 아니할 것

　자. 질산성 질소는 10mg/L를 넘지 아니할 것

　차. 카드뮴은 0.005mg/L를 넘지 아니할 것

　카. 붕소는 1.0mg/L를 넘지 아니할 것(염지하수의 경우에는 적용하지 아니한다)

　타. 브롬산염은 0.01mg/L를 넘지 아니할 것(수돗물, 먹는 샘물, 염지하수·먹는 염지하수,
　　　먹는 해양심층수 및 오존으로 살균·소독 또는 세척 등을 하여 음용수로 이용하는 지하수만
　　　적용한다)

　파. 스트론튬은 4mg/L를 넘지 아니할 것(먹는 염지하수 및 먹는 해양심층수의 경우에만 적용한다)

　하. 우라늄은 30μg/L를 넘지 않을 것[수돗물(지하수를 원수로 사용하는 수돗물을 말한다), 샘
　　　물, 먹는 샘물, 먹는 염지하수 및 먹는 물 공동시설의 물의 경우에만 적용한다)]

③ 건강상 유해영향 유기물질에 관한 기준

　가. 페놀은 0.005mg/L를 넘지 아니할 것

　나. 다이아지논은 0.02mg/L를 넘지 아니할 것

　다. 파라티온은 0.06mg/L를 넘지 아니할 것

　라. 페니트로티온은 0.04mg/L를 넘지 아니할 것

　마. 카바릴은 0.07mg/L를 넘지 아니할 것

　바. 1,1,1-트리클로로에탄은 0.1mg/L를 넘지 아니할 것

　사. 테트라클로로에틸렌은 0.01mg/L를 넘지 아니할 것

　아. 트리클로로에틸렌은 0.03mg/L를 넘지 아니할 것

　자. 디클로로메탄은 0.02mg/L를 넘지 아니할 것

　차. 벤젠은 0.01mg/L를 넘지 아니할 것

　카. 톨루엔은 0.7mg/L를 넘지 아니할 것

　타. 에틸벤젠은 0.3mg/L를 넘지 아니할 것

　파. 크실렌은 0.5mg/L를 넘지 아니할 것

　하. 1,1-디클로로에틸렌은 0.03mg/L를 넘지 아니할 것

　거. 사염화탄소는 0.002mg/L를 넘지 아니할 것

너. 1,2-디브로모-3-클로로프로판은 0.003mg/L를 넘지 아니할 것

더. 1,4-다이옥산은 0.05mg/L를 넘지 아니할 것

④ 소독제 및 소독부산물질에 관한 기준(샘물·먹는 샘물·염지하수·먹는 염지하수·먹는 해양심층
수 및 먹는물공동시설의 물의 경우에는 적용하지 아니한다)

　　가. 잔류염소(유리잔류염소를 말한다)는 4.0mg/L를 넘지 아니할 것

　　나. 총트리할로메탄은 0.1mg/L를 넘지 아니할 것

　　다. 클로로포름은 0.08mg/L를 넘지 아니할 것

　　라. 브로모디클로로메탄은 0.03mg/L를 넘지 아니할 것

　　마. 디브로모클로로메탄은 0.1mg/L를 넘지 아니할 것

　　바. 클로랄하이드레이트는 0.03mg/L를 넘지 아니할 것

　　사. 디브로모아세토니트릴은 0.1mg/L를 넘지 아니할 것

　　아. 디클로로아세토니트릴은 0.09mg/L를 넘지 아니할 것

　　자. 트리클로로아세토니트릴은 0.004mg/L를 넘지 아니할 것

　　차. 할로아세틱에시드(디클로로아세틱에시드, 트리클로로아세틱에시드 및 디브로모아세틱에
시드의 합으로 한다)는 0.1mg/L를 넘지 아니할 것

　　카. 포름알데히드는 0.5mg/L를 넘지 아니할 것

⑤ 심미적 영향물질에 관한 기준

　　가. 경도(硬度)는 1,000mg/L(수돗물의 경우 300mg/L, 먹는 염지하수 및 먹는 해양심층수의
경우 1,200mg/L)를 넘지 아니할 것. 다만, 샘물 및 염지하수의 경우에는 적용하지 아니한다.

　　나. 과망간산칼륨 소비량은 10mg/L를 넘지 아니할 것

　　다. 냄새와 맛은 소독으로 인한 냄새와 맛 이외의 냄새와 맛이 있어서는 아니될 것. 다만, 맛의
경우는 샘물, 염지하수, 먹는 샘물 및 먹는 물 공동시설의 물에는 적용하지 아니한다.

　　라. 동은 1mg/L를 넘지 아니할 것

　　마. 색도는 5도를 넘지 아니할 것

　　바. 세제(음이온 계면활성제)는 0.5mg/L를 넘지 아니할 것. 다만, 샘물·먹는샘물, 염지하수·
먹는 염지하수 및 먹는 해양심층수의 경우에는 검출되지 아니하여야 한다.

　　사. 수소이온 농도는 pH 5.8 이상 pH 8.5 이하이어야 할 것. 다만, 샘물, 먹는 샘물 및 먹는
물 공동시설의 물의 경우에는 pH 4.5 이상 pH 9.5 이하이어야 한다.

　　아. 아연은 3mg/L를 넘지 아니할 것

　　자. 염소이온은 250mg/L를 넘지 아니할 것(염지하수의 경우에는 적용하지 아니한다)

　　차. 증발잔류물은 수돗물의 경우에는 500mg/L, 먹는 염지하수 및 먹는 해양심층수의 경우에는
미네랄 등 무해성분을 제외한 증발잔류물이 500mg/L를 넘지 아니할 것

　　카. 철은 0.3mg/L를 넘지 아니할 것. 다만, 샘물 및 염지하수의 경우에는 적용하지 아니한다.

　　타. 망간은 0.3mg/L(수돗물의 경우 0.05mg/L)를 넘지 아니할 것. 다만, 샘물 및 염지하수의
경우에는 적용하지 아니한다.

　　파. 탁도는 1NTU(Nephelometric Turbidity Unit)를 넘지 아니할 것. 다만, 지하수를 원수로

사용하는 마을상수도, 소규모급수시설 및 전용상수도를 제외한 수돗물의 경우에는 0.5NTU
를 넘지 아니하여야 한다.

하. 황산이온은 200mg/L를 넘지 아니할 것. 다만, 샘물, 먹는 샘물 및 먹는 물 공동시설의
물은 250mg/L를 넘지 아니하여야 하며, 염지하수의 경우에는 적용하지 아니한다.

거. 알루미늄은 0.2mg/L를 넘지 아니할 것

⑥ 방사능에 관한 기준(염지하수의 경우에만 적용한다)

가. 세슘(Cs-137)은 4.0mBq/L를 넘지 아니할 것

나. 스트론튬(Sr-90)은 3.0mBq/L를 넘지 아니할 것

다. 삼중수소는 6.0Bq/L를 넘지 아니할 것

6 식기 및 기구의 세척 및 소독

(1) 세척

① 세척

㉠ 기구 및 용기 표면을 세제를 사용하여 잔여물을 제거하기 위한 작업

㉡ 영향을 미치는 요소 : 때의 종류와 농축정도, 물의 경도와 온도, 세척될 표면의 재질과 매끈한
정도, 세척제의 종류, 세척작업의 강도와 시간 등

② 세정방법

㉠ 건식세정

㉡ 습식세정

㉢ CIP방법에 의한 세정

	수세	→	세제·세정	→	헹굼	→	살균제에 의한 살균	→	헹굼
소요시간	10분		20분		15분		20분		5분

③ 세척제의 종류 기출

■ 성분에 따른 세제의 종류와 용도

종류	용도
일반합성세제	• 주로 pH8~9.5의 알칼리성으로 지방, 기름을 유화시켜 쉽게 세척되게 함 • 손세척, 기물 및 식기세척, 청소작업 등 거의 모든 세척 용도에 이용
중성세제	• 냉수, 경수, 염분을 함유한 물에도 비교적 잘 녹아 세정작용 발휘 • 집단급식소의 식기, 기구 및 채소 세척에 사용
솔벤트 (용해성 세제)	• 진한 기름때나 오븐, 가스레인지를 세척할 때 • 자주 사용하지 않는 표면에 묻은 오염물질을 세척시
산성세제	• 미네랄 성분이 축적되어 형성된 광물질의 미네랄을 녹여 쉽게 제거 • 세척기의 광물질, 알칼리성 세제 찌꺼기 때를 제거할 때
연마세제	• 바닥, 천장의 오염물질을 제거할 때(플라스틱 제품에는 부적격)

■ 세척제의 용도별 분류 및 사용에 대한 규정

종류	사용기준
과일·채소용 세척제	• 과일·채소용 세척제의 경우 세척제의 용액에 과일 혹은 채소를 5분 이상 담그지 말것 • 세척제의 용액으로 과일, 채소, 음식기 또는 조리기구 등을 씻은 후에는 반드시 음용에 적합한 물로 씻을 것 • 흐르는 물을 사용할 때에는 과일 혹은 채소를 30초 이상, 식기류는 5초 이상 씻기 • 흐르지 않는 물을 사용할 때는 물을 교환하여 2회 이상 씻기 • 식품용 기구·용기용 또는 식품 제조·가공장치용 세척제의 목적으로 사용 가능
식품용 기구·용기용 세척제	• 과일·채소용 세척제의 목적으로 사용못하나 식품 제조·가공장치용 세척제의 목적으로 사용 가능 • 사용 후에는 세척제가 잔류하지 않도록 음용수로 씻을 것 • 용도 이외로 사용하거나 규정 사용량을 초과하지 말 것
식품 제조·가공장치용 세척제	• 과일·채소용 또는 식품용 기구·용기용 세척제의 목적으로 사용하지 못함 • 사용 후에는 세척제가 잔류하지 않도록 음용수로 씻을 것 • 용도 이외로 사용하거나 규정 사용량을 초과하지 말 것

(2) 소독

인체에 해로운 영향을 미치는 미생물을 허용기준 이하로 감소시키는 과정

■ 급식시설 등에서 사용되는 주요 소독의 종류와 방법

종 류	대상	소독방법	비 고
자비소독 (열탕소독)	식기 행주	• 열탕에서는 100℃에서 5분이상 • 증기소독기 : 100~120℃에서 10분 이상	그릇을 포개어 소독할 때에는 끓이는 시간 연장
건열살균	식기	• 160~180℃에서 30~45분간(식기표면온도 71℃ 이상)	
자외선 소독	소도구 용기류	• 2537Å의 자외선에서 30~60분 조사 • 기구 등을 포개거나 엎어서 살균하지 않도록 주의	자외선이 빛이 닿는 부위만 살균됨에 유의
화학소독	작업대 기기 도마 생채소 과일	• 염소용액 소독 　- 생채소, 과일의 소독 : 100ppm 5분간 침지 　- 식품접촉면의 소독 : 200ppm 1분 이상 • 요오드 용액(기구, 용기소독) : pH5이하, 24℃이상, 요오드 25ppm이 함유된 용액에 최소 1분 침지 • 70% 에틸알코올 소독(손, 용기 등) : 분무 건조	반드시 세척 후 사용

식품취급자의 위생관리

1 조리종사자의 건강 확인

(1) 정기적인 건강진단

■ 정기 건강진단 항목 및 횟수(제2조 관련)

대상	건강진단 항목	횟수
식품 또는 식품첨가물(화학적 합성품 또는 기구 등의 살균·소독제는 제외)을 채취·제조·가공·조리·저장·운반 또는 판매하는 데 직접 종사하는 사람. 다만, 영업자 또는 종업원 중 완전 포장된 식품 또는 식품첨가물을 운반하거나 판매하는 데 종사하는 사람은 제외	1. 장티푸스 2. 파라티푸스 3. 폐결핵	매 1년마다 1회 이상

(2) 일일 건강상태 확인

① 매일 조리 작업 전에 조리종사자의 건강상태를 확인

② 발열, 복통, 구토, 황달, 인후염 등의 증상이 있는 자는 식중독이 우려되므로 조리작업에 참여시키지 않으며, 의사의 진단을 받도록 함. 특히, 설사자의 경우 조리작업에 참여하지 않도록 주의를 기울여 관리

③ 본인 및 가족 중에서 법정감염병(콜레라, 이질, 장티푸스 등) 보균자, 노로바이러스 질환자가 있거나, 발병한 경우에는 완쾌 시까지 조리장 출입을 금지

④ 손 등에 상처나 종기가 있는 자는 적절한 치료와 보호로 교차오염이 발생하지 않도록 조치한 후 작업에 참여하도록 하며, 보호할 수 없을 경우에는 작업에서 배제

2 조리종사자의 개인위생관리

(1) 개인위생 수칙

① 매일 머리를 감고 목욕하기

② 두발은 항상 단정히 하고 머리카락이 위생모 밖으로 나오지 않게 하기

③ 손톱은 주 1회 이상 짧게 자르고 매니큐어칠 및 인조손톱을 부착하지 않기

④ 식품을 가공, 조리하는 작업 중에는 반지, 팔찌 등의 장신구를 착용하지 말 것

⑤ 화장을 진하게 하지 않으며 향이 강한 향수를 사용하지 않기

⑥ 습관적으로 코를 만지거나 헛기침을 하지 않기

⑦ 식품을 취급하는 중에 담배를 피우거나 껌을 씹거나 침을 뱉지 않기

(2) 손 위생

① 손 세척 설비
  ㉠ 온수 및 냉수
  ㉡ 물비누 및 손톱 솔
  ㉢ 손 소독제
  ㉣ 일회용 종이수건 또는 드라이어

② 올바른 손 씻는 방법

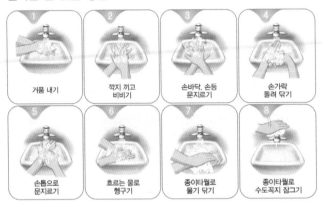

출처 : 식품의약품안전처

  ㉠ 40℃ 정도의 온수를 사용하여 손을 적신다.
  ㉡ 비누는 거품을 충분히 내어 팔 윗부분과 손목을 거쳐 손가락까지 깨끗이 씻고 반팔을 입은 경우에는 팔꿈치까지 씻는다.
  ㉢ 손톱솔로 손톱 밑, 손톱주변, 손바닥, 손가락 사이 등을 꼼꼼히 문질러 눈에 보이지 않는 세균과 오물을 제거한다.
  ㉣ 손을 물로 헹구고 다시 비누를 묻혀서 20초 동안 서로 문지르면서 회전하는 동작으로 씻는다.
    → 비누 또는 세정제, 항균제 등과 충분한 접촉시간이 필요하다.
  ㉤ 흐르는 물로 비누거품을 충분히 헹구어 낸다.
  ㉥ 깨끗한 종이타월 등을 이용하여 충분히 건조시킨다.

③ 손을 씻어야 하는 경우
  ㉠ 작업 시작 전
  ㉡ 화장실을 이용한 후
  ㉢ 작업 중 미생물 등에 오염되었다고 판단되는 기구 등에 접촉한 경우
  ㉣ 쓰레기나 청소도구를 취급한 후
  ㉤ 일반작업구역에서 청결작업구역으로 이동하는 경우
  ㉥ 육류, 어류, 난각 등 미생물의 오염원으로 우려되는 식품과 접촉한 후
  ㉦ 귀, 입, 코, 머리 등 신체일부를 만졌을 때
  ㉧ 감염증상이 있는 부위를 만졌을 때
  ㉨ 음식찌꺼기를 처리했을 때 또는 식기를 닦고 난 후

ⓔ 음식을 먹은 다음, 또는 차를 마시고 난 후

ⓕ 전화를 받고 난 후

ⓖ 담배를 피운 후

ⓗ 식품 검수를 한 후

ⓘ 코를 풀거나 기침, 재채기를 한 후 등

④ 손소독

ⓐ 손 소독이 필요한 경우는 70% 에틸알코올 또는 동등한 소독 효과를 가진 살균 소독제를 용법, 용량에 맞게 사용

ⓑ 손 소독이 손 씻기 과정을 대신하여 이루어져서는 안 되며, 손 소독은 손을 씻고 건조시킨 후 행한다. 만약, 고무장갑을 착용하고 조리를 하는 경우는 장갑관리를 손에 준하여 시행

▪참고

올바르지 못한 개인행위
- 땀을 옷으로 닦는 행위
- 한 번에 많은 양을 운반하기 위해 식품용기를 적재하는 행위 : 여러 번 나누어서 운반
- 맨손으로 식품을 만지는 행위
  → 도구나 조리용 고무장갑을 사용(일회용 비닐장갑은 사용하지 않는다.)
  → 부득이하게 배식시 도구사용이 어려울 경우 일회용 비닐장갑 사용가능
- 식기 또는 배식용 기구 등의 식품접촉면을 손으로 만지는 행위
- 노출된 식품 쪽에서 기침이나 재채기를 하는 행위
- 그릇을 씻거나 원재료 등을 만진 후 식품을 취급하는 행위
  → 업무를 구분하거나, 한 사람이 2가지 이상의 작업을 해야 할 경우는 소독을 한 후 다음 작업 수행
- 손가락으로 맛을 보거나 한 개의 수저로 여러 가지 음식을 맛보는 행위
  → 검식용 식기구를 음식별로 마련(한번 사용한 식기구 재사용 금지)
- 조리실내에서 취식을 하는 행위 → 별도의 장소 마련
- 애완동물을 반입하는 행위
- 사용한 장갑을 다른 음식물의 조리에 사용하는 행위 → 분리사용
- 식품을 씻는 세정대에서 손을 씻는 행위 → 손씻는 전용 세정대 이용

(3) 복장위생

① 위생복의 색상은 더러움을 쉽게 확인 할 수 있는 흰색이나 옅은 색상으로 하고, 위생복을 입은 채 조리실 밖으로 나가지 않는다.

② 앞치마는 전처리용, 조리용, 배식용, 세척용 4가지로 구분하여 착용한다.

③ 위생모는 머리카락이 모자 바깥으로 나오지 않도록 한다.

④ 조리시작 시점부터 위생마스크 착용을 권장

⑤ 음식의 배식 시 기침이나 재채기를 통한 세균오염을 방지하기 위하여 마스크를 착용

⑥ 위생화를 신고 외부로 나가거나 화장실 출입을 금한다.

⑦ 위생화는 신고 벗기에 편리하고 발이 물에 젖지 않으며 바닥이 미끄러지지 않는 모양과 재질을 선택하여 사용

⑧ 위생화는 발을 완전히 가리는 것으로 굽이 높지 않고, 밑창은 방수성이 있으며 미끄러지지 않는 것으로 한다. 또한 전용 소독건조기를 비치하여 세척한 후 건조하여 사용하도록 한다.

01 식품기사 2015년 2회

식품공장의 작업장 구조와 설비를 설명한 것 중 틀린 것은?

① 출입문은 완전히 밀착되어 구멍이 없어야 하고 밖으로 뚫린 구멍은 방충망을 설치한다.
② 천장은 응축수가 맺히지 않도록 재질과 구조를 유의한다.
③ 가공장 바로 옆에 나무를 많이 식재하여 직사광산으로부터 공장을 보호하여야 한다.
④ 바닥은 물이 고이지 않도록 경사를 둔다.

◀ 수목, 잔디 등의 곤충의 발생원, 유인의 원인이 되는 것은 심지 않는다.

02 식품기사 2018년 1회

식품제조가공 작업장의 위생관리에 대한 설명으로 옳은 것은?

① 물품검수구역, 일반작업구역, 냉장보관구역 중 일반작업구역의 조명이 가장 밝아야 한다.
② 화장실에는 손을 씻고 물기를 닦기 위하여 깨끗한 수건을 비치하는 것이 바람직하다.
③ 식품의 원재료 입구와 최종제품 출구는 반대 방향에 위치하는 것이 바람직하다.
④ 작업장에서 사용하는 위생 비닐장갑은 파손되지 않는 한 계속 사용이 가능하다.

◀ 물품검수구역은 조도가 540lux이상으로 가장 밝아야 한다.
  손을 씻고 난후 일회용 종이타월 등을 이용해 물기를 제거한다.

03 교육청 유사기출

식품위생시설의 바닥과 배수구에 대한 설명으로 옳지 않은 것은?

① 청소를 용이하게 하기 위해 바닥에 적절한 경사를 둔다.
② 배수구에 직선형 트랩을 설치해 곤충 등의 유입을 방지한다.
③ 바닥은 타일 등의 내수성의 불침투성 재질이어야 한다.
④ 이은 자국, 틈, 깨진 곳이 없고 청소하기 쉬운 재질이어야 한다.

◀ 배수구에는 방충 및 방서, 악취 방지를 위해 곡선형 트랩을 설치한다.

answer | 01 ③ 02 ③ 03 ②

04

바닥과 벽면의 설계 중 경계면인 모서리를 둥글게 곡면 처리하는 이유는?

① 청소를 용이하게 하기 위해   ② 배수를 용이하게 하기 위해
③ 악취의 유입을 방지하기 위해   ④ 곤충의 침입을 방지하기 위해

05 교육청 유사기출

식품취급시설의 시설·설비에 대한 설명으로 옳지 않은 것은?

① 환기시설 : 후드는 스텐리스 스틸로 제작하며 크기는 열 조리기구와 같게 하고 닥트는 배기 효율을 높이기 위해 각형으로 설치한다.
② 작업장의 벽 : 내수성, 내화성이 있는 밝은 색상의 타일을 사용하고, 바닥에서 최소한 1.5m 높이까지는 타일을 붙인다.
③ 방충 및 방서 : 방충·방서용 금속망은 30mesh 정도가 적당하다.
④ 배수 : 배수관의 내경은 최소 4인치이고, 용량이 많은 경우 6인치 이상이어야 한다.

　후드는 스텐리스 스틸로 제작하며 크기는 열 조리기구보다 사방 15cm 크게 하고, 닥트는 배기 효율을 높이기 위해 원통형으로 설치한다.

06 식품기사 2016년 1회

식품공장에서의 미생물 오염 원인과 그에 대한 대책의 연결이 잘못된 것은?

① 작업복 – 에어샤워(air show)   ② 작업자의 손 – 자외선등
③ 공중낙하균 – 클린룸(clean room)   ④ 포장지 – 무균포장장치

　작업자의 손은 역성비누, 70% 알코올 등을 이용해 소독한다.

07 식품산업기사 2016년 3회

작업 위생 관리로 적절하지 않은 것은?

① 조리된 식품에 대하여 배식하기 직전에 음식의 맛, 온도, 이물, 이취, 조리 상태 등을 확인하기 위한 검식을 실시하여야 한다.
② 냉장식품과 온장식품에 대한 배식 온도 관리 기준을 설정·관리하여야 한다.
③ 위생장갑 및 청결한 도구(집게, 국자 등)을 사용하여야 하며, 배식중인 음식과 조리 완료된 음식을 혼합하여 배식하여서는 아니 된다.
④ 해동된 식품은 즉시 사용하고 즉시 사용하지 못할 경우 조리 시까지 냉장 보관하여야 하며, 사용 후 남은 부분을 재동결하여 보관한다.

　해동된 식품은 재동결할 수 없다.

08 식품산업기사 2014년 1회

식품 취급 장소에서 주의해야 할 사항 중 적당한 것은?

① 소독제, 살충제 등은 편리하게 사용하기 위해 식품 취급 장소에 함께 보관한다.
② 식품 취급 기구는 매달 1번씩 온탕과 세제로 닦고 살균, 소독한다.
③ 조리장, 식당, 식품 저장 창고의 출입문은 매일 개방하여 둔다.
④ 작업장의 실내, 바닥, 작업 선반은 매일 1회씩 청소한다.

> 소독제, 살충제 등은 식품 취급 장소에 함께 보관해서는 안 되며 별도 보관해야 한다.
> 식품 취급 기구는 매일 1번씩 온탕과 세제로 닦고 살균, 소독한다.
> 조리장, 식당, 식품 저장 창고의 출입문은 매일 개방해서는 안된다.

09 식품산업기사 2018년 1회

식품 등의 위생적인 취급에 관한 기준이 틀린 것은?

① 부패·변질되기 쉬운 원료는 냉동·냉장시설에 보관하여야 한다.
② 제조·가공조리 또는 포장에 직접 종사하는 사람은 위생모를 착용하여야 한다.
③ 최소 판매 단위로 포장된 식품이라도 소비자 수요에 따라 탄력적으로 분할하여 판매할 수 있다.
④ 식품 등의 제조·가공·조리에 직접 사용되는 기계·기구는 사용 후에 세척·살균하여야 한다.

> **식품위생법 시행규칙 [별표 1]**
> **식품 등의 위생적인 취급에 관한 기준(제2조 관련)**
> 1. 식품 또는 식품첨가물을 제조·가공·사용·조리·저장·소분·운반 또는 진열할 때에는 이물이 혼입되거나 병원성 미생물 등으로 오염되지 않도록 위생적으로 취급해야 한다.
> 2. 식품 등을 취급하는 원료보관실·제조가공실·조리실·포장실 등의 내부는 항상 청결하게 관리하여야 한다
> 3. 식품등의 원료 및 제품 중 부패·변질이 되기 쉬운 것은 냉동·냉장시설에 보관·관리하여야 한다.
> 4. 식품등의 보관·운반·진열시에는 식품등의 기준 및 규격이 정하고 있는 보존 및 유통기준에 적합하도록 관리하여야 하고, 이 경우 냉동·냉장시설 및 운반시설은 항상 정상적으로 작동시켜야 한다.
> 5. 식품등의 제조·가공·조리 또는 포장에 직접 종사하는 사람은 위생모 및 마스크를 착용하는 등 개인위생관리를 철저히 하여야 한다.
> 6. 제조·가공(수입품을 포함한다)하여 최소판매 단위로 포장(위생상 위해가 발생할 우려가 없도록 포장되고, 제품의 용기·포장에 법 제10조에 적합한 표시가 되어 있는 것을 말한다)된 식품 또는 식품첨가물을 허가를 받지 아니하거나 신고를 하지 아니하고 판매의 목적으로 포장을 뜯어 분할하여 판매하여서는 아니 된다. 다만, 컵라면, 일회용 다류, 그 밖의 음식류에 뜨거운 물을 부어주거나, 호빵 등을 따뜻하게 데워 판매하기 위하여 분할하는 경우는 제외한다.
> 7. 식품등의 제조·가공·조리에 직접 사용되는 기계·기구 및 음식기는 사용 후에 세척·살균하는 등 항상 청결하게 유지·관리하여야 하며, 어류·육류·채소류를 취급하는 칼·도마는 각각 구분하여 사용하여야 한다.
> 8. 소비기한이 경과된 식품 등을 판매하거나 판매의 목적으로 진열·보관하여서는 아니 된다.

---

answer | 08 ④ 09 ③

10 식품기사 2018년 3회

식품공장의 위생관리 방법으로 적합하지 않은 것은?

① 환기시설은 악취, 유해가스, 매연 등을 배출하는데 충분한 용량으로 설치한다.
② 조리기구나 용기는 용도별로 구분하고 수시로 세척하여 사용한다.
③ 내벽은 어두운 색으로 도색하여 오염물질이 쉽게 드러나지 않도록 한다.
④ 폐기물·폐수 처리시설은 작업장과 격리된 장소에 설치·운영한다.

✎ 벽면은 밝은 색으로 하여 오염물질이 쉽게 드러나도록 해야 한다.

11 식품산업기사 2016년 3회

식중독 안전관리를 위한 시설·설비의 위생관리로 잘못된 것은?

① 수증기열 및 냄새 등을 배출시키고 조리장의 적정 온도를 유지시킬 수 있는 환기시설이 갖추어져 있어야 한다.
② 내벽은 내수처리를 하여야 하며, 미생물이 번식하지 아니하도록 청결하게 관리하여야 한다.
③ 바닥은 내수처리가 되어 있고 가급적 미끄러지지 않는 재질이어야 한다.
④ 경사가 지면 미끄러짐 등의 안전 위험이 있으므로 경사가 없도록 한다.

✎ 바닥은 적절한 경사를 두어 배수가 용이하도록 한다.

12 식품기사 2018년 1회

식품공장에서 미생물 수의 감소 및 오염물질제거 목적으로 사용하는 위생처리제가 아닌 것은?

① hypochlorite
② chlorine dioxide
③ 제4급 암모늄 화합물
④ ascorbic acid

✎ ascorbic acid는 비타민 C로 영양강화제, 산화방지제이다.

13 수탁지방직 2011년 기출

우리나라 먹는 물의 검사 항목이 아닌 것은?

① 질산성 질소
② 용존 산소
③ 대장균군
④ 일반세균

✎ 용존산소는 공장폐수 등의 수질오염지표이다.

14 식품산업기사 2018년 3회

먹는물의 수질기준에서 허용기준수치가 가장 낮은 것은?

① 불소
② 질산성 질소
③ 크롬
④ 수은

15 식품산업기사 2018년 1회

먹는 물의 수질기준 중 미생물에 관한 일반 기준으로 잘못된 것은?

① 일반세균은 1mL 중 100CFU를 넘지 아니할 것(샘물 및 염지하수 제외)
② 총 대장균군은 100mL에서 검출되지 아니할 것(샘물 및 염지하수 제외)
③ 살모넬라, 쉬겔라는 완전음성일 것(샘물, 먹는샘물, 염지하수, 먹는 염지하수 및 먹는 해양
   심층수의 경우)
④ 여시니아균은 2L에서 검출되지 아니할 것(먹는물 공동시설의 물의 경우)

◀ 분원성 연쇄상구균·녹농균·살모넬라 및 쉬겔라는 250mL에서 검출되지 아니할 것(샘물·먹는 샘물, 염지하수·먹는 염지하수
   및 먹는 해양심층수의 경우에만 적용한다)

16 식품기사 2016년 3회

각 위생처리제의 그 특징이 잘못 연결된 것은?

① hypochlorite - 사용범위가 넓음
② quats - 그람음성균에 효과적임
③ iodophors - 비부식성이고 피부 자극이 적음
④ acid anionics - 증식세포에 넓게 작용함

◀ quats는 그람음성균에 대한 살균력이 낮다.

17 식품산업기사 2013년 2회

집단급식소의 위생관리에 대해 잘못 설명한 것은?

① 집단급식소에서 사용하는 수돗물은 정기적으로 노로바이러스 검사를 실시하여야 한다.
② 주방용 식기류를 소독할 수 있는 자외선 또는 전기살균소독기를 설치하거나 열탕 세척소독
   시설을 갖추어야 한다.
③ 집단급식소의 조리종사자는 위생모를 착용하여야 한다.
④ 조리 종사자는 연 1회 이상 건강진단을 받고, 건강진단서를 보관하여야 한다.

◀ 집단급식소에서 지하수를 사용하는 경우 정기적으로 노로바이러스 검사를 실시하여야 한다.

---

answer | 14④ 15③ 16② 17①

18 식품산업기사 2018년 2회

개인위생이란?

① 식품종사자들이 사용하는 비누나 탈취제의 종류
② 식품종사자들이 일주일에 목욕하는 횟수
③ 식품종사자들이 건강, 위생장갑 착용 및 청결을 유지하는 것
④ 식품종사자들이 작업 중 항상 장갑을 끼는 것

19 경기 유사기출

식품취급자의 개인위생에 대한 설명으로 옳지 않은 것은?

① 교차오염방지를 위해 생원료와 조리된 식품을 동시에 취급하지 않는다.
② 위생복의 색상은 더러움을 쉽게 확인할 수 있도록 흰색이나 옅은 색상이어야 한다.
③ 위생복, 위생화 등을 착용한 상태로 작업장 밖이나 화장실을 이용할 수 있다.
④ 장갑이 더러워지거나 찢어지면 즉시 교체한다.

◀ 작업복을 착용한 상태로 작업장 밖이나 화장실을 이용할 수 없다.

20

집단급식소의 위생관리에 대한 설명으로 옳지 않은 것은?

① 식품취급 작업은 바닥에서 60cm 이상의 높이에서 실시하여 바닥의 오염된 물이 튀지 않게 한다.
② 1종세척제는 채소, 과일 세척 전용세제이지만 식기류나 조리기구 세척에도 사용가능하다.
③ 세척용기를 구분하여 사용할 수 없는 경우 채소류, 육류, 어류 순으로 사용한다.
④ 채소나 과일 소독 시 100ppm의 차아염소산나트륨에 20분 정도 침지한 후 음용수로 씻어준다.

◀ 채소나 과일 소독 시 100ppm의 차아염소산나트륨에 5분 정도 침지한 후 음용수로 씻어준다.

21 식품산업기사 2019년 2회

식중독 예방을 위한 시설·설비의 위생관리에 관한 설명이 틀린 것은?

① 경사가 지면 미끄러짐 등의 안전 위험이 있으므로 경사가 없도록 한다.
② 바닥은 내수처리가 되어 있고 가급적 미끄러지지 않는 재질이어야 한다.
④ 내벽은 내수처리를 하여야 하며, 미생물이 번식하지 아니하도록 청결하게 관리하여야 한다.
③ 수증기열 및 냄새 등을 배기시키고 조리장의 적정 온도를 유지시킬 수 있는 환기시설이 갖추어 있어야 한다.

◀ 바닥에는 적당한 경사를 두어 배수가 잘 되게 하여야 한다.

answer | 18 ③ 19 ③ 20 ④ 21 ①

22 교육청 · 경기 유사기출

세척제에 대한 설명으로 옳지 않은 것은?

① 채소와 과일용은 1종세척제로 세척 후 흐르는 물에서 30초 이상 헹군다.
② 산성세제는 미네랄 성분이 축적되어 형성된 광물질을 제거하는데 사용한다.
③ 세척제 사용으로 식품에 존재하는 미생물수를 안전한 수준으로 감소시킬 수 있다.
④ 세척제를 사용한 후 채소 및 기기를 음용에 적한한 물로 충분히 씻어주어야 한다.

◀ 용기, 기기나 식품에 존재하는 미생물수를 안전한 수준으로 감소시킬 수 있는 것은 소독제이다.

23 경북 유사기출

식품의 조리 시 위생관리에 대한 설명으로 옳지 않은 것은?

① 날달걀을 사용하기보다는 가능한한 살균된 액란을 사용한다.
② 음식의 재가열 시 핫 홀딩 설비를 사용해서는 안 되며, 재가열 횟수는 제한이 없다.
③ 식품을 조리할 때는 안전을 위한 최소 내부온도 및 유지시간 이상으로 가열해야 한다.
④ 조리된 음식은 위험온도대에서 2시간 이상 방치하지 않는다.

◀ 음식의 재가열은 단 한 번이다.

24 경남 유사기출

식품영업소의 위생관리에 대한 설명으로 옳지 않은 것은?

① 교차오염을 방지하기 위해 용기, 기구는 용도별로 구분하여 사용한다.
② 냉장시설은 5℃ 이하, 냉동시설은 −18℃ 이하여야 한다.
③ 조리 · 가공 식품은 제조일자, 소비기한 등을 표시하여 보관한다.
④ 검수할 때 채소 · 과일, 냉동식품, 냉장식품, 공산품 순서로 실시한다.

◀ 검수할 때 냉장식품, 냉동식품, 채소 · 과일, 공산품 순서로 실시한다.

answer | 22 ③ 23 ② 24 ④

2025 김지연 식품위생

개정5판 1쇄 인쇄   2024년 12월 20일
개정5판 1쇄 발행   2024년 12월 27일

편저자   김지연
펴낸이   노소영
펴낸곳   도서출판 마지원

등록번호   제559-2016-000004
전화   031)855-7995
팩스   02)2602-7995
주소   서울 강서구 마곡중앙로 171

http://blog.naver.com/wolsongbook

ISBN | 979-11-92534-45-9 (13590)

정가 29,000원